Uwe Ganzer

Gasdynamik

Unter Mitwirkung von
Stefan Rill und Peter Thiede
Redaktion: Jonny Ziemann

Mit 181 Abbildungen

Springer-Verlag Berlin Heidelberg GmbH

Professor Dr.-Ing. Uwe Ganzer
MBB-UT
Kreetslag 10
2103 Hamburg 95

Dipl.-Ing., MSc. Stefan Rill
Institut für Luft- und Raumfahrt
Technische Universität Berlin
Marchstraße 14
1000 Berlin 10

Professor Dr.-Ing. Peter Thiede
MBB Transport- und Verkehrsflugzeuge
Hünefeldstraße 1-5
2800 Bremen 1

Dipl.-Ing. Jonny Ziemann
Institut für Luft- und Raumfahrt
Technische Universität Berlin
Marchstraße 14
1000 Berlin 10

ISBN 978-3-540-18359-4 ISBN 978-3-642-48345-5 (eBook)
DOI 10.1007/978-3-642-48345-5

CIP-Kurztitelaufnahme der Deutschen Bibliothek
Ganzer, Uwe:
Gasdynamik/Uwe Ganzer.
Unter Mitw. von Stefan Rill u. Peter Thiede. -
Berlin; Heidelberg; New York; London; Paris; Tokyo: Springer, 1988.

2068/3020-543210

Vorwort

Das vorliegende Buch ist aus Vorlesungen entstanden, die ich in der Zeit von 1970 bis 1986 an der Technischen Universität Berlin gehalten habe. Die Vorlesungen liefen zunächst unter dem Titel 'Transonik'- und 'Überschall-Aerodynamik'. Aus der Lehrveranstaltung 'Überschall-Aerodynamik' wurde schon im Winter-Semester 1972/73 die 'Gasdynamik'. Vorlesung und Übungen wurden ausgebaut. Mit der neuen Studienordnung des Fachbereichs Verkehrswesen der TU Berlin wurde im Jahr 1984 die 'Gasdynamik' Zielfach der Studienrichtung Luft- und Raumfahrttechnik.

Schon in den ersten Jahren wurde den Studenten ein Vorlesungs-Skript zur Verfügung gestellt. Das Skript wurde regelmäßig überarbeitet. Hierzu ergaben sich vielfältige Anregungen durch die Fragen der Studenten während der Vorlesung und durch ihre Verständnis-Schwierigkeiten, die sich bei den Übungen und Klausuren offenbarten. Die gezielte Auswertung dieser Anregungen führte - so glaube ich - zu einem hinreichend ausgereiften Manuskript, das für eine Veröffentlichung als Buch geeignet ist.

Die letzten beiden Kapitel des Buches gehen nicht auf eigene Vorlesungen zurück. Das Kapitel 14 verdanke ich meinem Wissenschaftlichen Mitarbeiter, Herrn Dipl.-Ing. Stefan Rill, M.Sc.. Bei seiner Ausarbeitung über die Numerischen Methoden hat er auf Unterlagen aus seinem M.Sc.-Kurs an der Stanford University, U.S.A., zurückgreifen können. Das Kapitel 15 stammt von meinem Kollegen, Herrn Prof. Dr.-Ing. Peter Thiede, der als apl. Prof. seit Jahren in Berlin über Viskose Strömungen referiert.

Mein ganz besonderer Dank gilt meinem Wissenschaftlichen Assistenten, Herrn Dipl.-Ing. Jonny Ziemann. Er hatte über lange Zeit die Übungen zur 'Gasdynamik' betreut. Für die Buchveröffentlichung hat er die Beispiele überarbeitet und ausgeweitet. Vor allem aber lag die gesamte redaktionelle Abwicklung in seiner Hand, die er mit großer Sorgfalt und großem Engagement ausführte. Es ist seiner Initiative zu verdanken, daß wir ein druckreifes Manuskript an den Verlag liefern können und damit einen verhältnismäßig niedrigen Buchpreis ermöglichen.

Frau Gabriele Schwarzer hat fast alle Zeichnungen erstellt, Frau Marita Prochnow den größten Teil des Textes und der Formeln geschrieben. Herr cand.ing. Martin Lawder war mit den Korrektur–Arbeiten betraut. Sie alle haben sich außergewöhnlich engagiert und hervorragende Arbeit geleistet.

Mein Dank gilt darüber hinaus Frau Waltraud Rohloff für die sorgfältig ausgeführten Fotoarbeiten. Ferner geht er an Frau Roswitha Kaiser und Frau Astrid Stollfuß für ihren Teil an Schreibarbeiten. Schließlich möchten wir uns hier alle bei Herrn Dr. Riedesel vom Springer–Verlag für seine Geduld und die gute Zusammenarbeit bedanken.

Hamburg, im Oktober 1987 Uwe Ganzer

Inhaltsverzeichnis

Bezeichnungen

a	Schallgeschwindigkeit, Koeffizient (Kap. 11)
a_{max}	maximales Anfachungsverhältnis (Kap. 15)
a,b,c,d,e	Matrixelemente (Kap. 14)
A	Fläche, Faktor (Kap. 8, 12), Auftrieb (Kap. 9, 12), Koeffizient (Kap. 14)
$A,\bar{A},B,D,E,G$	Matrizen (Kap. 14)
b	Spannweite, Beschleunigung (Kap. 4)
B	maximale Spannweite
c	spezifische Wärme, Transportgeschwindigkeit (Kap. 14)
c_a	Auftriebsbeiwert
c_D	Dissipationsbeiwert
c_f	Reibungsbeiwert
c_n	Normalkraftbeiwert
c_p	Druckbeiwert, spezifische Wärme bei konstantem Druck (Kap. 2, 3, 4, 6, 7)
c_t	Tangentialkraftbeiwert
c_v	spezifische Wärme bei konstantem Volumen
c_w	Widerstandsbeiwert
c_{w_D}	Druck- oder Formwiderstandsbeiwert
c_{w_i}	induzierter Widerstandsbeiwert
c_{w_R}	Reibungswiderstandsbeiwert
c_{w_v}	viskoser Widerstandsbeiwert
c_{w_w}	Wellenwiderstandsbeiwert
C	Integrationskonstante, Fourier-Amplitude (Kap. 14)
d	Körperdicke, Determinate (Kap. 15)
$đ$	nicht vollständiges Differential
D	Durchmesser
e	innere Energie (auf Masseneinheit bezogen), innere Energie (Kap. 14)
E	innere Energie, Gesamtenergie (Kap. 14)
$\mathbb{E}$	Eigenschaft

F	Fläche, Flügelfläche
$F_{c_1}, F_{c_2}, F_{c_3}$	Transformationsfunktionen
F_R	Riegels–Faktor
$\mathbb{F}$	Funktionsoperator
$g(x)$	Funktion
h	Enthalpie, Körperhöhe (Kap. 11)
$h(x)$	Profilkontur (Kap. 9, 12, 14)
H	Meßstreckenhöhe (Kap. 13)
H, H_0	Ruhe–, Gesamtenthalpie
H_{21}, H_{31}, H_{32}	Formparameter des Geschwindigkeitsprofils
$H^*_{21}, H^*_{31}, H^*_{41}$	Formparameter
i,j,k	Einheitsvektoren, Laufvariablen
I	komplexe Zahl $\sqrt{-1}$
k	transsonischer Ähnlichkeitsparameter, Wellenzahl (Kap. 14)
K	Kraft
l	Profiltiefe, Flügeltiefe, Körperlänge, charakteristische Länge
m	Masse, Prandtl–Glauert–Faktor(Überschall) (Kap. 10, 11)
m_δ	Mach–Zahl–Faktor
M	Mach–Zahl, Dipolmoment (Kap. 9)
$\mathbb{M}$	molare Masse
n	Normalenrichtung, Anfachungsexponent (Kap. 15)
N	Normalkraft
O	Oberfläche
$O(\Delta x^2)$	Größenordnung von Δx^2
p	statischer Druck
P	Aufpunkt (Kap. 9)
P, P_o	Ruhe–, Gesamtdruck
Pr	Prandtl–Zahl
q	Staudruck, Wärmemenge (Kap. 2), Quellstärkenverteilung (Kap. 9)
Q	Quellstärke
r	Radius, Rumpfradius, Recovery–Faktor (Kap. 15)
r, θ	Polarkoordinaten
R	individuelle Gaskonstante, Radius, maximaler Rumpfradius (Kap. 10, 11)
$\mathbb{R}$	allgemeine Gaskonstante
Re	Reynolds–Zahl
s	Entropie, Bogenlänge (Kap. 9), Halbspannweite, Querschnittsfläche (Kap. 11), Strecke (Kap. 14)
s,n	konturorientierte Koordinaten (Kap. 15)

S	Schub (Kap. 3)
S, S_o	Ruhe–, Gesamtentropie
S_1	transformierte Halbspannweite
t	statische Temperatur
T	Tangentialkraft (Kap. 9)
T, T_o	Ruhe–, Gesamttemperatur
u, v	Geschwindigkeitskomponenten in s, n –Richtung (Kap. 15)
u, v, w	Störgeschwindigkeitskomponenten in x, y, z –Richtung
U, V, W	Geschwindigkeitskomponenten in x, y, z –Richtung
$\tilde{U}, \tilde{V}$	Charakteristiken–Operatoren
v	spezifisches Volumen (Kap. 2)
V	Volumen (Kap. 2), Vergrößerungsfaktor (Kap. 14)
$\mathbb{V}$	Strömungsgeschwindigkeit
$\mathbb{V}^{(r)}$	Radialgeschwindigkeit
$\mathbb{V}^{(t)}$	Tangentialgeschwindigkeit
$\mathbb{V}^{(\theta)}$	Umfangsgeschwindigkeit
w	Arbeit (Kap. 2)
W	Widerstand (Kap. 9, 13, 15)
x, y, z	karthesische Koordinaten
$\bar{x}, \bar{y}$	transformierte Ortskoordinaten
z	Flughöhe (Kap. 2)

α	Anstellwinkel
β	Prandtl–Glauert–Faktor, Schiebewinkel (Kap. 5), Strömungswinkel (Kap. 15)
γ	Isentropenexponent
Γ	Zirkulation
δ	Grenzschichtdicke, Differenzenquotient (Kap. 14)
δ_1	Verdrängungsdicke
δ_2	Impulsverlustdicke
δ_3	Energieverlustdicke
δ_4	Dichteverlustdicke
$\delta_{HK/L}$	relative Hinterkantendicke
ε	Gleitzahl, Abkürzung für Dichteverhältnis (Kap. 3), Störgröße (Kap. 4)
η	Wirkungsgrad (Kap. 2)
θ	Strömungsrichtung, Ablenkwinkel, Winkel (Kap. 11)
κ	Krümmung

κ^*	Krümmung der Verdrängungskontur
λ	freie Weglänge der Moleküle, Streckung (Kap. 11), Ableitungsrichtung (Kap. 8)
μ	Mach-Winkel, künstliche Viskosität (Kap. 14), dynamische Viskosität (Kap. 15)
ν	Schaltfunktion, kinematische Viskosität (Kap. 15)
ν^*	Prandtl-Meyer-Winkel
ξ, η	charakteristische Koordinaten, karthesische Koordinaten (Kap. 9, 12)
ξ, η, ζ	reduzierte Koordinaten (Kap. 11)
π	Konstante, Gesamtdruckverhältnis (Kap. 2, 3, 5)
ρ	Dichte
σ	Stoßwinkel
τ	Zeit, Schubspannung (Kap. 15), relative Dicke, Profildicke (Kap. 9, 12)
ϕ	Störpotential, Pfeilwinkel (Kap. 13, 15)
Φ	Strömungspotential
Ψ	Funktion
ω	Relaxationsparameter
$\vec{\omega}$	Winkelgeschwindigkeit (Kap. 7)

Indizes, tiefgestellt

0	Bodenwert, Ruhezustand, Anfangswert
2D	zweidimensional
3D	dreidimensional
50	50%-Linie
∞	Anströmgröße
BO	buffet onset
char	in Richtung der Charakteristiken
D	direkter Modus
DD	drag divergence
DR	drag rise
e	effektiv
FF	freifahrender Flügel
FL	Flügel
g	geometrisch
ges	gesamt
GS	Grenzschicht

HK	Hinterkante
HKS	Hinterkantenstromlinie
i	reibungsfrei
ik	inkompressibel
irrev	irreversibel
I	inverser Modus, Instabilität
krit	kritische Größe
K	Kolben, Kontur
LD	lift divergence
max	Extremwert
mech	mechanisch
min	Extremwert
Mo	Modell
n	Normalkomponente
N	Nachlauf
NM	Nachlaufmittellinie
o	Oberseite, oben
r	partielle Ableitung nach r
rev	reversibel
RM	Rumpfmittelteil
RS	Rumpfspitze
s	sonic, Stoß
S	Stoß
t	Tangentialkomponente
tech	technisch
th	thermisch
TR	Transition
u	Unterseite, unten, bezüglich Geschwindigkeitsprofil
v	viskos
vor	Vortrieb
VK	Vorderkante
w	Wand
x	partielle Ableitung nach x
y	partielle Ableitung nach y
z	partielle Ableitung nach z
η	partielle Ableitung nach η
ξ	partielle Ableitung nach ξ
τ	partielle Ableitung nach τ
δ	bezogen auf Grenzschichtrand

δ_2	bezogen auf Impulsverlustdicke

Indizes, hochgestellt

'	Schwankungsgröße
*	kritische Größe
I	reibungsfreie Lösung
v	Iterationsschritt
V	viskose Lösung

Sonderzeichen

$\wedge$	Zustand nach dem Stoß
∇	Nabla–Operator
$\rightarrow$	Vektor
$\otimes$	beliebiger Multiplikationsoperator
Δ	Laplace–Operator

1 Einführung

"Gasdynamik ist die Lehre von den Strömungen komprimierbarer Medien".

Das Wort "Medium" ist hier als Oberbegriff für Gase und Gasgemische gewählt. Es sind vor allem Luftströmungen, die in der Gasdynamik behandelt werden. Flugzeug- und Triebwerks-Aerodynamik sind die wichtigsten Anwendungsgebiete.

Die Betonung, daß es komprimierbare Medien sind, deren Strömungen in der Gasdynamik untersucht werden, hat folgende Bewandtnis:

Bei niedrigen Geschwindigkeiten verhält sich ein strömendes Gas wie eine Flüssigkeit: Es erscheint inkompressibel, d.h. die Dichte im Strömungsfeld ist näherungsweise konstant. Neben der Geschwindigkeit variiert nur der Druck, alle anderen Zustandsgrößen des Gases bleiben nahezu unverändert.

Bei hohen Strömungsgeschwindigkeiten dagegen variiert im Strömungsfeld auch die Dichte des Gases. Somit bietet die Gasdynamik vor allem die Möglichkeit, Hochgeschwindigkeitsströmungen zu untersuchen. Die Fälle mit kleinen Strömungsgeschwindigkeiten konstanter Dichte sind selbstverständlich in den Lösungen der Gasdynamik als Spezialfälle enthalten.

Beispiel: Die Aussage über die Unterscheidung von kompressiblen und inkompressiblen Strömungen soll an einem Beispiel erläutert werden. Als Maß für die Geschwindigkeit wird dabei die Mach-Zahl M (*Ernst Mach*, österreichischer Physiker, 1838 bis 1916) verwendet. Sie stellt das Verhältnis von Geschwindigkeit $\mathbb{V}$ zu Schallgeschwindigkeit a dar, also $M = \mathbb{V}/a$. Wenn von niedrigen und hohen Geschwindigkeiten die Rede war, bei denen sich ein Gas jeweils inkompressibel oder kompressibel verhält, so läßt sich jetzt die Aussage mittels der Mach-Zahl quantifizieren:

$M \leq 0{,}3$ inkompressibel

$M > 0{,}3$ kompressibel.

Hierzu nun das angekündigte Beispiel: Betrachten wir ein gebräuchliches Tragflügelprofil NACA 0012 bei einer Anströmung mit der Grenz–Mach–Zahl M = 0,3 (Bild 1.1).

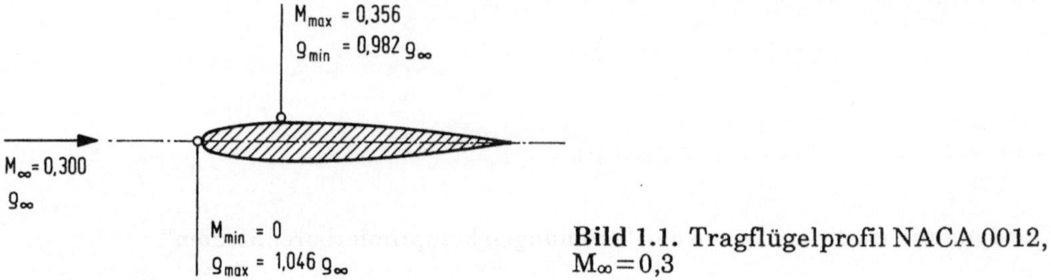

Bild 1.1. Tragflügelprofil NACA 0012, $M_\infty = 0{,}3$

Im Staupunkt des Profils erfolgt die größte Verdichtung: Die Geschwindigkeit ist dort null (und so auch die Mach–Zahl), und die Dichte ist um 4,6 % höher als die der Anströmung. Dies wird gerade noch als vertretbar angesehen, um das gesamte Strömungsfeld als inkompressibel zu bezeichnen.

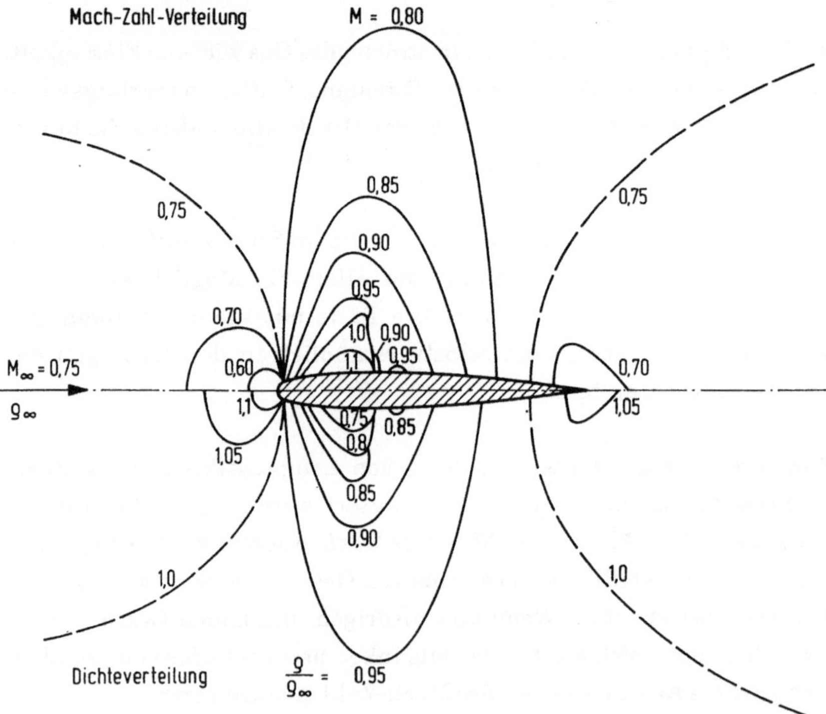

Bild 1.2. Mach–Zahl– und Dichteverteilung, NACA 0012, $M_\infty = 0{,}75$

Wird das gleiche Profil dagegen mit M=0,75 angeströmt, so ergibt sich das im Bild 1.2 gezeigte Strömungsfeld. Die Dichte im Staupunkt ist um 31% erhöht und an der Profilschulter mehr als 25% reduziert. Damit wird einsichtig, daß bei Hochgeschwindigkeitsströmungen die Dichte als Variable Berücksichtigung finden muß. □

Die Variation der Dichte im Strömungsfeld hat nun aber weitreichende Konsequenzen: Mit einer Änderung der Dichte sind nämlich Änderungen weiterer Zustandsgrößen gekoppelt. Das bedeutet: In der Gasdynamik haben neben den strömungsmechanischen Vorgängen die Änderungen der Zustandsgrößen eines Gases gleichrangige Bedeutung.

Die Änderungen von Zustandsgrößen eines Gases werden in der Thermodynamik behandelt, und es ist daher naheliegend, daß in der Gasdynamik in umfangreichem Maße auf die Erkenntnisse der Thermodynamik zurückgegriffen wird. So werden wir als erstes im nächsten Kapitel die erforderlichen Grundlagen der Thermodynamik zusammentragen, um anschließend durch Einbeziehung der Bewegungsvorgänge zur Gasdynamik zu kommen.

2 Thermodynamische Grundlagen

2.1 Physikalische Eigenschaften der Gase

In der Gasdynamik werden Strömungen sowohl von einzelnen chemisch reinen Gasen als auch von Gasgemischen behandelt. Grundsätzlich wird dabei vorausgesetzt, daß es sich bei dem Gas bzw. Gasgemisch um ein physikalisch *homogenes Medium* handelt. Das heißt, die Betrachtung bezieht sich nicht auf die kleinsten Bestandteile des Gases – es werden nicht etwa die Moleküle untersucht und deren Bewegung beobachtet – sondern das Gas wird global gesehen als einheitliches Medium mit dementsprechend definierten Eigenschaften.

Die Eigenschaften eines Gases werden in erster Linie durch seine chemische Zusammensetzung bestimmt. Größen, wie die molare Masse $\mathbb{M}$ und die spezifischen Wärmen c_p und c_v sind im wesentlichen durch die chemische Zusammensetzung festgelegt.

Beispiel: Da wir uns hier in der Gasdynamik vorwiegend mit Luftströmungen befassen werden, sind im folgenden noch einige Angaben zu den Eigenschaften der Luft gemacht.

Luft ist ein Gemisch aus den Gasen Stickstoff (78Vol %), Sauerstoff (21Vol %), Argon (1 Vol %) und Spurenanteilen einer Vielzahl anderer Gase. Die chemische Zusammensetzung der atmosphärischen Luft ist bis zu einer Höhe von 70km unverändert. Die folgende Tabelle 2.1 vergleicht physikalische Stoffwerte der Luft mit den Werten von einigen chemisch reinen Gasen. Die Werte gelten für t = 0°C = 273,15K und p = 1at = 980,7hPa.

Darin ist $\mathbb{M}$ die molare (stoffmengenbezogene) Masse eines Stoffes, c_p die spezifische Wärme bei konstantem Druck und $\gamma = c_p / c_v$ das Verhältnis der spezifischen Wärmen bei konstantem Druck und Volumen.

Tabelle 2.1. Physikalische Stoffwerte verschiedener Gase

Gas		Stoffwert		
		M g/mol	c_p J/kg K	γ
Luft		29	1004,8	1,402
Stickstoff	N_2	28,02	1038,3	1,400
Sauerstoff	O_2	32	912,7	1,399
Wasserstoff	H_2	2,016	14235	1,409
Helium	He	4,002	5275,6	1,649

□

2.2 Zustandsgrößen

Der thermodynamische Zustand eines Gases wird durch Zustandsgrößen beschrieben. Die Bezeichnung "Zustandsgröße" bedeutet, daß diese Variable allein von dem thermischen Zustand des Mediums abhängt, nicht aber von der Vorgeschichte.

Derartige Zustandsgrößen sind Druck p, Dichte ρ und Temperatur t. Sie werden als thermische oder einfache Zustandsgrößen bezeichnet im Gegensatz zu kalorischen oder abgeleiteten Zustandsgrößen. Zudem werden sie als intensive Zustandsgrößen bezeichnet, da sie von der Masse des Gases unabhängig sind. (Wir brauchen uns allerdings diese Begriffe nicht alle zu merken, sie sind für die kommenden Betrachtungen unwesentlich und wurden hier nur der Vollständigkeit halber aufgeführt).

p Der *Druck* ist eine Zustandsgröße, die auch in der inkompressiblen Strömungsmechanik als Variable Bedeutung hat. Über den Druck werden die auf einen umströmten Körper wirkenden Kräfte ermittelt.

ρ Die Berücksichtigung der Kompressibilität eines Gases begründet die Bedeutung der nunmehr variablen *Dichte*. Bei inkompressiblen Strömungen ist ρ konstant.

t Die *Temperatur* ist eine typische thermodynamische Größe, die mit wachsender kinetischer Energie einer Strömung an Bedeutung gewinnt.

Von den Zustandsgrößen Druck, Dichte und Temperatur lassen sich eine Vielzahl weiterer Zustandsgrößen ableiten. Ihnen allen ist gemein, daß die Änderung ihres Betrages unabhängig von dem Weg ist, über den die Zustandsänderung erfolgt. Die folgenden drei kalorischen oder abgeleiteten Zustandsgrößen werden für unsere weiteren Untersuchungen von Bedeutung sein: Innere Energie e, Entropie s und Enthalpie h. Diese Zustandsgrößen sind an sich ursprünglich extensiv, d.h. massenabhängig. Sie sind hier mit kleinen Buchstaben bezeichnet, womit wir angeben, daß die Größe auf die Masseneinheit bezogen worden ist. Auf diese Weise erhalten wir intensive (massenunabhängige) Größen. Es gilt also e = E/Masse, usw..

e Die *Innere Energie* ist wesentlich für den ersten Hauptsatz der Thermodynamik. Es wird damit die Wirkung eines Austausches von Wärme oder Arbeit zwischen Medium und Umgebung beschrieben.

h Unter der Bezeichnung *Enthalpie* wird die Summe von innerer Energie und einer weiteren Zustandsgröße, der Verdrängungsarbeit, verstanden. Diese Zusammenfassung hat sich für thermodynamische Beschreibungen strömender Medien als zweckmäßig erwiesen.

s Die *Entropie* ist wesentlich für den zweiten Hauptsatz der Thermodynamik. Es wird damit die mögliche Richtung einer Zustandsänderung ermittelt und die Frage nach dem stabilen Gleichgewicht eines Zustands behandelt.

Beispiel: Hier nun wieder ein Hinweis zu den Zustandsgrößen der Luft. Die Zustandsgrößen in der Atmosphäre sind von Wetterlage und geographischer Breite abhängig. Um für flugmechanische Rechnungen eindeutige Vergleichsmöglichkeiten zu haben, wurde eine sogenannte "Normalatmosphäre" international vereinbart. Diese "ICAO–Standardatmosphäre" (ICAO = International Civil Aircraft Organisation) geht von folgenden Bodenwerten aus:

Druck	$p_0 = 1013{,}25\ \text{hPa} = 1{,}01325 \cdot 10^5\ \text{N/m}^2$
Dichte	$\rho_0 = 1{,}225\ \text{kg/m}^3$
Temperatur	$t_0 = 15°\text{C} = 288{,}15\ \text{K}$.

Für die unteren Luftschichten ist folgende Veränderung der Temperatur mit der Höhe normiert:

$dt/dz = -0{,}65\ \text{K}/100\ \text{m}$	für $z = 0, \ldots, 11$ km
$t = -56{,}5°\ \text{C} = 216{,}65\ \text{K}$	für $z = 11, \ldots, 20$ km .

Im Bild 2.1 ist die Variation von Temperatur, Druck und freier Weglänge der Moleküle in Abhängigkeit von der Höhe dargestellt.

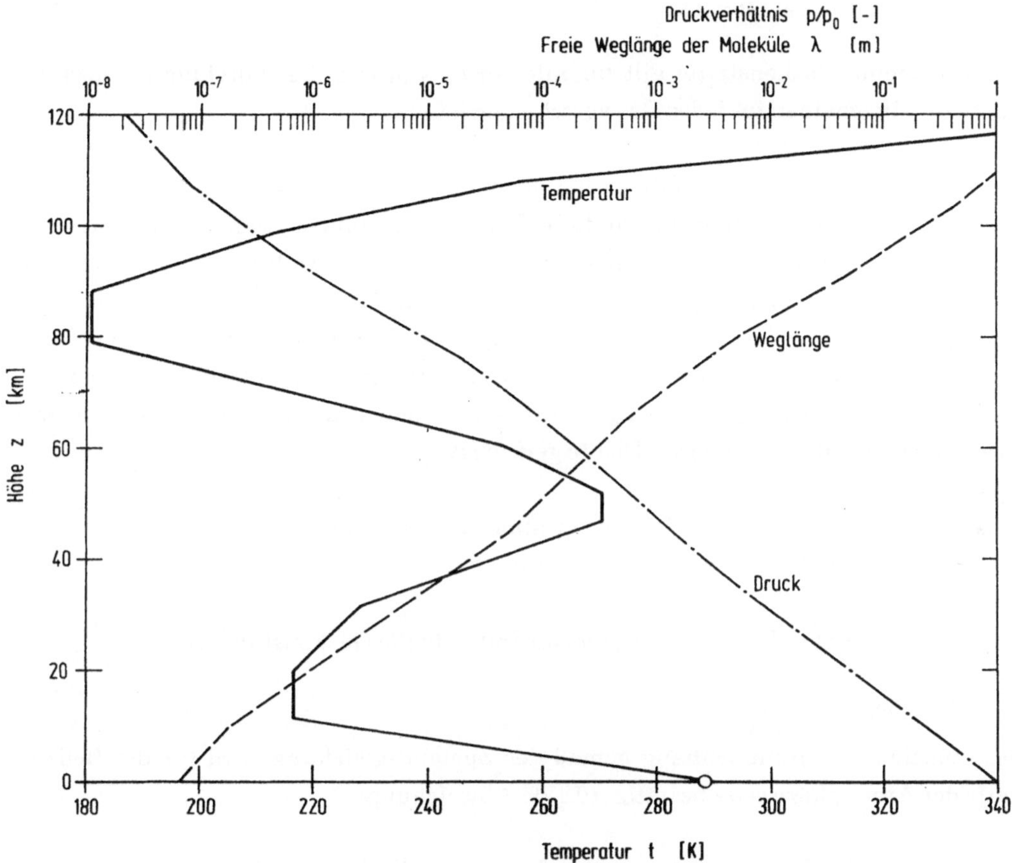

Bild 2.1. Zustandsgrößen in der Atmosphäre

□

2.3 Zustandsgleichung

Die Zustandsgrößen eines Gases stehen zueinander in einem funktionalen Zusammenhang. Im allgemeinen ist eine Zustandsgröße stets durch zwei andere eindeutig festgelegt. Für die einfachen Zustandsgrößen gilt folgende *Zustandsgleichung*:

$$p = R \rho t \quad . \tag{2.1}$$

Hierin ist R die individuelle Gaskonstante. Diese Gaskonstante ergibt sich aus der allgemeinen Gaskonstanten $\mathbb{R}$ und der molaren Masse eines Gases:

$$R = \mathbb{R}/\mathbb{M} \qquad \text{mit } \mathbb{R} = 8{,}3143\ \text{J/mol K} \quad . \tag{2.2}$$

Die allgemeine Gaskonstante gilt für alle Gase, während die individuelle Gaskonstante im allgemeinen für jedes Gas verschieden ist.

Die Zustandsgleichung (2.1) gilt streng genommen nur für *ideale Gase*. Bei idealen Gasen besitzen die einzelnen Bestandteile kein Eigenvolumen. Somit existieren auch keine Wechselwirkungskräfte zwischen den Teilchen. Der Teilchenabstand bzw. die Dichte hat keine Bedeutung. In der Praxis wird jedoch recht häufig die Zustandsgleichung benutzt und somit als gültig vorausgesetzt. Wir müssen uns an dieser Stelle merken, daß damit eine im allgemeinen nur näherungsweise zutreffende Annahme gemacht wird. Es kann jedoch festgestellt werden, daß sich die Gase weitgehend wie ideale Gase verhalten, wenn ihre Dichte gering ist.

Beispiel: Insbesondere ist die Dichte der atmosphärischen Luft hinreichend gering, so daß sie als ideales Gas angesehen werden kann.

Für Luft errechnet sich mit $\mathbb{M} = 29$ g/mol die individuelle Gaskonstante zu

$$R = 286{,}7\ \text{J/kg K} \quad .$$

Der funktionale Zusammenhang gemäß der Zustandsgleichung wird für die Bodenwerte der Atmosphäre etwa bestätigt (0,12% Abweichung):

$$p = 1{,}01325 \cdot 10^5\ \text{N/m}^2 = 286{,}7\ \text{Nm/kgK} \cdot 1{,}225\ \text{kg/m}^3 \cdot 288{,}15\ \text{K} = 1{,}01200 \cdot 10^5\ \text{N/m}^2 \quad .$$

□

2.4 Erster Hauptsatz der Thermodynamik

Bisher haben wir über Zustandsänderungen eines Gases gesprochen, ohne weiter darüber nachzudenken, wie diese Zustandsänderungen zustandekommen. In einem Gasvolumen kann eine Zustandsänderung durch Austausch von Wärme oder Arbeit zwischen dem Gas und seiner Umgebung herbeigeführt werden. Hierzu sagt der *erste Hauptsatz der Thermodynamik*:

> Ein Austausch von Wärme oder Arbeit zwischen einem Gas und seiner Umgebung führt zu einer äquivalenten Änderung der inneren Energie des Gases.

Wir vereinbaren, eine Wärmezufuhr und eine Arbeitsleistung am Gas positiv anzusetzen, während eine Wärmeabgabe oder Arbeitsleistung des Gases nach außen negativ sein soll. Dann ergibt sich eine differentielle Änderung der Inneren Energie de als Äquivalent einer Wärmemenge $đq$ oder einer Arbeitsleistung $đw$:

$$de = đw + đq \quad . \tag{2.3}$$

Es ist dies praktisch ein Satz von der Erhaltung der Energie. Ähnliche Sätze gibt es in der Mechanik, Elektrotechnik usw.. Er bezieht sich allein auf die Innere Energie, mit der der gesamte Energie–Inhalt eines abgeschlossenen Systems beschrieben wird. Bei strömenden Medien werden wir später die Energiebilanz erweitern und die kinetische Energie berücksichtigen.

Die Innere Energie ist eine Zustandsgröße. Das bedeutet unter anderem, daß der Weg, über den eine Zustandsänderung erfolgt, keinen Einfluß auf den Endwert der Inneren Energie hat. Aus diesem Grund ist "de" als vollständiges Differential geschrieben. Wärmemenge und Arbeit dagegen sind keine Zustandsgrößen und wurden deshalb auch nicht als vollständige Differentiale dargestellt. Ihr Betrag ist vom Weg des zustandsändernden Prozesses abhängig.

Im folgenden sollen die im ersten Hauptsatz vorkommenden *Prozeßgrößen* Arbeit und Wärmemenge spezifiziert werden. In diesem Zusammenhang werden wir nochmals darauf zu sprechen kommen, daß es sich bei diesen Größen nicht um Zustandsgrößen handelt.

Beispiel: Bei Windkanälen mit geschlossenem Luftkreislauf ("Göttinger Bauart") wird durch den Antrieb Arbeit an dem Gas (der Luft) im Kanal geleistet. Die Motorleistung, die zum Antrieb des Gebläses aufgebracht wird, führt zu einer äquivalenten Anhebung der inneren Energie der Luft, und das bedeutet, die Temperatur nimmt zu. Teilweise wird über die Kanalwände Wärme nach außen an die Umgebung abgegeben. Darüber hinaus muß man jedoch einen entsprechend leistungsstarken Kühler vorsehen, wenn die Temperatur und damit die Reynolds–Zahl nicht durch diese Arbeitsleistung verändert werden soll. Die Antriebsleistung des größten europäischen Unterschallkanals liegt bei 12,7 MW (Bild 2.2).

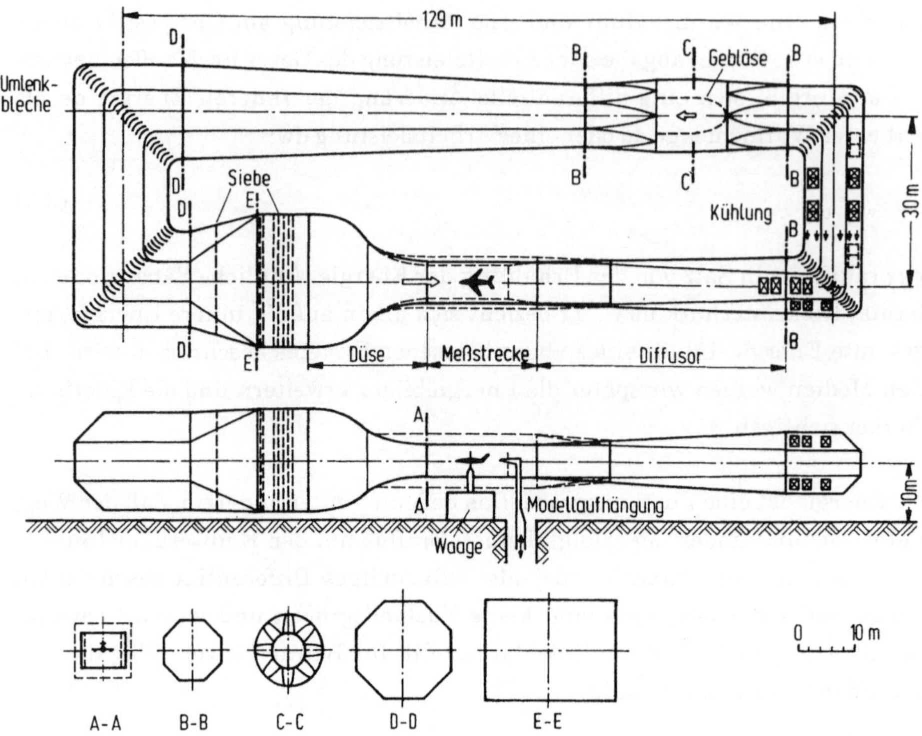

Bild 2.2. Geschlossener Kreislauf des Deutsch–Niederländischen Windkanals (DNW)

□

Arbeit:

Hinsichtlich der Arbeit machen wir jetzt die Einschränkung, daß nur *reversible* Zustandsänderungen betrachtet werden. Hierzu müssen die Begriffe *reversibel* und *irreversibel* erläutert werden.

Beispiel: Es ist vorstellbar, daß an einem Medium durch einen Quirl Arbeit geleistet wird. Der Quirl befindet sich mit dem Medium in einem isolierten Behälter und wird von außen angetrieben. Durch die Arbeit wird die Innere Energie des Mediums vergrößert. Es ist jedoch offensichtlich, daß dieser Prozeß nicht umgekehrt werden kann, also der Quirl angeregt werden könnte, dem Medium die zusätzliche Energie wieder zu entziehen. Der Prozeß ist irreversibel.

□

Wesentliches Merkmal irreversibler Prozesse ist, daß sich das betrachtete Medium zeitweise nicht im Gleichgewicht befindet. Es entstehen Ströme im Sinne von ausgesprochen ungeordneten Bewegungen, beispielsweise Ströme zum Massenausgleich, Impulsausgleich oder Temperaturausgleich, die allgemein sehr spontan verlaufen. Man kann sich vorstellen, daß mit derartigen Strömen innere Reibung verbunden ist, mit der man die Ursache der Irreversibilität des Vorgangs erklären kann. Man spricht von reibungs- und daher verlustbehafteten Vorgängen.

Systeme, die sich im Gleichgewichtszustand befinden, sind dagegen frei von solchen Strömen, und ein Prozeß, der von einem Zustand zu einem anderen führt, ist dann reversibel, wenn das System während des ganzen Prozesses im Gleichgewicht bleibt, d.h. wenn Arbeit und Wärme so zugeführt werden, daß keine Ströme entstehen.

Eine reversible Arbeitsleistung an einem Medium kann näherungsweise dadurch erreicht werden, daß durch langsame Bewegung eines Kolbens das Medium komprimiert oder expandiert wird (Bild 2.3).

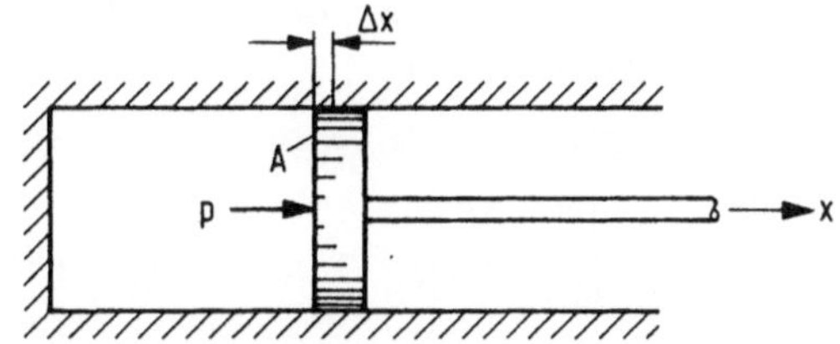

Bild 2.3. Reversible Arbeitsleistung durch langsame Kolbenbewegung

Expandiert das Medium, so wird nach außen Arbeit abgegeben. Wir vereinbarten bereits, abgegebene Arbeit negativ zu bezeichnen. Bei der Expansion entsteht eine Verschiebung des Kolbens um Δx, was einer Volumenvergrößerung um $\Delta V = A\Delta x$ entspricht. Für die Arbeitsleistung erhalten wir

$$\Delta w_{rev.} = -\frac{\text{Kraft} \cdot \text{Weg}}{\text{Masse}} = -\left(p + \frac{\Delta p}{2}\right)\frac{A \cdot \Delta x}{\text{Masse}} = -\left(p + \frac{\Delta p}{2}\right)\frac{\Delta V}{\text{Masse}} \quad .$$

Dabei wurde ein mittlerer Druck $(p + (\Delta p/2))$ während der Verschiebung angesetzt.

Bei einer infinitesimalen Verschiebung wird daraus

$$\delta w_{rev.} = -p\,dv \quad . \tag{2.4}$$

Hierin ist $v = V/\text{Masse} = 1/\rho$ das spezifische Volumen.

Wir erkennen, daß diese Arbeit auf eine Volumenänderung zurückgeführt werden kann. So erklärt sich die Bezeichnung *Volumenänderungsarbeit.* Übrigens gilt die oben angegebene Beziehung natürlich auch bei einer Kompression. In diesem Fall wird am Medium durch den Kolben Arbeit geleistet. Es errechnet sich ein positiver Betrag, da dv negativ ist.

Die Volumenänderungsarbeit läßt sich in einem p, v–Diagramm darstellen. Wenn wir davon ausgehen, daß dabei weder Wärme zu– noch abgeführt wird, so spricht man von einer *adiabaten* Zustandsänderung. Ferner hatten wir vorausgesetzt, daß der Vorgang *reversibel* ist, d.h. während der Kolbenbewegung bleiben Druck und Temperatur gleichförmig. Wir werden später noch sehen, daß reversible adiabate Prozesse auch als *isentrope* Zustandsänderungen bezeichnet werden können.

Die Arbeit ergibt sich im p, v–Diagramm als Fläche unter der Isentropen.

Beispiel: In dem folgenden Diagramm (Bild 2.4) ist eine isentrope Zustandsänderung zwischen einem Zustand 1 mit $p_1 = 5000$hPa und $t_1 = 180$°C und einem Zustand 2 mit $p_2 = 1000$hPa und $t_2 = 15$°C aufgetragen. Diese Zustandsänderung kann in beiden Richtungen gesehen werden, d.h. als Expansion und als Kompression.

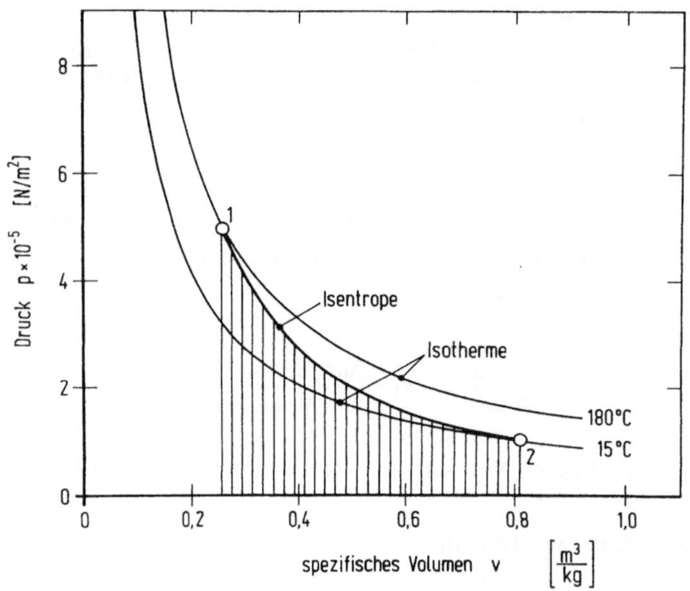

Bild 2.4. Beispiel einer isentropen Zustandsänderung

Die dabei abgegebene bzw. aufgenommene Arbeit ist

$$w_{1,2} = -\int_1^2 p\,dv = \int_2^1 p\,dv \quad .$$

Es sei an dieser Stelle noch einmal betont, daß wir hier die Vorzeichenwahl aus der Sicht des Gases getroffen haben, also vom Gas abgegebene Arbeit (bei Expansion) führt zu einem negativen Vorzeichen. Vom Kolben her gesehen wäre das Vorzeichen umgekehrt: Durch die Expansion des Gases nimmt der Kolben Arbeit auf.

□

Bisher wurde vorausgesetzt, daß nur Wärme und Arbeit die Systemgrenze unseres Gasvolumens überschreitet. Solche Systeme werden als *geschlossene Systeme* bezeichnet. Im folgenden soll nun zugelassen werden, daß auch Masse über die Systemgrenze zu- oder abgeführt wird. Solche Systeme werden als *offene Systeme* bezeichnet. Diese Systeme sind von großer praktischer Bedeutung. Im allgemeinen findet dabei eine stationäre Durchströmung statt, d.h. die gleiche Masse, die in das System eintritt, strömt auch wieder heraus. Beispiele für derartige Systeme sind Kolbenmotore und Turbinen. Es ist mit thermodynamischen Mitteln möglich, zu beurteilen, welche Arbeit von diesen Systemen abgegeben werden kann.

Zunächst muß jedoch hierzu der Begriff Verdrängungsarbeit erläutert werden: Wir betrachten dazu einen Abschnitt einer Stromröhre (Bild 2.5), der an den Stellen (1) und (2) abgegrenzt sei. Bei dem Eintritt einer Masseneinheit in den Kontrollbereich wird gegen den Druck p_1 eine Arbeit $p_1A_1\Delta x_1$ geleistet. Es wird dabei angesetzt, daß die Masseneinheit um Δx_1 eingedrungen ist, also ein Volumen $A_1\Delta x_1$ einnimmt. In ähnlicher Weise wird beim Austritt der gleichen Masse die Arbeit $p_2A_2\Delta x_2$ abgegeben. Bezieht man auf die Masse, so läßt sich das spezifische Volumen einführen – $v = A\Delta x/\Delta m$ – und man erhält für die Verdrängungsarbeit das Produkt pv.

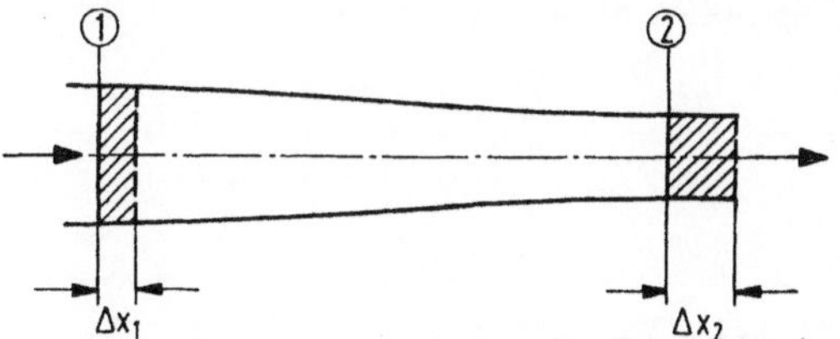

Bild 2.5. Verdrängungsarbeit in einer Stromröhre

Um zu berechnen, welche technisch nutzbare Arbeit ein offenes System liefert, betrachten wir folgende einfache Strömungsmaschine (Bild 2.6).

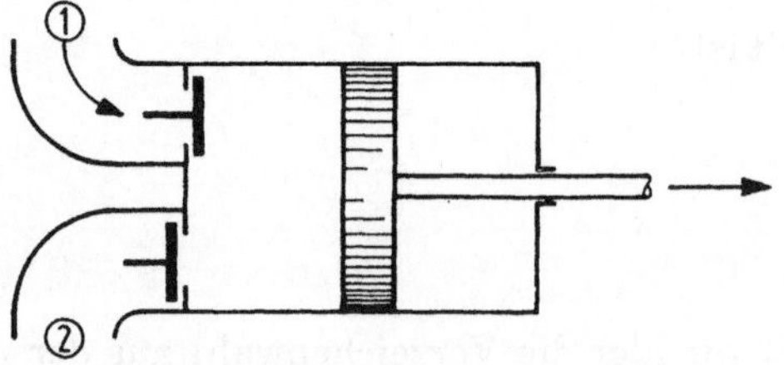

Bild 2.6. Strömungsmaschine

Das Arbeitsmedium hat zunächst den Druck p_1 und die Dichte $\rho_1 = 1/v_1$. Beim Einströmen in den Zylinder wird vom Medium eine *Verdrängungsarbeit* am Kolben vom Betrag $p_1 v_1$ geleistet. Das Medium gibt also Arbeit ab, die vom Kolben aufgenommen wird. Es ist hier gebräuchlich, die Arbeit auf den Kolben zu beziehen und die vom Kolben aufgenommene Arbeit positiv zu bezeichnen, vom Kolben abgegebene Arbeit dagegen negativ! Nach dem Schließen des Einlaßventils expandiert das Medium auf den Druck p_2 und gibt dabei Arbeit vom Betrag $\int_1^2 pdv$ an den Kolben ab. Das Medium muß dann bei einem Druck p_2 ausgeschoben werden, wozu ein Arbeitsaufwand $p_2 v_2$ erforderlich ist, der vom Kolben am Medium geleistet wird. Als effektiv technisch nutzbare Arbeit ergibt sich die Differenz zwischen der am Kolben vom Arbeitsmedium geleisteten Arbeit und der an das Medium durch den Kolben abgegebenen Arbeit:

$$w_{tech} = p_1 v_1 + \int_1^2 pdv - p_2 v_2 = -\int_1^2 d(pv) + \int_1^2 pdv = -\int_1^2 vdp \quad .$$

Es folgt also für die *technische Arbeit*

$$w_{tech} = \int_1^2 vdp \quad . \tag{2.5}$$

Auch dies läßt sich in einem p, v–Diagramm als Fläche darstellen (Bild 2.7).

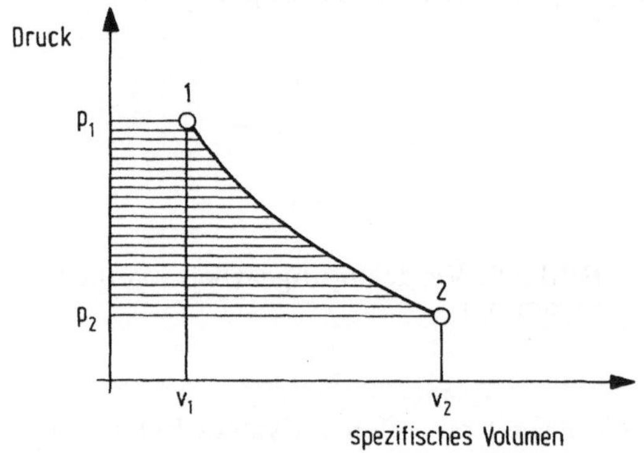

Bild 2.7. Darstellung der technischen Arbeit im p, v–Diagramm

Man erkennt, daß die Fläche

$$\int_2^1 v dp$$

entsteht, indem zu der Fläche

$$\int_1^2 p dv$$

die Fläche $p_1 v_1$ addiert und davon die Fläche $p_2 v_2$ subtrahiert wird.

Wir haben damit den Begriff Verdrängungsarbeit ($pv = p/\rho$) eingeführt, der charakteristisch für offene Systeme ist. Bei der Behandlung von Strömungsfeldern werden wir die Verdrängungsarbeit in der Energiebilanz zu berücksichtigen haben, wenn wir ein raumfestes Kontrollvolumen benutzen, durch das es einen Zu- und Abfluß gibt.

Übrigens ist natürlich das hier behandelte Beispiel eines offenen Systems auch voll umkehrbar, denn wir haben einen reversiblen Prozeß vorausgesetzt.Das System kann als Pumpe arbeiten. Beim Einströmen des Mediums muß vom Kolben zunächst die Verdrängungsarbeit $p_2 v_2$ geleistet werden und darauf bei der Verdichtung

$$\int_2^1 p dv \quad .$$

Im Zusammenhang mit dem Ausströmvorgang wird der Kolben bewegt, wobei an dem Kolben die Arbeit $p_1 v_1$ geleistet wird:

$$w_{tech} = - p_2 v_2 - \int_2^1 p dv + p_1 v_1 = - \int_1^2 v dp \quad .$$

Wärme:

Als nächstes wollen wir uns mit der *Wärmemenge* $đq$ befassen. Aus dem 1. Hauptsatz der Thermodynamik erhält man

$$đq = de + p\,dv \quad . \tag{2.6}$$

Wir fragen jetzt danach, welche Wärmemenge erforderlich ist, um die Temperatur einer Masseneinheit eines Mediums um ein Grad zu erwärmen. Diese Wärmemenge wird als *spezifische Wärme* bezeichnet. Sie errechnet sich als

$$c = \frac{đq}{dt} \quad .$$

Es wurde eingangs schon festgestellt, daß $đq$ keine Zustandsgröße ist, d.h. ihr Wert von der Art des Prozesses abhängig ist, bei dem die Wärmezufuhr erfolgt. Somit ist zu erwarten, daß auch die spezifische Wärme von dem Weg abhängt, auf dem die Wärmezufuhr erfolgt.

Um dies zu erläutern, betrachten wir die möglichen Zustandsänderungen im p,v-Diagramm (Bild 2.8).

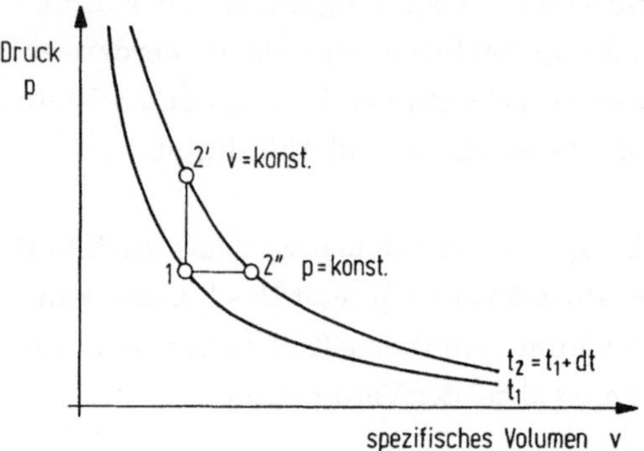

Bild 2.8. Isobare und isochore Zustandsänderung

In dem Diagramm sind zwei Isothermen eingezeichnet:

$$R\,t_1 = p_1 v_1$$

$$R\,t_2 = p_2 v_2 = R(t_1 + dt) \quad .$$

Bei der Bestimmung der spezifischen Wärme geht es jetzt darum, diejenige Wärmemenge zu ermitteln, die erforderlich ist, um von einem Zustand mit p_1, v_1 auf der Isothermen t_1 zu einem Zustand auf der Isothermen t_2 zu gelangen. Solange dieser zweite Zustand nicht weiter definiert ist, können wir nur feststellen, daß es unendlich viele Wege gibt, um auf die Isotherme t_2 zu gelangen, und dementsprechend unendlich viele verschiedene spezifische Wärmen würden sich ergeben. Daher werden wir jetzt eine Festlegung vornehmen und uns im folgenden mit zwei besonderen Fällen befassen, nämlich der isobaren und der isochoren Zustandsänderung ($p = \text{konst.}$ und $v = 1/\rho = \text{konst.}$). Für diese beiden Fälle wollen wir die spezifischen Wärmen ermitteln.

Für reversible Prozesse folgt aus dem 1. Hauptsatz

$$c = \frac{đq}{dt} = \frac{de}{dt} + p\frac{dv}{dt} \quad .$$

Für den Fall v = konst. folgt daraus

$$c_v = \left(\frac{de}{dt}\right)_v \quad .$$

Da jedoch eine Zustandsgröße stets durch zwei weitere Zustandsgrößen darstellbar ist, muß e = e(v,t) gelten, woraus folgt, daß $de = e_t dt + e_v dv$. Für den vorliegenden Fall v = konst. ergibt sich damit

$$c_v = \frac{\partial e}{\partial t} \quad . \tag{2.7}$$

Wir streben nun an, eine ähnlich einfache Beziehung für die spezifische Wärme bei konstantem Druck zu erhalten. Das gelingt durch die Einführung der *Enthalpie.* Sie stellt die Summe von Innerer Energie und Verdrängungsarbeit dar:

$$h = e + pv \tag{2.8}$$

$$dh = de + pdv + vdp \quad .$$

Damit kann die Wärmemenge jetzt dargestellt werden als

$$đq = dh - vdp \quad .$$

Und für die spezifische Wärme bei p = konst. folgt:

$$c_p = \left(\frac{dh}{dt}\right)_p \quad .$$

Mit gleicher Argumentation wie bei der Inneren Energie muß für die Enthalpie gelten h = h(p,t) und $dh = h_t dt + h_p dp$, woraus mit p = konst. folgt

$$c_p = \frac{\partial h}{\partial t} \quad . \tag{2.9}$$

Für *ideale Gase* gilt allerdings, daß die Innere Energie allein eine Funktion der Temperatur ist, also e = e(t). Daraus folgt wiederum mit der Zustandsgleichung, daß auch die Enthalpie nur von der Temperatur abhängt. Daher sind bei idealen Gasen die oben angegebenen partiellen Ableitungen identisch mit den totalen, also

Ideale Gase:

$$c_v = \frac{de}{dt} \tag{2.10a}$$

$$c_p = \frac{dh}{dt} \quad . \tag{2.10b}$$

In vielen Fällen ist es darüber hinaus möglich, die spezifischen Wärmen als konstant anzusetzen. Gase, für die c_p, c_v = konst. ist, werden als *kalorisch perfekte Gase* bezeichnet. Dann lassen sich die oben angegebenen Beziehungen integrieren, und man erhält

$$h = c_p t \tag{2.11a}$$

$$e = c_v t . \tag{2.11b}$$

In Bild 2.9 ist gezeigt, inwieweit die spezifische Wärme c_p und das Verhältnis der spezifischen Wärmen $\gamma = c_p / c_v$ mit der Temperatur bzw. c_p mit dem Druck variieren.

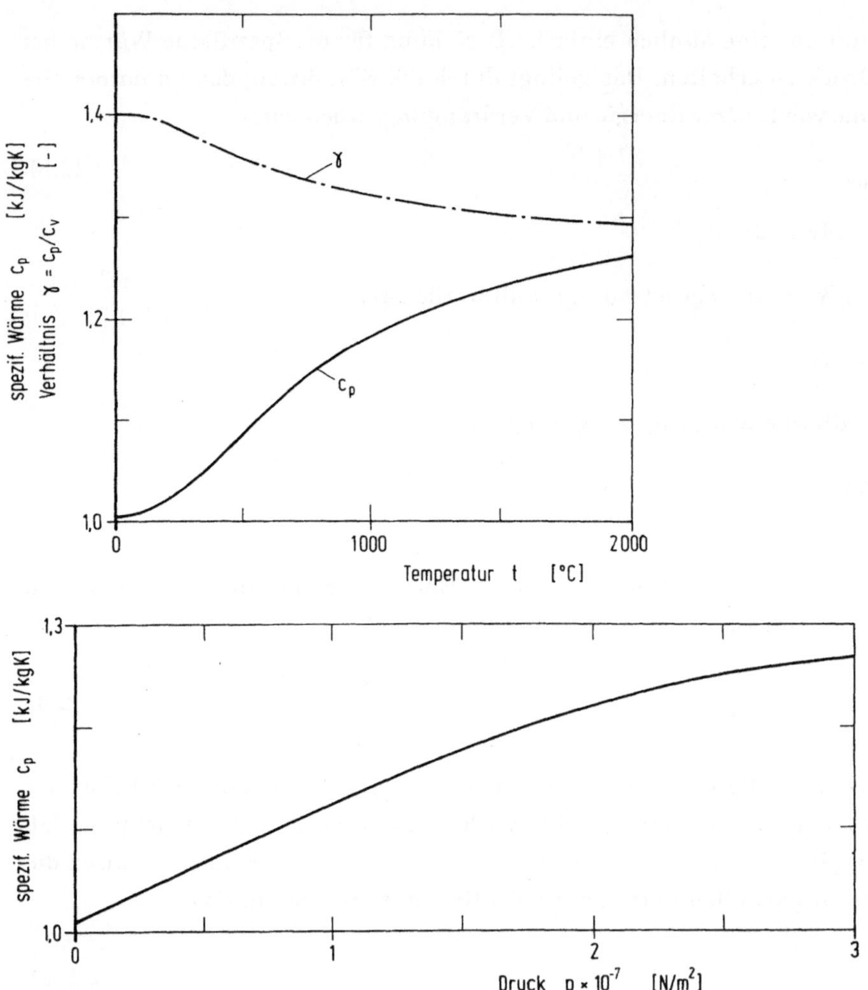

Bild 2.9. Spezifische Wärme und Verhältnis γ für Luftänderung mit der Temperatur bei $p = 10^5 N/m^2$ bzw. mit dem Druck bei $t = 20°C, \ldots, 100°C$

Nun wollen wir noch eine interessante Beziehung zwischen den spezifischen Wärmen und der Gaskonstanten herleiten. Wir benutzen die Definition der Enthalpie (2.8) und bilden die Ableitung nach der Temperatur:

$$\frac{dh}{dt} = \frac{de}{dt} + \frac{d(pv)}{dt} \quad .$$

Aus der Zustandsgleichung pv = Rt folgt

$$c_p = c_v + R \qquad \text{bzw.} \qquad R = c_p - c_v \quad . \tag{2.12}$$

Beispiel: Abschließend soll nun noch an einem Beispiel gezeigt werden, wie die hier zusammengetragenen Erkenntnisse angewendet werden können. Wir wollen den thermischen Wirkungsgrad eines Turbinen–Luftstrahl–Triebwerks (TL–Triebwerk) ermitteln. Der Aufbau derartiger Triebwerke ist schematisch in Bild 2.10 angegeben.

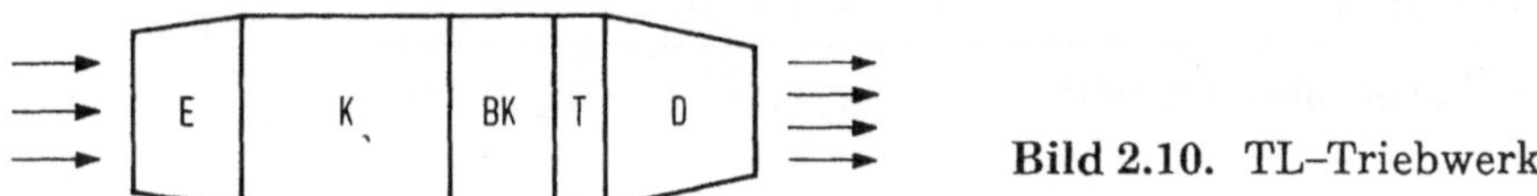

Bild 2.10. TL–Triebwerk

Die Kompression der in das Triebwerk eintretenden Luft erfolgt im Einlauf und im Kompressor. In der Brennkammer folgt eine näherungsweise isobare Wärmezufuhr. Die Verbrennungsgase treiben die Turbine, die zum Antrieb des Kompressors dient. Anschließend werden die Verbrennungsgase in der Düse beschleunigt und ausgestoßen. Die Differenz zwischen Austrittsimpuls der Verbrennungsgase und Eintrittsimpuls der Luft ergibt den Schub. Der zugeordnete Kreisprozeß stellt sich im p,v–Diagramm folgendermaßen dar (Bild 2.11):

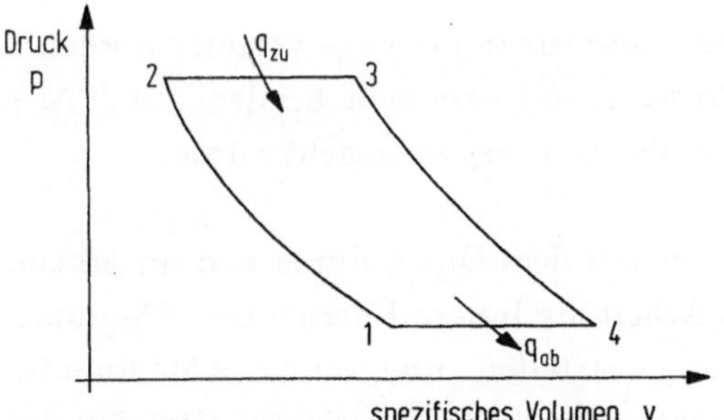

Bild 2.11. Kreisprozeß eines TL–Triebwerks

Sowohl die Kompression als auch die Expansion in Turbine und Düse können näherungsweise als reversibel und adiabat beurteilt werden. Die Verbrennung kann als iso–

bare Wärmezufuhr von außen angesehen werden, der Ausstoß der Arbeitsgase in die Umgebung als isobare Abkühlung.

Für den Wirkungsgrad läßt sich ansetzen:

$$\eta_{th} = \frac{\text{abgegebene Arbeit}}{\text{zugeführte Wärme}} \quad .$$

Wir brauchen hier jedoch nicht die Beziehungen für die Arbeit zu bemühen, sondern bedenken, daß die abgegebene Arbeit der Differenz zwischen zugeführter und abgeführter Wärme entsprechen muß. Wärmezu- und -abfuhr erfolgt bei konstantem Druck. Ist c_p die Wärmemenge, die bei konstantem Druck eine Temperaturerhöhung von einem Grad ergibt, so folgt jetzt

zugeführte Wärme	$c_p\,(t_3 - t_2)$
abgeführte Wärme	$c_p\,(t_4 - t_1)$
Differenz $\hat{=}$ abgegebene Arbeit	$c_p\,(t_3 - t_2) \;-\; c_p\,(t_4 - t_1)$.

Damit erhält man für den Wirkungsgrad

$$\eta_{th} = 1 - \frac{t_4 - t_1}{t_3 - t_2} \quad .$$

Wir werden diese Beziehung im nächsten Abschnitt noch weiter diskutieren.

□

2.5 Zweiter Hauptsatz der Thermodynamik

Mit dem ersten Hauptsatz der Thermodynamik sind wir in die Lage versetzt worden , den Endzustand eines thermodynamischen Prozesses zu bestimmen, bei dem durch Arbeitsleistung oder Wärmeaustausch eine Zustandsänderung verursacht wurde.

Erinnern wir uns noch einmal an das Beispiel mit dem Quirl, durch den an einem Medium Arbeit geleistet wird. Da durch die Arbeit die Innere Energie des Mediums erhöht wird, läßt sich eine Temperaturerhöhung feststellen , und wenn das Medium in einem festen und isolierten Behälter eingeschlossen ist, erfolgt die Arbeitsleistung isochor und adiabat. Temperatur und Druck nach Abschluß des Prozesses lassen sich sofort berechnen. Wir haben jedoch keine Möglichkeit zu belegen , daß sich dieser thermodynamische Prozeß nur in der angegebenen Richtung abspielen kann. Wir können vorerst nur anhand allgemeiner Erfahrung behaupten, daß der Quirl nicht angeregt werden kann, die zusätzliche Energie wieder zu entziehen.

Der zweite Hauptsatz der Thermodynamik liefert ein Kriterium zur Festlegung der Richtung, in der ein thermodynamischer Prozeß ablaufen kann. Bei irreversiblen Prozessen gibt es stets nur eine Richtung, während bei reversiblen Prozessen eine Umkehrung möglich ist.

Bei verlustbehafteten irreversiblen Prozessen in einem Gas kommt es zu einer Wärmeproduktion, die als Maß für die entstehenden Verluste genommen werden kann. Wir haben bereits die Prozeßgröße $đq$ kennengelernt als Bezeichnung für die Wärmemenge. Wir haben jedoch festgestellt, daß es sich dabei nicht um das vollständige Differential einer Zustandsgröße handelt.

Bei der Beurteilung eines thermodynamischen Prozesses werden im allgemeinen Anfangs- und Endzustand miteinander verglichen. Für eine eindeutige Beurteilung ist es erforderlich, Zustandsgrößen zu verwenden, d.h. Größen, die unabhängig von dem Weg sind, auf dem der Endzustand vom Anfangszustand aus erreicht wurde. Es ist daher wünschenswert, anstelle der Wärmemenge $đq$ eine entsprechende Zustandsgröße zur Verfügung zu haben.

Für reversible Zustandsänderungen ist es nun möglich, mit der Wärmemenge $đq$ eine neue Zustandsgröße zu definieren:

$$ds = \left.\frac{đq}{t}\right|_{rev} \quad . \tag{2.13}$$

Formal mathematisch ist hier die Temperatur t ein integrierender Faktor für $đq$, derart, daß $đq/t$ das vollständige Differential einer Funktion s darstellt. Die Ermittlung eines integrierenden Faktors, mit dem man aus einer Funktion ein vollständiges Differential machen kann, ist in einschlägigen Mathematikbüchern beschrieben. Wir wollen hier darauf nicht weiter eingehen.

Dazu nun noch eine ergänzende Bemerkung. Wir haben bereits die Arbeit im thermodynamischen Prozeß kennengelernt, die ebenfalls keine Zustandsgröße ist. Sie wird durch $đw = -pdv$ beschrieben. Benutzt man hier $-p$ als integrierenden Faktor, so wird daraus das vollständige Differential der bekannten Zustandsgröße $v = 1/\rho$. Damit wird die Arbeit relativiert durch Bezug auf den Druck, bei dem sie erfolgt:

$$dv = \frac{đw}{-p} \quad .$$

Die neue Zustandsvariable s wird als Entropie bezeichnet. Mit ihr ist die Wärmezu- und -abfuhr relativiert, indem sie auf die jeweilige Temperatur bezogen wird. Da es sich um eine Zustandsgröße handelt, ist das Integral über $đq/t$ längs eines beliebigen Weges, auf dem die Zustandsänderung erfolgt, allein von Anfangs- und Endzustand abhängig:

$$s_2 - s_1 = \int_{1_{(rev)}}^{2} \frac{đq}{t} \quad .$$

Die Entropie soll nun benutzt werden, um reversible und irreversible Prozesse voneinander zu unterscheiden und ferner, um festzustellen, in welcher Richtung ein irreversibler Prozeß allein ablaufen kann. Da die Definition der Entropie sich ausdrücklich auf einen reversiblen Prozeß bezieht, muß bei der Beurteilung eines irreversiblen Prozesses ein entsprechender reversibler Vergleichsprozeß benutzt werden.

Nehmen wir an, bei dem zu beurteilenden irreversiblen Prozeß wird die Wärmemenge $đq_A$ von außen zugeführt. Der Ablauf des irreversiblen Prozesses ist jedoch zudem dadurch bestimmt, daß im Innern des Mediums eine Wärmemenge $đq_{Reibg}$ produziert wird. Diese im Innern produzierte Wärme ist das Zeichen für die mit irreversiblen Prozessen verbundenen Verluste, die auf innere Reibungen zurückgehen.

Bei dem zur Beurteilung heranzuziehenden reversiblen Vergleichsprozeß wird dagegen keine Wärme im Innern produziert. Um den gleichen Prozeßablauf sicherzustellen, muß daher die Wärmemenge $đq_{Reibg}$ beim reversiblen Vergleichsprozeß zusätzlich von außen zugeführt werden. Damit ist die gesamte für den Prozeßablauf erforderliche Wärmemenge bei dem reversiblen Vergleichsprozeß um $đq_{Reibg}$ größer als beim irreversiblen Prozeß:

$$đq_{rev} = đq_A + đq_{Reibg} > đq_A = đq_{irrev} \quad .$$

Mit der Wärmemenge des reversiblen Vergleichsprozesses läßt sich die Entropieänderung angeben:

$$s_2 - s_1 = \int_1^2 \frac{đq_{rev}}{t} > \int_1^2 \frac{đq_{irrev}}{t} \quad .$$

Handelt es sich bei dem zu beurteilenden Prozeß um einen *Kreisprozeß*, so ist der Endzustand mit dem Anfangszustand identisch und die Zustandsgröße s unverändert. Man erhält

$$0 > \oint \frac{đq_{irrev}}{t} \quad .$$

Darin kommt zum Ausdruck, daß, um bei einem irreversiblen Kreisprozeß auf den Ausgangszustand zurückzukommen, die im Innern produzierte Wärme wieder abgeführt werden muß.

Handelt es sich bei dem zu beurteilenden irreversiblen Prozeß um einen *adiabaten Prozeß* – das sind Prozesse ohne Wärmezu- oder -abfuhr, also mit $đq_A = 0$ –, so erhält man

$$s_2 - s_1 > 0$$

$$ds > 0 \quad .$$

Fassen wir die Aussagen noch einmal zusammen, wobei für den reversiblen Prozeß das Gleichheitszeichen gesetzt wird:

$$\oint \frac{đq}{t} \leq 0 \qquad \text{Kreisprozesse}$$

$$ds \geq 0 \qquad \text{adiabate Prozesse} \tag{2.14}$$

$$s_2 - s_1 \geq 0 \quad .$$

Zusammen mit der Feststellung, daß die Entropie eine Zustandsgröße ist, stellen diese Beziehungen die Aussage des *zweiten Hauptsatzes der Thermodynamik* dar:

> Für adiabate Zustandsänderungen kommt es stets zu einem Anwachsen der Entropie, wenn die Änderung irreversibel ist. Bei reversiblen adiabaten Zustandsänderungen bleibt die Entropie konstant. Adiabate Zustandsänderungen mit einer Abnahme der Entropie sind nicht möglich.

Grundsätzlich läßt sich jede Zustandsgröße durch zwei weitere Zustandsgrößen darstellen. Im folgenden soll gezeigt werden, welcher Zusammenhang zwischen der Entropie und den einfachen Zustandsgrößen Druck, Temperatur und Dichte besteht.

Der erste Hauptsatz der Thermodynamik ergab den Zusammenhang (2.6)

$$đq = de + pdv \quad .$$

Verwendet man die Definition der Enthalpie (2.8)

$$dh = de + pdv + vdp \quad ,$$

so folgt für die Entropie

$$ds = \frac{de}{t} + \frac{p}{t}dv = \frac{dh}{t} - \frac{v}{t}dp \quad . \tag{2.15}$$

Setzt man ideale Gase voraus, so gilt dazu

$$dh = c_p dt \qquad pv = Rt$$

$$de = c_v dt \qquad \frac{dp}{p} + \frac{dv}{v} = \frac{dt}{t} \quad .$$

Damit folgt zunächst

$$ds = c_v \frac{dt}{t} + R\frac{dv}{v} = c_p \frac{dt}{t} - R\frac{dp}{p} \quad .$$

Die Differentiation der Gleichung $v = 1/\rho$ liefert $dv = -(1/\rho^2)d\rho$ bzw.

$$\frac{dv}{v} = -\frac{d\rho}{\rho} \quad .$$

Berücksichtigt man ferner die Beziehung (2.12) $R = c_p - c_v$, so ergeben sich schließlich folgende Zusammenhänge, wobei nunmehr deutlich wird, daß sich eine Zustandsgröße (hier die Entropie) stets durch zwei weitere Zustandsgrößen ausdrücken läßt:

$$\begin{aligned} ds &= c_v \frac{dt}{t} + (c_p - c_v)\frac{dv}{v} \\ &= c_v \frac{dt}{t} - (c_p - c_v)\frac{d\rho}{\rho} \qquad \Leftarrow \\ &= c_p \frac{dt}{t} - (c_p - c_v)\frac{dp}{p} \\ &= c_v \frac{dp}{p} - c_p \frac{d\rho}{\rho} \quad . \end{aligned}$$

Setzt man kalorisch perfekte Gase voraus, so lassen sich diese Beziehungen integrieren, und man erhält eine Reihe von sehr nützlichen Gleichungen. Es soll hier die Integration nur für ein Beispiel ($\Leftarrow$) vorgeführt werden:

Mit $(c_p - c_v)/c_v = (\gamma - 1)$ erhält man

$$\frac{1}{c_p - c_v} \int_1^2 ds = \frac{1}{\gamma - 1} \int_1^2 \frac{dt}{t} - \int_1^2 \frac{d\rho}{\rho} = \frac{1}{\gamma - 1} \ln\frac{t_2}{t_1} - \ln\frac{\rho_2}{\rho_1} \quad .$$

Verzichtet man auf den Index 2, so führt die Integration schließlich zu

$$\exp\left(\frac{s-s_1}{c_p-c_v}\right)=\frac{\left(\frac{t}{t_1}\right)^{\frac{1}{\gamma-1}}}{\left(\frac{\rho}{\rho_1}\right)} \quad .$$

In ähnlicher Weise lassen sich auch alle anderen Beziehungen integrieren, und man erhält folgende Gleichungen:

$$\frac{\rho}{\rho_1}=\left(\frac{t}{t_1}\right)^{\frac{1}{\gamma-1}}\exp\left(-\frac{s-s_1}{c_p-c_v}\right)$$

$$\frac{p}{p_1}=\left(\frac{t}{t_1}\right)^{\frac{\gamma}{\gamma-1}}\exp\left(-\frac{s-s_1}{c_p-c_v}\right) \tag{2.16}$$

$$\frac{p}{p_1}=\left(\frac{\rho}{\rho_1}\right)^{\gamma}\exp\left(\frac{s-s_1}{c_v}\right) \quad .$$

Die Gleichungen vereinfachen sich für den Fall, daß die Zustandsänderungen isentrop verlaufen:

$$\frac{\rho}{\rho_1}=\left(\frac{t}{t_1}\right)^{\frac{1}{\gamma-1}}$$

$$\frac{p}{p_1}=\left(\frac{t}{t_1}\right)^{\frac{\gamma}{\gamma-1}} \tag{2.17}$$

$$\frac{p}{p_1}=\left(\frac{\rho}{\rho_1}\right)^{\gamma} \quad .$$

Abschließend hierzu noch folgende Feststellung:

Die neue Zustandsgröße Entropie wurde benutzt, um eine Reihe praktisch bedeutsamer Beziehungen herzuleiten. Grundsätzlich läßt sich eine Zustandsgröße stets durch zwei weitere Zustandsgrößen beschreiben. So wurden die einfachen Zustandsgrößen p, ρ und t zunächst als Funktion der Entropie und einer anderen einfachen Zustandsgröße dargestellt. Eine Beschränkung auf isentrope Prozesse brachte daraus die bedeutsamen "Isentropie–Beziehungen" zwischen jeweils nur zwei der einfachen Zustandsgrößen. Dies ist eine allgemein verbreitete und sehr bemerkenswerte Vorgehensweise in der

Naturwissenschaft: Bei der Beschreibung eines Vorganges ist im allgemeinen eine bestimmte Anzahl von Variablen erforderlich. Eine oder eventuell auch mehrere der Variablen baut man so auf, daß sie dann unter bestimmten Voraussetzungen vernachlässigt werden können. So reduziert man die Anzahl der Variablen, und man muß dann nur noch sicherstellen, daß die angesetzten Voraussetzungen auch gegeben sind. In dem soeben angesprochenen Beispiel muß also die Isentropie sichergestellt sein.

Mit Hilfe der oben hergeleiteten Gleichungen lassen sich zwei unserer Beispiele, das zweite und das letzte im Kapitel 2.4 ergänzen:

Beispiel: Bei dem irreversiblen Prozeß der Arbeitsleistung an einem Medium durch einen Quirl ist jetzt ein Entropieanstieg berechenbar nach (2.16), wenn entweder die Temperatur oder der Druck im Anfangs- und Endzustand bekannt sind. Da das Volumen nicht geändert wird, ist der Vorgang isochor mit $\rho_1 = \rho_2$:

$$\frac{s_2 - s_1}{c_p - c_v} = \frac{1}{\gamma - 1} \ln \frac{t_2}{t_1} = \frac{1}{\gamma - 1} \ln \frac{p_2}{p_1} \quad .$$

Durch den Entropieanstieg bei dem adiabaten Prozeß ist belegt, daß der Vorgang irreversibel ist.

□

Beispiel: Im vorigen Abschnitt hatten wir den Kreisprozeß für ein TL–Triebwerk besprochen. Es wurde eine Darstellung im p,v–Diagramm gegeben und der Wirkungsgrad angegeben als

$$\eta_{th} = 1 - \frac{t_4 - t_1}{t_3 - t_2} \quad .$$

Im t, s – Diagramm ergibt sich nun folgendende Darstellung:

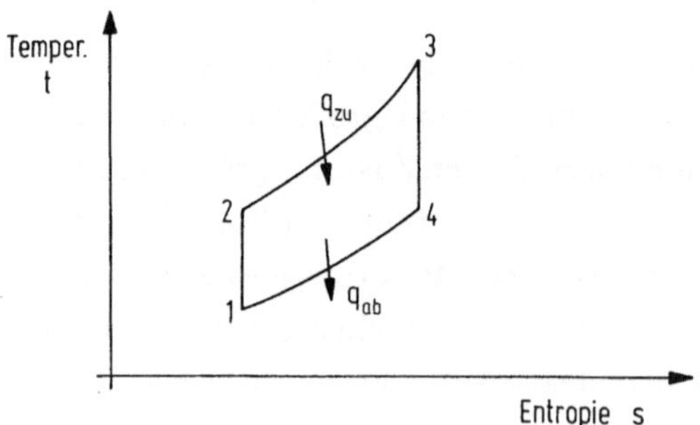

Bild 2.12. Kreisprozeß eines TL–Triebwerkes

Einer isentropen Kompression von (1) nach (2) folgte eine isobare Wärmezufuhr ($p_2 = p_3$). Es schloß sich eine isentrope Expansion von (3) nach (4) an, gefolgt von der isobaren Wärmeabfuhr (außerhalb des Triebwerks) mit $p_4 = p_1$.

Unsere Isentropen–Beziehungen ergeben hierzu

$$\frac{p_2}{p_1} = \left(\frac{t_2}{t_1}\right)^{\frac{\gamma}{\gamma-1}}$$

$$\frac{p_3}{p_4} = \left(\frac{t_3}{t_4}\right)^{\frac{\gamma}{\gamma-1}} .$$

Wegen $p_2 = p_3$ und $p_1 = p_4$ folgt

$$\frac{t_4}{t_1} = \frac{t_3}{t_2} .$$

Benutzt man dies für den Wirkungsgrad, so erhält man

$$\eta_{th} = 1 - \frac{t_1}{t_2}\,\frac{\frac{t_4}{t_1} - 1}{\frac{t_3}{t_2} - 1} = 1 - \frac{t_1}{t_2} .$$

Hier stehen die Temperaturen vor und nach der Kompression. Man kann anstelle der Temperaturen das Druckverhältnis $\pi = p_2/p_1$ angeben:

$$\frac{t_1}{t_2} = \left(\frac{p_1}{p_2}\right)^{\frac{\gamma-1}{\gamma}} = \frac{1}{\pi^{\left(\frac{\gamma-1}{\gamma}\right)}} = \pi^{-\frac{\gamma-1}{\gamma}}$$

und erhält

$$\eta_{th} = 1 - \pi^{-\frac{\gamma-1}{\gamma}} .$$

Der thermische Wirkungsgrad ist also allein durch das Kompressionsdruckverhältnis bestimmt.

Ziel bei einer Triebwerksentwicklung ist nun, unter Beachtung des Bauaufwandes (Stufenzahl) und der thermischen Belastbarkeit vor allem der Turbinenwerkstoffe den thermodynamischen Kreisprozeß zu optimieren.

Bei einem wirklichen Prozeß treten natürlich auch im Verdichter Strömungsverluste auf. Sie stehen im Zusammenhang mit transsonischen Profilumströmungen, die sich durch sorgfältige aerodynamische Formgebung der Schaufelprofile minimieren lassen. Dadurch wird das pro Stufe erzeugte Druckverhältnis angehoben und damit die Stufenzahl, d.h. die Triebwerksabmessungen und das Gewicht verringert. Die bei modernen Triebwerken erreichten Verdichter–Druckverhältnisse liegen bei $\pi = 30$. Im Flug kommt noch das Staudruckverhältnis hinzu, das von der Wirksamkeit des Einlaufdiffusors entscheidend mitbestimmt wird.

Die Schlüsselkomponente eines Triebwerks ist die Turbine, da sie die hohen Gastemperaturen, die übrigens weit über dem Schmelzpunkt der Legierungsbestandteile der Turbinenwerkstoffe liegen, ertragen muß. Aus diesem Grunde dient nur ein Teil der vom Verdichter angesaugten Luft als Verbrennungsluft, der größere Teil wird zur Herabsetzung auf die vor der Turbine zulässige Gastemperatur benötigt. Das Gas erreicht zunächst durch die Verdichtung bereits Temperaturen von etwa 800K, in der Brennkammer wird die Temperatur dann auf bis zu 1700K erhöht. Eine Überschreitung der Auslegungstemperatur der Turbinenschaufel um nur 20K bedeutet schon eine Halbierung ihrer Lebensdauer.

Zur Abrundung der Kenntnisse sei noch erwähnt, daß für die Auslegung eines Strahltriebwerkes der thermische Wirkungsgrad nicht allein maßgebend ist. Daneben müssen auch der Vortriebswirkungsgrad und der mechanische Wirkungsgrad berücksichtigt werden. Der Gesamtwirkungsgrad ergibt sich dann zu

$$\eta_{ges} = \eta_{th} \cdot \eta_{vor} \cdot \eta_{mech} \qquad \text{mit} \qquad \eta_{vor} = \frac{2}{1 + \dfrac{V_{strahl}}{V_{\infty}}} \; .$$

Demnach wird ein hoher Vortriebswirkungsgrad erreicht, wenn die Strahlgeschwindigkeit nur wenig größer als die Fluggeschwindigkeit ist. Um den erforderlichen Schub zu erreichen, müßten dann große Luftmassen nur mäßig beschleunigt werden. Das führt zu großen Durchmessern der Triebwerke (Fan–Triebwerke, Propfan–Triebwerke).

Ein fortschrittliches Triebwerk ist das CF6–50 von General Electric, mit dem unter anderem der Airbus A300 ausgestattet ist (Bild 2.13).

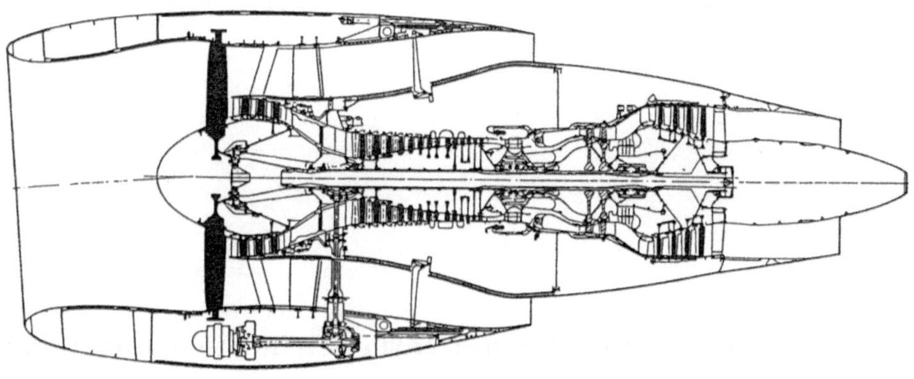

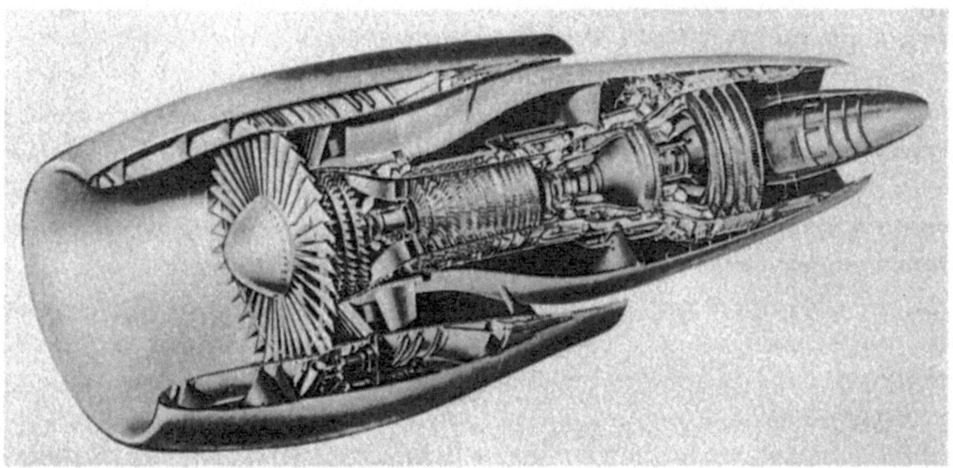

Bild 2.13. Fan–Triebwerk General Electric CF6–50 (*MTU*)

Bei diesem Zweistrom–Strahltriebwerk (ZTL– oder Fan–Triebwerk) wird nur ein Teil des gesamten Luftdurchsatzes über die Turbine als Heißstrom zur Schubdüse geleitet. Der weitaus größere Teil wird als Kaltstrom separat geführt. Das Gesamtdruckverhältnis beträgt $\pi = 35$, die Turbinen–Eintrittstemperatur $t_3 = 1550$K.

□

3 Stationäre, eindimensionale Strömungen

3.1 Allgemeine Bemerkung über die Variablen im Strömungsfeld

Von der Thermodynamik soll jetzt der Schritt zur Gasdynamik gemacht werden, indem die Bewegungsvorgänge im Gas in die Betrachtung einbezogen werden. In der Thermodynamik hatten wir die Zustandsgrößen als Variable kennengelernt. In der Gasdynamik kommt nun eine neue Variable, die Geschwindigkeit, hinzu, mit der wir die Bewegungsvorgänge in der Strömung beschreiben. Die Geschwindigkeit ist eine gerichtete Größe und wird als Vektor mit $\mathbb{V}$ bezeichnet. An einem bestimmten Ort im Strömungsfeld hat ein Teilchen also einen ganz bestimmten thermodynamischen Zustand und eine bestimmte Geschwindigkeit, die beschrieben werden durch

p Druck

ρ Dichte

t Temperatur

$$\left.\begin{array}{l} U \\ V \\ W \end{array}\right\} \text{Geschwindigkeitskomponenten in} \begin{array}{l} x \\ y \\ z \end{array} \text{-Richtung.}$$

Im allgemeinen sind diese Eigenschaften nicht nur von Ort zu Ort verschieden, sondern ändern sich an ein- und demselben Ort im Strömungsfeld auch mit der Zeit, d.h. es ist $p = p(x, y, z, \tau)$, $\rho = \rho(x, y, z, \tau)$ u.s.w. mit $\tau =$ Zeit.

Nun bieten sich zwei verschiedene Vorgehensweisen für eine Einführung in die Gasdynamik an: Es wäre einerseits möglich, mit einer allgemeinen Darsellung dreidimensionaler instationärer Strömungen zu beginnen, um anschließend die hergeleiteten Grundgleichungen für die weniger komplexen Strömungsvorgänge entsprechend zu vereinfachen. So erhält man gleich zu Beginn eine umfassende Darstellung. Die darauffolgenden Vereinfachungen sind unproblematisch, da die Gleichungen immer einfacher und überschaubarer werden. Allerdings ist eine komplexe Darstellung zu Beginn für den Studierenden oft verwirrend und somit abschreckend. Wir werden daher hier einen anderen Weg einschlagen: Wir beginnen zunächst mit einer ganzen Reihe von einfachen Problemstellungen, um als erstes eine gewisse Vertrautheit mit den Besonderheiten der in der Gasdynamik behandelten kompressiblen Strömungen zu bekommen. Begriffe, wie Schallgeschwindigkeit, Mach–Zahl, Laval–Düse und Verdichtungsstoß, werden uns dabei geläufig werden. Darüber hinaus wird auch in den einfachen Beispielen bereits angedeutet, mit welchen Mitteln man in der Gasdynamik die Strömungsvorgänge beschreibt. Erst nach dieser Eingewöhnung, mit der die wesentlichen Grundbegriffe schon in gewissem Maße verinnerlicht werden sollen, wird die allgemeine Darstellung dreidimensionaler instationärer Strömungen in Angriff genommen, die dann im weiteren die Grundlage für die Behandlung etwas komplexerer Strömungsvorgänge bildet. Wir wollen also mit dem Einfachsten beginnen, um dann schrittweise komplexer zu werden.

Das Einfachste sind stationäre eindimensionale Strömungen. Die Voraussetzung "*stationär*" bedeutet, daß eine Abhängigkeit von der Zeit entfällt. Mit anderen Worten: An einem bestimmten Ort im Strömungsfeld herrscht zu jedem Zeitpunkt der gleiche Zustand.

Bei *eindimensionalen* Strömungen sind Zustandsänderungen allein in einer Richtung zu erwarten, beispielsweise in Richtung der x–Koordinate.

Für die Diskussion der eindimensionalen stationären Strömung betrachten wir eine Stromröhre.

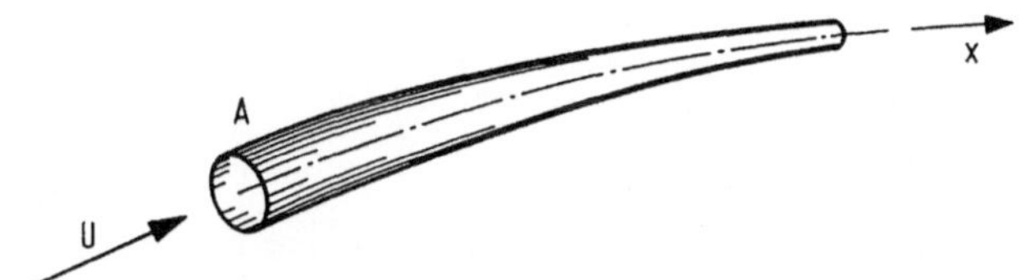

Bild 3.1. Stromröhre

Die Mantelfläche einer solchen Stromröhre wird durch Stromlinien gebildet, d.h. der Geschwindigkeitsvektor ist stets tangential zur Mantelfläche. Die Zustandsgrößen sind über die Querschnittsfläche konstant, können aber in Richtung der x–Achse variieren. Die Querschnittsänderungen der Stromröhre müssen dabei derart gering sein, daß die Strömungskomponenten senkrecht zur x–Achse vernachlässigbar klein bleiben.

Es gilt allgemein

$$p\,,\rho\,,t\,,U\,,A = f(x) \quad .$$

Um sicherzustellen, daß keine Änderungen der Strömungsgrößen über die Querschnittsflächen auftreten, kann man die Flächen auch beliebig klein wählen. Bei infinitesimal kleinen Querschnittsflächen spricht man dann nicht mehr von einer Stromröhre, sondern von einem Stromfaden.

3.2 Erhaltungssätze

Es sollen nunmehr die Erhaltungssätze für eindimensionale stationäre Strömungen angegeben werden.

> Der *Massenerhaltungssatz* besagt, daß die Masse, die einen Querschnitt passiert, auch alle folgenden Querschnitte der Stromröhre passieren muß.

Da die Mantelfläche einer Stromröhre aus Stromlinien gebildet wird, kann durch die Mantelfläche keine Masse hindurchtreten.

Zur formelmäßigen Darstellung des Massenerhaltungssatzes erinnern wir uns: Dichte ist Masse pro Volumen. Das Volumen, daß einen Querschnitt A pro Zeiteinheit $\Delta\tau$ passiert, ist $A\Delta x/\Delta\tau$. Dazu ist $U = \Delta x/\Delta\tau$ und somit folgt

$$\frac{dm}{d\tau} = \rho\,\frac{dU}{d\tau} = \rho\,U\,A = \rho_1 U_1 A_1 = \rho_2 U_2 A_2 = \text{konst.}$$

$$d(\rho\,U\,A) = 0$$

$$\frac{d\rho}{\rho} + \frac{dU}{U} + \frac{dA}{A} = 0\;. \tag{3.1}$$

> Der *Impulserhaltungssatz* besagt, daß eine Änderung des Impulsstromes den von außen wirksamen Kräften entsprechen muß.

Impuls ist Masse × Geschwindigkeit. Wir haben bereits gelernt, daß die ein- und ausströmende Masse gleich ist, also der Massenstrom ρUA ist konstant. Multipliziert mit der jeweiligen Geschwindigkeit erhält man den Impuls des in x-Richtung ein- bzw. austretenden Massenstromes. Kräfte werden infolge der Druckverteilung auf der Oberfläche der Stromröhre wirksam, und zwar wirken Druckkräfte auf die Schnittflächen und auf den Mantel der Stromröhre. Von den auf der Mantelfläche wirksamen

Kräften interessieren nur die in x–Richtung wirksamen Komponenten. Diejenigen senkrecht dazu heben sich gegenseitig auf:

$$\rho\, U A\, U_2 - \rho\, U A\, U_1 = p_1 A_1 - p_2 A_2 + \int_1^2 p\, dA \quad .$$

Hierin ist dA der Zuwachs der Querschnittsfläche in Achsenrichtung. Für den speziellen Fall, das A = konst. ist, gilt

$$p_1 + \rho_1 U_1^2 = p_2 + \rho_2 U_2^2 \quad .$$

Für den allgemeinen Fall erhält man in differentieller Schreibweise

$$\rho\, U A\; dU + d\,(p\,A) = p\, d\,A$$

$$U\, dU = -\,\frac{1}{\rho}\, dp \quad . \tag{3.2}$$

Der Impulserhaltungssatz für strömende Medien wird auch als *Eulersche Bewegungsgleichung* bezeichnet. Bemerkenswert ist, daß bei der Herleitung vom Massenerhaltungssatz Gebrauch gemacht wurde.

Der *Energieerhaltungssatz* besagt, daß eine Änderung der Energie der von bzw. nach außen geleisteten Arbeit entsprechen muß.

Als Energieformen kommen Innere Energie und Kinetische Energie in Betracht. Als Arbeit kommt hier die Verschiebe– oder Verdrängungsarbeit in Frage. Es sei hier noch einmal für die Stromröhre erläutert, wie diese Arbeit ermittelt wird (siehe hierzu Bild 2.5).

Bei der Verschiebung einer Masseneinheit wird gegen den jeweiligen Druck p eine Arbeit $pA\Delta x$ geleistet. Bezieht man auf die Masseneinheit Δm, so läßt sich das spezifische Volumen einführen – $v = A\Delta x/\Delta m$ – und man erhält für die Verdrängungsarbeit das Produkt pv.

Die von der Strömung geleistete Verdrängungsarbeit muß nun in einer Änderung der Energie zum Ausdruck kommen. Wir betrachten kinetische und innere Energie und beziehen auf die Masseneinheit. Das ergibt

$$\left(e_2 + \frac{U_2^2}{2}\right) - \left(e_1 + \frac{U_1^2}{2}\right) = p_1 v_1 - p_2 v_2$$

$$d\left(e + pv + \frac{U^2}{2}\right) = 0 \quad .$$

Führt man noch die Enthalpie $h = e + pv$ ein, so folgt daraus

$$dh + UdU = 0 \quad . \tag{3.3}$$

Die Integration ergibt

$$h + \frac{U^2}{2} = H_0 = \text{konst.} \quad . \tag{3.4}$$

Für kalorisch perfekte Gase mit $h = c_p t$ folgt

$$c_p t + \frac{U^2}{2} = c_p T_0 = \text{konst.} \quad .$$

Wir werden in einem der folgenden Abschnitte die Schallgeschwindigkeit ermitteln als $a^2 = \gamma Rt = (\gamma - 1)c_p t$ und die Mach-Zahl $M = U/a$ benutzen. Damit wird aus dem Energiesatz

$$a^2 + \frac{\gamma - 1}{2} U^2 = a_0^2 \tag{3.5}$$

$$\frac{a_0^2}{a^2} = 1 + \frac{\gamma - 1}{2} M^2 \quad . \tag{3.6}$$

Hierbei wurde die Temperatur im Ruhezustand (d.i. $U = 0$) mit T_0 und die Schallgeschwindigkeit im Ruhezustand mit a_0 bezeichnet. Damit ist der erste Schritt zur Einführung der in der Praxis so wichtigen Ruhegrößen getan.

3.3 Ruhegrößen, Gesamtgrößen

Die Ruhegrößen und ihre Beziehung zu den statischen Zustandsgrößen einer Strömung sind folgendermaßen zu erklären:

Man stellt sich vor, daß eine Strömung in jedem Punkt des Strömungsfeldes isentrop aufgestaut werden könnte, und bezeichnet die Zustandsgrößen, die man dann nach vollzogenem Aufstau erhalten würde, also bei der Geschwindigkeit $U = 0$, als Ruhe- oder Gesamt-Zustandsgrößen. Auf dieser Grundlage ermittelt man einen Ruhe- oder Gesamtdruck P_0, eine Ruhe- oder Gesamtdichte ρ_0, eine Ruhe- oder Gesamttemperatur T_0 usw..

In einer Unterschallströmung kann ein einfaches Rohr (sog. Pitot–Rohr , 1732 von *Henri Pitot* zur Messung der Strömungsgeschwindigkeit der Flüsse entwickelt) zum isentropen Aufstau einer Strömung benutzt werden (Bild 3.2).

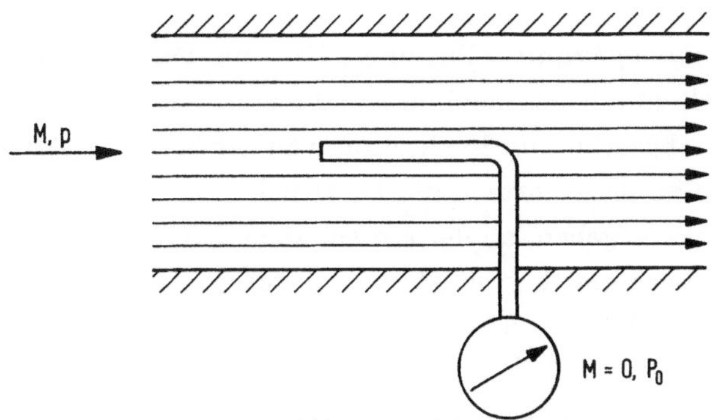

Bild 3.2. Isentroper Aufstau einer Strömung

Der Zusammenhang zwischen den statischen Zustandsgrößen einer Strömung und den entsprechenden Ruhegrößen ist allein durch die Mach–Zahl beschrieben. Im vorigen Abschnitt war das Verhältnis von Schallgeschwindigkeit zu Ruheschallgeschwindigkeit hergeleitet worden als

$$\frac{a_0^2}{a^2} = 1 + \frac{\gamma - 1}{2} M^2 \quad .$$

Dabei wurde bereits vorweggenommen, daß zwischen der Schallgeschwindigkeit und der Temperatur eines Gases der Zusammenhang $a^2 = (\gamma - 1) c_p t$ besteht. Damit folgt sofort das Verhältnis der Ruhetemperatur zur statischen Temperatur als

$$\frac{T_0}{t} = 1 + \frac{\gamma - 1}{2} M^2 \quad . \tag{3.7}$$

Die weiteren einfachen Zustandsgrößen erhält man hieraus über die Isentropiebeziehungen (2.17). Definitionsgemäß ist $s = S_0$ (wir hatten ja einen isentropen Aufstau vorausgesetzt!):

$$\frac{p_0}{p} = \left[1 + \frac{\gamma - 1}{2} M^2\right]^{\frac{\gamma}{\gamma - 1}} \tag{3.8a}$$

$$\frac{\rho_0}{\rho} = \left[1 + \frac{\gamma - 1}{2} M^2\right]^{\frac{1}{\gamma - 1}} \quad . \tag{3.8b}$$

In der Praxis ist vor allem die Beziehung für das Druckverhältnis von Bedeutung. Damit läßt sich über Druckmessungen die Mach-Zahl einer Strömung ermitteln. Der Gesamtdruck wird wie schon oben angeführt über ein Staurohr gemessen, der statische Druck über Wandbohrungen, wobei die Wand parallel zur Anströmung liegt.

Beispiel: Bei einem Prandtl-Rohr (*Ludwig Prandtl*, Physiker, 1875 bis 1953) ist die Messung von statischem Druck und Gesamtdruck kombiniert. Die statischen Druckbohrungen müssen sich in zueinander abgestimmter Entfernung von der Sondenspitze und Sondenhalterung befinden, um eine ungestörte statische Druckmessung zu gewährleisten. Dies ist genau an der Stelle gegeben, an der ein von dem Schaft-Einfluß verursachter Überdruck dem Betrage nach gleich groß ist wie der durch die Kopfumströmung entstehende Unterdruck (Bilder 3.3 bis 3.5).

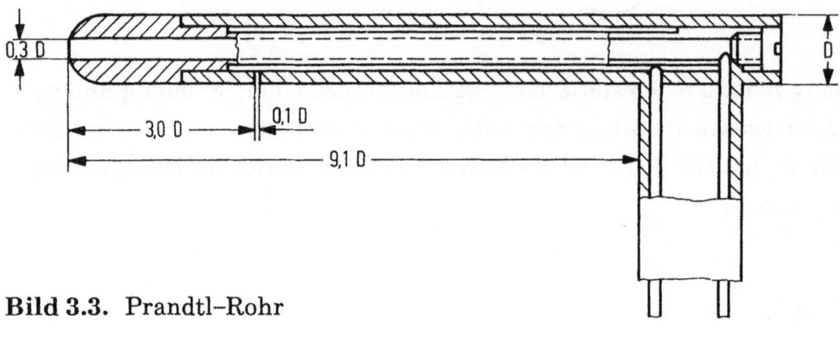

Bild 3.3. Prandtl-Rohr

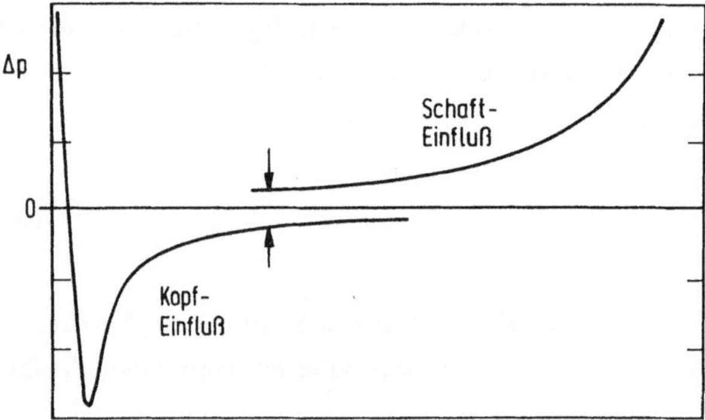

Bild 3.4. Druckverteilung auf der Oberfläche eines Prandtl-Rohres (schematisch)

Zumeist werden mehrere statische Druckbohrungen verwendet, 4 bis 6 über den Umfang verteilt, jedoch vornehmlich an der Unterseite, um sicherzustellen, daß der einseitig angebrachte Schaft eine gleichförmige Wirkung auf alle Bohrungen hat. Würde dies nicht der Fall sein, entstände im Innern der Sonde eine Strömung, durch die die Geschwindigkeitsmessung beeinträchtigt wird.

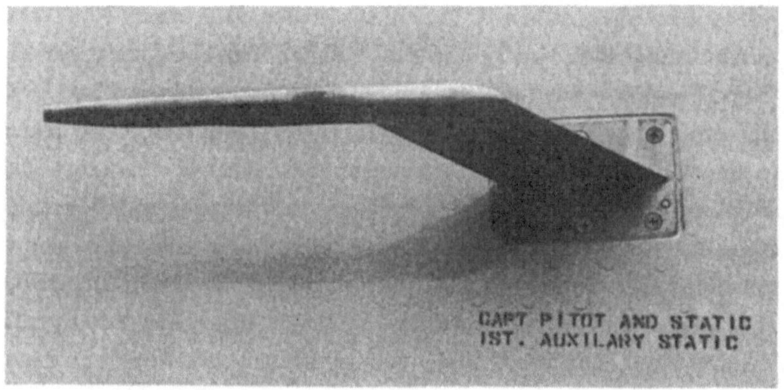

Bild 3.5. Prandtl–Rohr an einem Verkehrsflugzeug

Die Mach–Zahl–Bestimmung erfolgt dabei über folgende Beziehung:

$$M = \left\{ \frac{2}{\gamma - 1} \left[\left(\frac{p_0}{p} \right)^{\frac{\gamma - 1}{\gamma}} - 1 \right] \right\}^{\frac{1}{2}} . \tag{3.9}$$

□

Beispiel: Die Variation der Temperatur im Strömungsfeld führt insbesondere beim Hochgeschwindigkeitsflug zu thermischen Beanspruchungen der Zellenstruktur, die unter Umständen von gleicher Größenordnung sind wie die mechanischen Belastungen und sich zu diesen addieren (Bild 3.6).

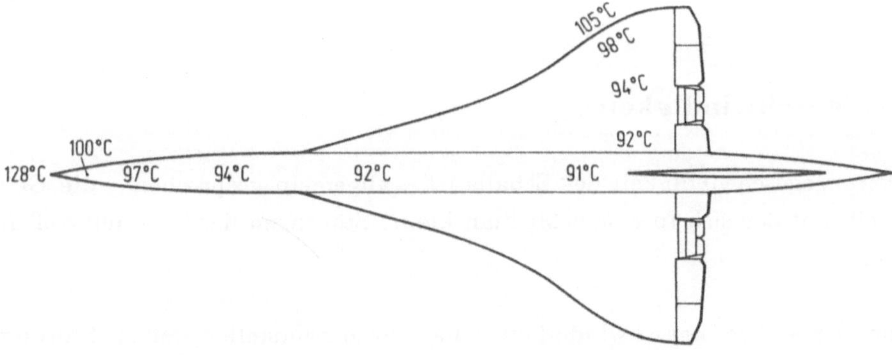

Bild 3.6. Oberflächen–Temperaturen bei der Concorde im Reiseflug, $M_\infty = 2$

Im stationären Reiseflug der Concorde mit $M_\infty=2{,}05$ ergibt sich nach (3.7) eine maximale Temperatur im Staubereich von $T_0=1{,}85\ t_\infty$. Bei der Umgebungstemperatur von $t_\infty=-56{,}5°C$ in 16km Flughöhe wird die Staupunkttemperatur damit $T_0=128°C$. Darüber hinaus erfolgt eine aerodynamische Aufheizung der gesamten Zelle durch Reibung, d.h. die an der Oberfläche stark abgebremste Strömung erwärmt sich proportional dem Verlust an kinetischer Energie. Für den im Flugzeug mitfliegenden Beobachter wird also die kinetische Energie des Gases vollständig oder teilweise in innere Energie entsprechend der Gleichung (3.4) umgewandelt. Tatsächlich erfolgt natürlich eine Energiezufuhr von außen, nämlich indirekt über die Kraftstoffverbrennung in den Triebwerken. Das dabei durch den Schub bewegte Flugzeug überträgt seine kinetische Energie unter Erwärmung auf das an sich ruhende Medium.

Temperaturen bis zu 150°C können von Aluminiumlegierungen noch ertragen werden, ohne an Festigkeit zu verlieren. Überschall–Flugzeuge werden deshalb in der Regel für maximale Flug–Mach–Zahlen von $M_\infty=2{,}2$ ausgelegt. Bei noch höheren Mach–Zahlen im Über– oder gar Hyperschall müssen andere Werkstoffe verwendet werden. Dazu kommen metallische Werkstoffe wie Titan in Betracht, aber auch faserverstärkte Kunststoffe, faserverstärkte Metalle und Keramik sowie kohlenfaserverstärkter Kohlenstoff.

Die aerodynamische Aufheizung kann gelegentlich auch von Nutzen sein. Beim Starfighter F104 konnte beispielsweise auf den Einbau einer Flügelnasen–Enteisungsanlage verzichtet werden, da wegen der aerodynamischen Aufheizung eine Eisbildung an der äußerst scharfen Nasenkante (d.h. geringe Wärmeableitung innerhalb der Struktur) ohnehin unmöglich ist.

□

3.4 Schallgeschwindigkeit

Die Ausbreitungsgeschwindigkeit des Schalls ist – allgemein gesprochen – die Geschwindigkeit, mit der sich in einem Medium kleine Störungen der Zustandsgrößen fortpflanzen.

Zur Bestimmung der Schallgeschwindigkeit wollen wir uns vorstellen, daß die Störung der Zustandsgrößen durch die plötzlich einsetzende Bewegung eines Kolbens in einem Rohr hervorgerufen wird (Bild 3.7).

Der Kolben wird von rechts nach links in das Rohr mit der Geschwindigkeit -dU hineingeschoben. In unmittelbarer Nähe der Stirnfläche des Kolbens wird das Medium

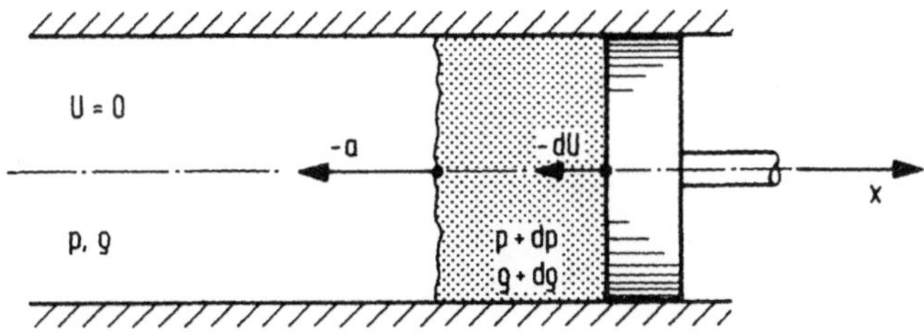

Bild 3.7. Kleine Störung der Zustandsgrößen (instationäre Betrachtung)

verdichtet (um $d\rho$) und der Druck ist um dp erhöht. Dort bewegt sich auch das Medium mit gleicher Geschwindigkeit wie der Kolben. Die Verdichtung wird sich über eine Störungsfront in das ruhende Medium hinein fortpflanzen. Wir wollen nun die Laufgeschwindigkeit dieser Störwelle ermitteln, die wir mit a bezeichnen. Das vorgeschlagene Strömungsmodell liefert jedoch einen instationären Strömungsvorgang, den wir mit den soeben hergeleiteten Erhaltungssätzen für stationäre eindimensionale Strömungen nicht ohne weiteres beschreiben können. Durch einen Wechsel des Bezugssystems gelangt man jedoch leicht zu einem stationären Strömungsvorgang. Anstatt daß der Beobachter sich außerhalb befindet, wird er jetzt mit der Wellenfront bewegt. Für einen Beobachter, der sich mit der Wellenfront mitbewegt, hat das ungestörte Medium die Geschwindigkeit a (von links nach rechts) und das Strömungsmodell nimmt folgendes Aussehen an:

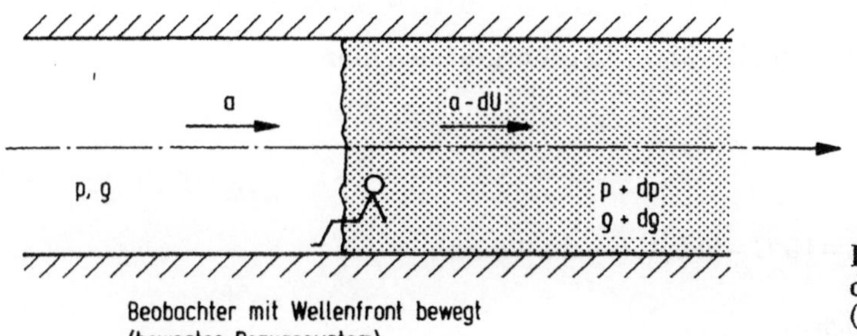

Bild 3.8. Kleine Störung der Zustandsgrößen (stationäre Betrachtung)

Auf diese Weise entsteht ein stationärer Strömungsvorgang, den wir mit unseren Erhaltungssätzen beschreiben können, wobei die Bezugsgeschwindigkeit a ist ($a \Rightarrow U$). Diese Geschwindigkeit ändert sich um $-dU$. Damit folgt aus dem Impulserhaltungssatz (3.2):

$$-a\,dU = -\frac{1}{\rho}dp \quad .$$

Der Massenerhaltungssatz (3.1) liefert

$$-\frac{dU}{a}+\frac{d\rho}{\rho}=0 \quad .$$

Beide Gleichungen zusammen ergeben

$$a^2=\frac{dp}{d\rho} \quad . \tag{3.10}$$

Hier ist zunächst noch unberücksichtigt geblieben, daß bei sehr kleinen Störungen Isentropie vorausgesetzt werden kann und somit die folgende Isentropie–Beziehung (2.17) gilt:

$$p=p_1\left(\frac{\rho}{\rho_1}\right)^{\gamma} \quad .$$

Der Druck ist damit allein eine Funktion der Dichte. Die Differentiation ergibt

$$\frac{dp}{d\rho}=p_1\gamma\frac{\rho^{\gamma-1}}{\rho_1^{\gamma}}=\gamma\frac{1}{\rho}p_1\left(\frac{\rho}{\rho_1}\right)^{\gamma}=\gamma\frac{p}{\rho}$$

und mit der Zustandsgleichung wird daraus

$$a^2=\gamma\frac{p}{\rho}=\gamma R t \quad . \tag{3.11}$$

Beispiel: Für Luft mit $\gamma=1{,}4$ und $R=286{,}7 J/kgK$ ergibt sich hier

$$a=20{,}03\sqrt{t}\;\frac{m}{s\sqrt{K}} \quad .$$

Bei einer Temperatur von $t=15°C=288{,}15K$ erhält man

$$a=340\ m/s=1224\ km/h \quad .$$

In einer Flughöhe von $z=11km$ herrschen nach der ICAO–Atmosphäre $t=216{,}65K$. Das ergibt

$$a=294{,}8\ m/s=1061\ km/h \quad .$$

□

Abschließend sei noch vermerkt, daß mit der Berechnung der Schallgeschwindigkeit ein sehr einfaches Beispiel für eindimensionale stationäre Strömungen behandelt worden ist, indem die vereinfachenden Annahmen

- Stromröhrenquerschnitt konstant
- isentrope Strömung

gemacht werden konnten. Im nächsten Abschnitt wird der senkrechte Verdichtungsstoß behandelt, ein Beispiel, bei dem die Isentropie–Bedingung fallengelassen wird, der Stromröhrenquerschnitt jedoch weiterhin konstant bleibt. Im darauffolgenden Beispiel der Laval–Düse ist die Querschnittsfläche variabel, die Entropie jedoch wieder konstant.

3.5 Senkrechter Verdichtungsstoß

Wenn jetzt detailliert auf den senkrechten Verdichtungsstoß eingegangen werden soll, so ist es sinnvoll, eine Überlegung zur Entstehung von Verdichtungsstößen voranzustellen. Hierzu ist allerdings noch einmal ein Exkurs zur instationären Wellenausbreitung erforderlich.

Wir betrachten – wie bei der Schallausbreitung – eine Dichte– bzw. Druckstörung, die in ein ruhendes Medium hineinläuft. Diese Störung soll allerdings jetzt groß sein, hervorgerufen durch eine schnelle Kolbenbewegung. Auch wenn der Kolben dazu aus seiner Ruhelage sehr plötzlich bewegt wurde, so wird doch die Kolbenbeschleunigung endlich sein und somit über die Welle, die vor dem Kolben ins ruhende Medium läuft, nur ein endlicher Dichtegradient vorliegen, etwa wie für den Zeitpunkt $\tau = \tau_1$ im Bild 3.9 gezeichnet ist. Im ruhenden Medium ist die Dichte ρ, unmittelbar vor dem Kolben $\hat{\rho}$ und zwischen den beiden Bereichen ist ein kontinuierlicher Übergang. Entsprechend ist vor dem Kolben der Druck $\hat{p}$ und im ruhenden Medium p.

Die kontinuierliche Verdichtung des Mediums zwischen den Punkten a und c ergibt sich aus einer unendlichen Vielzahl differentiell kleiner Kompressionen. Die Ausbreitungsgeschwindigkeit der Kompressionswellen ist die jeweilige lokale Schallgeschwindigkeit. Die lokale Schallgeschwindigkeit nun aber variiert mit der lokalen Temperatur. Je stärker die Verdichtung ist, desto höher ist die Temperatur und desto größer die Laufgeschwindigkeit der Welle. Die schnelleren Wellen holen die langsameren ein. Im Zeit–Weg–Diagramm wird dies durch die Konvergenz der Wellenbahnen deutlich. Ein Schnittpunkt der Wellenbahnen bedeutet, daß eine sprunghafte Änderung der Zu–

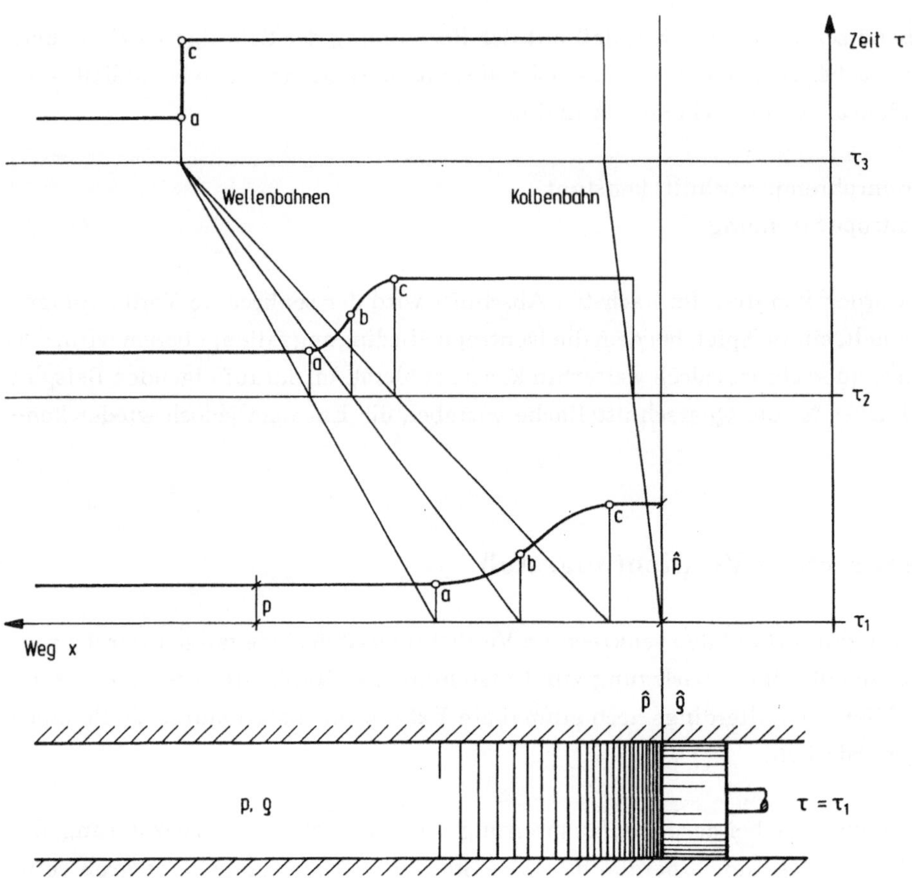

Bild 3.9. Entstehung eines Verdichtungsstoßes durch schnelle Kolbenbewegung

standsgrößen erfolgt, die Kompressionswellen sind zu einem Verdichtungsstoß vereint. Der Verdichtungsstoß läuft mit einer Geschwindigkeit U in das ruhende Medium hinein, wobei hier zunächst nur abgeschätzt werden kann, daß die Laufgeschwindigkeit des Stoßes etwa zwischen der Schallgeschwindigkeit des ruhenden Mediums und der des kolbennahen, komprimierten Mediums liegen wird. Damit ist auch zu erwarten, daß seine Laufgeschwindigkeit größer wird, je stärker die Kompression ist.

Nach diesen Bemerkungen zur Entstehung von Verdichtungsstößen können wir jetzt zur Behandlung des stationären senkrechten Verdichtungsstoßes übergehen. Durch einen Wechsel des Bezugssystems kommen wir auch hier, ahnlich wie bei der Schallausbreitung, sofort zu einem stationären Strömungsmodell (Bild 3.10).

Die Annahme einer Stromröhre mit konstantem Querschnitt ist nicht unbedingt erforderlich, wenn das Kontrollvolumen ganz an die Stoßfront herangezogen wird und

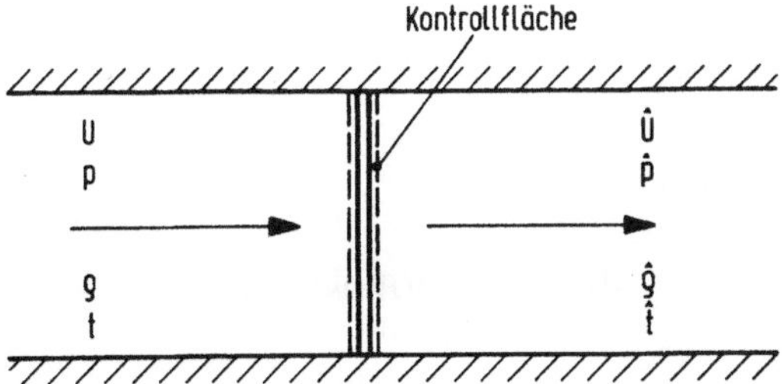

Bild 3.10. Senkrechter Verdichtungsstoß

die Stoßfront selbst sehr dünn ist, was man praktisch stets voraussetzen kann. Allerdings müssen die Stromlinien senkrecht zur Stoßfront verlaufen. Die Erhaltungssätze für Masse, Impuls und Energie (3.1), (3.2), und (3.4) ergeben dann hierzu

$$\rho U = \hat{\rho}\,\hat{U}$$

$$p + \rho U^2 = \hat{p} + \hat{\rho}\,\hat{U}^2$$

$$h + \frac{U^2}{2} = \hat{h} + \frac{\hat{U}^2}{2} \quad ,$$

wobei aus der letzten Gleichung mit $h = c_p t$ (für kalorisch perfekte Gase) und $p/\rho = Rt$ folgt:

$$\gamma \frac{p}{\rho} + \frac{\gamma - 1}{2} U^2 = \gamma \frac{\hat{p}}{\hat{\rho}} + \frac{\gamma - 1}{2} \hat{U}^2 \quad .$$

Es liegen somit drei Gleichungen für die drei Unbekannten $\hat{U}$, $\hat{p}$ und $\hat{\rho}$ vor, wenn man U, p und ρ vor dem Stoß als bekannt voraussetzt.

Wir setzen uns zunächst das Ziel, die Verhältnisse $\hat{U}/U$, $\rho/\hat{\rho}$, $\hat{p}/p$ und $\hat{t}/t$ zu ermitteln und beginnen mit $\rho/\hat{\rho}$. Vereinfachend verwenden wir die Abkürzung $\varepsilon = \rho/\hat{\rho}$.

Zunächst wird der Massenerhaltungssatz nach U aufgelöst:

$$\hat{U} = U \frac{\rho}{\hat{\rho}} = U \varepsilon \quad .$$

Dies wird für den Impulserhaltungssatz verwendet, der gleichzeitig nach $\hat{p}/p$ aufgelöst wird:

$$\frac{\hat{p}}{p} = 1 + \rho \frac{U^2}{p} - \hat{\rho} \frac{U^2}{p} \varepsilon^2 = 1 + \gamma \frac{U^2}{\gamma \frac{p}{\rho}} - \frac{\hat{\rho}}{\rho} \gamma \frac{U^2}{\gamma \frac{p}{\rho}} \varepsilon^2 \quad ,$$

d.h. mit $a^2=\gamma\, p/\rho$ und $M= U/a$ erhält man

$$\frac{\hat{p}}{p}=(1+\gamma M^2)-\gamma M^2\varepsilon \quad . \tag{3.12}$$

Die Energiegleichung wird durch $a^2=\gamma p/\rho$ dividiert. Mit $\hat{U}=U\varepsilon$ ergibt dies

$$1+\frac{\gamma-1}{2}M^2=\frac{\hat{p}}{p}\frac{\rho}{\hat{\rho}}+\frac{\gamma-1}{2}M^2\varepsilon^2=\frac{\hat{p}}{p}\varepsilon+\frac{\gamma-1}{2}M^2\varepsilon^2 \quad .$$

Hier wird jetzt der oben gewonnene Ausdruck für $p/\hat{p}$ eingesetzt:

$$1+\frac{\gamma-1}{2}M^2=\varepsilon(1+\gamma M^2)+\varepsilon^2\left[\frac{\gamma-1}{2}M^2-\gamma M^2\right] \quad .$$

Darin ist $[\ ]=-\frac{1}{2}(\gamma+1)M^2$. Man erhält schließlich folgende Bestimmungsgleichung für $\varepsilon=\rho/\hat{\rho}$:

$$\varepsilon^2-\left[\frac{2}{\gamma+1}\frac{1}{M^2}+\frac{2\gamma}{\gamma+1}\right]\varepsilon+\left[\frac{2}{\gamma+1}\frac{1}{M^2}+\frac{\gamma-1}{\gamma+1}\right]=0 \quad .$$

Das ist eine quadratische Gleichung mit dem Aufbau

$$\varepsilon^2+A\varepsilon+B=0 \quad .$$

Die allgemeine Lösung dafür ist

$$\varepsilon_{1,2}=\frac{1}{2}\left[-A\pm(A^2-4B)^{\frac{1}{2}}\right] \quad .$$

Es fällt auf, daß in der Bestimmungsgleichung für ε $A=-(B+1)$ ist, d.h. es ist $-4B=4A+4$. Damit folgt

$$\varepsilon_{1,2}=\frac{1}{2}\left[-A\pm(A^2+4A+4)^{\frac{1}{2}}\right]=\frac{1}{2}\left[-A\pm(A+2)\right]$$

$$\varepsilon_1=1$$

$$\varepsilon_2=-(A+1)=B+1-1=B \quad .$$

Die erste Lösung ist trivial: $\rho/\hat{\rho}=1$. Uns interessiert nur die zweite Lösung, mit der eine sprunghafte Änderung der Zustandsgrößen beschrieben wird:

$$\frac{\rho}{\hat{\rho}}=\frac{\hat{U}}{U}=\frac{1}{M^2}\left[1+\frac{\gamma-1}{\gamma+1}(M^2-1)\right]=1-\frac{2}{\gamma+1}\left(1-\frac{1}{M^2}\right)\ . \tag{3.13}$$

Hiermit erhält man aus (3.12) sofort das Druckverhältnis

$$\frac{\hat{p}}{p}=1+\frac{2\gamma}{\gamma+1}(M^2-1)\ . \tag{3.14}$$

Das Temperaturverhältnis und das Verhältnis der Schallgeschwindigkeit folgt aus der Zustandsgleichung (2.1) und (3.11) über $\hat{t}/t=\hat{a}^2/a^2=(\hat{p}/\hat{\rho})/(p/\rho)$:

$$\frac{\hat{t}}{t}=\frac{\hat{a}^2}{a^2}=\left[1+\frac{2\gamma}{\gamma+1}(M^2-1)\right]\left[1+\frac{\gamma-1}{\gamma+1}(M^2-1)\right]\frac{1}{M^2}\ . \tag{3.15}$$

Damit haben wir unser zunächst gestecktes Ziel erreicht, $\hat{U}/U$, $\rho/\hat{\rho}$,$\hat{p}/p$ und $\hat{t}/t$ zu ermitteln, die jetzt als Funktion der Anström–Mach–Zahl M dargestellt sind. Wir wollen nun noch die Änderung einer weiteren Zustandsgröße ermitteln, nämlich der Entropie. Wir erwarten, daß die Unstetigkeiten in der Strömung verlustbehaftet sind, was sich in einem Entropieanstieg widerspiegeln muß.

Wir benutzen die Beziehung (2.16) $\hat{p}/p=(\hat{\rho}/\rho)^\gamma \exp((\hat{s}-s)/c_v)$ und erhalten

$$\frac{\hat{s}-s}{c_v}=\ln\left\{\left[1+\frac{2\gamma}{\gamma+1}(M^2-1)\right]\left[1+\frac{\gamma-1}{\gamma+1}(M^2-1)\right]^\gamma M^{-2\gamma}\right\}\ . \tag{3.16}$$

Die im vorangegangenen abgeleiteten Beziehungen sind in dem folgenden Diagramm ausgewertet (Bild 3.11).

Im einzelnen kann zu den Änderungen der Zustandsgrößen über einen senkrechten Verdichtungsstoß nun folgendes festgestellt werden:

Der Anstieg der Dichte über einen Stoß nähert sich bei hohen Mach–Zahlen einem Grenzwert $\hat{\rho}/\rho|_{max}=(\gamma+1)/(\gamma-1)$. Der Fall $M=1$ entspricht einer Schallwelle. Alle Zustandsänderungen über die Unstetigkeit gehen gegen null. Bemerkenswert ist dabei, daß der Gradient der Entropie–Änderung bei $M=1$ auch null ist, was bedeutet, daß Stöße mit niedriger Überschall–Mach–Zahl ($M \gtrsim 1$) näherungsweise isentrop sind. Für Unterschallströmungen übrigens ($M<1$) würde sich nach (3.16) eine Entropieabnahme ergeben, was bedeutet, daß im Unterschall keine Stöße auftreten können.

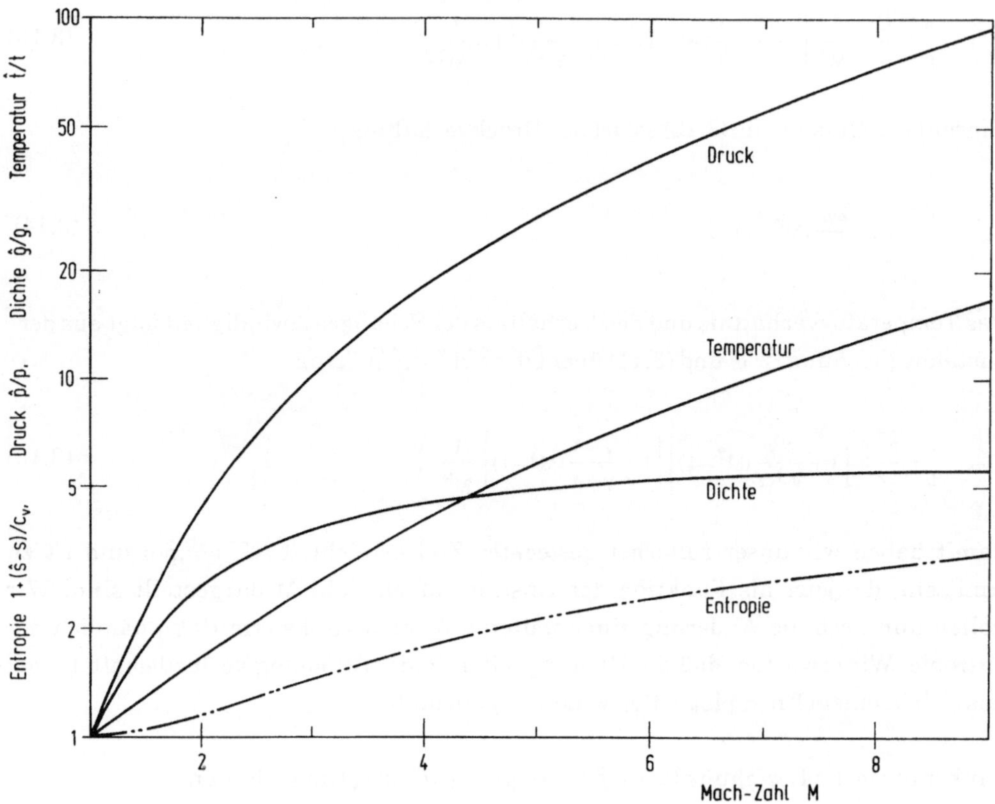

Bild 3.11. Änderung von Zustandsgrößen über senkrechten Stoß

Im vorangegangenen sind die Änderungen der Zustandsgrößen über den Stoß als Funktion der Mach–Zahl behandelt worden. Da die Stärke eines Stoßes wahrscheinlich am anschaulichsten mit dem Drucksprung über den Stoß beschrieben wird, ist es angebracht, die Zustandsänderungen auch als Funktion des Druckverhältnisses $\hat{p}/p$ oder $\Delta p/p = (\hat{p}-p)/p$ darzustellen.

Aus (3.14) ergibt sich der Zusammenhang

$$M^2-1 = \left(\frac{\hat{p}}{p}-1\right)\frac{\gamma+1}{2\gamma}$$

$$M^2 = \left(\frac{\hat{p}}{p}-1\right)\frac{\gamma+1}{2\gamma}+1 \ .$$

Damit ergeben sich aus (3.13) und (3.15) die sogenannten *Rankine–Hugoniot – Beziehungen*, mit denen die Zustandsgrößen vor und nach dem Stoß in Relation stehen:

$$\frac{\hat{\rho}}{\rho} = \frac{1+\dfrac{\gamma+1}{\gamma-1}\dfrac{\hat{p}}{p}}{\dfrac{\gamma+1}{\gamma-1}+\dfrac{\hat{p}}{p}} \tag{3.17}$$

$$\frac{\hat{t}}{t} = \frac{\dfrac{\gamma+1}{\gamma-1}+\dfrac{\hat{p}}{p}}{1+\dfrac{\gamma+1}{\gamma-1}\dfrac{\hat{p}}{p}}\,\frac{\hat{p}}{p} \quad . \tag{3.18}$$

Bemerkenswert ist hierzu noch, daß sich aus der Beziehung (3.17) sofort der Grenzwert $(\hat{\rho}/\rho)_{max} = (\gamma+1)/(\gamma-1)$ für $\hat{p} \rightarrow \infty$ ablesen läßt.

Die Entropieänderung nach (3.16) soll hier als Funktion der relativen Druckänderung $\Delta p/p$ dargestellt werden. Es ergibt sich

$$\frac{\hat{s}-s}{c_v} = \ln\left\{\left[1+\frac{\Delta p}{p}\right]\left[1+\frac{\gamma-1}{2\gamma}\frac{\Delta p}{p}\right]^{\gamma}\left[1+\frac{\gamma+1}{2\gamma}\frac{\Delta p}{p}\right]^{-\gamma}\right\} \quad .$$

Diese Darstellung ermöglicht eine Reihenentwicklung für kleine Werte von $\Delta p/p$, d.h. für schwache Stöße, wie sie etwa bei Mach-Zahlen $M \approx 1,\ldots,1{,}3$ auftreten. Mit der Abkürzung $\Delta p/p = \pi$ erhält man zunächst

$$\frac{\hat{s}-s}{c_v} = \ln(1+\pi) + \gamma\ln\left(1+\frac{\gamma-1}{2\gamma}\pi\right) - \gamma\ln\left(1+\frac{\gamma+1}{2\gamma}\pi\right) \quad .$$

Eine Reihenentwicklung führt zu

$$\begin{aligned}\frac{\hat{s}-s}{c_v} = {} & \pi - \frac{1}{2}\pi^2 + \frac{1}{3}\pi^3 \quad \ldots \\ & + \gamma\left(\frac{\gamma-1}{2\gamma}\right)\pi - \frac{\gamma}{2}\left(\frac{\gamma-1}{2\gamma}\right)^2\pi^2 + \frac{\gamma}{3}\left(\frac{\gamma-1}{2\gamma}\right)^3\pi^3 \quad \ldots \\ & - \gamma\left(\frac{\gamma+1}{2\gamma}\right)\pi + \frac{\gamma}{2}\left(\frac{\gamma+1}{2\gamma}\right)^2\pi^2 + \frac{\gamma}{3}\left(\frac{\gamma+1}{2\gamma}\right)^3\pi^3 \quad \ldots \; .\end{aligned}$$

Hierin heben sich die linearen und quadratischen Terme auf. Der erste Beitrag wird durch die Summe der kubischen Terme geliefert und man erhält schließlich für $\Delta p/p \ll 1$

$$\frac{\hat{s}-s}{c_v} \approx \frac{(\gamma-1)(\gamma+1)}{12\gamma^2}\left(\frac{\Delta p}{p}\right)^3 \quad . \tag{3.19}$$

Mit $\gamma = 1{,}4$ wird daraus

$$\frac{\hat{s}-s}{c_v} \approx 0{,}04\left(\frac{\Delta p}{p}\right)^3 .$$

Damit wird noch einmal bestätigt, daß schwache Stöße nahezu isentrop verlaufen. Ferner ist zu erkennen, daß Verdünnungsstöße nicht möglich sind, denn ein negatives $\Delta p/p$ würde eine Entropieabnahme bedeuten.

Nachdem wir jetzt die Änderungen der statischen Zustandsgrößen über den senkrechten Verdichtungsstoß beschrieben haben, wollen wir abschließend überlegen, wie sich die Ruhegrößen über einen Stoß ändern. Unser nächstes Ziel ist also die Ermittlung von $\hat{T}_0/T_0$, $\hat{P}_0/P_0$ und $\hat{\rho}_0/\rho_0$.

Hierzu folgt aus dem Energie-Erhaltungssatz (3.4)

$$h + \frac{U^2}{2} = H_0 = \hat{h} + \frac{\hat{U}^2}{2} = \hat{H}_0 = \text{konst.}$$

mit $H_0 = c_p T_0$ sofort die wichtige Feststellung, daß

$$T_0 = \hat{T}_0 \tag{3.20}$$

die Gesamttemperatur über den Stoß unverändert bleibt.

Das Verhältnis der Ruhedrücke vor und nach dem Stoß erhält man aus der anisentropen Zustandsgrößenbeziehung (2.16):

$$\frac{P_0}{\hat{P}_0} = \left(\frac{T_0}{\hat{T}_0}\right)^{\frac{\gamma}{\gamma-1}} \exp\left(-\frac{S_0-\hat{S}_0}{c_p-c_v}\right) ,$$

also es gilt

$$\frac{\hat{S}_0-S_0}{c_p-c_v} = \ln\left(\frac{P_0}{\hat{P}_0}\right) .$$

Dazu ist hinsichtlich der Ruheentropien festzustellen, daß sie gleich den entsprechenden statischen Größen sind, also $\hat{S}_0 = \hat{s}$ und $S_0 = s$. Dies ergibt sich schlicht aus der

Definition der Ruhegrößen, die ja über einen gedachten *isentropen* Aufstau einer Strömung ermittelt werden. So erhält man mit $(c_p - c_v)/c_v = \gamma - 1$

$$\frac{\hat{s}-s}{c_v} = (\gamma-1)\ln\frac{P_0}{\hat{P}_0} = \ln\left(\frac{\hat{P}_0}{P_0}\right)^{-(\gamma-1)} .$$

Infolge des Entropiezuwachses über den Stoß nimmt der Gesamtdruck ab. Der Gesamtdruckverlust kann somit ähnlich wie der Entropieanstieg als Maß für die mit einem Stoß verbundenen Strömungsverluste angesehen werden.

Den Entropieanstieg hatten wir bereits als Funktion der Mach-Zahl vor dem Stoß berechnet (3.16). Wir setzen dies oben ein und erhalten den *Ruhedruckverlust* als Funktion der Mach-Zahl:

$$\frac{\hat{P}_0}{P_0} = \left\{\left[1+\frac{2\gamma}{\gamma+1}(M^2-1)\right]\left[1+\frac{\gamma-1}{\gamma+1}(M^2-1)\right]^{\gamma}\frac{1}{M^{2\gamma}}\right\}^{-\frac{1}{\gamma-1}} . \qquad (3.21)$$

Halten wir noch einmal fest, daß Strömungsverluste in einem Entropieanstieg und in einem Ruhedruckverlust angezeigt werden. Das bedeutet jedoch nicht, daß Energie verlorengeht, es findet nur eine irreversible Energieumwandlung statt. Der Energieerhaltungssatz gibt an, daß die Gesamtenthalpie unverändert bleibt, also $H_0 = \hat{H}_0$, was bedeutet, daß die Ruhetemperatur über den Stoß konstant bleibt.

Der Vollständigkeit halber sei noch das *Ruhedichteverhältnis* angegeben. Mit $T_0 = \hat{T}_0$ folgt aus der Zustandsgleichung sofort

$$\frac{\hat{\rho}_0}{\rho_0} = \frac{\hat{P}_0}{P_0} .$$

Damit haben wir unser Ziel erreicht, die Ruhedruckverhältnisse über einen senkrechten Stoß zu beschreiben.

Das Verhältnis von statischem Druck *vor* dem Stoß zu Ruhedruck *nach* dem Stoß ergibt sich über $p/\hat{P}_0 = (P_0/\hat{P}_0)/(P_0/p)$ zu

$$\frac{p}{\hat{P}_0} = \left\{\frac{\left[1+\frac{2\gamma}{\gamma+1}(M^2-1)\right]\left[1+\frac{\gamma-1}{\gamma+1}(M^2-1)\right]^{\gamma}}{\left[M^2\left(1+\frac{\gamma-1}{2}M^2\right)\right]^{\gamma}}\right\}^{\frac{1}{\gamma-1}} . \qquad (3.22)$$

Die Lösung erfolgt über einen iterativen Prozeß. Diese Beziehung und die Gleichung für den Ruhedruckverlust sind im Diagramm (Bild 3.12) ausgewertet.

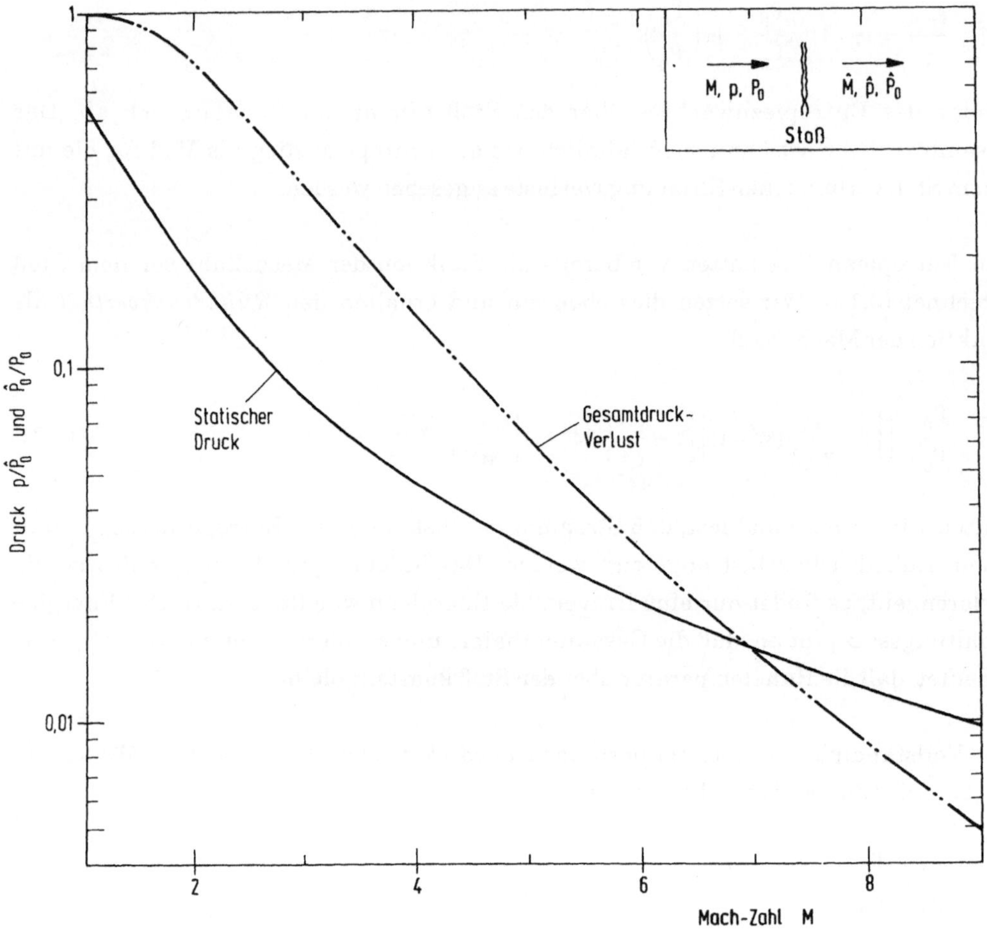

Bild 3.12. Druckverhältnisse über senkrechten Stoß

Beispiel: Wir hatten das Pitot-Rohr und das Prandtl-Rohr besprochen und hatten festgestellt, daß man bei Unterschallströmung über die Messung des Ruhedruckes und des statischen Druckes die Mach-Zahl bestimmen kann. Bringt man nun ein Pitot-Rohr in eine Überschallströmung, so bildet sich vor dem Rohr eine Kopfwelle aus (Bild 3.13).

Im Bereich der Rohröffnung ist die Stoßwelle senkrecht zur Anströmung und man kann für die Zustandsänderungen über diesen Stoßteil die soeben abgeleiteten Beziehungen verwenden. Insbesondere gilt, daß über den Stoß der Ruhedruck von P_0 auf $\hat{P}_0$ reduziert

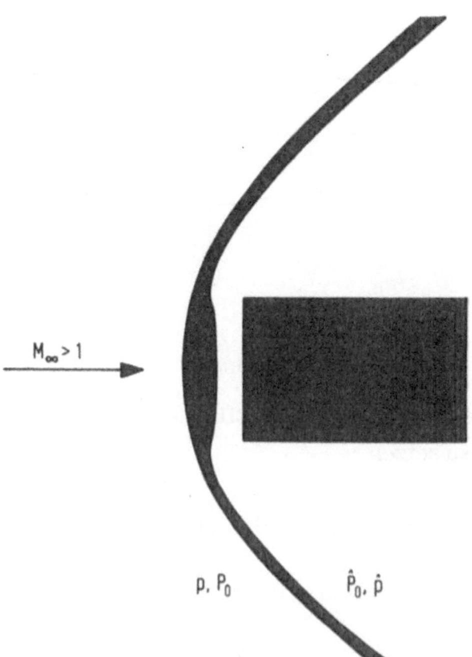

Bild 3.13. Abgelöster Verdichtungsstoß vor einem Pitot–Rohr

wird. Daher wird in einer Überschallströmung mit einem Pitot–Rohr nicht mehr der Druck P_0, sondern der aufgrund der Verluste kleinere Druck $\hat{P}_0$ gemessen. Der statische Druck wird wie gehabt über eine Wandbohrung gemessen. Mit den gemessenen Größen erhält man also $\hat{P}_0/p$, womit sich dann die Mach–Zahl berechnen läßt.

□

3.6 Laval–Düse

Diese Düsenart geht auf den schwedischen Dampfturbinenpionier *de Laval* (1845 bis 1913) zurück. Er erkannte, daß man Düsen, in denen Dampf durch Expansion möglichst stark beschleunigt werden soll, zuerst verengen und anschließend erweitern muß.

Wir betrachten eine Stromröhre mit in x–Richtung variierendem Querschnitt A(x) (Bild 3.14). Die Querschnittsänderung in x–Richtung sei allerdings derart klein, daß Geschwindigkeitskomponenten senkrecht zur Achse nicht beachtet werden müssen, d.h. wir setzen eindimensionale Strömung voraus. Ferner soll die Strömung isentrop sein, also ohne Verdichtungsstöße.

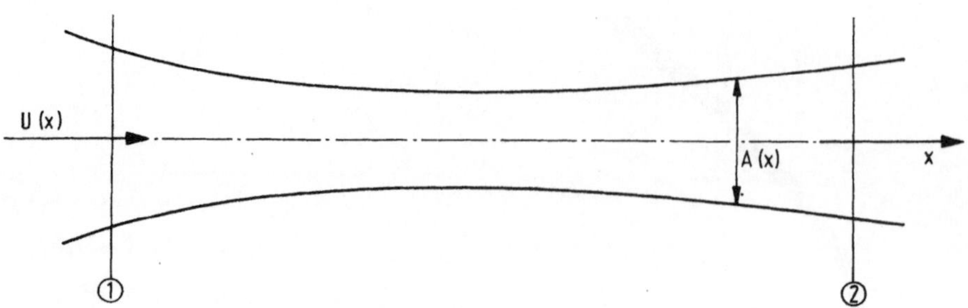

Bild 3.14. Laval–Düse

Unser Ziel ist zunächst, Dichte–, Stromdichte– und Querschnittsflächenänderung mit der Geschwindigkeitsänderung in Beziehung zu setzen.

Die Dichteänderung ist über die Schallgeschwindigkeit mit der Druckänderung gekoppelt:

$$a^2 = \frac{dp}{d\rho} \qquad dp = a^2 d\rho \quad .$$

Führt man dies in den Impulserhaltungssatz

$$\frac{dp}{\rho} = -U^2 \frac{dU}{U}$$

ein, so erhält man eine Beziehung zwischen relativer *Dichteänderung* und relativer Geschwindigkeitsänderung:

$$\frac{d\rho}{\rho} = -M^2 \frac{dU}{U} \quad . \tag{3.23}$$

Demnach nimmt die Dichte mit wachsender Geschwindigkeit ab, wobei die relative Dichteänderung im Unterschall ($M<1$) kleiner ist als die relative Geschwindigkeitsänderung. Im Überschall dagegen ist sie größer.

Die *Stromdichteänderung* ergibt sich aus der Beziehung für die Dichteänderung, indem dort auf beiden Seiten dU/U addiert wird:

$$\frac{d(\rho U)}{\rho U} = (1 - M^2)\frac{dU}{U} \quad . \tag{3.24}$$

Demnach nimmt die Stromdichte im Unterschall mit wachsender Geschwindigkeit zu, erreicht bei $M=1$ ein Maximum und nimmt im Überschall mit wachsender Geschwindigkeit ab. Dementsprechend variiert der Raumbedarf der Strömung; der Raumbedarf nimmt im Unterschall ab, bei $M=1$ ist der Raumbedarf minimal, im Überschall nimmt er wieder zu.

Die Beziehung zwischen *Querschnittsflächenänderung* und Geschwindigkeitsänderung erhält man aus dem Massenerhaltungssatz

$$\frac{d(\rho U)}{\rho U} + \frac{dA}{A} = 0$$

durch Einsetzen in die Beziehung für die Stromdichteänderung:

$$\frac{dU}{U} = -\frac{\frac{dA}{A}}{1-M^2} \quad . \tag{3.25}$$

Um die Geschwindigkeit in einer Stromröhre zu steigern, muß demnach im Unterschall die Querschnittsfläche kleiner werden, im Überschall dagegen muß sie größer werden. Im minimalen Querschnitt wird bei genügend kleinem Gegendruck Schallgeschwindigkeit erreicht. Bei $M=1$ bleibt wegen $dA=0$ die Geschwindigkeitsänderung dU endlich.

Die bislang hergeleiteten Gleichungen für die Stromröhre veränderlichen Querschnitts sind allesamt Differentialgleichungen. Wenn wir sie integrieren wollen, so müssen wir eine Bezugsstelle festlegen. Als eine solche Bezugsstelle bietet sich der engste Querschnitt an, in dem $M=1$ ist, und der offenbar hier eine zentrale Bedeutung hat.

Wir apostrophieren alle Größen an dieser Stelle mit einem Stern, also A^*, p^*, ρ^*, t^*, a^* und vermerken noch einmal, daß dort $U=a=a^*$ ist. Diese Größen werden als "kritische" Größen bezeichnet.

Eine besondere Bedeutung hat in diesem Zusammenhang die *kritische Mach–Zahl,* die ebenfalls mit einem Stern gekennzeichnet wird, obwohl es nicht die Mach–Zahl im engsten Querschnitt ist (diese ist ja $M=1$). Sie ist definiert als die Geschwindigkeit bezogen auf die kritische Schallgeschwindigkeit:

$$M^* = \frac{U}{a^*} \quad . \tag{3.26}$$

Während sonst die Mach–Zahl gebildet wird durch Bezug der lokalen Geschwindigkeit auf die am gleichen Ort vorhandene Schallgeschwindigkeit, wird bei der kritischen Mach–Zahl eine Schallgeschwindigkeit benutzt, die im allgemeinen an einem ganz anderen Ort herrscht, nämlich im engsten Querschnitt.

Die Beziehung zwischen Mach–Zahl und kritischer Mach–Zahl kann folgendermaßen hergeleitet werden:

Der Energiesatz ergibt

$$a^2 + \frac{\gamma-1}{2}U^2 = \text{konst.} = \frac{\gamma+1}{2}a^{*2} \quad .$$

Wir dividieren einmal durch a^2 und zum anderen durch a^{*2}:

$$1 + \frac{\gamma-1}{2}M^2 = \frac{\gamma+1}{2}\,\frac{a^{*2}}{a^2}$$

$$\frac{a^2}{a^{*2}} + \frac{\gamma-1}{2}M^{*2} = \frac{\gamma+1}{2} \quad .$$

Auflösen nach a^2/a^{*2} und gleichsetzen bringt

$$\frac{a^2}{a^{*2}} = \frac{\dfrac{\gamma+1}{2}}{\left(1+\dfrac{\gamma-1}{2}M^2\right)} = \frac{\gamma+1}{2}\left[1-\frac{\gamma-1}{\gamma+1}M^{*2}\right] \quad .$$

Dies gibt zunächst einmal den Zusammenhang

$$1+\frac{\gamma-1}{2}M^2 = \left[1-\frac{\gamma-1}{\gamma+1}M^{*2}\right]^{-1}, \tag{3.27}$$

was sich nach M^2 oder M^{*2} auflösen läßt:

$$M^{*2} = \frac{\gamma+1}{\dfrac{2}{M^2}+(\gamma-1)} \quad . \tag{3.28}$$

Damit ist der Zusammenhang zwischen Mach–Zahl und kritischer Mach–Zahl aufgezeigt. Ist die Mach–Zahl klein, so ist $M^* \approx M\sqrt{(\gamma+1)/2}$, d.h. die kritische Mach–Zahl ist nur unwesentlich größer als M. Bei großen Werten von M dagegen wächst M* nur geringfügig mit M und geht bei $M \to \infty$ auf einen Grenzwert zu: $M^* \to \sqrt{(\gamma+1)/(\gamma-1)}$.

Dieser Grenzwert bedeutet, daß die Geschwindigkeit am Ende einer Laval-Düse maximal das $\sqrt{(\gamma+1)/(\gamma-1)}$fache der Geschwindigkeit im Schallhals erreichen kann:

$$V_{max} = \left(\frac{\gamma+1}{\gamma-1}\right)^{\frac{1}{2}} a^* \quad .$$

Hierbei würde der gesamte Wärmeinhalt des Gases eine Umwandlung in kinetische Energie erfahren. Die Temperatur befände sich dann auf dem absoluten Nullpunkt, was praktisch nicht erreichbar ist, da sich das Gas schon vorher verflüssigen würde.

Als nächstes soll der Zusammenhang zwischen Querschnittsfläche einer Stromröhre und kritischer Mach-Zahl dargestellt werden. Dieser Zusammenhang ergibt sich sehr schnell aus dem Massenerhaltungssatz in der Form

$$\rho U A = \rho^* a^* A^* \quad .$$

Es folgt

$$\frac{A}{A^*} = \frac{1}{M^* \dfrac{\rho}{\rho^*}} \quad .$$

Hierzu können wir die isentrope Beziehung für Dichteänderungen (3.8) benutzen:

$$\frac{\rho_0}{\rho} = \left[1 + \frac{\gamma-1}{2} M^2\right]^{\frac{1}{\gamma-1}} \quad .$$

Wir können mittels (3.27) die kritische Mach-Zahl einführen:

$$\frac{\rho_0}{\rho} = \left[1 - \frac{\gamma-1}{\gamma+1} M^{*2}\right]^{-\frac{1}{\gamma-1}} \tag{3.29}$$

und erhalten ferner ρ_0/ρ^*, wenn $M=1$ gesetzt wird:

$$\frac{\rho_0}{\rho^*} = \left[\frac{\gamma+1}{2}\right]^{\frac{1}{\gamma-1}} \quad .$$

Damit haben wir sofort $\rho/\rho^* = (\rho_0/\rho^*)/(\rho_0/\rho)$ und schließlich

$$\frac{A}{A^*} = \frac{1}{M^*\left[1 - \frac{\gamma-1}{2}(M^{*2}-1)\right]^{\frac{1}{\gamma-1}}} \quad . \tag{3.30}$$

Dies ist die wesentliche Beziehung für die Zustandsänderung in einer Laval-Düse. Für eine rotationssymmetrische Stromröhre kann man auch ein Radienverhältnis angeben: $R/R^* = \sqrt{A/A^*}$. Dies ist im folgenden Diagramm als Funktion der Mach-Zahl bzw. der kritischen Mach-Zahl dargestellt (Bild 3.15). Eine Zuordnung der entsprechenden Zustandsgrößen statische Temperatur t/T_0 und statischer Druck p/P_0 erfolgt leicht über die Isentropiebeziehungen (3.7) und (3.8), die mittels der Relation zwischen Mach-Zahl und kritischer Mach-Zahl (3.27) auch als Funktion der kritischen Mach-Zahl geschrieben werden können:

$$\frac{t}{T_0} = \frac{a^2}{a_0^2} = 1 - \frac{\gamma-1}{\gamma+1} M^{*2} \tag{3.31}$$

$$\frac{p}{P_0} = \left[1 - \frac{\gamma-1}{\gamma+1} M^{*2}\right]^{\frac{\gamma}{\gamma-1}} \quad . \tag{3.32}$$

Diese Zustandsgrößen sind im Diagramm der Laval-Düsenkontur zugeordnet. Eine Druckverteilung, wie sie in dem Diagramm dargestellt ist, wird sich grundsätzlich nur dann einstellen, wenn am Ende der Düse ein hinreichend kleiner Gegendruck vorhanden ist.

Anhand eines Beispiels soll erläutert werden, welche Strömungsformen bei verschiedenen Gegendrücken zu erwarten sind.

Beispiel: Im Diagramm (Bild 3.16) ist eine zweidimensionale Laval-Düse skizziert (konstante Tiefe 1), mit der im Endquerschnitt eine Mach-Zahl $M = 2{,}5$ erreicht werden kann. Man spricht von einer "angepaßten Düse", wenn der Gegendruck gleich dem statischen Druck im Endquerschnitt ist. Dieser Druck ergibt sich aus der Mach-Zahl über die isentrope Beziehung (3.8):

$$p = P_0 \left[1 + \frac{\gamma-1}{2} M^2\right]^{-\frac{\gamma}{\gamma-1}} \quad .$$

In dem hier gewählten Beispiel errechnet sich für $M = 2{,}5$ der Druck $p = 0{,}05853\ P_0$.

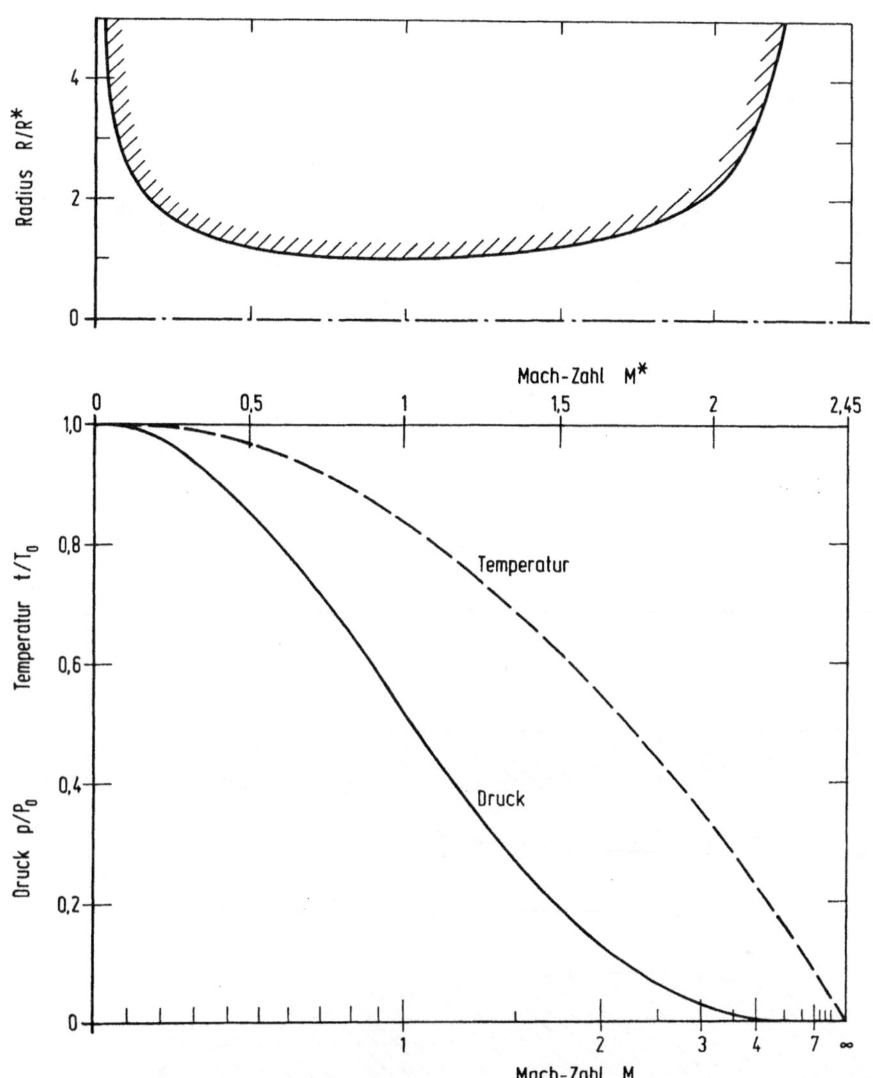

Bild 3.15. Laval–Düsenkontur mit Temperatur– und Druckverlauf

Liegt der Gegendruck unter oder geringfügig über diesem Wert, so stellt sich außerhalb der Düse eine Nachexpansion oder Kompression ein, auf die wir noch später zu sprechen kommen.

Ist der Druck erheblich höher, so kann innerhalb der Düse ein senkrechter Verdichtungsstoß auftreten, über den die Strömung auf Unterschallgeschwindigkeit verzögert wird. In dem Diagramm bezeichnet die strichpunktierte Linie die Druckverhältnisse unmittelbar stromab von einem senkrechten Verdichtungsstoß. In un–

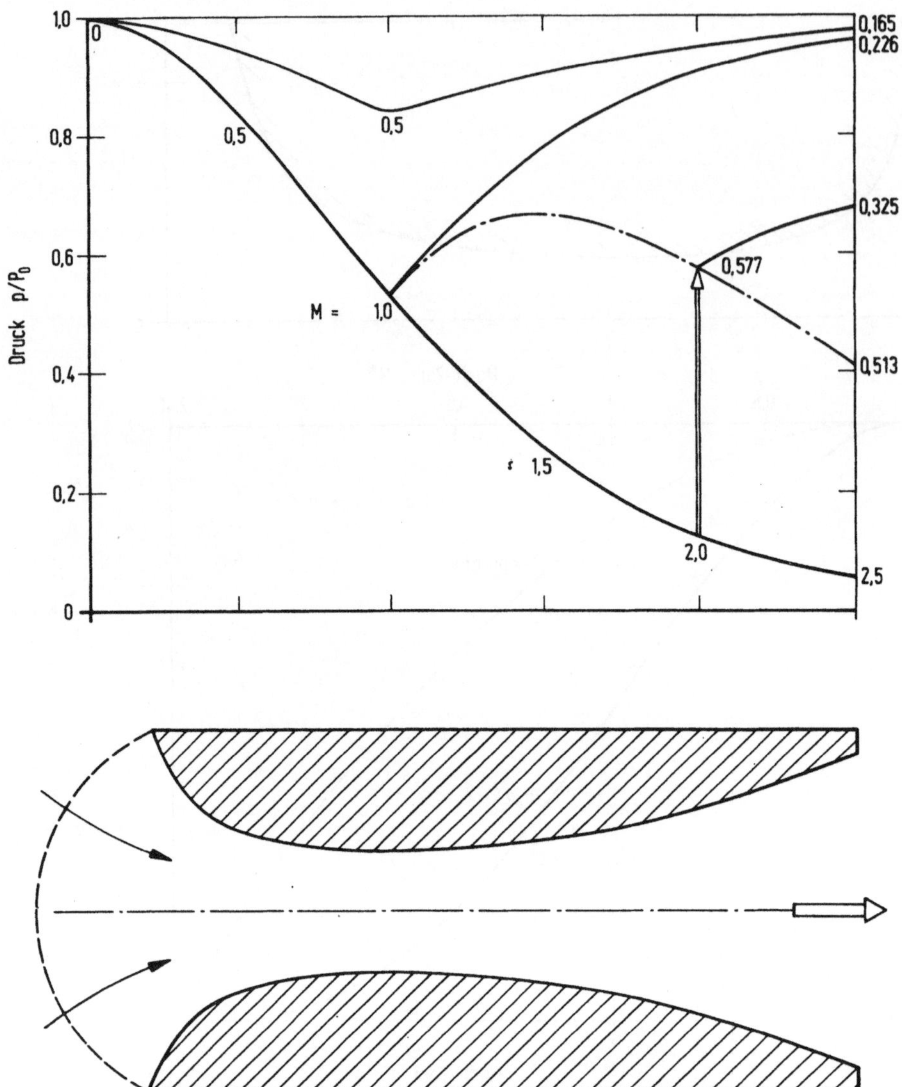

Bild 3.16. Druck und Mach–Zahl in einer Laval–Düse bei verschiedenen Gegendrücken

serem Beispiel würde bei einem Gegendruck von $p = 0{,}410\ P_0$ der senkrechte Stoß in der Austrittsebene der Düse liegen und die Mach–Zahl dort auf $\hat{M} = 0{,}513$ reduziert werden.

Mit steigendem Gegendruck würde der Stoß stromauf verlagert werden, maximal bis hin zum Schallhals. Ein Beispiel ist eingezeichnet mit $M = 2{,}0$ vor und $\hat{M} = 0{,}577$ nach dem Stoß. Stromab vom Stoß wird die Unterschallströmung im Rest der Düse, die jetzt als Diffusor wirkt, bis auf M = 0,325 verzögert, womit ein weiterer Druckanstieg verbunden ist.

Als Grenzfall ist anzusehen, wenn im Schallhals zwar gerade noch M = 1,0 erreicht wird, die Strömung aber sofort wieder in den Unterschall geht und der gesamte divergente Düsenteil als Unterschalldiffusor wirkt. In unserem Fall wird dann in der Düsenaustrittsebene M = 0,226 erreicht.

Darüber hinaus ist es auch möglich, daß aufgrund eines sehr hohen Gegendruckes im Schallhals die Schallgeschwindigkeit gar nicht erreicht wird. Beispielsweise kann die Strömung im konvergenten Teil der Düse nur bis auf M = 0,5 beschleunigt werden, um dann im divergenten Teil bis auf M = 0,165 verzögert zu werden. Die Durchflußmenge ist dann ebenfalls reduziert. Nur sobald sich an der engsten Stelle der Düse Schallgeschwindigkeit einstellt, ergibt auch eine weitere Absenkung des Gegendruckes keine Vergrößerung der Durchflußmenge. Da sich Druckänderungen nur mit Schallgeschwindigkeit ausbreiten können, sind Stromaufwirkungen dann nicht mehr möglich. Die Durchflußmenge bleibt somit unabhängig vom Gegendruck.

□

Abschließend noch zwei Anwendungsbeispiele:

Beispiel: Laval-Düsen werden in Windkanälen benutzt, um Überschallströmungen zu erzeugen. Durch verstellbare Laval-Düsen wird eine kontinuierliche Variation der Mach-Zahl ermöglicht. Umgekehrt kann eine Überschallströmung auf Unterschall verzögert werden durch einen konvergent-divergenten Diffusor. Diese Einrichtung befindet sich im allgemeinen stromab von der Meßstrecke eines Überschall-Windkanals. Mit dem Verstelldiffusor kann der geeignete Gegendruck für die Laval-Düse eingeregelt werden (Bild 3.17).

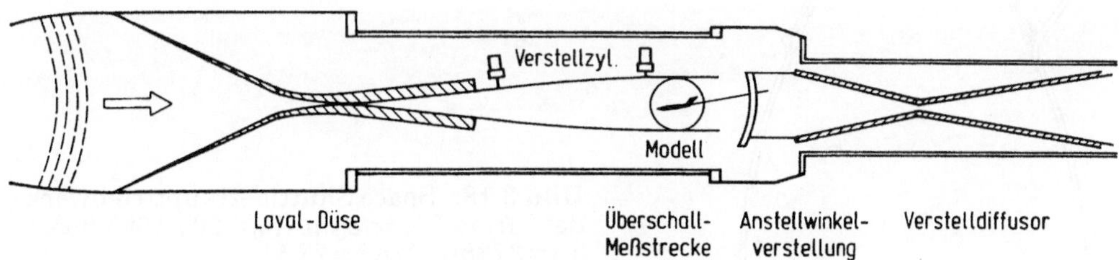

Bild 3.17. Schematische Darstellung eines Überschall-Windkanals

Bei Unterschall–Windkanälen wird der konvergent–divergente Diffusor dagegen zur Erzeugung einer kurzen Überschallstrecke benutzt. Damit wird verhindert, daß vom Antrieb her Störungen stromaufwärts in die Meßstrecke gelangen können. Gleichzeitig wird über die Verstellung des engsten Querschnitts der Massenstrom und damit die Mach–Zahl in der Meßstrecke geregelt.

□

Beispiel: Beim Aufstieg von Raketen muß im Gegensatz zum Flugzeug die gesamte Masse vom Schubstrahl gehoben werden. Zur Erzeugung großer Schubkräfte ist ein großer sekundlicher Massendurchsatz sowie eine hohe Ausströmgeschwindigkeit der Brenngase erforderlich: $S \approx \dot{m}\, V_{Strahl}$. Brennstoff und Oxydator zur Verbrennung müssen mitgeführt werden und machen 85 bis 95% vom Gesamtgewicht aus. Um den Treibstoffanteil minimal zu halten, werden Raketenmotoren mit Laval–Düsen großer Flächenverhältnisse ausgestattet, die bei Brennkammerdrücken bis zu $500 \cdot 10^5$ N/m^2 sehr hohe Ausströmgeschwindigkeiten erzeugen (Bilder 3.18 und 3.19). Die Verringerung des Vortriebswirkungsgrades (siehe Abschnitt 2.5) wird dabei in Kauf genommen.

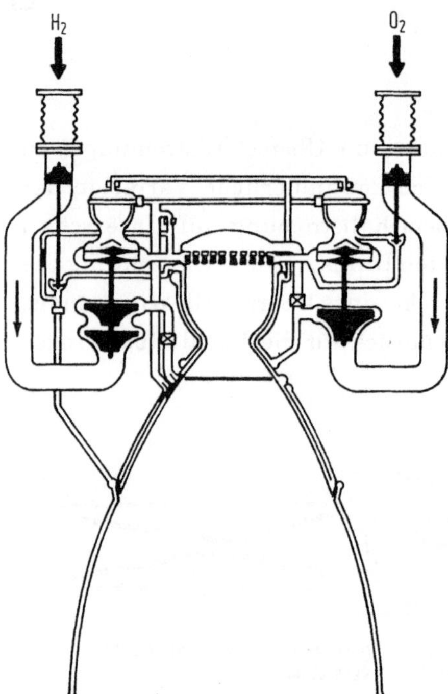

Bild 3.18. Space Shuttle–Haupttriebwerk der Firma *Rocketdyne* ($P_0 = 207 \cdot 10^5$ N/m^2, $T_0 = 3788$K, $A/A^* = 77{,}5$)

Bild 3.19. Schubdüsen einer Titan–Trägerrakete

□

3.7 Fanno–Linie und Rayleigh–Linie

Zur Abrundung unserer Kenntnisse über stationäre eindimensionale Strömungen in einer Stromröhre mit konstantem Querschnitt wollen wir jetzt noch einmal Zustandsänderungen unter zwei besonderen Voraussetzungen betrachten. Einmal wollen wir ermitteln, welche Zustandsänderungen aufgrund von Reibungseffekten möglich sind. Zum anderen soll die Wirkung von Wärmezu- oder -abfuhr geklärt werden. In beiden Fällen wird es zu einer Entropieänderung kommen, die in irgendeiner Form mit einer Änderung der inneren Energie bzw. der Temperatur des strömenden Mediums verbunden ist. Unser Ziel soll es sein, diesen funktionalen Zusammenhang in einem t, s–Diagramm darzustellen. Mit anderen Worten: Wir wollen die Entropie als Funktion der Temperatur darstellen, wobei Ausgangswerte t_1 und s_1 sowie die Mach–Zahl M_1 vorzugeben sind. Gesucht sei also

$$\frac{s-s_1}{c_v} = f\left(\frac{t}{t_1}; M_1\right) .$$

Beginnen wir mit dem Fall, bei dem Reibungseinflüsse die Zustandsänderung bewirken. Dies ergibt im t, s–Diagramm die Fanno–Linie.

In jedem Fall werden auch hier in irgendeiner Form die Erhaltungssätze gelten. Allerdings hatten wir bislang bei der Formulierung des Impulserhaltungssatzes ausdrücklich die Reibungseinflüsse ausgeklammert. Wir werden diesen Satz daher hier auch nicht verwenden, sondern uns auf folgende Gleichungen beziehen:

$$\rho_1 U_1 = \rho U \qquad \text{Masse}$$

$$h_1 + \frac{U_1^2}{2} = h + \frac{U^2}{2} \qquad \text{Energie}$$

$$\frac{\rho}{\rho_1} = \left(\frac{t}{t_1}\right)^{\frac{1}{\gamma-1}} \exp\left(-\frac{s-s_1}{c_p-c_v}\right) \ . \qquad \text{nichtisentrope Zustandsänderung}$$

Dabei ist allerdings nicht sofort einsichtig, daß im Energieerhaltungssatz nicht die Arbeit der Reibungskräfte eine Rolle spielt. Am Stromröhrenmantel ergeben jedoch Reibungskräfte nur dann einen Arbeitsanteil, wenn dort die Geschwindigkeit verschieden von null ist. Bei einer Rohrströmung mit Reibung ist jedoch an der Wand die Geschwindigkeit gleich null und so verschwindet dort die Arbeitsleistung (Produkt von Geschwindigkeit und Kraft). An den Endquerschnitten liefern dagegen die Reibungskräfte einen Beitrag, der im allgemeinen allerdings klein ist [1]. Für Rohrströmungen mit kreisförmigem Querschnitt ergibt sich auch für diese Querschnittsflächen, daß die von den Schubspannungskräften geleistete Arbeit gleich null ist [2]. Die mechanische Reibungsarbeit wird nicht nach außen geleistet, sondern im Innern voll in Wärme umgesetzt (Dissipation), was sich als Gesamtdruckverlust bzw. Verlust an kinetischer Energie und einer entsprechenden Erhöhung der inneren Energie zeigt.

Im Hinblick auf unser am Anfang festgestelltes Ziel läßt sich nun folgender Zusammenhang benutzen:

$$\frac{s-s_1}{c_p-c_v} = \frac{1}{\gamma-1}\,\frac{\Delta s}{c_v}$$

$$h = c_p t = \frac{a^2}{\gamma-1} \ .$$

Somit folgt zunächst aus der dritten Gleichung

$$\exp\left(\frac{1}{\gamma-1}\,\frac{\Delta s}{c_v}\right) = \left(\frac{t}{t_1}\right)^{\frac{1}{\gamma-1}} \frac{\rho_1}{\rho} = \left(\frac{t}{t_1}\right)^{\frac{1}{\gamma-1}} \frac{U}{U_1}$$

und aus dem Energiesatz $U^2 = U_1^2 + 2c_p t_1(1-t/t_1)$ folgt

$$\frac{U}{U_1} = \left[1 + \frac{2}{\gamma-1}\,\frac{1}{M_1^2}\left(1-\frac{t}{t_1}\right)\right]^{\frac{1}{2}} ,$$

was schließlich zu folgendem Ergebnis für die *Fanno–Linie* führt:

$$\frac{\Delta s}{c_v} = \ln\left\{\left(\frac{t}{t_1}\right)\left[1 + \frac{2}{\gamma-1}\,\frac{1}{M_1^2}\left(1-\frac{t}{t_1}\right)\right]^{\frac{\gamma-1}{2}}\right\} . \tag{3.33}$$

Bei Zustandsänderungen aufgrund von Wärmezu– oder –abfuhr – im t, s–Diagramm ergibt dies die Rayleigh–Linie – können wir den Energieerhaltungssatz in der bisher verwendeten Form nicht benutzen, da er nur für adiabate Strömungen aufgeschrieben wurde. Dagegen gelten weiterhin folgende Beziehungen:

$$p_1 + \rho_1 U_1^2 = p + \rho U^2 \qquad \text{Impuls}$$

$$\rho_1 U_1 = \rho U \qquad \text{Masse}$$

$$\left.\begin{aligned} \frac{p}{p_1} &= \left(\frac{t}{t_1}\right)^{\frac{\gamma}{\gamma-1}} \exp\left(-\frac{s-s_1}{c_p-c_v}\right) = T^{\gamma}E \\ \frac{\rho}{\rho_1} &= \left(\frac{t}{t_1}\right)^{\frac{1}{\gamma-1}} \exp\left(-\frac{s-s_1}{c_p-c_v}\right) = TE \ . \end{aligned}\right\} \quad \text{nichtisentrope Zustandsänderung}$$

Aus den ersten beiden Gleichungen folgt

$$\frac{p}{p_1} = 1 + \gamma M_1^2 - \frac{\gamma M_1^2}{\left(\frac{\rho}{\rho_1}\right)} .$$

Durch Einsetzen der dritten und vierten Beziehung erhält man

$$T^{\gamma}E = (1+\gamma M_1^2) - \frac{\gamma M_1^2}{TE}$$

$$E^2 - \frac{1+\gamma M_1^2}{T^{\gamma}}\,E + \frac{\gamma M_1^2}{T^{\gamma+1}} = 0$$

$$E = \frac{1}{2\,T^{\gamma}}\left[(1+\gamma M_1^2) \underset{(-)}{+} \left((1+\gamma M_1^2)^2 - 4\gamma M_1^2 T^{\gamma-1}\right)^{\frac{1}{2}}\right] .$$

Damit erhält man schließlich folgende Beziehung für die *Rayleigh–Linie*:

$$\frac{s-s_1}{c_v} = \ln\left\{\left(\frac{t}{t_1}\right)^{\gamma}\left[\frac{2}{(1+\gamma M_1^2) \underset{(-)}{+} \left[(1+\gamma M_1^2)^2 - 4\gamma M_1^2\left(\frac{t}{t_1}\right)\right]^{\frac{1}{2}}}\right]^{\gamma-1}\right\} . \tag{3.34}$$

Darin ist $(s-s_1)/c_V = -(\gamma-1)\ln E = (-(c_p-c_V)/c_V)(-(s-s_1)/(c_p-c_V))$ verwendet worden.

Beispiel: Die mit einer Fanno– bzw. Rayleigh–Linie beschriebenen Zustandsänderungen sind für ein Beispiel im Bild 3.20 dargestellt.

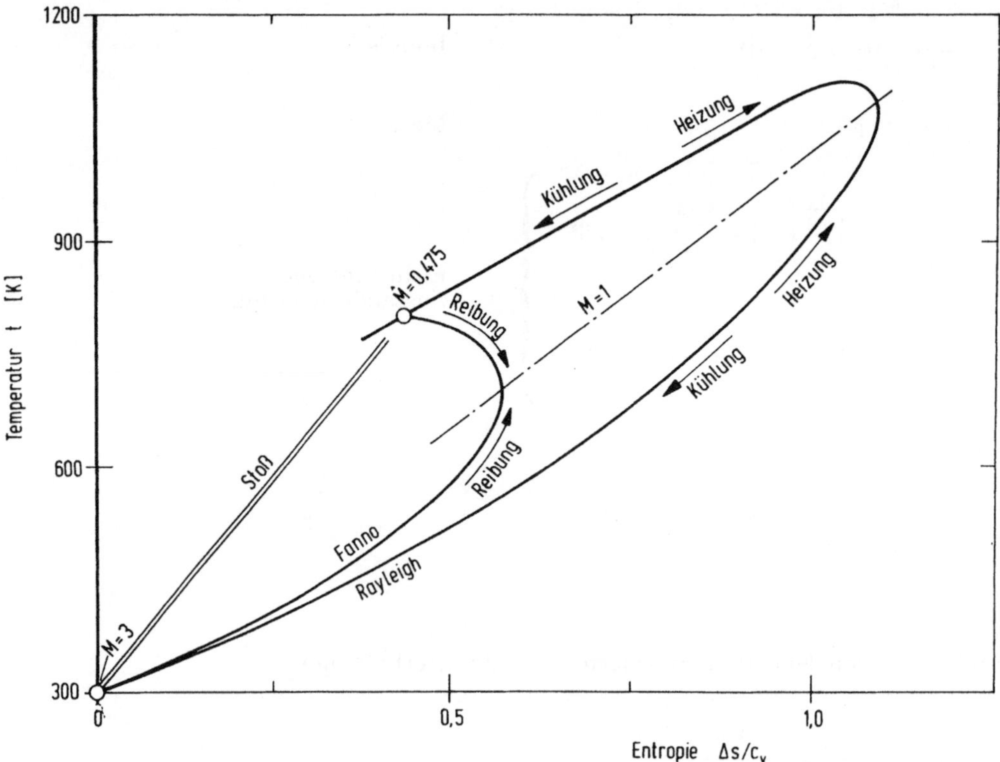

Bild 3.20. Zustandsänderung bei Reibung oder Wärmezufuhr (Fanno– bzw. Rayleigh–Linie)

Das Beispiel bezieht sich auf eine Ausgangsströmung $M_1 = 3$ bei $t_1 = 300K$. Die Fanno–Linie zeigt, daß die Überschallströmung durch Reibung bis auf Schallgeschwindigkeit verzögert werden kann, während eine Unterschallströmung durch Reibungseffekte beschleunigt wird. Ein kontinuierlicher Übergang von beispielsweise Überschall- zu Unterschallströmung ist nicht statthaft, denn wegen der Reibung kann die Fanno–Linie immer nur in Richtung zunehmender Entropie durchlaufen werden.

Das Verhältnis von Rohrdurchmesser zu Rohrlänge sowie der Reibungsbeiwert bestimmen im einzelnen die Entwicklung der Strömung. Betrachten wir eine Unterschall–Rohrströmung mit festgelegtem Rohrdurchmesser und Reibungsbeiwert, so ist für eine vorgegebene Anfangs–Mach–Zahl nur eine ganz bestimmte Rohrlänge möglich. Die kritische Rohrlänge ist dann erreicht, wenn am Ende des Rohres Schallgeschwindigkeit erreicht wird. Verlängert man das Rohr, so wird sich zwar ebenfalls Schallgeschwindigkeit am Ende der Verlängerung einstellen, verbunden allerdings mit einer Reduktion des Massenstromes und somit der Anfangs–Mach–Zahl. Die Strömung im Rohr wird durch Reibungseffekte blockiert, die Fanno–Linie im t, s–Diagramm nach rechts verschoben. Eine Beschleunigung der Strömung auf Überschall bei $L > L_{krit}$ ist nicht möglich, da ja aufgrund der Reibung der effektive Strömungsquerschnitt zunehmend verkleinert wird. Für eine Erhöhung der Mach–Zahl wäre aber eine Querschnittsvergrößerung (siehe Kapitel 3.6) erforderlich.

Anders liegen die Verhältnisse bei einer Überschall–Rohrströmung. Betrachtet man auch hier ein Rohr, in dem Reibungseffekte gerade zu Schallgeschwindigkeit im Endquerschnitt führen und verlängert dieses Rohr, so paßt sich die Strömung mit einem senkrechten Verdichtungsstoß an. Über den Stoß erfolgt der Sprung zu Unterschallgeschwindigkeit und von dieser Unterschall–Mach–Zahl wird die Strömung wieder derart beschleunigt, daß im neuen Endquerschnitt Schallgeschwindigkeit erreicht wird. Massenstrom und Anfangs–Mach–Zahl bleiben aber unverändert (Bild 3.21).

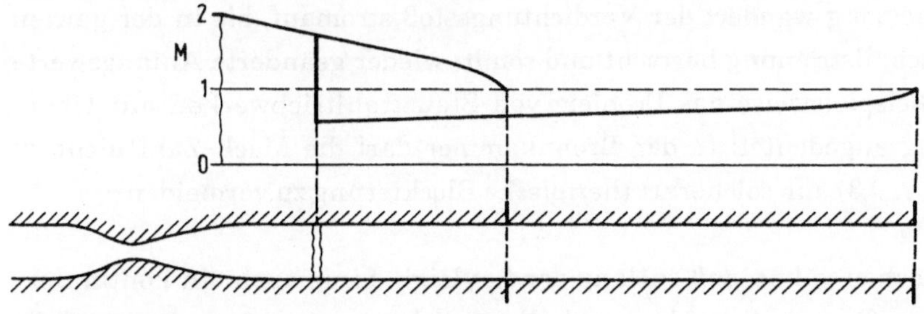

Bild 3.21. Mach–Zahl–Verteilung in einem Rohr infolge von Reibungseffekten, verschiedene Rohrlängen

Eine weitere Verlängerung des Rohres würde zu einer Stromauf–Verschiebung des Stoßes führen, bis dieser schließlich unter Abschwächung in die Düse wandert und verschwindet, was im Endeffekt wiederum zu einer Unterschallströmung mit Massenstromanpassung führen würde.

Bemerkenswert ist noch die Tatsache, daß bei der Unterschallströmung die Temperatur abfällt, obwohl Reibungseffekte ja stets mit einer Temperaturerhöhung verbunden sind. Diese Temperaturerhöhung ist allerdings klein im Vergleich zur Abkühlung infolge der Strömungsbeschleunigung.

Bei der Rayleigh–Linie ist die maximale Entropie ebenfalls mit Schallgeschwindigkeit der Strömung verbunden. In diesem Punkt hat auch die Gesamttemperatur ihren Höchstwert. Im allgemeinen führt Heizung auch zu einer Erhöhung der statischen Temperatur mit gleichzeitiger Entwicklung der Strömungs–Mach–Zahl in Richtung $M=1$, d.h. Beschleunigung von Unterschallströmungen und Verzögerung von Überschallströmungen. Nur bei sehr hoher Unterschallgeschwindigkeit kann die statische Temperatur trotz Wärmezufuhr wegen der starken Expansion auch abnehmen.

Die Heizung einer Rohrströmung kann im Unterschall zu thermischer Blockierung führen, d.h. die Strömung reagiert über einen instationären Vorgang wie bei einer Verengung des Strömungsquerschnitts. Diese Drosselung bewirkt dann eine Änderung der Ausgangszustände, insbesondere eine Verringerung des Massenstromes. Mit der nun geänderten Massenstromdichte ist die ursprüngliche Rayleigh–Linie nicht mehr gültig. Sie verschiebt sich in Richtung höherer t– und s–Werte.

Im Falle einer Überschallströmung bildet sich ein Verdichtungsstoß vor der Aufheizzone aus, nachdem $M=1$ erreicht ist und weiter Wärme zugeführt wird. Die Strömungsgeschwindigkeit wird über den Stoß auf Unterschallgeschwindigkeit gebracht und dann wieder bis auf Schallgeschwindigkeit im Endquerschnitt beschleunigt. Mit zunehmender Aufheizung wandert der Verdichtungsstoß stromauf, bis in der ganzen Stromröhre Unterschallströmung herrscht und somit wieder geänderte Anfangswerte gelten. Damit ist beispielsweise das Problem von Staustrahltriebwerken mit Überschall–Verbrennung angedeutet: In der Brennkammer darf die Mach–Zahl nicht zu niedrig sein ($M=2,\ldots,3$), um solcherart thermische Blockierung zu vermeiden.

Abschließend sei noch erwähnt, daß entlang der Rayleigh–Linie auch ein kontinuierlicher Übergang von Überschall auf Unterschall möglich ist, nämlich dann, wenn die Strömung nach Erreichen der Schallgeschwindigkeit gekühlt wird. Der Prozeß kann auch umgekehrt erfolgen: Durch Aufheizung wird eine Unterschallströmung auf $M=1$

beschleunigt, anschließend ist eine Kühlung erforderlich, um eine weitere Erhöhung der Mach–Zahl zu erreichen.

Die Zustandsänderungen des Gases über einen senkrechten Verdichtungsstoß hinweg müssen sich auf der Fanno–Linie wiederfinden. Ist der Ausgangszustand der Strömung vor dem Stoß gegeben, so findet man den Zustandspunkt nach dem Stoß als Schnittpunkt der Fanno–Linie mit derjenigen Rayleigh–Linie, die den gleichen Ausgangszustand hat, denn es erfüllen die beiden gemeinsamen Schnittpunkte von Fanno– und Rayleigh–Linie alle drei Erhaltungssätze.

□

4 Instationäre Wellenausbreitung

Es soll hier die Ausbreitung von Wellen in einer Stromröhre konstanten Querschnitts untersucht werden. Dazu folgende Modellvorstellung: Ein Rohr sei durch einen zunächst festgehaltenen Kolben in zwei Bereiche unterteilt:

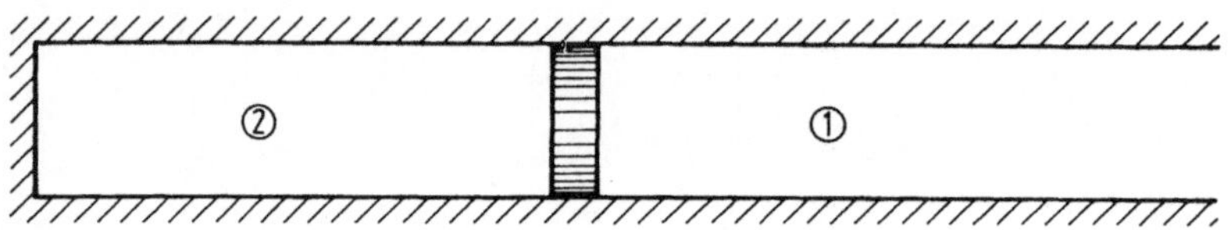

Bild 4.1. Rohr mit zwei Druckkammern

In dem abgeschlossenen Bereich 2 sei Überdruck vorhanden, also $p_2 > p_1$. Wird nun der Kolben freigegeben, so daß er sich reibungsfrei im Rohr bewegen kann, wird im Sinne des Druckausgleichs der Kolben in den Bereich mit geringerem Druck verschoben. Er wird dort eine Verdichtung verursachen, während im Bereich des höheren Drucks eine Verdünnung erfolgen wird.

Bei plötzlich bewegtem Kolben wird auch die Verdichtung stoßartig erfolgen, d.h. es ist auf der einen Seite ein Verdichtungsstoß zu erwarten, der in das ruhende Medium hineinläuft. Auf der anderen Seite wird eine Expansion in das ruhende Medium laufen. Da Verdünnungsstöße nicht möglich sind, erwarten wir eine Reihe von Expansionswellen, die hintereinanderlaufen. Der Kolben ist hier nur eine Modellvorstellung. In der Praxis wird häufiger der Fall vorliegen, daß eine Membran oder ein Ventil zwei Kammern unterschiedlichen Druckes voneinander trennt. Wird das Ventil geöffnet oder die Membran zerstört, so bewegt sich die Trennfläche zwischen den beiden Gasvolumina etwa wie der hier beschriebene reibungsfrei gleitende Kolben.

Wir werden zunächst die "Akustische Theorie" ausführen, bei der von der vereinfachenden Annahme ausgegangen wird, daß die Störwellen sehr schwach sind. Anschließend wird diese Einschränkung aufgehoben und der nichtlineare Fall behandelt, und zwar zunächst unter Ausklammern des Verdichtungsstoßes. Die Zustandsänderungen über den Stoß werden schließlich gesondert berechnet.

4.1 Erhaltungssätze für instationäre eindimensionale Strömungen

Zur Herleitung der Erhaltungssätze von Masse und Impuls betrachten wir das Segment einer Stromröhre:

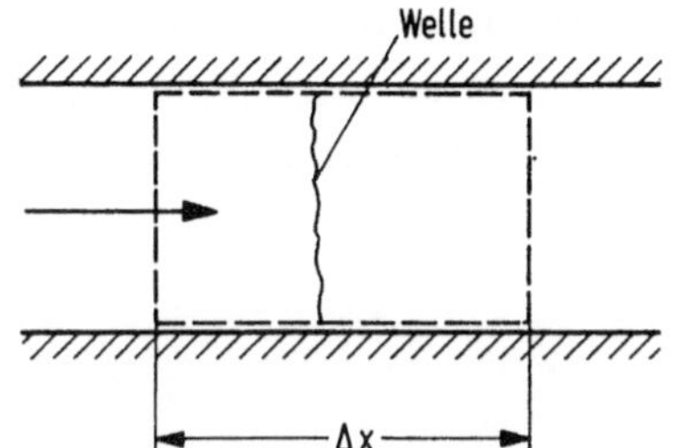

Bild 4.2. Verdichtungswelle in einer Stromröhre

Bei der stationären Strömung hatten wir gesagt, daß die Masse, die auf der einen Seite in das Segment eintritt, auf der anderen Seite auch wieder austritt. Dabei wurde vorausgesetzt, daß sich die Zustandsgrößen in den einzelnen Querschnitten nicht mit der Zeit ändern. Betrachten wir jetzt aber eine instationäre Strömung, so sind die Zustandsgrößen an einem Ort im allgemeinen mit der Zeit veränderlich. Läuft beispielsweise eine Verdichtungswelle von links nach rechts in das Segment, so strömt im Nachlauf der Welle Masse. Vor der Welle dagegen ist das Medium ungestört, und wenn es bislang in Ruhe war, so ist es auch weiterhin in Ruhe: Aus dem Segment strömt somit nichts aus. Demnach muß sich im Innern des Segmentes die Masse durch den Zustrom mit der Zeit ändern. Es muß eine Massenänderung mit der Zeit berücksichtigt werden:

$$\frac{\partial}{\partial \tau} (\rho \, A \, \Delta x) \quad .$$

Diese Massenänderung muß gleich der Differenz zwischen ein- und ausströmender Masse sein. Formal setzen wir an:

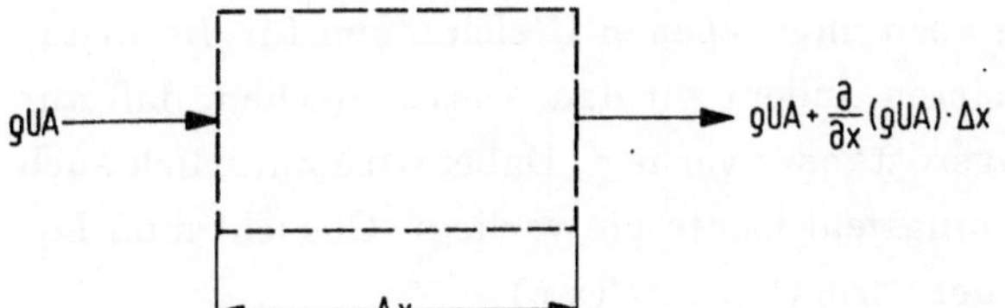

Bild 4.3. Element einer Stromröhre

Die Differenz im Massenstrom stellt sich dar als

$$-\frac{\partial}{\partial x}(\rho U A)\Delta x \quad .$$

Bei A = konst. bekommt der *Massenerhaltungssatz* folgende Form:

$$\frac{\partial}{\partial \tau}\rho + \frac{\partial}{\partial x}(\rho U) = 0 \quad . \tag{4.1}$$

In ähnlicher Weise muß bei dem Impulserhaltungssatz berücksichtigt werden, daß der Impuls der im Innern des Kontrollsegments befindlichen Masse mit der Zeit veränderlich ist. Die zeitliche Änderung des Impulses eines Massenelementes muß gleich sein der Summe aus Impulsstrom durch die Oberfläche und den an der Oberfläche angreifenden Kräften:

$$\frac{\partial}{\partial \tau}(\rho U A) = -\frac{\partial}{\partial x}(\rho A U^2) - A\frac{\partial p}{\partial x} \quad .$$

Für A = konst. also

$$\frac{\partial}{\partial \tau}(\rho U) + \frac{\partial}{\partial x}(\rho U^2) = -\frac{\partial p}{\partial x} \quad .$$

Das läßt sich teilweise differenzieren, um darauf den Massenerhaltungssatz anzuwenden:

$$U\frac{\partial \rho}{\partial \tau} + \rho\frac{\partial U}{\partial \tau} + U\frac{\partial}{\partial x}(\rho U) + \rho U\frac{\partial U}{\partial x} = -\frac{\partial p}{\partial x} \quad .$$

Darin ist die Summe aus erstem und drittem Term aufgrund des Massenerhaltungssatzes gleich null. Es bleibt übrig als *Impulserhaltungssatz*

$$\frac{\partial U}{\partial \tau} + U\frac{\partial U}{\partial x} = -\frac{1}{\rho}\frac{\partial p}{\partial x} \quad . \tag{4.2}$$

4.2 Linearisierte (Akustische) Theorie

Unser Ziel im folgenden soll sein, die oben angegebenen Gleichungen für die instationäre Wellenausbreitung zu linearisieren, indem wir den Ansatz machen, daß nur eine geringfügige Störung des Ausgangszustandes vorliegt. Dabei wird natürlich auch angenommen, daß im gesamten Strömungsfeld Isentropie vorliegt. Gesucht sind Lösungen der Differentialgleichungen in der Form $U, \rho, \ldots = f(x,\tau)$.

Die Annahme einer geringfügigen Störung des Ausgangszustandes läßt sich folgendermaßen schreiben:

$$\rho = \rho_1(1+\varepsilon) \qquad \varepsilon \ll 1 \qquad \text{geringfügige Störung.}$$

Dies führt zu

$$\frac{p}{p_1} = \left(\frac{\rho}{\rho_1}\right)^{\gamma} = (1+\varepsilon)^{\gamma} \qquad \text{isentrope Zustandsänderung}$$

$$a^2 = \gamma \frac{p}{\rho} = \gamma \frac{p_1}{\rho_1} \frac{(1+\varepsilon)^{\gamma}}{(1+\varepsilon)} = a_1^2(1+\varepsilon)^{\gamma-1} \quad .$$

Verwendet man

$$\frac{\partial p}{\partial x} = a^2 \frac{\partial \rho}{\partial x} \quad ,$$

dann wird aus den Ausgangsgleichungen (4.1) und (4.2)

$$\frac{\partial \varepsilon}{\partial \tau} + (1+\varepsilon)\frac{\partial U}{\partial x} + U\frac{\partial \varepsilon}{\partial x} = 0$$

$$\frac{\partial U}{\partial \tau} + U\frac{\partial U}{\partial x} + a_1^2(1+\varepsilon)^{\gamma-2}\frac{\partial \varepsilon}{\partial x} = 0 \quad .$$

Hierin lassen sich zunächst die Werte ε gegenüber 1 vernachlässigen, da $\varepsilon \ll 1$ sein soll. Es verbleibt jedoch das Problem, daß noch immer nichtlineare Terme in den Gleichungen vorhanden sind, nämlich $U\ \partial\varepsilon/\partial x$ und $U\ \partial U/\partial x$, d.h. die Variablen treten als Koeffizienten ihrer Ableitungen auf. Es ist jedoch zu erwarten, daß bei kleinen Dichtestörungen auch die Geschwindigkeit und deren Änderung nur kleine Werte annimmt. Es wird sich in der Tat später zeigen, daß $U = \pm a_1\varepsilon$ ist. So sind diese Terme als quadratisch klein vernachlässigbar, wodurch sich das Gleichungssystem linearisieren läßt:

$$\frac{\partial \varepsilon}{\partial \tau} + \frac{\partial U}{\partial x} = 0 \tag{4.5}$$

$$\frac{\partial U}{\partial \tau} + a_1^2\frac{\partial \varepsilon}{\partial x} = 0 \quad . \tag{4.6}$$

In beiden Gleichungen stehen jeweils beide Unbekannten U und ε. Wir streben nun an, die Unbekannten zu trennen und für jede eine Gleichung zu erhalten. Dies wird auf folgende Weise erreicht: Wir differenzieren (4.5) nach τ und (4.6) nach x und subtrahieren beide Gleichungen voneinander. Man erhält

$$\frac{\partial^2 \varepsilon}{\partial \tau^2} - a_1^2 \frac{\partial^2 \varepsilon}{\partial x^2} = 0 \quad .$$

Dann wird (4.5) nach x differenziert und gleichzeitig mit $a_1{}^2$ multipliziert, (4.6) nach τ differenziert und wiederum die Differenz gebildet. Man erhält

$$\frac{\partial^2 U}{\partial \tau^2} - a_1^2 \frac{\partial^2 U}{\partial x^2} = 0 \quad .$$

Damit liegen für die Geschwindigkeit und die Dichtestörungen sehr einfache Differentialgleichungen vor, die als Wellengleichungen bezeichnet werden. Die allgemeine (d'Alembertsche) Lösung dieser Differentialgleichungen lautet

$$\varepsilon = F_1(x - a_1 \tau) + F_2(x + a_1 \tau)$$

$$U = f_1(x - a_1 \tau) + f_2(x + a_1 \tau) \quad .$$

U und ε sind also als Summe von Funktionen der Argumente $x \pm a_1 \tau$ darstellbar. Zur eindeutigen Bestimmung der Lösung sind noch Anfangs- und Randbedingungen erforderlich.

Die Lösungen legen die Einführung neuer Variablen nahe:

$$\xi = x + a_1 \tau \quad \text{mit} \quad d\xi = dx + a_1 d\tau$$

$$\eta = x - a_1 \tau \qquad d\eta = dx - a_1 d\tau \quad .$$

In der x,τ–Ebene sind die neuen Variablen Geradenscharen, die unter dem Winkel arc tan a_1 zur τ–Achse verlaufen (Bild 4.4).

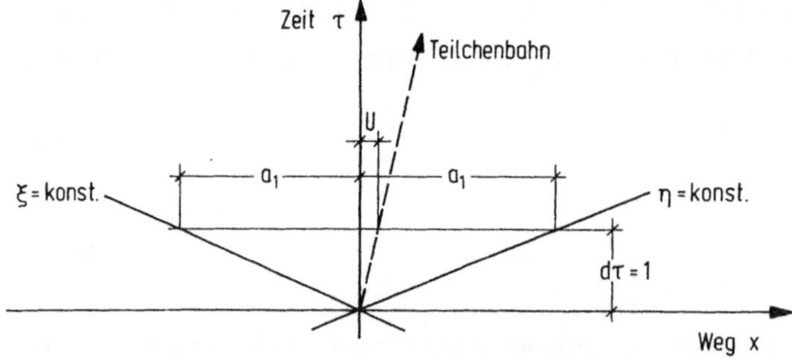

Bild 4.4. Zeit–Weg–Diagramm für linearisierte Theorie

Die Linien ξ=konst. werden als linkslaufende Wellen bezeichnet, die Linien η=konst. als rechtslaufende Wellen. Diese Bezeichnung ergibt sich in Bezug auf die Teilchenbahn, die bei kleiner Geschwindigkeit U in der x,τ–Ebene nahe der Zeitachse verläuft. Ein Beobachter auf einem mit der Geschwindigkeit U bewegten Teilchen hat den Eindruck, daß links und rechts von ihm Wellen mit der Geschwindigkeit a_1 in das Medium hineinlaufen.

Wir benutzen nun diese Wellen ξ und η, die man übrigens hier auch als Charakteristiken bezeichnet, als neue Koordinaten anstelle der Koordinaten τ und x. Am Beispiel der Geschwindigkeit U sollen die Beziehungen zwischen den partiellen Ableitungen in den beiden Koordinatensystemen gezeigt werden. In der x,τ–Ebene ist das totale Differential von U gegeben durch

$$dU = \frac{\partial U}{\partial x} dx + \frac{\partial U}{\partial \tau} d\tau \quad .$$

In gleicher Weise erhält man in der ξ,η–Ebene

$$dU = \frac{\partial U}{\partial \xi} d\xi + \frac{\partial U}{\partial \eta} d\eta \quad .$$

Setzt man hier die oben angegebenen Ausdrücke für $d\xi$ und $d\eta$ ein, so führt das zu

$$dU = \left(\frac{\partial U}{\partial \xi} + \frac{\partial U}{\partial \eta} \right) dx + a_1 \left(\frac{\partial U}{\partial \xi} - \frac{\partial U}{\partial \eta} \right) d\tau \quad .$$

Der Koeffizientenvergleich mit dem zuerst angegebenen totalen Differential für die x, τ–Ebene ergibt

$$\frac{\partial U}{\partial x} = \frac{\partial U}{\partial \xi} + \frac{\partial U}{\partial \eta}$$

$$\frac{\partial U}{\partial \tau} = \left(\frac{\partial U}{\partial \xi} - \frac{\partial U}{\partial \eta} \right) a_1 \quad .$$

Um die entsprechenden Beziehungen für die Dichteänderung zu erhalten, muß man nur U durch ε ersetzen:

$$\frac{\partial \varepsilon}{\partial x} = \frac{\partial \varepsilon}{\partial \xi} + \frac{\partial \varepsilon}{\partial \eta}$$

$$\frac{\partial \varepsilon}{\partial \tau} = \left(\frac{\partial \varepsilon}{\partial \xi} - \frac{\partial \varepsilon}{\partial \eta} \right) a_1 \quad .$$

Wir führen diese Beziehungen in die Ausgangsgleichungen (4.5) und (4.6) ein und erhalten

$$a_1\left(\frac{\partial \varepsilon}{\partial \xi} - \frac{\partial \varepsilon}{\partial \eta}\right) + \frac{\partial U}{\partial \xi} + \frac{\partial U}{\partial \eta} = 0$$

$$a_1\left(\frac{\partial U}{\partial \xi} - \frac{\partial U}{\partial \eta}\right) + a_1^2\left(\frac{\partial \varepsilon}{\partial \xi} + \frac{\partial \varepsilon}{\partial \eta}\right) = 0 \quad .$$

Es ist nun möglich, daraus zwei Gleichungen mit jeweils nur einer Ableitungsrichtung zu machen. Division der zweiten Gleichung durch a_1 und Addition bzw. Subtraktion führt zu

$$\frac{\partial}{\partial \xi}(a_1\varepsilon + U) = 0$$

$$\frac{\partial}{\partial \eta}(a_1\varepsilon - U) = 0 \quad .$$

Führt man anstelle der Dichteänderung die Schallgeschwindigkeit ein, die wir weiter oben ermittelt hatten als

$$a = a_1(1+\varepsilon)^{\frac{\gamma-1}{2}} \approx a_1\left(1 + \frac{\gamma-1}{2}\,\varepsilon\right) \quad ,$$

woraus folgt

$$a_1\varepsilon = (a - a_1)\frac{2}{\gamma-1} \quad ,$$

so erhält man

$$\frac{\partial}{\partial \xi}\left(\frac{2}{\gamma-1}\,a + U\right) = 0$$

$$\frac{\partial}{\partial \eta}\left(\frac{2}{\gamma-1}\,a - U\right) = 0 \quad .$$

Die partielle Ableitung des ersten Klammerausdruckes nach ξ beispielsweise ist nur dann null, wenn dieser Ausdruck nicht von ξ abhängt. Eine Abhängigkeit von η wäre jedoch zulässig, d.h. es gilt allgemein

$$\frac{2}{\gamma-1}\,a + U = f(\eta) \quad .$$

Betrachtet man jedoch diesen Zusammenhang längs einer Kurve η=konst., so folgt damit

$$\begin{aligned} &\frac{2}{\gamma-1}a + U = \text{konst.} \qquad \text{längs } \eta = \text{konst.} \\ &\frac{2}{\gamma-1}a - U = \text{konst.} \qquad \text{längs } \xi = \text{konst.} \quad . \end{aligned} \tag{4.7}$$

Mit diesen Gleichungen ist man in der Lage, die Zustandsänderungen bei der Ausbreitung von schwachen Wellen in einem Rohr zu berechnen. Aus der Schallgeschwindigkeit a folgt sofort die Dichteänderung und damit alle anderen Zustandsgrößen:

$$\begin{aligned} \varepsilon &= \frac{\rho}{\rho_1} - 1 = \left(\frac{a}{a_1} - 1\right)\frac{2}{\gamma-1} \\ p &= p_1(1+\varepsilon)^{\gamma} \approx (1+\gamma\varepsilon)\,p_1 \\ t &= t_1(1+\varepsilon)^{\gamma-1} \approx [1+(\gamma-1)\varepsilon]\,t_1 \quad . \end{aligned} \tag{4.8}$$

So sind wir jetzt in der Lage, unser eingangs skizziertes Beispiel zu berechnen:

Beispiel: Gemäß der Voraussetzung der Akustischen Theorie gehen wir davon aus, daß in beiden Teilen des Rohres ein nur geringfügig unterschiedlicher Ausgangszustand vorliegt, mit $p_2 \gtrapprox p_1$. Nach Freigabe des Kolbens (oder Beseitigung einer Trennwand) läuft nach rechts eine Kompressionswelle und nach links eine Expansionswelle (Bild 4.5). Die Ausbreitungsgeschwindigkeit wird für beide Wellen näherungsweise mit a_1 angesetzt. Im Zeit–Weg–Diagramm verlaufen dann die Wellenbahnen unter dem Winkel $\pm$arc cot a_1. Unter dem gleichen Winkel verlaufen natürlich auch alle anderen Charakteristiken, von denen einige im Bild angedeutet sind.

Der Zustand im Gebiet (3) läßt sich jetzt dadurch ermitteln, daß dort rechtslaufende (η) Charakteristiken aus dem Gebiet (2) kommend sich mit linkslaufenden (ξ), die im Gebiet (1) ihren Ursprung haben, schneiden. Mit der Feststellung, daß $U_1 = U_2 = 0$ ist, erhält man:

$$\begin{aligned} \frac{2}{\gamma-1}a_2 &= \frac{2}{\gamma-1}a_3 + U_3 \\ \frac{2}{\gamma-1}a_1 &= \frac{2}{\gamma-1}a_3 - U_3 \quad . \end{aligned}$$

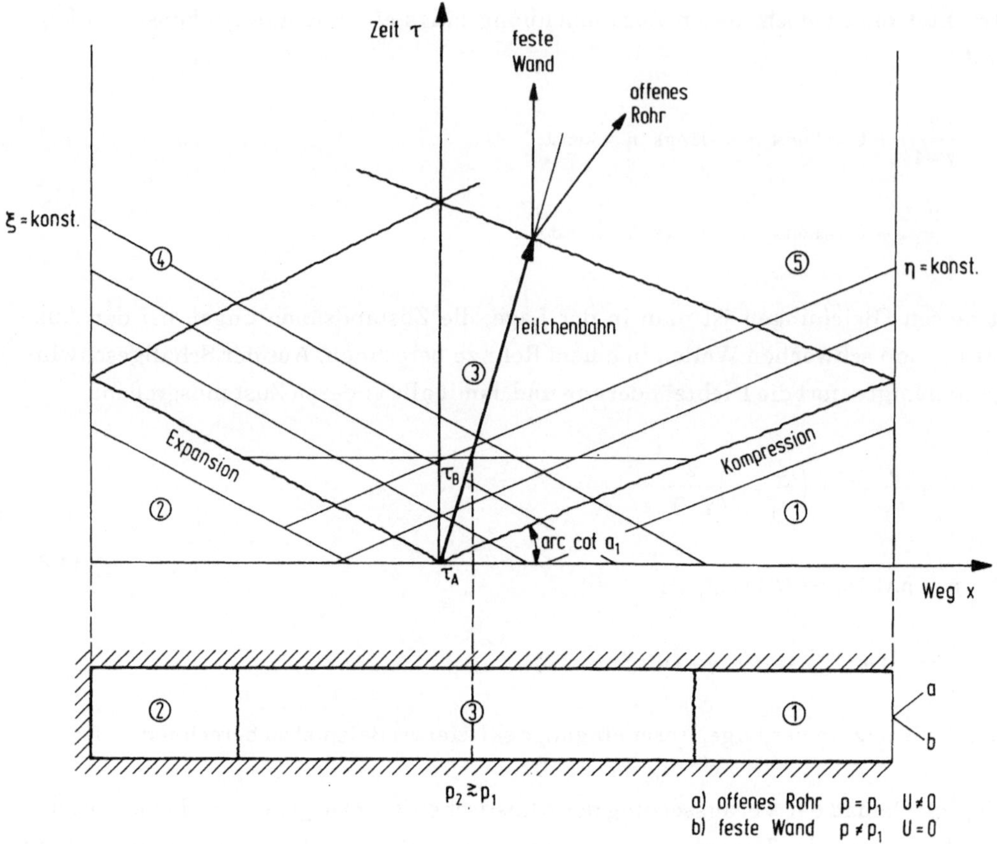

Bild 4.5. Zeit–Weg–Diagramm nach Öffnen einer Trennwand in einem Rohr mit geringer Druckdifferenz

Daraus folgt

$$U_3 = \frac{a_2 - a_1}{\gamma - 1}$$

$$a_3 = \frac{a_2 + a_1}{2} \quad .$$

Wir gingen davon aus, daß sich die Zustände in (1) und (2) nur geringfügig unterscheiden. Dann ist $a_2 \approx a_1$ und $U_3 \ll a_1$. Die Schallgeschwindigkeit a_3 ist ein Mittelwert von a_2 und a_1.

Am rechten Ende des Rohres wollen wir zwei verschiedene Randbedingungen betrachten: Offenes Rohr und feste Wand. In jedem Fall wird der Zustand im Gebiet (5) über eine aus (2) kommende η–Charakteristik bestimmt, also

$$a_5 + \frac{\gamma - 1}{2} U_5 = a_2 \quad .$$

Für das offene Rohrende gilt wegen $p_5 = p_1$

$$a_5 = a_1$$

$$U_5 = \frac{2}{\gamma - 1}(a_2 - a_1) \quad .$$

Für die feste Wand gilt

$$U_5 = 0$$

$$a_5 = a_2 \quad .$$

Am offenen Rohrende wird die Geschwindigkeit gegenüber U_3 verdoppelt. Bei fester Wand erfolgt ein Aufstau im rechten Rohrteil auf die Zustandswerte des Gebietes (2).

□

4.3 Nichtlineare Theorie

Bei den in der Praxis vorkommenden Fällen eindimensionaler instationärer Strömungen ist die Annahme kleiner Störungen, wie sie im vorigen Abschnitt gemacht wurde, nicht immer gerechtfertigt. Beispielsweise treten im Stoßwellenrohr starke Druck- und Geschwindigkeitsgradienten auf, die eine nichtlineare Behandlung der Strömungsvorgänge erforderlich machen.

Bei der linearisierten Theorie war es möglich gewesen, durch die Einführung neuer Koordinaten sehr einfache Differentialgleichungen mit nur einer Ableitungsrichtung zu erhalten. Wir wollen ähnliches auch hier versuchen. Dabei werden wir allerdings keine Ansätze für eine Linearisierung machen und zunächst auch noch davon ausgehen, daß die Entropie im Medium nicht konstant ist, um dann allerdings anschließend die Vereinfachungen für den isentropen Fall anzugeben.

Ausgangspunkt sind die Erhaltungssätze für Masse und Impuls in der Form

$$\frac{\partial \rho}{\partial \tau} + U \frac{\partial \rho}{\partial x} + \rho \frac{\partial U}{\partial x} = 0 \qquad \text{Masse}$$

$$\frac{\partial U}{\partial \tau} + U \frac{\partial U}{\partial x} + \frac{1}{\rho} \frac{\partial p}{\partial x} = 0 \qquad \text{Impuls} \quad .$$

Unser Ziel ist jetzt, daraus zwei Gleichungen zu machen, in denen allein partielle Ableitungen der zwei Variablen p und U auftreten, die dann zu totalen Differentialen zusammengefaßt werden könnten. Die Ableitungen von ρ im Massenerhaltungsatz müssen also durch Ableitungen von p ersetzt werden. Über $\partial\rho = (\partial\rho/\partial p)\,\partial p$ erhält man

$$\frac{1}{\rho}\frac{\partial\rho}{\partial p}\left[p_\tau + U p_x\right] + U_x = 0 \quad .$$

Wir könnten nun Massen- und Impuls-Erhaltungssatz miteinander addieren oder voneinander subtrahieren, um auf diese Weise zwei Gleichungen zu erhalten, in denen die partiellen Ableitungen U_τ, U_x, p_τ und p_x miteinander kombiniert sind. Wir wünschen allerdings dabei, daß die Ableitungen von U und p jeweils in gleicher Weise kombiniert sind, so daß eine Zusammenfassung zu totalen Differentialen für ein und dieselbe Ableitungsrichtung möglich wird. Um dafür einen Spielraum zu haben, multiplizieren wir den Massenerhaltungssatz mit einem Faktor A, der dann später so festgelegt werden kann, daß die Ableitungsrichtungen gleich werden. Wir erhalten somit als Ausgangsgleichung für die Addition und Subtraktion

$$U_\tau + UU_x + \frac{1}{\rho\frac{\partial p}{\partial\rho}}\left[\frac{\partial p}{\partial\rho}p_x\right] = 0 \qquad \text{Impuls}$$

$$AU_x + \frac{A}{\rho\frac{\partial p}{\partial\rho}}\left[p_\tau + U p_x\right] = 0 \qquad \text{Masse}$$

$$\left[U_\tau + (U \pm A)U_x\right] \pm \frac{A}{\rho\frac{\partial p}{\partial\rho}}\left[p_\tau + \left(U \pm \frac{\frac{\partial p}{\partial\rho}}{A}\right)p_x\right] = 0 \qquad \text{Summe bzw. Differenz.}$$

Die Bedingung, daß die Ableitungsrichtung für U und p gleich ist, bedeutet

$$(U \pm A) = \left(U \pm \frac{\frac{\partial p}{\partial\rho}}{A}\right) \quad \text{also } A^2 = \frac{\partial p}{\partial\rho} \quad .$$

Somit erhält man

$$\left\{U_\tau + \left[U \pm \left(\frac{\partial p}{\partial\rho}\right)^{\frac{1}{2}}\right]U_x\right\} \pm \frac{1}{\rho\left(\frac{\partial p}{\partial\rho}\right)^{\frac{1}{2}}}\left\{p_\tau + \left[U \pm \left(\frac{\partial p}{\partial\rho}\right)^{\frac{1}{2}}\right]p_x\right\} = 0 \quad .$$

Da wir grundsätzlich zunächst von anisentropen Strömungsverhältnissen ausgehen wollten, gilt noch folgender Zusammenhang:

$$\frac{p}{p_0} = \left(\frac{\rho}{\rho_0}\right)^{\gamma} \exp\left(\frac{s - S_0}{c_v}\right) .$$

Hiermit folgt, daß $\partial p/\partial\rho = \gamma p/\rho$ ist. Dies führen wir ein und erhalten

$$U_\tau + \left[U \pm \left(\frac{\gamma p}{\rho}\right)^{\frac{1}{2}}\right] U_x \pm \frac{1}{\rho\left(\frac{\gamma p}{\rho}\right)^{\frac{1}{2}}} \left\{p_\tau + \left[U \pm \left(\frac{\gamma p}{\rho}\right)^{\frac{1}{2}}\right] p_x\right\} = 0 .$$

Man kann jetzt zu totalen Differentialen zusammenfassen in der Art

$$dU = U_\tau d\tau + U_x dx \qquad dp = p_\tau d\tau + p_x dx ,$$

wenn man die Gleichungen längs Kurven mit $dx/d\tau = U \pm (\gamma p/\rho)^{1/2}$ gelten läßt. Somit ergibt sich schließlich folgende Aussage:

$$dU \pm \frac{dp}{\rho\left(\frac{\gamma p}{\rho}\right)^{\frac{1}{2}}} = 0 \quad \text{längs einer Kurve mit } \frac{dx}{d\tau} = U \pm \left(\frac{\gamma p}{\rho}\right)^{\frac{1}{2}} . \tag{4.9}$$

Wir haben damit eine Beziehung zur Beschreibung einer eindimensionalen, instationären, *anisentropen* Strömung. Die Feststellung, daß wir mit diesen Gleichungen anisentrope Strömungen beschreiben können, soll allerdings nicht bedeuten, daß wir damit instationäre Verdichtungsstöße behandeln wollen. Die Verdichtungsstöße werden wir mit den Beziehungen für den senkrechten Stoß beschreiben, was im folgenden Abschnitt gleich gezeigt werden wird. Über den Stoß hinweg treten jedoch Entropieänderungen auf und wenn der Stoß beschleunigt ist, variiert der Entropieanstieg, so daß in dem Gebiet hinter dem Stoß eine anisentrope Strömung entsteht. Diese Anisentropie ist jedoch häufig vernachlässigbar. Nur bei stark beschleunigten Stößen, die in der x,τ–Ebene eine stark gekrümmte Stoßbahn ergeben, ist eine nichtisentrope Behandlung der Strömung erforderlich.

Als nächstes soll die Gleichung (4.9) mit der Voraussetzung *isentroper* Strömungen vereinfacht werden. Als erstes läßt sich die Schallgeschwindigkeit einführen: $a^2 = \gamma p/\rho$.

So erhält man

$$dU \pm \frac{1}{\rho a}\,dp = 0 \qquad \text{längs einer Kurve mit } \frac{dx}{d\tau} = U \pm a \quad .$$

Darin werden wir jetzt dp durch da ersetzen. Es gelten folgende Zusammenhänge:

$$p = P_0\left(\frac{t}{T_0}\right)^{\frac{\gamma}{\gamma-1}} , \qquad \text{also} \quad dp = P_0\left(\frac{t}{T_0}\right)^{\frac{\gamma}{\gamma-1}} \frac{\gamma}{\gamma-1}\,\frac{dt}{t} = p\,\frac{\gamma}{\gamma-1}\,\frac{dt}{t}$$

$$a^2 = \gamma R t \ , \qquad \text{also} \quad 2a\,da = \gamma R\,dt \quad .$$

Aus beidem erhält man

$$dp = \frac{2\,a\,da}{R}\,\frac{1}{\gamma-1}\,\frac{p}{t} = \frac{2}{\gamma-1}\,\rho\,a\,da \quad .$$

Es besteht also der Zusammenhang

$$\frac{dp}{\rho a} = \frac{2}{\gamma-1}\,da \quad .$$

So wird aus unserer Bestimmungsgleichung schließlich

$$dU \pm \frac{2}{\gamma-1}\,da = 0 \qquad \text{längs einer Kurve mit } \frac{dx}{d\tau} = U \pm a \quad . \tag{4.10}$$

Wir können nun noch den Kurven, längs denen diese Beziehung gilt, geeignete Bezeichnungen geben:

$$\frac{dx}{d\tau} = U + a \qquad \text{längs} \quad \eta = \text{konst.}$$

$$\frac{dx}{d\tau} = U - a \qquad \text{längs} \quad \xi = \text{konst.} \quad .$$

Die Lage dieser Kurven in der x,τ–Ebene ergibt sich folgendermaßen (Bild 4.6).

Es ist hier besonders zu vermerken, daß bei nichtlinearer Theorie sowohl die Teilchenbahn als auch die Charakteristiken im allgemeinen im Zeit–Weg–Diagramm als gekrümmte Kurven erscheinen. In dem Bild ist nur der lokale Verlauf, d.h. die Tangenten an Teilchenbahn und Charakteristiken in einem Punkt der x,τ–Ebene gezeigt. Die Teilchenbahn (Substanzlinie) ist durch die Geschwindigkeit U bestimmt, die charakteristischen Linien ξ und η liegen unter einem Winkel zur Teilchenbahn, der durch die

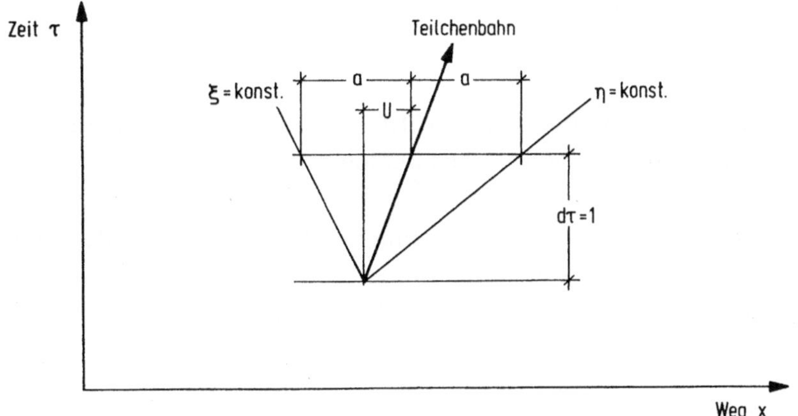

Bild 4.6. Lokaler Charakteristikenverlauf und Teilchenbahn bei nichtlinearer Theorie

Schallgeschwindigkeit a bestimmt ist. Da sowohl die Schallgeschwindigkeit, als auch die Strömungsgeschwindigkeit der Teilchen mit dem Ort und der Zeit variieren, sind im allgemeinen Teilchenbahn und Charakteristiken in der x,τ–Ebene gekrümmt. In der linearisierten Theorie hatten wir ebenfalls charakteristische Linien ermittelt, die allerdings gerade waren mit einem durch die konstante Schallgeschwindigkeit a_1 bestimmten Gradienten. Die Charakteristiken der nichtlinearen Theorie gehen in diejenigen der linearen über, wenn $U \to 0$ und $a \to a_1$ geht.

Nun lassen sich unsere Bestimmungsgleichungen für den *nichtlinearen aber, isentropen* Fall noch etwas umformen. Die Differentiation kann vorgezogen werden:

$$d\left(U \pm \frac{2}{\gamma - 1} a \right) = 0 \quad .$$

Und man kann schließlich integrieren, wodurch man folgendes Endergebnis erhält:

$$U + \frac{2}{\gamma - 1} a = \text{konst.} \qquad \text{längs} \quad \eta = \text{konst.}$$

$$U - \frac{2}{\gamma - 1} a = \text{konst.} \qquad \text{längs} \quad \xi = \text{konst.} \quad .$$

Danach sind im nichtlinearen Fall die Bestimmungsgleichungen die gleichen, wie im linearen Fall. Allerdings unterscheiden sich hier die Charakteristiken wesentlich von denen der akkustischen Theorie: Ihr Verlauf ist nicht von vornherein bekannt, sondern abhängig von den an sich gesuchten Funktionen U und a. Dieses Problem ist typisch für nichtlineare Theorien.

Beispiel: Im folgenden soll gezeigt werden, wie mit Hilfe der Charakteristiken eine instationäre, eindimensionale Strömung beschrieben werden kann.

Wir betrachten die durch einen gleichförmig beschleunigten Kolben verursachte Kompression. Bei $\tau = o$ sei der Kolben im Ruhezustand. Die beginnende Kolbenbewegung macht sich über eine Welle mit der Geschwindigkeit a_1 bemerkbar (Bild 4.7).

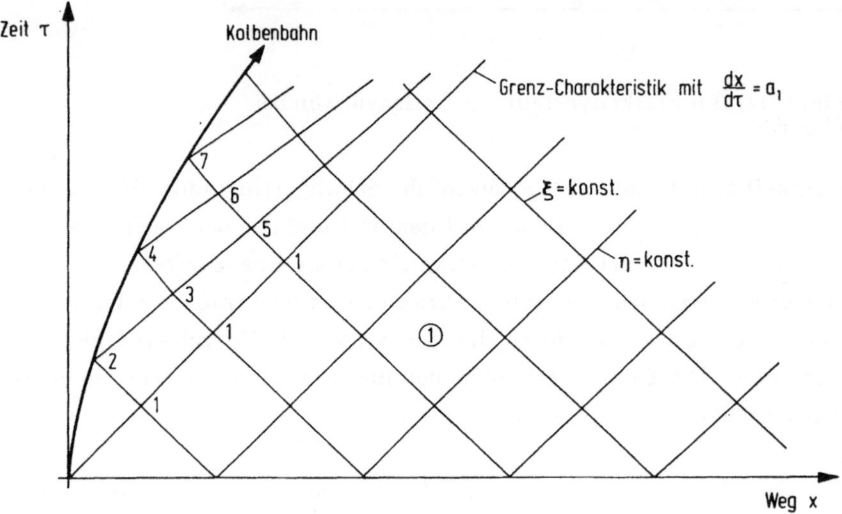

Bild 4.7. Charakteristiken einer instationären eindimensionalen Strömung

Der Raum des ungestörten Mediums mit $U_1 = 0$ und $a = a_1$ ist durch eine Grenzcharakteristik des Typs $\eta =$ konst. abgegrenzt. Der Zustand im Punkt (2) läßt sich mittels der aus dem Gebiet (1) kommenden ξ-Charakteristik berechnen:

$$U_2 - \frac{2}{\gamma - 1} a_2 = - \frac{2}{\gamma - 1} a_1 \quad .$$

U_2 muß dabei über die Kolbenbeschleunigung bekannt sein (etwa $U_K = b\tau$). Es folgt

$$a_2 = a_1 + \frac{\gamma - 1}{2} U_2 \quad .$$

Die Schallgeschwindigkeit im Punkt (2) ist demnach größer als diejenige des Gebietes (1). Das hat zur Folge, daß die vom Punkt (2) ausgehende η–Charakteristik flacher als die Grenzcharakteristik verläuft, so daß beide Charakteristiken konvergieren. Die Konvergenz von Kompressionswellen führt unausweichlich zu einem Verdichtungsstoß.

Die Richtung der ξ–Charakteristik zwischen den Punkten (1) und (2) ist übrigens von derjenigen im Gebiet (1) verschieden. Der Gradient der ξ–Charakteristik ist ja gegeben durch $dx/d\tau = U - a$. Näherungsweise wird eine Gerade benutzt mit einem mittleren Gradienten entsprechend den Werten von U und a in (1) und (2), also $dx/d\tau = (U_2 - a_2 - a_1)/2$.

Die Zustandsgrößen im Punkt (3) werden über die aus (1) kommende ξ–Charakteristik und die von (2) kommende η–Charakteristik bestimmt:

$$U_3 - \frac{2}{\gamma - 1} a_3 = - \frac{2}{\gamma - 1} a_1$$

$$U_3 + \frac{2}{\gamma - 1} a_3 = U_2 + \frac{2}{\gamma - 1} a_2 \quad .$$

Daraus folgt $U_3 = U_2$ und $a_3 = a_2$. Die η–Charakteristik von (2) läuft über (3) hinweg als Gerade weiter, bis sie die Grenzcharakteristik schneidet. Dort ist dann der Fußpunkt eines Verdichtungsstoßes. Die ξ–Charakteristik zwischen (1) und (3) läuft parallel zu derjenigen zwischen (1) und (2).

In dieser Weise können nun auch alle anderen Zustände in der x,τ–Ebene ermittelt werden, solange nicht ein Verdichtungsstoß das Feld beeinflußt.

□

Das Beispiel entspricht übrigens dem Strömungsfall, den wir zur Erklärung der Entstehung eines senkrechten Verdichtungsstoßes benutzt hatten. Wir hatten auch dort eine endliche Kolbenbeschleunigung angesetzt, die allerdings nur kurzzeitig angenommen wurde und zu einer konstanten, verhältnismäßig großen Kolbengeschwindigkeit führen sollte. Dabei geht in der x,τ–Ebene die Kolbenbahn in eine Gerade über, wie es auch hier nach Punkt (7) angedeutet ist. Danach wären alle η–Charakteristiken wieder parallel.

4.4 Stoßwellenausbreitung

Im folgenden wird gezeigt, wie die Erkenntnisse über den stationären senkrechten Verdichtungsstoß auf den instationären Fall übertragen werden. Wir betrachten dazu folgenden Strömungsvorgang (Bild 4.8):

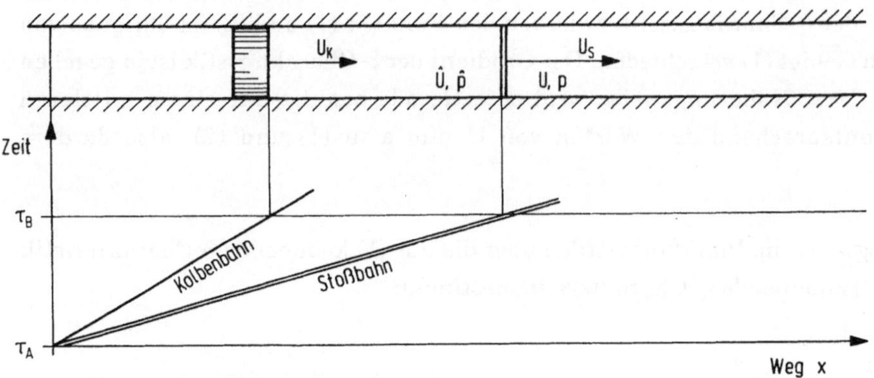

Bild 4.8. Zeit–Weg–Diagramm einer durch plötzliche Kolbenbewegung hervorgerufenen Stoßwelle

Die Stoßwelle wird durch eine plötzlich einsetzende Bewegung des Kolbens erzeugt. Der Kolben bewegt sich für die Zeit $\tau > 0$ mit der gleichförmigen Geschwindigkeit U_K und der Stoß läuft mit der Geschwindigkeit U_S voraus in das ruhende Medium.

Unser Ziel dabei ist folgendes: Durch Anwendung der stationären Geradstoßbeziehungen soll der Zusammenhang zwischen Drucksprung über den Stoß und der Geschwindigkeit von Stoß und Kolben (U_S und U_K) aufgezeigt werden. Der Drucksprung soll einmal als $\hat{p}/p$ und zum anderen als $\Delta p/p = (\hat{p}-p)/p$ angeführt werden, um die Grenzbetrachtungen für den "starken Stoß" ($\hat{p}/p \gg 1$) und den "schwachen Stoß" ($\Delta p/p \to 0$) zu ermöglichen.

Durch Änderung des Bezugssystems kann der Stoß stationär behandelt werden. (Wir haben ja diese Vorgehensweise schon bei der Ermittlung der Schallgeschwindigkeit sowie bei der Erklärung der Entstehung von Stößen kennengelernt). Wir bezeichnen die Größen im stationären System ohne jeden Index, die Größen nach dem Stoß sind durch ein "^" gekennzeichnet. Ein Beobachter, der sich mit dem Stoß bewegt, sieht das an sich ruhende Medium mit der Geschwindigkeit U_S von rechts nach links durch die Stoßfront laufen, also

$$U = U_S \quad .$$

Auf der anderen Seite erscheint aufgrund der vom Kolben verursachten Gegenbewegung das Medium um U_K verzögert:

$$\hat{U} = U - U_K = U_S - U_K \quad .$$

Dies verwenden wir für die Rankine–Hugoniot–Beziehung (3.17):

$$\frac{\hat{\rho}}{\rho} = \frac{1 + \frac{\gamma+1}{\gamma-1}\frac{\hat{p}}{p}}{\frac{\gamma+1}{\gamma-1} + \frac{\hat{p}}{p}} = \frac{U}{\hat{U}} \quad .$$

Ferner gilt für das Druckverhältnis über den Stoß (3.14):

$$\frac{\hat{p}}{p} = 1 + \frac{2\gamma}{\gamma+1}(M^2 - 1) \quad ,$$

woraus sofort $U = aM = U_S$ berechnet werden kann, indem man nach M auflöst:

$$U = a\,M = a\left[\left(\frac{\hat{p}}{p} - 1\right)\frac{\gamma+1}{2\gamma} + 1\right]^{\frac{1}{2}} = a\left[\frac{\gamma+1}{2\gamma}\frac{\hat{p}}{p} + \frac{\gamma-1}{2\gamma}\right]^{\frac{1}{2}} =$$

$$U_S = a\left[\frac{\Delta p}{p}\frac{\gamma+1}{2\gamma} + 1\right]^{\frac{1}{2}} = a\left[\frac{\gamma+1}{2\gamma}\frac{\hat{p}}{p} + \frac{\gamma-1}{2\gamma}\right]^{\frac{1}{2}} \quad . \tag{4.12}$$

Als nächstes folgt hieraus zusammen mit der Rankine–Hugoniot–Beziehung:

$$U_K = U - \hat{U} = U\left(1 - \frac{\hat{U}}{U}\right) = a\left[\frac{\gamma+1}{2\gamma}\frac{\hat{p}}{p} + \frac{\gamma-1}{2\gamma}\right]^{\frac{1}{2}}\left[1 - \frac{\frac{\gamma+1}{\gamma-1} + \frac{\hat{p}}{p}}{1 + \frac{\gamma+1}{\gamma-1}\frac{\hat{p}}{p}}\right]$$

$$= a\left[\frac{\gamma-1}{2\gamma}\left(1 + \frac{\gamma+1}{\gamma-1}\frac{\hat{p}}{p}\right)\right]^{\frac{1}{2}} \frac{\left(1 + \frac{\gamma+1}{\gamma-1}\frac{\hat{p}}{p}\right) - \left(\frac{\gamma+1}{\gamma-1} + \frac{\hat{p}}{p}\right)}{1 + \frac{\gamma+1}{\gamma-1}\frac{\hat{p}}{p}}$$

$$= a\left[\frac{\gamma-1}{2\gamma}\right]^{\frac{1}{2}} \frac{\frac{2}{\gamma-1}\left[\frac{\hat{p}}{p} - 1\right]}{\left[1 + \frac{\gamma+1}{\gamma-1}\frac{\hat{p}}{p}\right]^{\frac{1}{2}}} = \frac{a}{\gamma}\left[\frac{\hat{p}}{p} - 1\right]\left[\frac{\frac{2\gamma}{\gamma-1}}{1 + \frac{\gamma+1}{\gamma-1}\frac{\hat{p}}{p}}\right]^{\frac{1}{2}} \quad .$$

Daraus erhält man schließlich

$$U_K = \frac{a}{\gamma}\left(\frac{\hat{p}}{p} - 1\right)\left[\frac{\frac{2\gamma}{\gamma+1}}{\frac{\hat{p}}{p} + \frac{\gamma-1}{\gamma+1}}\right]^{\frac{1}{2}} = \frac{a}{\gamma}\,\frac{\Delta p}{p}\left[\frac{\frac{2\gamma}{\gamma+1}}{\frac{\Delta p}{p} + \frac{2\gamma}{\gamma+1}}\right]^{\frac{1}{2}} . \qquad (4.13)$$

Eine Grenzbetrachtung ergibt für

schwache Stöße ($\Delta p/p \to 0$)

$$U_K \ll a$$

$$U_S \approx a\left(1 + \frac{\gamma+1}{4\gamma}\,\frac{\Delta p}{p}\right) \approx a \quad ,$$

starke Stöße ($\hat{p}/p \gg 1$)

$$\left.\begin{aligned} U_K &\to a\left[\frac{2}{\gamma(\gamma+1)}\,\frac{\hat{p}}{p}\right]^{\frac{1}{2}} \\ U_S &\to a\left[\frac{\gamma+1}{2\gamma}\,\frac{\hat{p}}{p}\right]^{\frac{1}{2}} \end{aligned}\right\} \Rightarrow \frac{U_S}{U_K} \to \frac{\gamma+1}{2} \quad ,$$

Die Stoßfront läuft bei schwachen Stößen mit Schallgeschwindigkeit, bei starken Stößen sehr viel schneller, wobei die Kolbengeschwindigkeit fast so groß werden muß wie die Stoßgeschwindigkeit. Natürlich sind derart große Kolbengeschwindigkeiten unrealistisch, jedoch ist zu vermerken, daß der Kolben nur symbolisch für eine Trennfläche zwischen zwei Bereichen verwendet wurde. Wenn beispielsweise in einem Stoßrohr zunächst eine Trennwand zwischen einem Hochdruck und einem Niederdruckbereich existierte, die dann weggesprengt wurde, so bleibt eine Grenzfläche, die sich durchaus mit sehr hoher Geschwindigkeit bewegen kann.

Beispiel: In der aerodynamischen Versuchstechnik benutzt man Stoßwellenrohre (shock tube) als intermittierend arbeitende Windkanäle (Bild 4.9).

Wird die Membran zwischen Hochdruck- und Niederdruckteil des Rohres zerstört, so breitet sich eine Stoßwelle in den Niederdruck-Bereich hinein aus, während in den Hochdruck-Bereich eine Expansion hineinläuft. In dem Bereich zwischen Stoß und Expansion entsteht eine Strömung mit $U_3 = U_4$, wobei der Druck $p_3 = p_4$, jedoch die Temperaturen (und damit die Dichte) zu beiden Seiten der Kontaktfläche verschieden sein können.

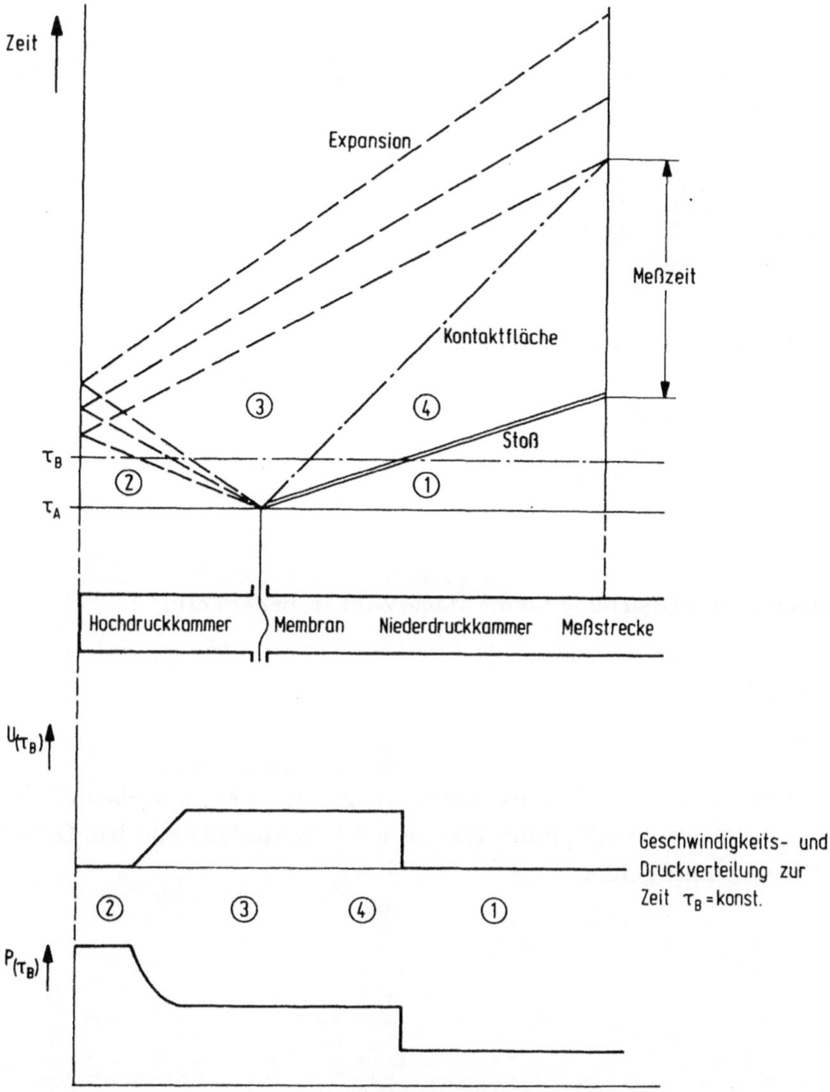

Bild 4.9. Zeit–Weg–Diagramm eines Stoßwellenrohres

Die Berechnung der Zustandsgrößen kann mit den bisher abgeleiteten Gleichungen geschehen. Als Beispiel wollen wir die Mach–Zahl der dem Stoß nachfolgenden Strömung ermitteln (Gebiet (4)). Wir suchen eine Zuordnung

$$M_4 = f\left(\frac{P_2}{P_1}, \frac{T_2}{T_1}\right) \quad .$$

Die Lösung erhalten wir allerdings nicht direkt, sondern durch funktionale Zusammenhänge mit dem Druckverhältnis über den Stoß p_4/p_1. Die Geschwindigkeit U_4 entspricht der Kolbengeschwindigkeit U_K in (4.13):

$$\frac{U_4}{a_1} = \left(\frac{p_4}{p_1} - 1\right)\left[\frac{\frac{2}{\gamma(\gamma+1)}}{\frac{p_4}{p_1} + \frac{\gamma-1}{\gamma+1}}\right]^{\frac{1}{2}} .$$

Ferner liefert die Rankine–Hugoniot–Beziehung

$$\frac{a_1}{a_4} = \left[\frac{T_1}{t_4}\right]^{\frac{1}{2}} = \left[\frac{1+\frac{\gamma+1}{\gamma-1}\frac{p_4}{p_1}}{\left(\frac{\gamma+1}{\gamma-1}+\frac{p_4}{p_1}\right)\frac{p_4}{p_1}}\right]^{\frac{1}{2}} .$$

Damit erhält man eine erste Gleichung für die Mach–Zahl M_4 in der Form

$$M_4 = \frac{U_4}{a_4} = \frac{U_4}{a_1}\frac{a_1}{a_4} = f\left(\frac{p_4}{p_1}\right) .$$

Auf der anderen Seite läßt sich die Expansionsströmung berechnen, was ebenfalls zu einer Gleichung für die Mach–Zahl M_4 führt. Da eine η–Charakteristik aus dem Gebiet (2) in das Gebiet (3) läuft, muß gelten:

$$U_3 + \frac{2}{\gamma-1}a_3 = \frac{2}{\gamma-1}a_2 ,$$

also

$$\frac{U_3}{a_2} = \frac{2}{\gamma-1}\left(1-\frac{a_3}{a_2}\right) .$$

Ferner gilt die Isentropiebeziehung (2.17) in der Form

$$\frac{p_3}{p_2} = \left(\frac{t_3}{T_2}\right)^{\frac{\gamma}{\gamma-1}} = \left(\frac{a_3}{a_2}\right)^{\frac{2\gamma}{\gamma-1}} ,$$

also

$$\frac{a_3}{a_2} = \left(\frac{p_3}{P_2}\right)^{\frac{\gamma-1}{2\gamma}} .$$

Berücksichtigt man nun, daß $U_3 = U_4$ und $p_3 = p_4$, so erhält man

$$M_4 = \frac{U_3}{a_2}\frac{a_2}{a_1}\frac{a_1}{a_4}$$

$$= \frac{2}{\gamma-1}\left[1-\left(\frac{p_3}{P_2}\right)^{\frac{\gamma-1}{2\gamma}}\right]\left(\frac{T_2}{T_1}\right)^{\frac{1}{2}}\frac{a_1}{a_4}$$

$$= \frac{2}{\gamma-1}\left[1-\left(\frac{p_4/P_1}{P_2/P_1}\right)^{\frac{\gamma-1}{2\gamma}}\right]\left(\frac{T_2}{T_1}\right)^{\frac{1}{2}}\frac{a_1}{a_4} .$$

Diese Gleichung läßt sich nach dem Ruhedruckverhältnis P_2/P_1 auflösen:

$$\frac{P_2}{P_1} = \frac{p_4}{P_1}\left[1-\frac{\frac{\gamma-1}{2}M_4}{\frac{a_1}{a_4}\left(\frac{T_2}{T_1}\right)^{\frac{1}{2}}}\right]^{-\frac{2\gamma}{\gamma-1}} .$$

Bei einer Beispiel–Rechnung geht man dann folgendermaßen vor: Es wird ein Druckverhältnis p_4/P_1 vorgegeben und mit den ersten Formeln die Mach–Zahl M_4 berechnet. Mit der letzten Beziehung läßt sich dann das zugehörige Druckverhältnis P_2/P_1 berechnen, wozu allerdings das Temperaturverhältnis T_2/T_1 bekannt sein muß.

Tabelle 4.1. Strömungsentwicklung im Stoßwellenrohr bei verschiedenen Anfangs–Druckverhältnissen

				P_2/P_1		
p_4/P_1	U_4/a_1	a_1/a_4	M_4	$T_2/T_1=1$	2	U_S/a_1
2	,524	,901	,473	4,3	3,4	1,363
3	,867	,839	,727	11,4	7,5	1,658
5	1,358	,751	1,019	45,9	22,3	2,104
10	2,178	,618	1,345	547,7	131,6	2,952
20	3,264	,482	1,575	32898,2	1553,0	4,158

Sehr hohe Druckverhältnisse P_2/P_1 sind dadurch erreichbar, daß der Niederdruckteil des Stoßrohres stark evakuiert wird, in Extremfällen bis hin zu $10^{-5}N/m^2$. Im Hochdruckteil sind Drücke um $10^7N/m^2$ ($2\cdot10^6$ bis $2,5\cdot10^7N/m^2$) üblich. Die Mach–Zahl M_4 wird jedoch nicht beliebig groß, sondern geht auf einen Grenzwert zu:

$$M_4 \rightarrow \left(\frac{2\gamma}{\gamma(\gamma-1)} \right)^{\frac{1}{2}} .$$

Für $\gamma = 1{,}4$ erhält man $M_4 \rightarrow 1{,}89$. Durch Realgaseffekte entstehen geringfügig größere Mach–Zahlen. Will man höhere Mach–Zahlen erreichen, so muß eine Expansion über eine Düse durchgeführt werden. Man bezeichnet die Anlage dann nicht mehr als Stoßwellenrohr, sondern als Stoßwellenkanal. Mit Stoßwellenkanälen lassen sich Mach–Zahlen von über 20 realisieren. Die Meßzeiten allerdings liegen im Bereich von Millisekunden.

□

5 Verdichtungsstöße und Wellen bei stationärer mehrdimensionaler Strömung

5.1 Schräger Verdichtungsstoß

Das Schattenbild einer Überschall-Strömung um ein Flugzeug-Modell zeigt eine Vielzahl von Verdichtungsstößen (Bild 5.1). Sie werden als scharf abgegrenzte, helle oder dunkle Linien sichtbar. Dies ist Folge des plötzlich wechselnden Brechungsindex' des strömenden Mediums in Zusammenhang mit der sprunghaften Zunahme der Dichte.

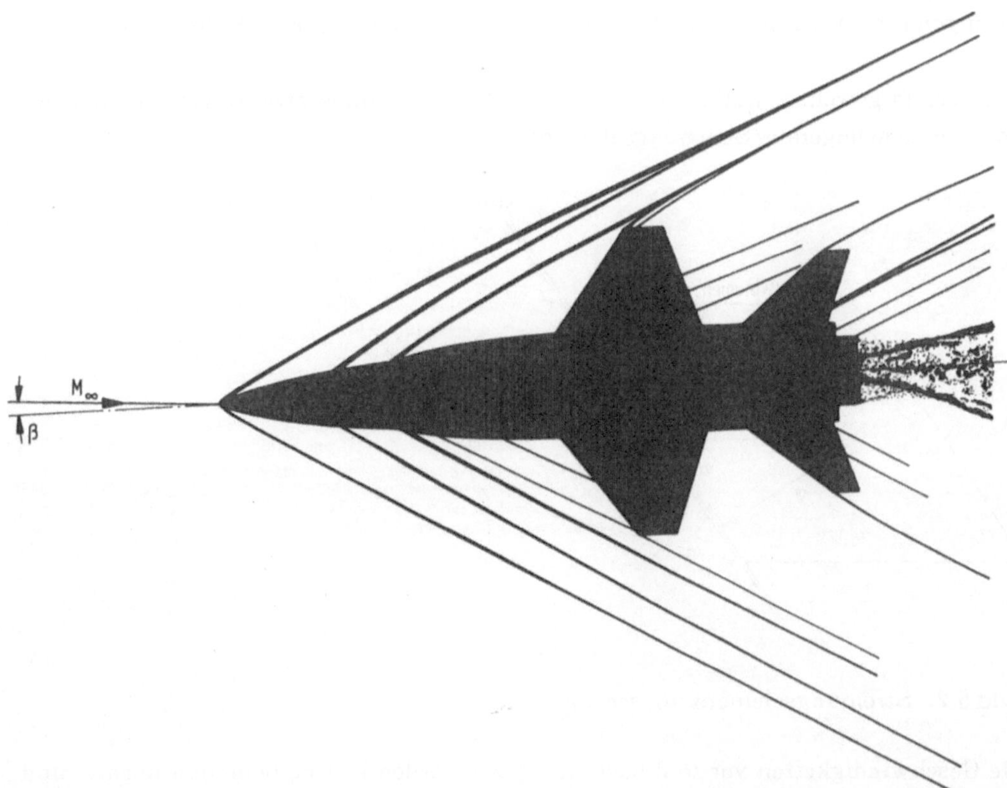

Bild 5.1. Schattenbild von einem X-15 Modell bei $M_\infty = 2{,}7$, Schiebewinkel $\beta = 3°$

Wir haben bereits den senkrechten Verdichtungsstoß kennengelernt. In dem Schattenbild sind schräge Verdichtungsstöße zu sehen. Bei einer räumlichen Strömung, wie sie hier vorliegt, können die Stoßflächen beliebig gekrümmt sein. Spezialfälle des schrägen Verdichtungsstoßes sind der rotationssymmetrische und der ebene schräge Verdichtungsstoß.

Wir wollen uns hier darauf beschränken, den einfachsten Fall, also den ebenen schrägen Stoß zu behandeln. Wir setzen uns das Ziel, die Zustandsänderungen zu berechnen, wenn bei einer vorgegebenen Mach-Zahl M der Stoß unter einem Stoßwinkel σ zur Hauptströmungsrichtung verläuft.

Gesucht ist also

$$\frac{\rho}{\hat{\rho}}, \frac{\hat{p}}{p}, \frac{\hat{t}}{t}, \frac{\hat{s}-s}{c_v} = f(M, \sigma) \quad .$$

Für $\sigma = 90°$ wird aus dem schrägen Stoß ein senkrechter Stoß, und wir erwarten, daß die Lösungen für den senkrechten Stoß in den Schrägstoß-Lösungen enthalten sind.

Wie bereits gewohnt, wollen wir auch hier die Erhaltungssätze anwenden und betrachten dazu folgendes Strömungselement:

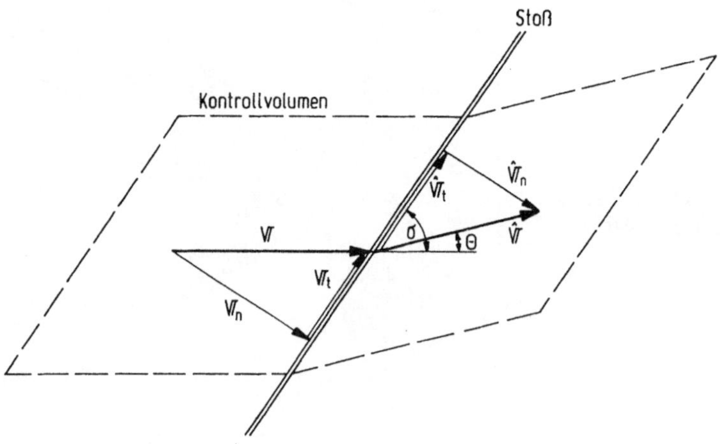

Bild 5.2. Strömungselement mit schrägem Stoß

Die Geschwindigkeiten vor und nach dem Stoß werden in Komponenten normal und tangential zur Stoßfront aufgespalten.

Ober- und Unterseiten des Kontrollvolumens werden aus Stromflächen gebildet, so daß dort keine Masse ein- oder austritt. Die Stirnseiten des Kontrollvolumens liegen parallel zur Stoßfront, so daß Ober- und Unterseiten gleich lang sind. Die durch die Stirnseiten ein- bzw. ausfließende Masse ist durch die Geschwindigkeitskomponenten senkrecht zu den Stirnflächen bestimmt.

Die Erhaltungssätze nehmen dann folgende Form an:

$$\rho \mathbb{V}_n = \hat{\rho} \hat{\mathbb{V}}_n \qquad \text{Masse} \qquad (5.1)$$

$$\left.\begin{aligned} \rho \mathbb{V}_n^2 + p &= \hat{\rho} \hat{\mathbb{V}}_n^2 + \hat{p} \qquad (5.2) \\ \rho \mathbb{V}_n \mathbb{V}_t &= \hat{\rho} \hat{\mathbb{V}}_n \hat{\mathbb{V}}_t \qquad (5.3) \end{aligned}\right\} \quad \text{Impuls}$$

$$\frac{\gamma}{\gamma-1}\frac{p}{\rho} + \frac{\mathbb{V}^2}{2} = \frac{\gamma}{\gamma-1}\frac{\hat{p}}{\hat{\rho}} + \frac{\hat{\mathbb{V}}^2}{2} \quad . \qquad \text{Energie} \qquad (5.4)$$

Von den drei Erhaltungssätzen sind Massen- und Energiesatz skalare Gleichungen. Der Impulssatz dagegen ist eine Vektorgleichung und wird hier in den Richtungen normal und tangential zur Stoßfront angewandt. Der Impulssatz besagt, daß eine Änderung des Impulses den von außen wirkenden Kräften entsprechen muß. Die Druckkräfte auf Ober- und Unterseite des Kontrollvolumens heben sich gegenseitig auf. So wirken effektiv nur Druckkräfte auf die Stirnseiten des Kontrollvolumens, und zwar in der Normalenrichtung.

Die Aussage des Impulssatzes in tangentialer Richtung ist, daß die Tangentialkomponente der Geschwindigkeit über den Stoß unverändert bleibt:

$$\mathbb{V}_t = \hat{\mathbb{V}}_t \quad . \qquad (5.5)$$

Berücksichtigt man dies und die geometrischen Beziehungen

$$\mathbb{V}^2 = \mathbb{V}_n^2 + \mathbb{V}_t^2$$

$$\hat{\mathbb{V}}^2 = \hat{\mathbb{V}}_n^2 + \hat{\mathbb{V}}_t^2 \quad ,$$

so läßt sich der Energiesatz umschreiben und man erhält folgendes Gleichungssystem für den schrägen Verdichtungsstoß:

$$\rho \mathbb{V}_n = \hat{\rho} \hat{\mathbb{V}}_n$$

$$\rho V_n^2 + p = \hat{\rho}\hat{V}_n^2 + \hat{p}$$

$$\frac{\gamma}{\gamma-1}\frac{p}{\rho} + \frac{V_n^2}{2} = \frac{\gamma}{\gamma-1}\frac{\hat{p}}{\hat{\rho}} + \frac{\hat{V}_n^2}{2} \ .$$

Dieses Gleichungssystem entspricht genau dem für den senkrechten Verdichtungsstoß, nur daß hier die Normalkomponente der Geschwindigkeit $V_n = V \sin\sigma$ anstelle von U auftritt. So können wir die Lösungen für den senkrechten Stoß (3.13) bis (3.16) sofort übernehmen, indem wir darin anstelle der Mach-Zahl M deren Normalkomponente $M \sin\sigma$ einführen. Auf diese Weise erhalten wir

$$\frac{\rho}{\hat{\rho}} = \frac{\hat{V}_n}{V_n} = 1 - \frac{2}{\gamma+1}\left(1 - \frac{1}{M^2 \sin^2\sigma}\right) \tag{5.6}$$

$$\frac{\hat{p}}{p} = 1 + \frac{2\gamma}{\gamma+1}(M^2 \sin^2\sigma - 1) \tag{5.7}$$

$$\frac{\hat{t}}{t} = \frac{\hat{a}^2}{a^2} = \left[1 + \frac{2\gamma}{\gamma+1}(M^2 \sin^2\sigma - 1)\right]\left[1 + \frac{\gamma-1}{\gamma+1}(M^2 \sin^2\sigma - 1)\right]\frac{1}{M^2 \sin^2\sigma} \tag{5.8}$$

$$\frac{\hat{s}-s}{c_v} = \ln\left\{\left[1 + \frac{2\gamma}{\gamma+1}(M^2 \sin^2\sigma - 1)\right]\left[1 + \frac{\gamma-1}{\gamma+1}(M^2 \sin^2\sigma - 1)\right]^{\gamma}\frac{1}{M^{2\gamma}\sin^{2\gamma}\sigma}\right\} \ . \tag{5.9}$$

Das Problem ist nun allerdings, daß der Stoßwinkel σ, der hier in allen Gleichungen auftritt, im allgemeinen unbekannt ist. Bekannt dagegen ist meist der Ablenkungswinkel θ der Strömung nach dem Stoß. So müssen wir danach Ausschau halten, eine Beziehung zwischen dem Stoßwinkel σ und dem Ablenkwinkel θ zu ermitteln. Anhand der Skizze (Bild 5.2) sind folgende geometrische Beziehungen evident:

$$V_t = V\cos\sigma \qquad V_n = V\sin\sigma$$

$$\hat{V}_t = \hat{V}\cos(\sigma-\theta) \qquad \hat{V}_n = \hat{V}\sin(\sigma-\theta) \ .$$

Mit $V_t = \hat{V}_t$ folgt daraus zunächst

$$\frac{V}{\hat{V}} = \frac{\cos(\sigma-\theta)}{\cos\sigma} \tag{5.10}$$

und weiter

$$\frac{\hat{V}_n}{V_n} = \frac{\hat{V}\sin(\sigma-\theta)}{V\sin\sigma} = \frac{\tan(\sigma-\theta)}{\tan\sigma} \ .$$

Mit (5.6) erhält man damit

$$\tan(\sigma-\theta) = \tan\sigma\left[1 - \frac{2}{\gamma+1}\left(1-\frac{1}{M^2\sin^2\sigma}\right)\right] .$$

Durch Anwendung der Additionstheoreme wird hieraus nach einiger Rechnung

$$\cot\theta = \tan\sigma\left[\frac{\frac{\gamma+1}{2}M^2}{M^2\sin^2\sigma - 1} - 1\right] . \tag{5.11}$$

Damit ist man in der Lage, für eine vorgegebene Mach-Zahl M und einen bekannten Ablenkwinkel θ (Keilwinkel) den zugehörigen Stoßwinkel σ zu berechnen. Ist dann der Stoßwinkel bekannt, folgen damit sofort alle Änderungen der Zustandsgrößen über den Stoß mit den oben angegebenen Gleichungen.

Neben den Änderungen der statischen Zustandsgrößen über den Stoß interessieren noch zwei weitere Parameter: Mach-Zahl- und Ruhedruckänderung.

Für die Ruhedruckänderung können wir wieder sofort das entsprechende Ergebnis für den senkrechten Stoß übernehmen (3.21):

$$\frac{\hat{P}_0}{P_0} = \left\{\left[1 + \frac{2\gamma}{\gamma+1}(M^2\sin^2\sigma - 1)\right]\left[1 + \frac{\gamma-1}{\gamma+1}(M^2\sin^2\sigma - 1)\right]^{\gamma}\frac{1}{M^{2\gamma}\sin^{2\gamma}\sigma}\right\}^{-\frac{1}{\gamma-1}} . \tag{5.12}$$

Die Mach-Zahl-Änderung über den schrägen Verdichtungsstoß errechnet sich folgendermaßen:

$$\frac{M}{\hat{M}} = \frac{V}{\hat{V}}\left[\frac{\hat{p}}{p}\frac{\rho}{\hat{\rho}}\right]^{\frac{1}{2}} = \frac{V_n}{\hat{V}_n}\frac{\sin(\sigma-\theta)}{\sin\sigma}\left[\frac{\hat{p}}{p}\frac{\rho}{\hat{\rho}}\right]^{\frac{1}{2}} .$$

Mit (5.1) wird daraus

$$\frac{M}{\hat{M}} = \frac{\hat{\rho}}{\rho}\frac{\sin(\sigma-\theta)}{\sin\sigma}\left[\frac{\hat{p}}{p}\frac{\rho}{\hat{\rho}}\right]^{\frac{1}{2}} = \frac{\sin(\sigma-\theta)}{\sin\sigma}\left[\frac{\hat{p}}{p}\frac{\hat{\rho}}{\rho}\right]^{\frac{1}{2}} = \left[\frac{1 + \frac{2\gamma}{\gamma+1}(M^2\sin^2\sigma - 1)}{1 - \frac{2}{\gamma+1}\left(1 - \frac{1}{M^2\sin^2\sigma}\right)}\right]^{\frac{1}{2}} . \tag{5.13}$$

In den folgenden Diagrammen (Bilder 5.3 bis 5.6) ist ein Teil der hier entwickelten Schrägstoßbeziehungen ausgewertet. Darin zeigt sich die bemerkenswerte Tatsache, daß es im allgemeinen stets zwei verschiedene Lösungen der Schrägstoßbeziehungen

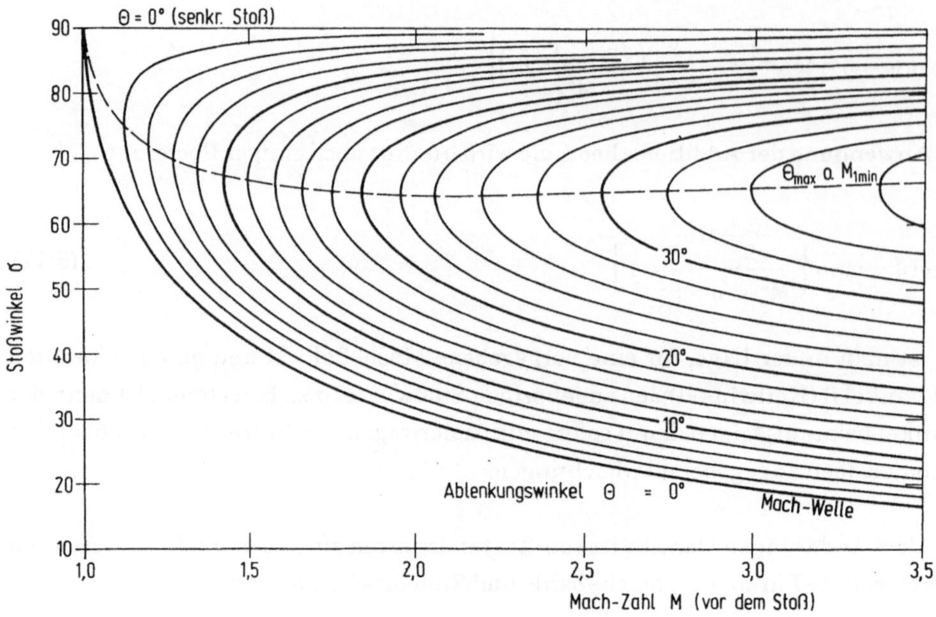

Bild 5.3. Schrägstoßbeziehungen $\sigma = f(M; \theta)$

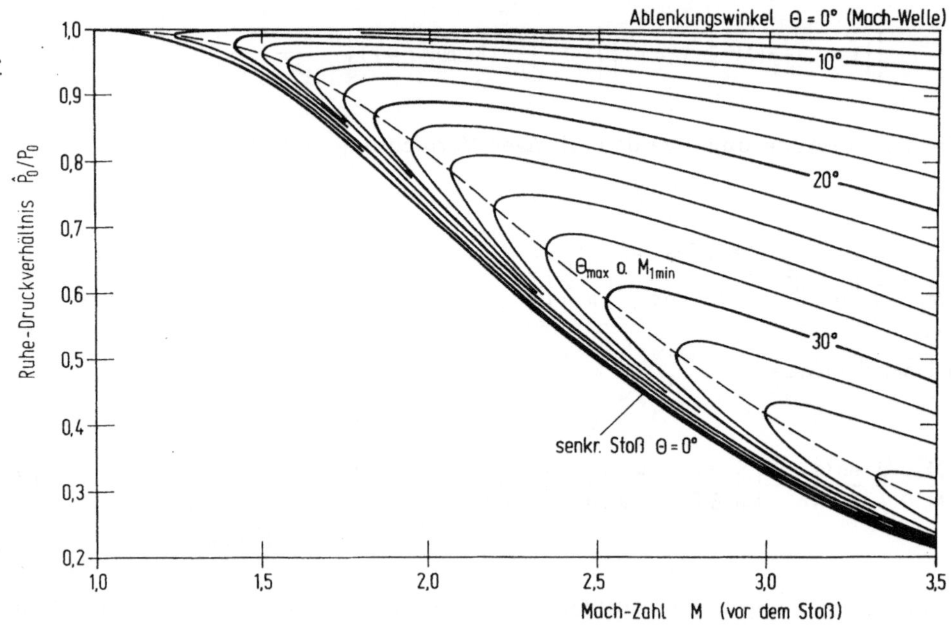

Bild 5.4. Schrägstoßbeziehungen $\hat{P}_0/P_0 = f(M; \theta)$

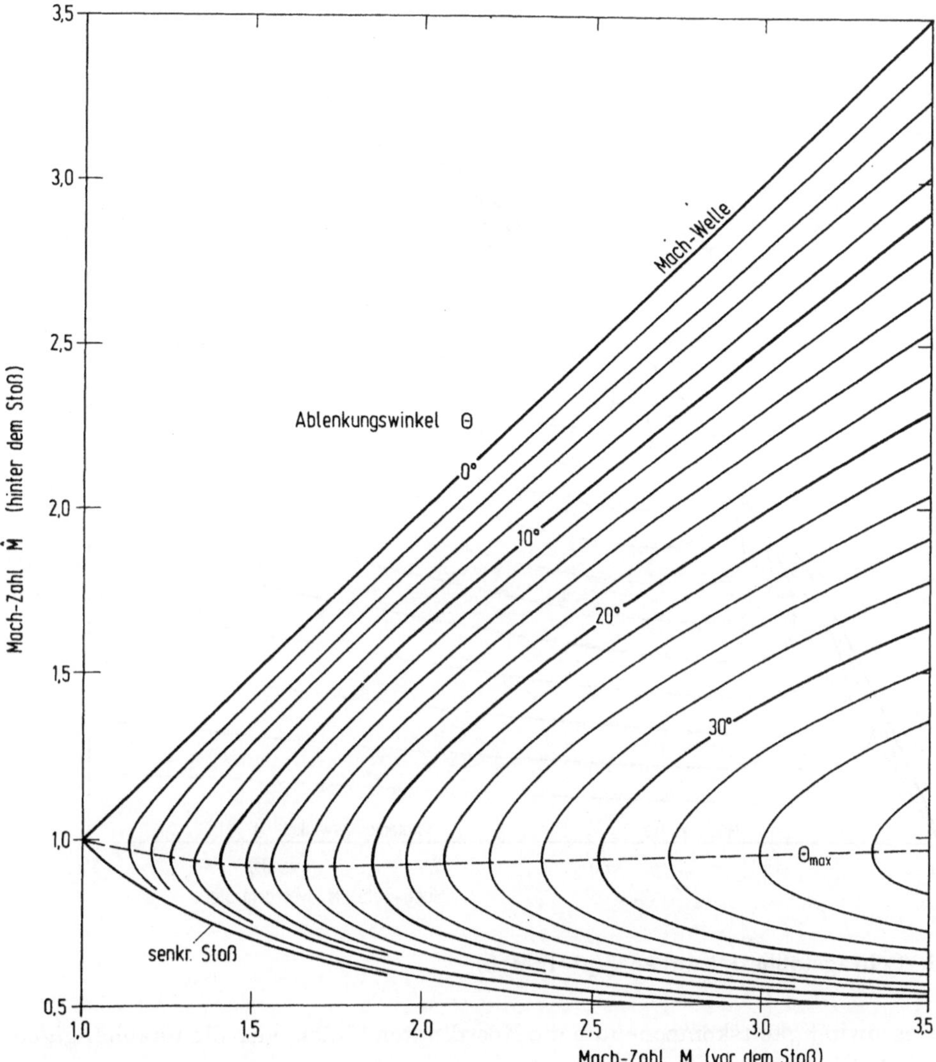

Bild 5.5. Schrägstoßbeziehungen $\hat{M}=f(M;\theta)$

gibt. In einer vorgegebenen Kombination von Mach-Zahl und Ablenkwinkel gibt es einen starken und einen schwachen Stoß mit starkem und weniger starkem Druckanstieg. Dem zugeordnet sind hohe und weniger hohe Druckverluste sowie Unterschall bzw. Überschall stromab vom Stoß. Ferner gibt es bei jeder Mach-Zahl einen maximal möglichen Ablenkwinkel θ.

Die Schrägstoßbeziehungen lassen sich auch noch in einer anderen Form auswerten, die für eine graphische Analyse der Ergebnisse besonders geeignet ist. Durch Darstellung der Schrägstoßbeziehungen in der Hodographenebene – das ist eine Ebene, in

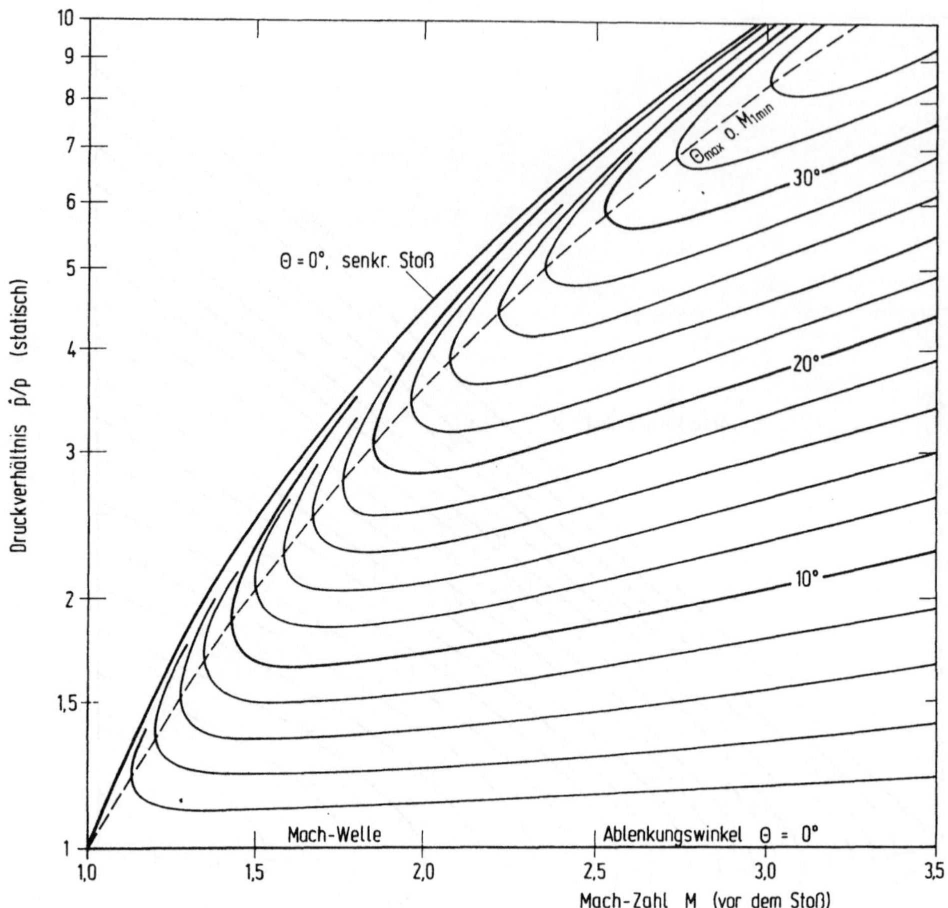

Bild 5.6. Schrägstoßbeziehungen $\hat{p}/p = f(M; \theta)$

der die Geschwindigkeitskomponenten die Koordinaten bilden, also die unabhängigen Variablen sind – erhält man ein sogenanntes *Stoßpolaren*-Diagramm.

Die Transformation aus der physikalischen Ebene in die Hodographenebene ist in Bild 5.7 erläutert.

Das gesamte Strömungsfeld stromauf von dem Verdichtungsstoß wird in einem einzigen Punkt (A) abgebildet und ebenso das Strömungsfeld stromab vom Stoß (Punkt (B)). Der Vektor vom Ursprungspunkt des Koordinatensystems (0) zu den Punkten (A) und (B) ergibt den jeweiligen Geschwindigkeitsvektor. Eine typische Stoßpolare zeigt das Bild 5.8. Sie stellt als Kurve die Verbindung aller nach einem schrägen Verdichtungsstoß möglichen Strömungszustände dar. Eine Stoßpolare gilt stets nur für eine bestimmte Mach-Zahl vor dem Stoß. Stoßpolaren haben alle eine ähnliche Form,

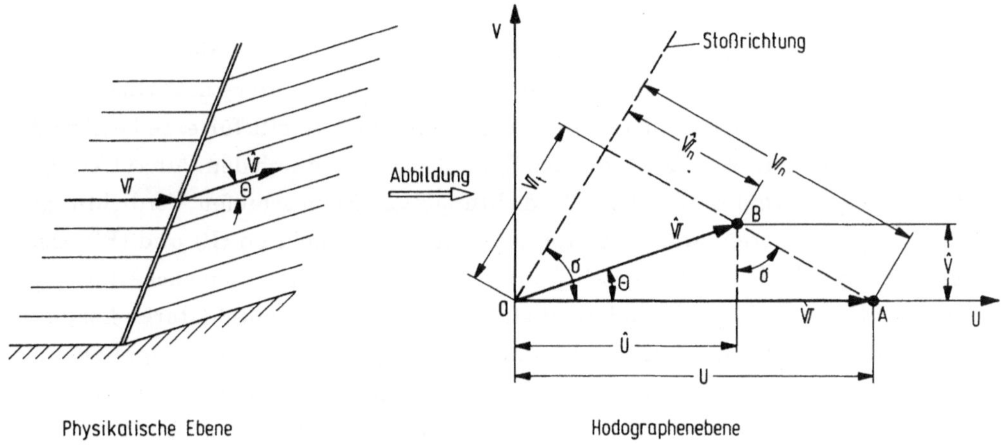

Bild 5.7. Abbildung einer Strömung mit schrägem Verdichtungsstoß in die Hodographenebene

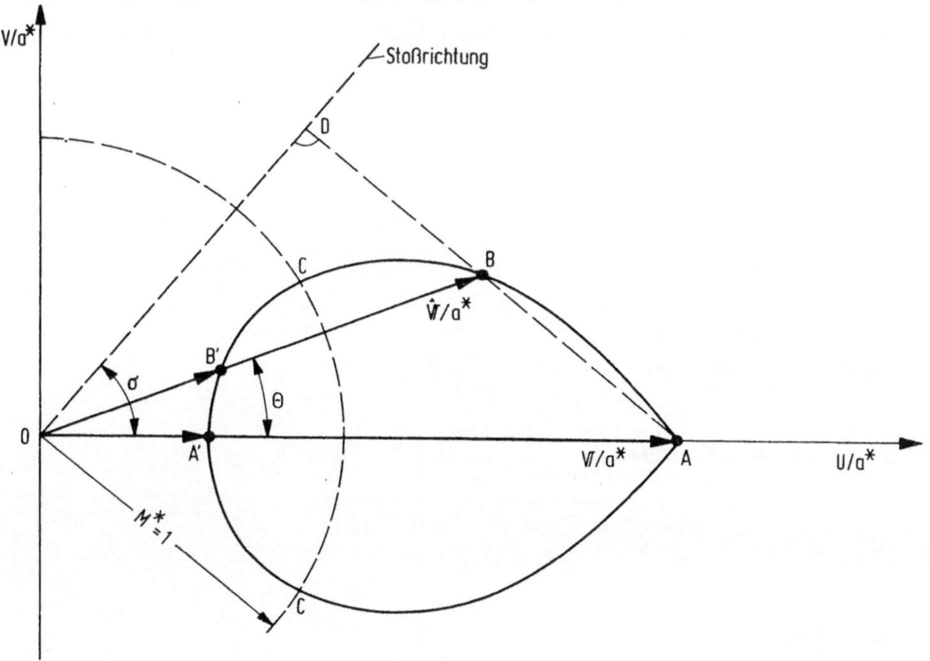

Bild 5.8. Stoßpolare

und jede schließt die für kleinere Anström–Mach–Zahlen ein. Es ist im allgemeinen üblich, die Geschwindigkeiten auf die kritische Schallgeschwindigkeit a* zu beziehen, wie dies auch hier geschehen ist, und so als Parameter die kritische Mach–Zahl zu verwenden.

Es gibt zwei spiegelbildliche Äste der Stoßpolare, je nachdem, ob es sich um links- oder rechtsläufige konkave Umlenkungen handelt. Der Kreis $M^*=1$ teilt die Stoßpolare an den Punkten (C) in zwei Teile, denen Verdichtungsstöße mit Unter- und Überschallgeschwindigkeit hinter dem Stoß entsprechen. Die Stoßpolare gilt für eine bestimmte Überschall-Mach-Zahl $M^*=V/a^*$ vor dem Stoß, dargestellt durch den Punkt (A). Dem Punkt (A') entspricht ein senkrechter Verdichtungsstoß. Beim schiefen Verdichtungsstoß $0<\theta<\theta_{max}$ existieren zwei Schnittpunkte mit der Stoßpolaren (B) und (B'). Dem Punkt (B) entspricht Überschallgeschwindigkeit nach dem Stoß (schwache Lösung), während (B') Unterschallgeschwindigkeit stromab vom Stoß bedeutet (starke Lösung). Der Winkel θ_{max}, für den es noch eine Lösung mit anliegendem Verdichtungsstoß gibt, ist über die Tangente von (0) an die Stoßpolare zu ermitteln. Der Stoßwinkel σ und damit die Lage des schrägen Verdichtungsstoßes kann bestimmt werden über eine Normale ($\overline{0D}$) zu einer Geraden durch die Punkte (A) und (B).

Wir wollen nun daran gehen, die Gleichung für die Stoßpolaren herzuleiten. Dies erfolgt durch eine Umformung der Schrägstoßbeziehung für die Geschwindigkeitsänderung über den Stoß. Das Ziel ist eine Darstellung $\hat{V}=f(\hat{U};U)$ bzw. $\hat{V}/a^*=f(\hat{U}/a^*;M^*)$.

Aus der Schrägstoßbeziehung (5.6)

$$\frac{\hat{V}_n}{V_n}=1-\frac{2}{\gamma+1}\left(1-\frac{1}{M^2\sin^2\sigma}\right)$$

folgt

$$\hat{V}_n V_n = V_n^2-\frac{2}{\gamma+1}(V_n^2-a^2)=\frac{\gamma-1}{\gamma+1}V_n^2+\frac{2}{\gamma+1}a^2 \quad .$$

Dazu erhält man aus dem Energiesatz

$$\frac{\gamma-1}{2}(V_n^2+V_t^2)+a^2=\frac{\gamma+1}{2}a^{*2}$$

$$\frac{\gamma-1}{\gamma+1}(V_n^2+V_t^2)+\frac{2}{\gamma+1}a^2=a^{*2} \quad .$$

Dies für die Stoßbeziehung verwendet, führt zu

$$\hat{V}_n V_n = a^{*2}-\frac{\gamma-1}{\gamma+1}V_t^2 \quad . \tag{5.14}$$

An dieser Stelle sei eingefügt, daß man aus dieser Gleichung für den senkrechten Verdichtungsstoß mit $V_t \Rightarrow 0$, $V_n \Rightarrow V$ und $\hat{V}_n \Rightarrow \hat{V}$ folgende bemerkenswerte Beziehung erhält:

$$\hat{M}^* M^* = 1 \tag{5.15}$$

Diese beiden Beziehungen sind als *Prandtl'sche Relationen* bekannt. Die Prandtl'sche Relation für den schrägen Stoß läßt sich nun umwandeln, indem die Geschwindigkeitskomponenten U, $\hat{U}$ und $\hat{V}$ eingeführt werden. Dem Bild 5.7 ist zu entnehmen, daß folgende geometrischen Beziehungen gelten:

$$V_n = U \sin\sigma$$

$$\hat{V}_n = V_n - \left(\hat{V}^2 + (U-\hat{U})^2\right)^{\frac{1}{2}} = U\sin\sigma - \left(\hat{V}^2 + (U-\hat{U})^2\right)^{\frac{1}{2}}$$

$$V_t = U \cos\sigma \quad .$$

So erhält man aus (5.14)

$$U^2 \sin^2\sigma - U\sin\sigma\left(\hat{V}^2 + (U-\hat{U})^2\right)^{\frac{1}{2}} = a^{*2} - \frac{\gamma-1}{\gamma+1} U^2 \cos^2\sigma$$

bzw.

$$1 - \frac{\left(\hat{V}^2 + (U-\hat{U})^2\right)^{\frac{1}{2}}}{U\sin\sigma} = \frac{a^{*2}}{U^2\sin^2\sigma} - \frac{\gamma-1}{\gamma+1}\cot^2\sigma \quad .$$

Aus Bild 5.7 lassen sich folgende geometrischen Beziehungen ableiten:

$$\sin\sigma = \frac{U-\hat{U}}{\left(\hat{V}^2 + (U-\hat{U})^2\right)^{\frac{1}{2}}} \qquad \cot^2\sigma = \frac{\hat{V}}{U-\hat{U}} \quad .$$

Dies kann in die zuletzt abgeleitete Beziehung eingeführt werden:

$$1 - \frac{\left[\hat{V}^2 + (U-\hat{U})^2\right]}{U(U-\hat{U})} = a^{*2}\frac{\left[\hat{V}^2 + (U-\hat{U})^2\right]}{U^2(U-\hat{U})^2} - \frac{\gamma-1}{\gamma+1}\frac{\hat{V}^2}{(U-\hat{U})^2} \quad .$$

Daraus folgt

$$U^2(U-\hat{U})^2 - U(U-\hat{U})\Big[\qquad\Big] = a^{*2}\Big[\qquad\Big] - \frac{\gamma-1}{\gamma+1}\hat{V}^2 U^2$$

$$U(U-\hat{U})^2\Big\{U-(U-\hat{U})\Big\} - U(U-\hat{U})\hat{V}^2 = a^{*2}\hat{V}^2 + a^{*2}(U-\hat{U})^2 - \frac{\gamma-1}{\gamma+1}\hat{V}^2 U^2$$

$$U\hat{U}(U-\hat{U})^2 - a^{*2}(U-\hat{U})^2 = \hat{V}^2\Big\{U(U-\hat{U}) - \frac{\gamma-1}{\gamma+1}U^2 + a^{*2}\Big\}$$

und schließlich

$$\left(\frac{\hat{V}}{a^*}\right)^2 = \left(\frac{U}{a^*} - \frac{\hat{U}}{a^*}\right)^2 \frac{\frac{U}{a^*}\frac{\hat{U}}{a^*} - 1}{\frac{2}{\gamma+1}\left(\frac{U}{a^*}\right)^2 - \frac{U}{a^*}\frac{\hat{U}}{a^*} + 1} \quad . \tag{5.16}$$

Diese Beziehung gibt bei vorgegebener Anström–Mach–Zahl $M^* = U/a^*$ den funktionalen Zusammenhang zwischen den Geschwindigkeitskomponenten stromab vom Stoß $\hat{U}$ und $\hat{V}$ an, in der Art, wie er im Stoßpolaren–Diagramm graphisch dargestellt wurde.

Beispiel: Am Beispiel eines Triebwerkseinlaufes soll im folgenden die Anwendung der Schrägstoßbeziehungen für zweidimensionale Strömungen erläutert werden (Bild 5.9).

Bild 5.9. Triebwerkseinläufe der Concorde

Der Triebwerkseinlauf eines Überschall–Flugzeuges dient dazu, die Strömungsgeschwindigkeit über ein System von Stößen zu reduzieren, bis Unterschallgeschwin–

digkeit erreicht wird. Darauf wird im Unterschalldiffusor die Strömung noch weiter verzögert.

Das einfachste Beispiel eines Einlaufs ist der Pitot–Einlauf, bei dem die Überschallkompression über einen einzigen senkrechten Verdichtungsstoß erfolgt. Für diesen Einlauf sind allerdings auch die Strömungsverluste, ausgedrückt in Gesamtdruckverlusten, maximal (Fall 1, Bild 5.10).

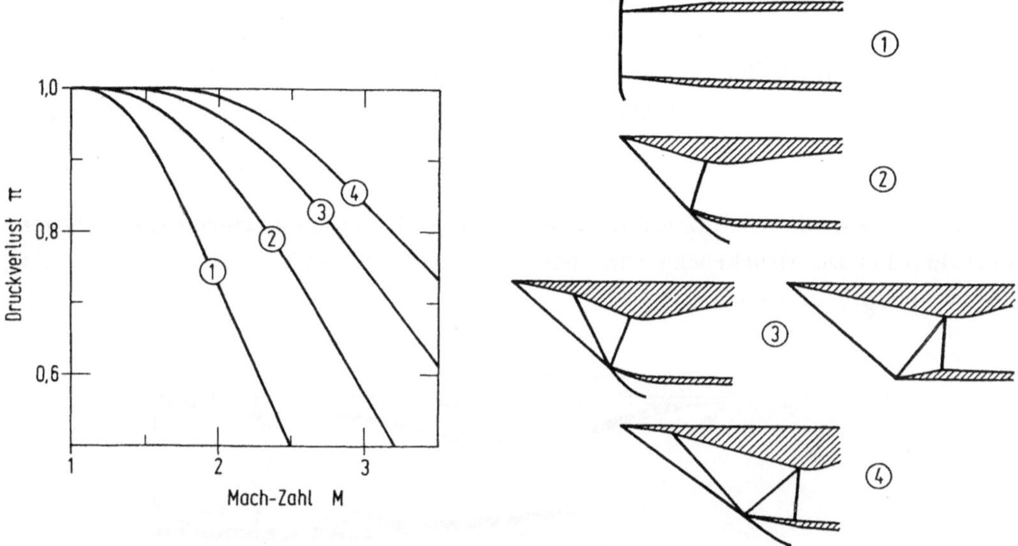

Bild 5.10. Gesamtdruckverluste für verschiedene zweidimensionale Triebwerkseinläufe

Durch die Anbringung schräger Körperkonturen vor dem senkrechten Stoß werden schräge Verdichtungsstöße erzeugt, die eine allmählichere Kompression der Überschallströmung bewirken. Je mehr Schrägstöße benutzt werden, desto geringer werden die Gesamtdruckverluste über die Stöße.

Eine unendliche Zahl von unendlich schwachen Stößen ergibt einen isentropen Einlauf. Ein solcher Einlauf hat in der Praxis jedoch folgende Nachteile: Die Strömung wird im Einlauf sehr stark abgelenkt, was große Winkel an der Einlauflippe ergibt und damit zu großem Verkleidungswiderstand führt.

Eine größere Zahl von Stößen ergibt im allgemeinen größere Verluste infolge Stoß–Grenzschicht–Interferenzen, sowohl an den Seitenwänden, als auch an den Keilansätzen. Dadurch können unter Umständen die Vorteile der effizienteren Kompression aufgehoben werden.

In dem Bild sind zwei Einläufe skizziert, die beide ein Drei-Stoß-System erzeugen (Fall 3). Der erste sieht eine vollständig externe Kompression vor mit verhältnismäßig großer Ablenkung der Strömung und entsprechend großem Lippenwinkel und Verkleidungswiderstand. Der zweite Einlauf sieht eine teilweise interne Kompression vor, wodurch der Lippenwinkel null wird. Dadurch ist zwar der Widerstand der Verkleidung reduziert, es können aber Startprobleme auftreten: Die vorgesehene Stoßkonfiguration stellt sich nämlich im Überschall nur ein, wenn die nachfolgende Kompression hinreichend klein ist. Böen und Triebwerksstörungen können ein Zusammenbrechen des Stoßsystems verursachen, indem der abschließende senkrechte Stoß nach vorne gedrückt wird.

Der Triebwerkseinlauf der Concorde sieht im wesentlichen eine externe Kompression vor (Bild 5.11). Der Druckrückgewinn bei $M=2$ beträgt $\pi=0{,}937$. Davon sind etwa 2% Verlust im Unterschalldiffusor.

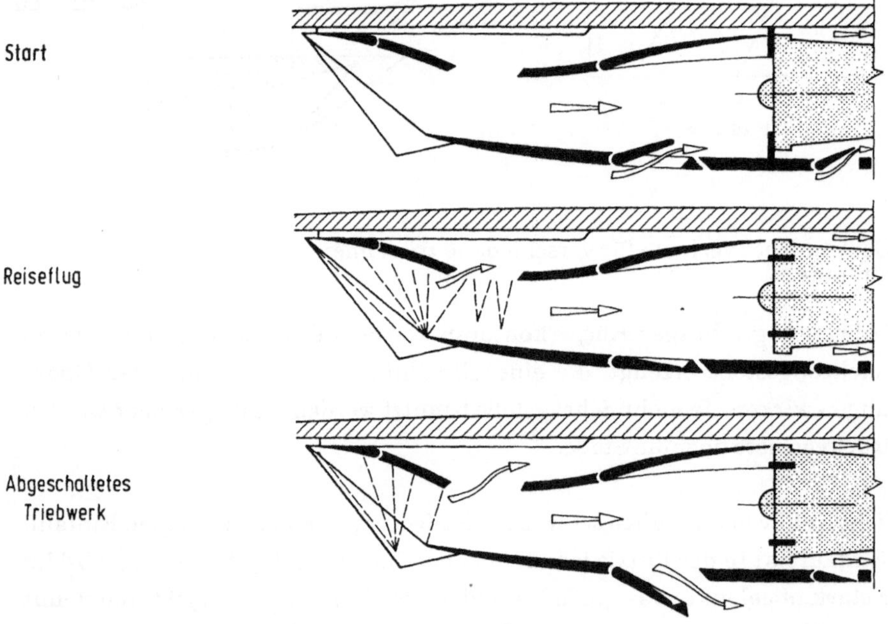

Bild 5.11. Variabler Einlauf der Concorde (schematisch)

□

5.2 Schwache Stöße

Die im vorangegangenen Abschnitt hergeleiteten Schrägstoßbeziehungen sollen jetzt vereinfacht werden unter der Voraussetzung, daß die Druckzunahme über den Stoß gering ist:

$$\frac{\Delta p}{p} = \frac{\hat{p}-p}{p} = \frac{\hat{p}}{p} - 1 \ll 1 \quad .$$

Aus dem Schrägstoß–Diagramm (Bild 5.6) ist zu entnehmen, daß dazu der Ablenkwinkel klein sein muß:

$$\theta \ll 1 \quad .$$

Wir erinnern uns, daß bei der Herleitung der Gleichungen für den schrägen Stoß sich folgendes Problem ergeben hatte: Die Änderungen der Zustandsgrößen, der Mach–Zahl und der Geschwindigkeit über den Stoß konnten recht einfach als Funktion des Stoßwinkels dargestellt werden. Der Stoßwinkel jedoch ist im allgemeinen nicht bekannt. Eine Darstellung als Funktion des Ablenkwinkels wäre wünschenswert gewesen, doch die Beziehung zwischen Stoß- und Ablenkwinkel ließ keine direkte Substitution zu. Diese Beziehung lautete

$$\cot\theta = \tan\sigma \left[\frac{\frac{(\gamma+1)M^2}{2} - (M^2\sin^2\sigma - 1)}{M^2\sin^2\sigma - 1} \right] \quad .$$

Wir sollten jetzt natürlich an erster Stelle versuchen, die Annahmen für den schwachen Verdichtungsstoß so zu nutzen, daß sich eine Vereinfachung für diese Beziehung zwischen Stoß- und Ablenkwinkel ergibt. Dazu müssen wir Näherungs–Angaben für die Ausdrücke $\tan\sigma$ und $(M^2\sin^2\sigma{-}1)$ herleiten.

Wir benutzen die Beziehung für die Druckänderung über einen schrägen Verdichtungsstoß (5.7) und erhalten folgende Aussage:

$$\frac{\gamma+1}{2\gamma}\,\frac{\Delta p}{p} = M^2\sin^2\sigma - 1 \ll 1 \quad .$$

Hieraus folgt auch, daß $M^2\sin^2\sigma \approx 1$ ist, also

$$\sin\sigma \simeq \frac{1}{M}$$

bzw.

$$\tan\sigma \simeq \frac{\sin\sigma}{\sqrt{1-\sin^2\sigma}} = \frac{1}{\sqrt{M^2-1}} \quad .$$

Ferner läßt sich natürlich aus $\theta \ll 1$ folgern, daß

$$\tan\theta \approx \theta \quad .$$

Benutzen wir diese Erkenntnisse und vernachlässigen in der Stoß/Ablenkwinkel-Gleichung $(M^2 \sin^2\sigma - 1)$ gegenüber $((\gamma+1)/2)M^2$, so erhält man

$$M^2 \sin^2\sigma - 1 = \frac{\gamma+1}{2} \frac{M^2}{\sqrt{M^2-1}} \theta \quad . \tag{5.17}$$

Dieser Ausdruck bestimmt praktisch alle Änderungen über einen schrägen Verdichtungsstoß, und wir sind nunmehr in der Lage, sofort alle Gleichungen für den schwachen schrägen Stoß anzugeben. Beispielsweise ergibt sich für die Druckänderung sofort

$$\frac{\Delta p}{p} = \frac{\gamma M^2}{\sqrt{M^2-1}} \theta = \frac{\gamma M}{\left(1-\frac{1}{M^2}\right)^{\frac{1}{2}}} \theta \quad . \tag{5.18}$$

Die Druckänderung ist also linear mit dem Ablenkwinkel verknüpft. Die Beziehung macht darüber hinaus deutlich, daß bei hohen Mach-Zahlen die Annahme eines schwachen Verdichtungsstoßes nicht mehr gerechtfertigt sein wird, da dann der Faktor vor θ mit der Mach-Zahl sehr groß wird. Im Gegensatz dazu ist für $M \to 1$ kein starker Stoß zu erwarten, auch wenn der Faktor vor θ groß wird, da nämlich gleichzeitig der maximal mögliche Ablenkwinkel sehr klein wird, also $\theta_{max} \to 0$. Ein Blick auf die Schrägstoß-Diagramme macht dazu deutlich, daß die Stoßintensität abnimmt, wenn $M \to 1$ geht.

Die Beziehung zwischen Stoß- und Ablenkwinkel in der Form (5.17) läßt sich in einer Reihe entwickeln. Aus

$$M \sin\sigma = \left[1 + \frac{\gamma+1}{2} \frac{M}{\left(1-\frac{1}{M^2}\right)^{\frac{1}{2}}} \theta\right]^{\frac{1}{2}} \quad .$$

folgt

$$\sin\sigma = \frac{1}{M} + \frac{\gamma+1}{4} \frac{1}{\left(1-\frac{1}{M^2}\right)^{\frac{1}{2}}} \theta \quad . \tag{5.19}$$

Damit wird deutlich, inwieweit unsere früher getroffene Annahme, daß $\sin\sigma = 1/M$ ist, gerechtfertigt war. Sie ist offenbar nur vertretbar, wenn der Winkel θ klein ist und die Mach-Zahl deutlich größer als 1.

Wir wollen nun als nächstes die Geschwindigkeitsänderung über einen schwachen Schrägstoß ermitteln. Aus den geometrischen Beziehungen zu beiden Seiten des schrägen Stoßes hatten wir folgenden Zusammenhang (5.10) festgestellt:

$$\frac{\hat{V}}{V} = \frac{\cos\sigma}{\cos(\sigma-\theta)} = \frac{\cos\sigma}{\cos\sigma\,\cos\theta + \sin\sigma\,\sin\theta} = \frac{1}{\cos\theta + \tan\sigma\,\sin\theta}$$

Also folgt:

$$\frac{\Delta V}{V} = \frac{\hat{V}}{V} - 1 = \frac{1-\cos\theta - \tan\sigma\,\sin\theta}{\cos\theta + \tan\sigma\,\sin\theta} \approx -\frac{\tan\sigma\theta}{1+\tan\sigma\theta} \approx -\tan\sigma\theta \quad .$$

Für kleine Winkel θ erhält man also schließlich

$$\frac{\Delta V}{V} = -\frac{\theta}{\sqrt{M^2-1}} \quad . \tag{5.20}$$

Abschließend sei noch die Entropieänderung für schwache Stöße angegeben. Wir hatten die Entropieänderung bereits als (3.19) in Abhängigkeit von dem Druckanstieg über den Stoß dargestellt. Hier ist im besonderen die Reihenentwicklung für kleine Werte von $\Delta p/p$ gerechtfertigt, die zu folgendem Ausdruck führte:

$$\frac{\hat{s}-s}{c_v} \approx \frac{(\gamma-1)(\gamma+1)}{12\gamma^2}\left(\frac{\Delta p}{p}\right)^3 + \ldots \quad .$$

Mit (5.18) wird daraus

$$\frac{\hat{s}-s}{c_v} = \frac{\gamma(\gamma-1)(\gamma+1)}{12\left(M^2-1\right)^{\frac{3}{2}}}\,M^6\theta^3 + \ldots \quad . \tag{5.21}$$

Im Gegensatz zu den Verhältnissen beim senkrechten Verdichtungsstoß kann beim schrägen Stoß die Strömung auch bei höheren Mach-Zahlen noch nahezu isentrop verlaufen, wenn der Ablenkwinkel klein bleibt. Bemerkenswert ist schließlich noch, daß die Entropieänderung proportional θ^3 ist, während die Änderungen aller anderen Zustandsgrößen linear mit dem Ablenkwinkel zusammenhängen.

5.3 Kompressions- und Expansionswellen

Bei den schwachen Stößen war angenommen worden, daß eine kleine, jedoch noch immer endliche Störung der Strömung vorliegt. Wir wollen nun untersuchen, welche Grenzwerte sich einstellen, wenn die Störung differentiell klein ist, d.h. wenn anstelle einer Ablenkung der Strömung um den endlichen Winkel θ nur noch eine gegen null gehende Richtungsänderung $d\theta$ vorliegt. Der Stoß geht dann in eine Welle über. Wir sprechen nicht mehr von einem Stoßwinkel, sondern verwenden die Bezeichnung Mach–Winkel (anstelle von σ tritt μ).

Aus (5.19) wird mit $\mu \to \sigma$ und $\theta \to 0$

$$\sin\mu = \frac{1}{M} \quad . \tag{5.22}$$

Beispiel: Die physikalische Bedeutung des Mach–Winkels kann folgendermaßen erklärt werden: Eine kleine Störung breitet sich in einem Gas mit Schallgeschwindigkeit aus. In einer Zeiteinheit $\Delta\tau$ macht sich die Störung im Umkreis vom Radius $a\Delta\tau$ bemerkbar. Sendet eine Störquelle in regelmäßigen Zeitabständen Störimpulse aus, so geben konzentrische Kreise die Lage der Störwellen an (Bild 5.12).

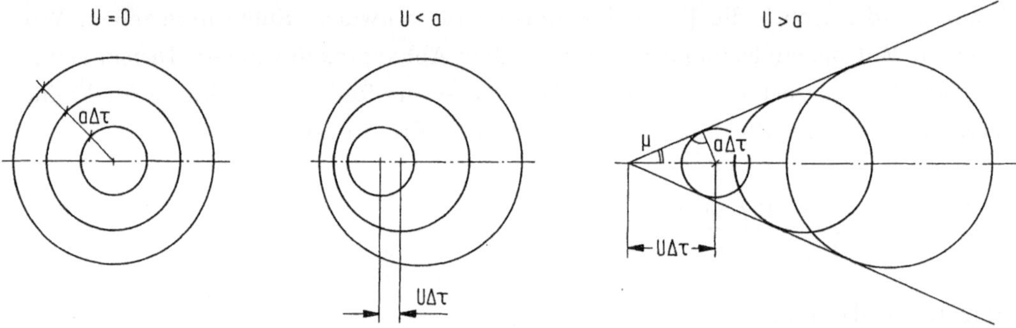

Bild 5.12. Wellenausbreitung um eine Störquelle

Bewegt sich die Störquelle mit der Geschwindigkeit U, so sind die Zentren der einzelnen Kreise um $U\Delta\tau$ versetzt. Bewegt sich die Quelle mit Überschallgeschwindigkeit, so ist die Entfernung $U\Delta\tau$ größer als der Radius des Kreises $a\Delta\tau$. Einhüllende aller Kreise sind Geraden, die unter dem Winkel $\sin\mu = a/U = 1/M$ zur Bewegungsrichtung der Störquelle liegen, d.h. unter dem Mach-Winkel. Diese Geraden werden als Mach–Linien bezeichnet. Bei einer punktförmigen Störquelle geben die Mach–Linien die Umrisse des

Mach–Kegels an. Der Mach–Kegel grenzt den Bereich ab, in dem sich eine mit Überschall bewegte Störquelle bemerkbar machen kann.

□

Kommen wir nun zurück zu dem Problem einer infinitesimalen Richtungsänderung einer Überschall–Strömung. Hierzu läßt sich die Beziehung (5.20) zwischen relativer Geschwindigkeitsänderung und Änderung der Strömungsrichtung sofort umschreiben zu

$$\frac{d\mathbb{V}}{\mathbb{V}} = - \frac{d\theta}{\sqrt{M^2-1}} \quad . \tag{5.23}$$

Wir wollen nun versuchen, hierin die Geschwindigkeit durch die Mach–Zahl zu ersetzen. Aus $\mathbb{V} = Ma$ folgt zunächst

$$\frac{d\mathbb{V}}{\mathbb{V}} = \frac{dM}{M} + \frac{da}{a} \quad .$$

Ferner erhält man aus dem Energieerhaltungssatz

$$a^2 + \frac{\gamma-1}{2}\mathbb{V}^2 = a_0^2$$

$$a^2 = a_0^2 \frac{1}{1+\frac{\gamma-1}{2}M^2}$$

$$2\,a\,da = a_0^2 \frac{-\frac{\gamma-1}{2}\,2\,M\,dM}{\left(1+\frac{\gamma-1}{2}M^2\right)^2}$$

$$\frac{da}{a} = \frac{-\frac{\gamma-1}{2}M^2}{1+\frac{\gamma-1}{2}M^2}\,\frac{dM}{M} \quad .$$

Somit folgt

$$\frac{d\mathbb{V}}{\mathbb{V}} = \frac{1}{1+\frac{\gamma-1}{2}M^2}\,\frac{dM}{M}$$

und damit schließlich

$$d\theta = -\frac{\sqrt{M^2-1}}{\left(1+\frac{\gamma-1}{2}M^2\right)M}\,dM \quad . \tag{5.24}$$

Dies ist die Beziehung zwischen Strömungsrichtungsänderung und Mach-Zahl-Änderung. Da es sich um eine differentiell kleine Richtungsänderung handelt, ist dies natürlich ein isentroper Vorgang. Wir sind nun zwar bei der ganzen Betrachtung von einer konkaven Ecke ausgegangen und von einem schrägen Verdichtungsstoß, der jetzt zu einer Kompressionswelle reduziert ist, doch die oben angegebene Beziehung gilt auch gleichermaßen für eine konvexe Ecke (negatives $d\theta$) und beschreibt dann eine Expansionswelle.

Mit den folgenden beiden Beispielen soll nun die Verwandtschaft von isentroper Kompression und Expansion illustriert werden. Betrachten wir die Überschallströmung entlang einer konkav gekrümmten Wand (Bild 5.13):

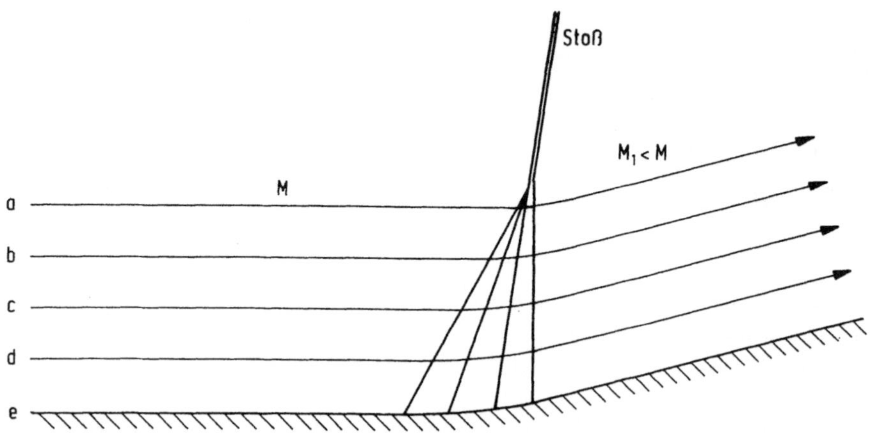

Bild 5.13. Kompressionswellen an einer konkaven Krümmung

Von der Vielzahl der Kompressionswellen, die durch die Richtungsänderungen um $d\theta$ hervorgerufen werden, sind vier eingezeichnet. Ihre Lage zur lokalen Strömungsrichtung ist von der lokalen Mach-Zahl abhängig. Über jede Kompression wird die Mach-Zahl reduziert, so daß die Kompressionswellen immer steiler verlaufen. Das hat zur Folge, daß die Kompressionswellen konvergieren und dort, wo sie zusammenlaufen, summieren sich die differentiell kleinen Änderungen der Strömungsgrößen. In größerem Abstand von der Wand wird so zwangsläufig ein Verdichtungsstoß entstehen. In einem begrenzten wandnahen Bereich jedoch ist eine stetige Änderung der Strömungsrichtung über eine isentrope Kompression möglich.

Wir kommen von der isentropen Kompression sofort auf eine Expansionsströmung, wenn wir das Bild einfach umkehren. Ersetzt man in der Skizze die Stromlinie a durch eine feste Wand, um den anisentropen Strömungsteil abzuschneiden und kehrt man die Strömungsrichtung um, so ergibt sich folgendes Bild:

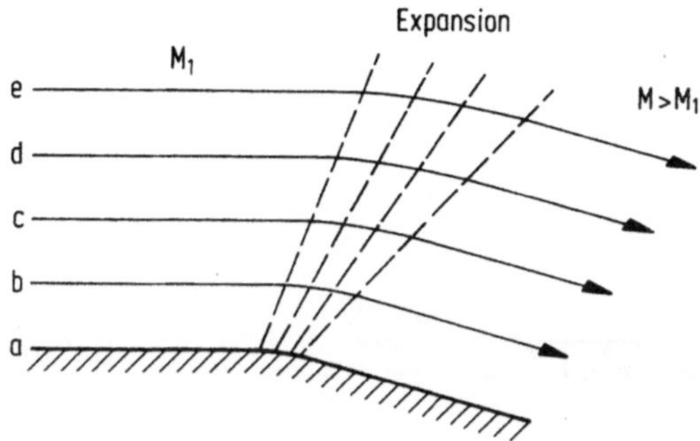

Bild 5.14. Expansionswellen an einer konvexen Krümmung

In diesem Fall divergieren die Mach–Linien, wie man es von einer Expansionsströmung auch erwarten muß. (Eine Konvergenz von Expansionswellen zu einem Expansionsstoß würde gegen den zweiten Hauptsatz verstoßen!) Die Isentropie wird hier auch dann sichergestellt, wenn anstelle der allmählichen Krümmung einer konvexen Wand eine scharfe Ecke vorgesehen wird (Bild 5.15).

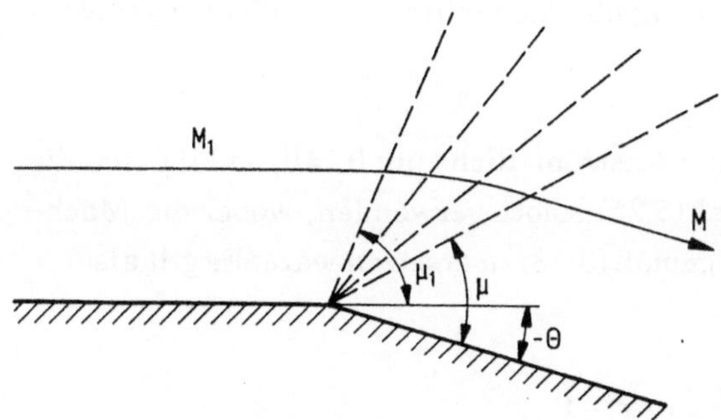

Bild 5.15. Expansionsfächer der Prandtl–Meyer–Eckenströmung

Die Mach–Linien sind dann im Eckpunkt zentriert. Man nennt eine solche Strömung *Prandtl–Meyer–Eckenströmung*. Bei der Umströmung dieser Ecke wird die Mach–Zahl von M_1 auf M erhöht.

In dem speziellen Fall, daß die Mach-Zahl vor der Ecke $M_1 = M^* = 1$ ist, wird der Winkel $-\theta \rightarrow \nu^*$ als Prandtl-Meyer-Winkel bezeichnet:

> Der Prandtl-Meyer-Winkel ν^* ist der Winkel derjenigen konvexen Ecke, bei deren Umströmung die Mach-Zahl von $M_1^* = 1$ auf M erhöht wird.

Diese Feststellung erweist sich bei der Integration der zuletzt hergeleiteten Beziehung zwischen Ablenkwinkel und Mach-Zahl (5.24) als günstig:

$$\int_{\theta=0}^{\theta=-\nu^*} d\theta = -\int_{M=1}^{M} \frac{\sqrt{M^2-1}}{\left(1+\frac{\gamma-1}{2}M^2\right)M}\, dM$$

$$\nu^* = \left[\frac{\gamma+1}{\gamma-1}\right]^{\frac{1}{2}} \arctan\left[\frac{\gamma-1}{\gamma+1}(M^2-1)\right]^{\frac{1}{2}} - \arctan\sqrt{M^2-1} \ . \tag{5.25}$$

In dem folgenden Diagramm (Bild 5.16) ist dieser Zusammenhang dargestellt. Es ist darin angedeutet, daß für $M \rightarrow \infty$ der Prandtl-Meyer-Winkel einen Maximalwert erreicht, nämlich

$$\nu^*_{max} = \frac{\pi}{2}\left[\left(\frac{\gamma+1}{\gamma-1}\right)^{\frac{1}{2}} - 1\right] = 130{,}5° \quad (\text{für } \gamma = 1{,}4) \ .$$

Auch die Prandtl-Meyer-Expansion läßt sich in einer Hodographen-Ebene darstellen, ähnlich wie sich die Geschwindigkeitsänderung über den schrägen Verdichtungsstoß im Stoßpolarendiagramm darstellen ließ.

Ist die Ausgangs-Mach-Zahl $M_1 = 1$ und die Anström-Richtung $\theta_1 = 0$, so läßt sich die Beziehung für den Prandtl-Meyer-Winkel (5.25) sofort verwenden, wobei die Mach-Zahl M durch die kritische Mach-Zahl M^* gemäß (3.28) zu ersetzen wäre. Es gilt also

$$\theta = \left[\frac{\gamma+1}{\gamma-1}\right]^{\frac{1}{2}} \arctan\left[\frac{\gamma-1}{\gamma+1}(M^2-1)\right]^{\frac{1}{2}} - \arctan\sqrt{M^2-1}$$

mit

$$M^{*2} = \frac{\gamma+1}{\frac{2}{M^2} + (\gamma-1)} \ .$$

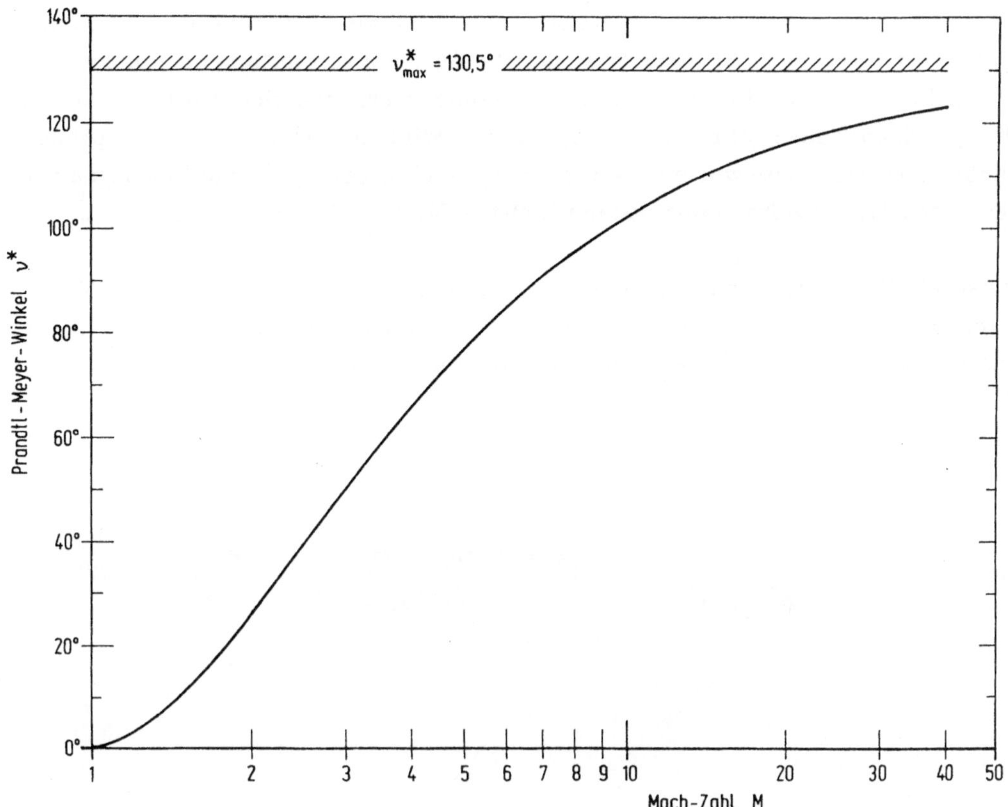

Bild 5.16. Zusammenhang zwischen Mach-Zahl und Prandtl-Meyer-Winkel

In der Hodographen-Ebene ergibt sich damit folgende Darstellung:

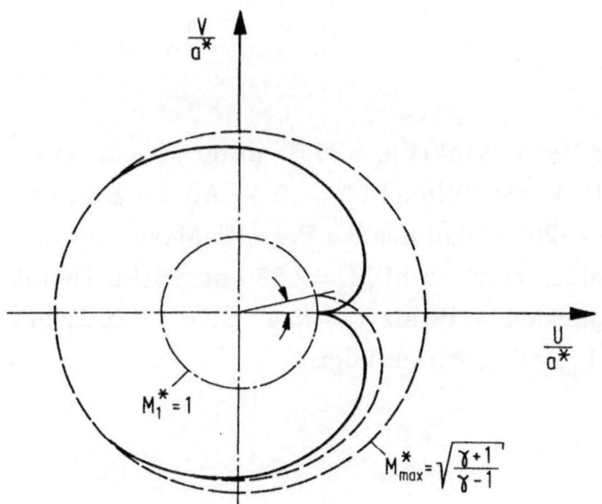

Bild 5.17. Epizykloiden-Diagramm

Wiederum ergeben sich zwei Kurven, die zur Achse $\theta=0$ ($V/a^*=0$) symmetrisch verlaufen, entsprechend einer links- bzw. rechsläufigen konvex verlaufenden Eckenströmung. Für unterschiedliche Anström-Bedingungen ergeben sich ähnliche Kurven (Epizykloiden) einfach durch eine entsprechende Winkelverschiebung des Ursprungspunktes, beispielsweise wie durch die gestrichelte Linie gezeigt. Damit läßt sich einem beliebigen Anfangs-Strömungszustand $\theta_1 \neq 0$ und $M_1 = U_1/a^* \neq 1$ Rechnung tragen.

Beispiel: Wir wollen nun an einem Beispiel zeigen, wie mit Hilfe des Prandtl-Meyer-Winkels eine Expansionsströmung berechnet werden kann. Betrachten wir ein nichtangestelltes Rhombusprofil bei Überschall-Anströmung (Bild 5.18):

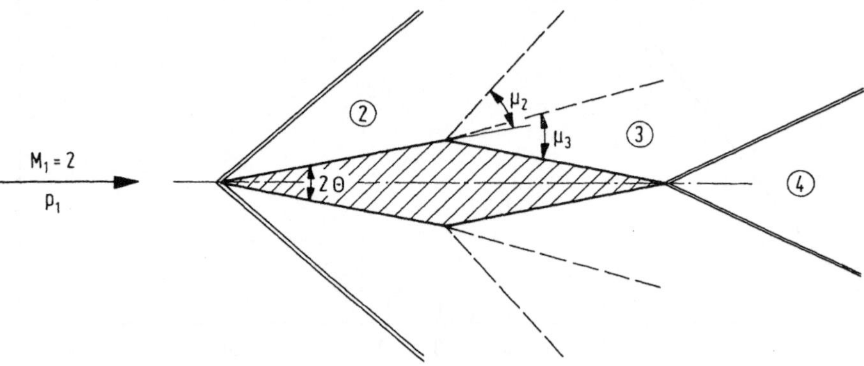

Bild 5.18. Rhombus-Profil in einer Überschall-Anströmung

Das Profil sei symmetrisch mit einem Öffnungswinkel von $2\theta=20°$. Aus den Schrägstoß-Diagrammen entnehmen wir

$$\sigma_1 = 39{,}3° \qquad \frac{p_2}{p_1} = 1{,}72 \qquad M_2 = 1{,}64 \quad .$$

Aus der Mach-Zahl M_2 errechnet sich der Mach-Winkel $\mu_2=37{,}5°$, unter dem die erste Expansionswelle verläuft und ein Prandtl-Meyer-Winkel $v^*_2=15{,}5°$. An der Schulter des Profils erfolgt eine Expansion um $-2\theta=-20°$, so daß sich der Prandtl-Meyer-Winkel im Gebiet (3) ergibt als $v^*_3=35{,}5°$, was einer Mach-Zahl $M_3=2{,}33$ entspricht. Damit errechnet sich der Anstieg der letzten Expansionswelle als $\mu_3=25{,}4°$. Da die Expansion isentrop verläuft, gilt für die Ruhedrücke $P_{02}=P_{03}$, woraus folgt:

$$\frac{p_3}{p_1} = \frac{p_2}{p_1}\frac{p_3}{p_2} = \frac{p_2}{p_1}\frac{\frac{p_{02}}{p_2}}{\frac{p_{03}}{p_3}} = \frac{p_2}{p_1}\left[\frac{1+\frac{\gamma-1}{2}M_2^2}{1+\frac{\gamma-1}{2}M_3^2}\right]^{\frac{\gamma}{\gamma-1}} = 1{,}72\ \frac{4{,}511}{13{,}104} \quad .$$

Man erhält $p_3/p_1 = 0{,}592$. An der Hinterkante des Profils erfolgt eine Rücklenkung der Strömung auf die Anström-Richtung über einen Verdichtungsstoß mit $\sigma_3 = 34{,}5°$. Das Verhältnis der statischen Drücke p_3/p_1 bzw. p_2/p_1 kann verwendet werden, um den Druckwiderstand eines solchen Profils auszurechnen.

Dies ist nur ein Beispiel, das zeigen sollte, wie mit Schrägstoß-Diagrammen und Prandtl-Meyer-Winkel zweidimensionale Strömungsprobleme bearbeitet werden können. Wir werden später bei der Erläuterung des Charakteristiken-Verfahrens noch einmal auf den Prandtl-Meyer-Winkel zurückkommen.

□

5.4 Reflexion und Kreuzen von Wellen

Wir betrachten einen Keil in einer seitlich begrenzten Überschallströmung (Bild 5.19). Auf der einen Seite bildet eine ebene Wand die Begrenzung, auf der anderen Seite ist eine Freistrahlgrenze vorhanden. Durch den Keil wird ein schräger Verdichtungsstoß hervorgerufen.

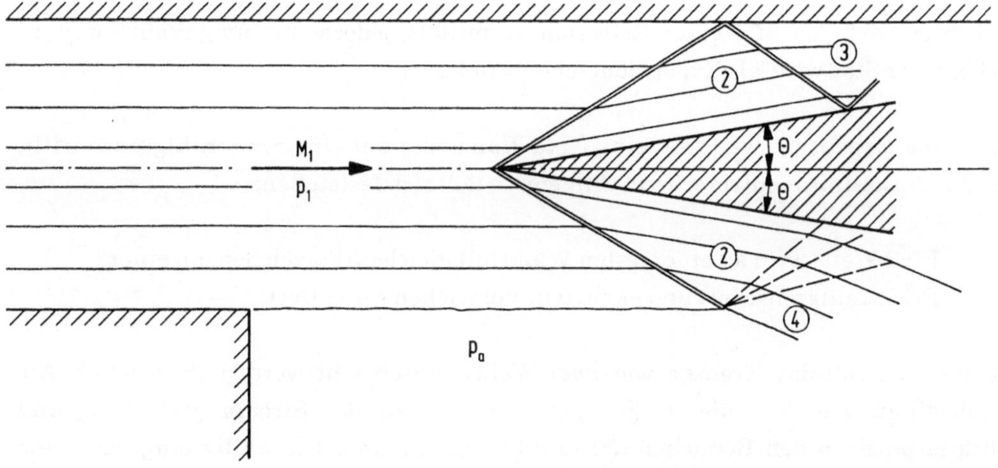

Bild 5.19. Keil in einer Überschallströmung mit verschiedenen Randbedingungen

Wir wollen nun untersuchen, welche Bedingungen beim Auftreffen des Verdichtungsstoßes auf die feste Wand und auf die Freistrahlgrenze gelten. Durch die feste Wand wird als Randbedingung die Strömungsrichtung vorgegeben: Die Strömung wird gezwungen, an der Wand parallel zur Wand zu laufen. Da nach dem Verdichtungsstoß die Strömung jedoch unter einem Winkel θ auf die Wand zuläuft, ist an der Wand eine Umlenkung derart erforderlich, daß die Strömung wieder parallel zur Wand ausgerichtet wird. Dies erfordert einen Verdichtungsstoß, über den die Mach-Zahl weiter reduziert wird und der Druck ansteigt:

$$M_1 > M_2 > M_3$$

$$p_1 < p_2 < p_3 \ .$$

Das Bild vermittelt den Eindruck einer Reflexion des Stoßes an der festen Wand. Anders im unteren Teil der Strömung, wenn der Verdichtungsstoß auf die Freistrahlgrenze trifft: Hier besteht keinerlei Zwang, einer vorgegebenen Richtung zu folgen, dagegen wird durch den Umgebungsdruck eine Randbedingung gestellt: Der Druck am Strahlrand muß stets gleich dem Druck der Umgebung sein. Zunächst wird also vorausgesetzt $p_1 = p_a$. Da über den Verdichtungstoß der Druck angestiegen ist, muß nun eine Expansion erfolgen, damit der Druck wieder auf $p_4 = p_a$ reduziert wird. Dies geschieht über einen Expansionsfächer.

$$p_a = p_1 = p_a < p_2$$

$$M_4 \leq M_1 \ .$$

Auch hier wird das Bild einer Reflexion vermittelt, jedoch mit umgekehrten Vorzeichen: Der Stoß wird als Expansionfächer reflektiert.

Wenn eine Expansionswelle auf eine feste Wand oder auf eine Freistrahlgrenze trifft, sind die Verhältnisse entsprechend. Allgemein läßt sich feststellen:

> Eine Welle wird an einer festen Wand mit gleichem Vorzeichen, an einer Freistrahlgrenze mit umgekehrtem Vorzeichen reflektiert.

Als nächstes soll das Kreuzen von zwei Wellen untersucht werden (Bild 5.20). Als Randbedingung muß in diesem Fall gefordert werden, daß Strömungsrichtung und Druck stromab in den Bereichen (3') und (3") gleich sind. Die wellig eingezeichnete Trennlinie hat jedoch insofern eine Bedeutung, als zu beiden Seiten unterschiedliche Entropien vorliegen können. Neben der Entropie können auch die Temperatur, Dichte und Mach-Zahl verschieden sein.

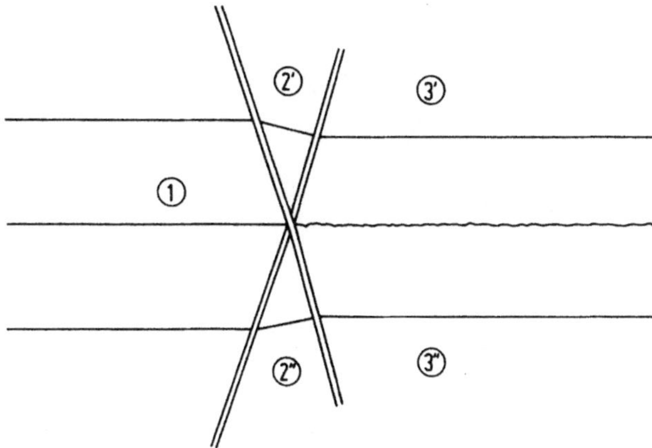

Bild 5.20. Kreuzen von zwei Verdichtungsstößen

Ähnliche Randbedingungen müssen eingehalten werden, wenn die sich kreuzenden Stöße von ein- und derselben Seite kommen. Sie verschmelzen dann zu einem Stoß:

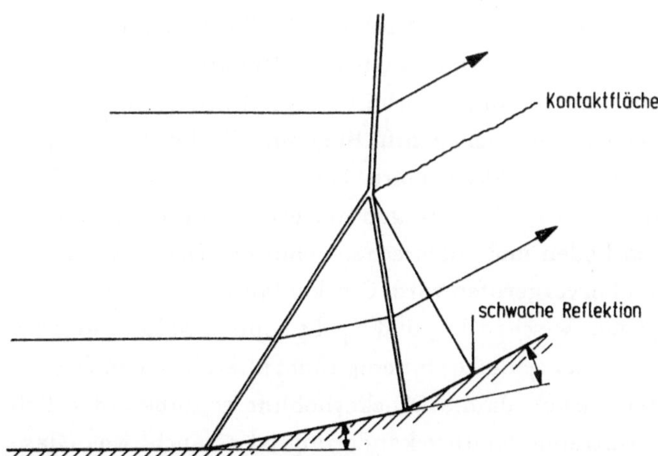

Bild 5.21. Zusammentreffen von zwei Stößen

Daneben wird sich im allgemeinen eine schwache zusätzliche Reflexion einstellen.

Abschließend soll die Interferenz von Stoß und Expansion diskutiert werden (Bild 5.22). Der Expansionsfächer bewirkt eine Krümmung der Stoßfront. Anstelle einzelner Kontaktflächen, die zwei Gebiete unterschiedlicher Entropie gegeneinander abgrenzen, entsteht stromab vom gekrümmten Verdichtungsstoß ein ganzes Gebiet variabler Entropie. Die angedeuteten reflektierten Wellen sind meist sehr schwach und im allgemeinen vernachlässigbar.

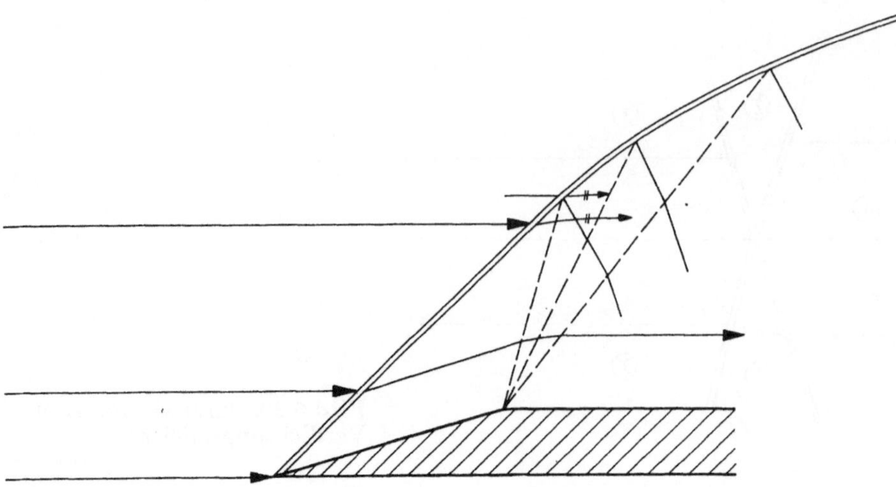

Bild 5.22. Zusammentreffen von Stoß und Expansionsfächer

Beispiel: Ein mit Überschallgeschwindigkeit fliegendes Flugzeug erzeugt eine Reihe von Stoßwellen, wie sie im Bild 5.23 gezeigt sind. Mit diesen Stoßwellen sind Drucksprünge verbunden, die Ursache für den sogenannten Überschallknall sind. Sämtliche vom Flugzeug ausgehenden Stoßwellen vereinigen sich in einiger Entfernung zu einer Bug- und einer Heckwelle ähnlich wie bei einem Schiff. Bug- und Heckwelle bewegen sich mit dem Flugzeug durch die ruhende Atmosphäre. Die dabei am Boden auftretenden Drucksprünge sind nicht sehr groß. Sie betragen nur etwa ein tausendstel des normalen Atmosphärendrucks am Boden und entsprechen somit der Druckbelastung, die durch eine Windböe von 25m/s hervorgerufen wird. Glockenläuten oder einfach die normalen Temperaturschwankungen zwischen Tag und Nacht können weitaus größere Druckänderungen verursachen. Das menschliche Ohr empfindet allerdings den Druckanstieg über einen Stoß sehr viel stärker, da die Druckerhöhung so außerordentlich plötzlich erfolgt. Das plötzliche Auftreten der Druckänderung ist es auch, was Glasscheiben zu Bruch gehen läßt.

□

5.5 Abgelöster Stoß

Wird ein stumpfer Körper mit Überschallgeschwindigkeit angeströmt, so ergibt sich im allgemeinen eine vom Körper abgelöste Kopfwelle (Bild 5.24).

Auch bei keilförmigen Konfigurationen tritt anstelle des schrägen Verdichtungsstoßes ein abgelöster Stoß auf, wenn der Keilwinkel zu groß ist. Die Schrägstoß-Diagramme zeigen, daß es für jede Mach-Zahl einen maximal möglichen Ablenkwinkel gibt.

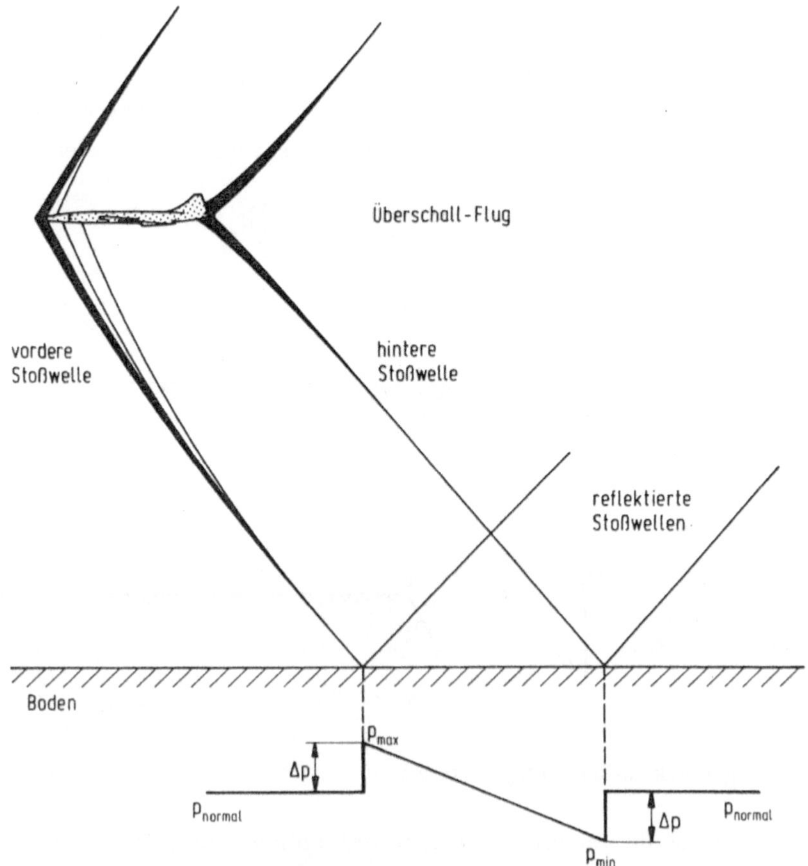

Bild 5.23. Überschallknall als Folge von Stoßwellen

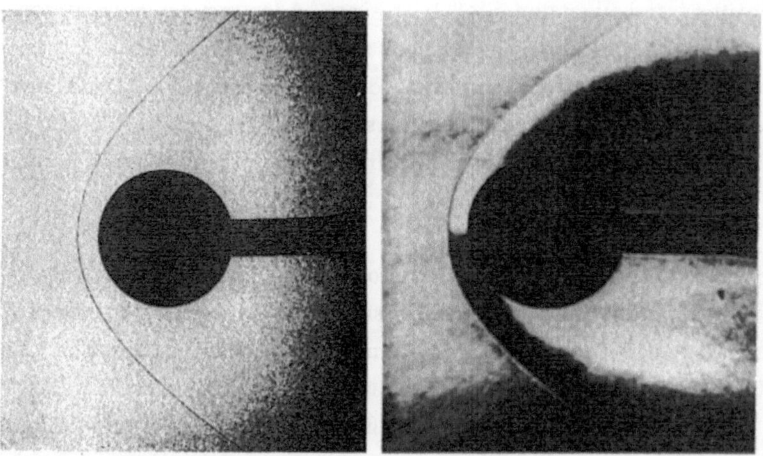

Bild 5.24. Abgelöster Verdichtungsstoß vor Kugel Vergleich von Schatten- und Schlierenbild $M_\infty \approx 2,2$

Beispielsweise ist für M=2,5 θ_{max}=30°. Für kleinere Mach–Zahlen ist der Winkel kleiner und für M⇒1 ist θ_{max}⇒ 0°. Für Ablenkwinkel $\theta > \theta_{max}$ ergeben die Schrägstoßbeziehungen keine Lösungen. Durch das Ablösen des Stoßes vom Körper wird erreicht, daß die Strömung über den Stoß hinweg um nicht mehr als θ_{max} abgelenkt wird (Bild 5.25).

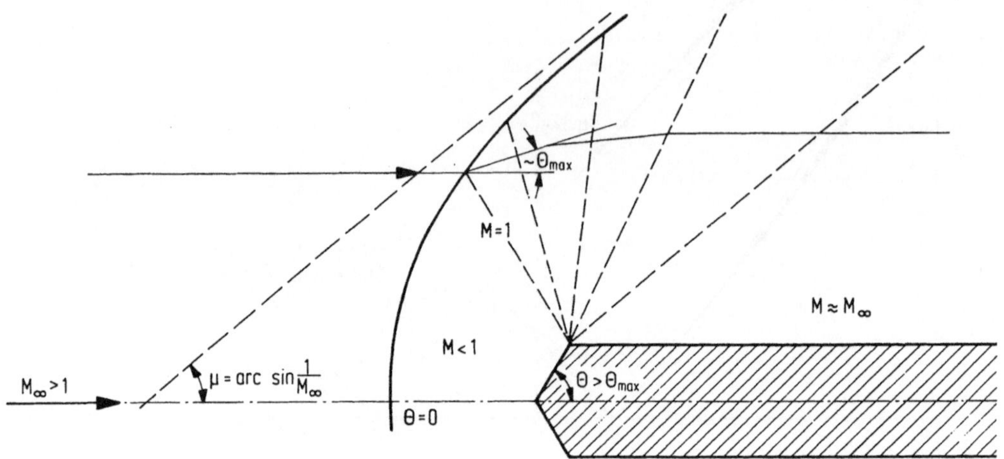

Bild 5.25. Strömungsmerkmale bei abgelöstem Stoß

Abgelöste Verdichtungsstöße vor stumpfen Körpern haben eine hyperbelähnliche Form. Im Bereich der Symmetrielinie ist der Stoß senkrecht zur Anströmung. Die Strömungsrichtung ändert sich dort durch den Stoß nicht. Stromab vom Stoß ist Unterschallgeschwindigkeit vorhanden. Weiter ab von der Symmetrielinie liegt der Stoß schräg zur Anstömrichtung, und über den Stoß tritt eine Änderung der Strömungsrichtung auf. Die Strömungsablenkung ist etwa dort maximal, wo die erste Expansionswelle auf den Stoß trifft. Diese erste Expansionswelle ist die Sonic–Linie, d.h. hier wird durch den Stoß die Strömung genau auf Schallgeschwindigkeit gebracht. Weiter außen geht der Stoß in eine Mach–Welle über, die unter dem Mach–Winkel μ_∞ zur Anström–Richtung verläuft.

Für die gesamte Kopfwelle gelten örtlich die Schrägstoßbeziehungen. Zwischen Symmetrielinie und dem Schnittpunkt Stoß/Sonic–Linie ist die starke Lösung zutreffend. Das bedeutet Unterschallgeschwindigkeit nach dem Stoß. Weiter außen gilt die schwache Lösung mit Überschallgeschwindigkeit stromab vom Stoß. Der abgelöste Stoß weist somit das ganze Spektrum möglicher Stoßlösungen für eine bestimmte Mach–Zahl auf, vom senkrechten Stoß über die starken zu den schwachen Lösungen bis hin zur Mach–Welle. Die exakte Berechnung der gesamten Strömung ist wegen der

Kopplung zwischen Unter- und Überschallströmung relativ schwierig. Bild 5.26 vermittelt einen Eindruck über die Stoßlage bei verschiedenen Körperformen und Anström-Mach-Zahlen.

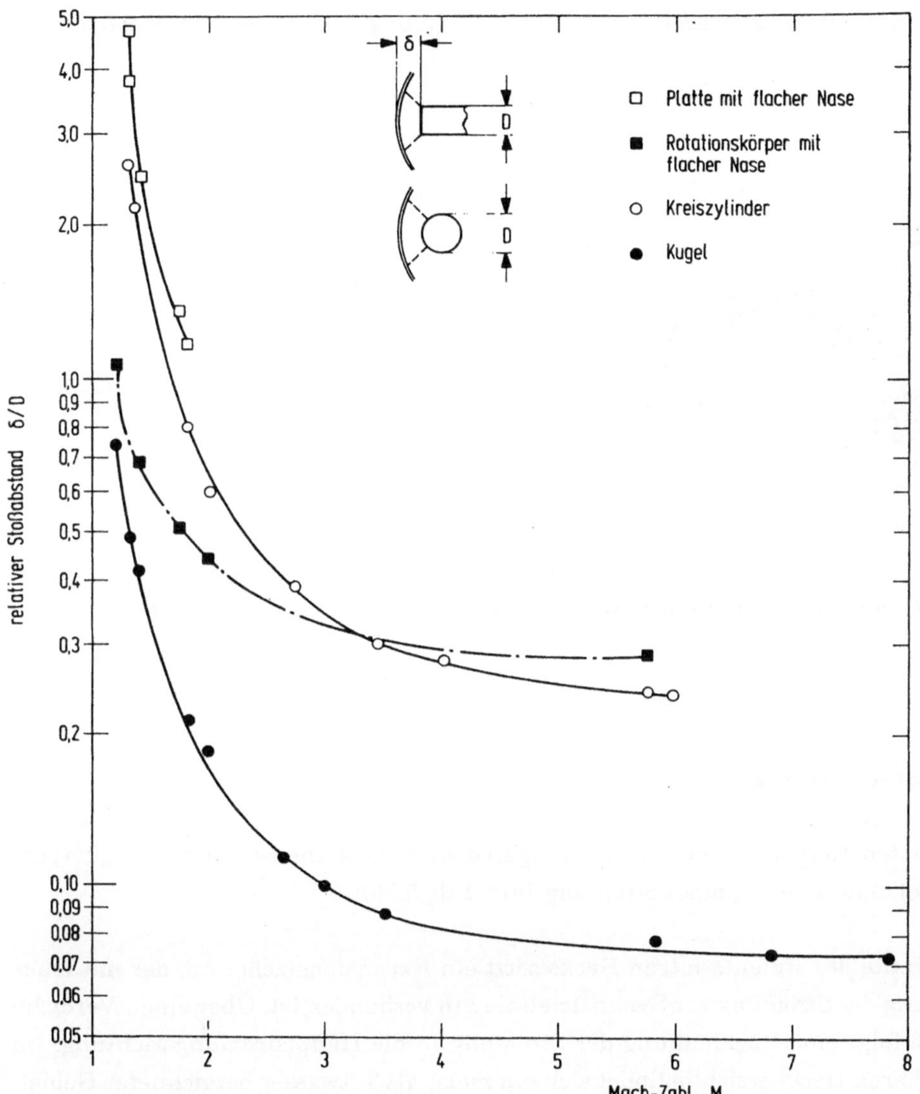

Bild 5.26. Abgelöster Verdichtungsstoß, Stoßabstand in Abhängigkeit von Körperform und Mach-Zahl

Beispiel: Beim Wiedereintritt eines Raumflugkörpers in die Erdatmosphäre führt dessen hohe kinetische und potentielle Energie zu einer extremen Aufheizung des (1) Körpers und der (2) Strömung. Je mehr allerdings von der gesamten Energie in die

Strömung gehen kann, desto weniger verbleibt für den Übergang zum Körper selbst. Für die stärkere Aufheizung der Strömung ($T_0 = 11000K$), ist aber die Bildung eines starken Stoßes erforderlich, über den die Energieumwandlung erfolgt. Wiedereintrittskörper haben aus diesem Grunde eine stumpfe Körperform (Bild 5.27). Die Aufheizung des Körpers durch die gleichzeitig auftretenden Reibungsverluste an der Oberfläche ist dann weniger intensiv.

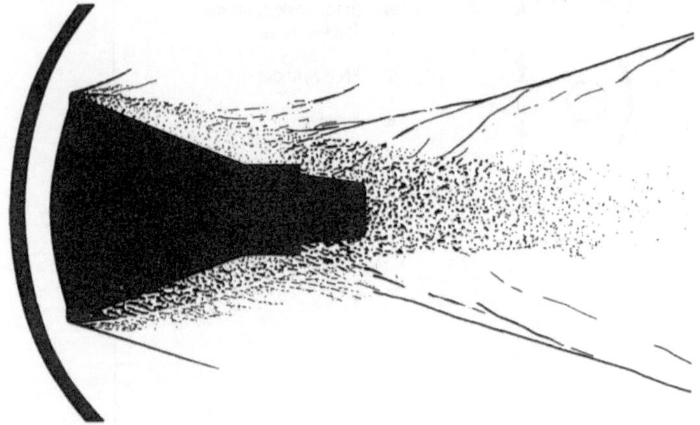

Bild 5.27. Abgelöster Stoß vor dem Modell der Mercury-Kapsel bei $M = 3.0$

□

5.6 Heckströmung

Am stumpfen Heck eines mit Überschallgeschwindigkeit angeströmten Flugkörpers beobachtet man etwa folgendes Strömungsbild (Bild 5.28):

An der Kante des stufenförmigen Hecks setzt ein Expansionsfächer an, der mit einer Umlenkung der Strömung zur Symmetrielinie hin verbunden ist. Über einen Verdichtungsstoß folgt eine Rücklenkung der Strömung in die Hauptströmungsrichtung. Im unmittelbaren Heckbereich befindet sich ein meist als Totwasser bezeichnetes Gebiet. Dort herrscht eine langsame wirbelartige Strömung mit starker Turbulenz. Der Druck in diesem Totwassergebiet ist verhältnismäßig niedrig. Er entspricht dem Druck stromab von dem Expansionsfächer.

Beispiel: Der niedrige Druck im Totwassergebiet bestimmt den Heckwiderstand eines Flugzeuges oder Flugkörpers mit stumpfem Heck. Der Heckwiderstand kann einen

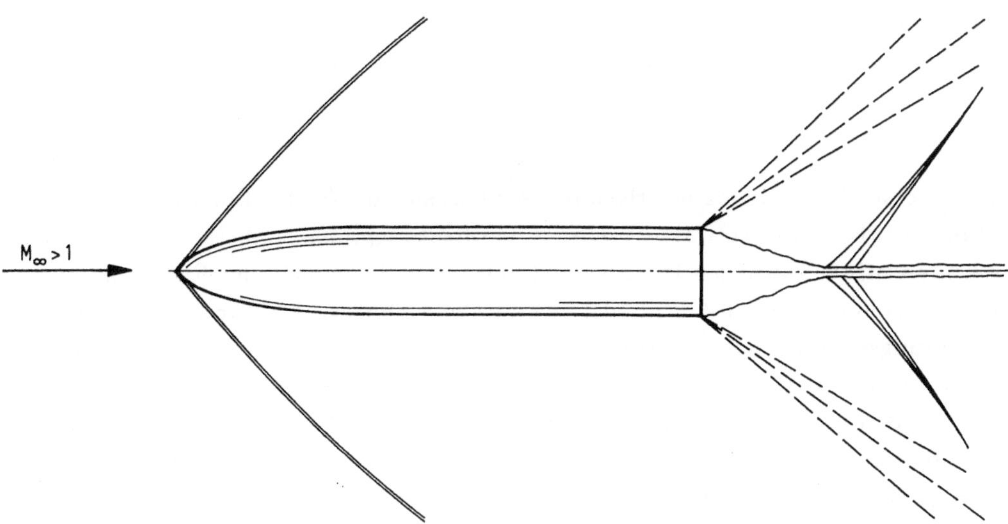

Bild 5.28. Strömungsbild von einem Flugkörper mit stumpfem Heck

beträchtlichen Anteil am Gesamtwiderstand haben, und es ist auch bei sehr schlanken Körpern stets sorgfältig abzuwägen, ob bei einem Abschneiden des Hecks die Reduktion an Oberflächenreibungswiderstand den zusätzlichen Heckdruckwiderstand aufwiegt. In Bild 5.29 ist skizziert, wie bei der Concorde nachträglich stumpfe Kanten an Flügel und Leitwerk beseitigt wurden, was zu einer beachtlichen Reduktion des Widerstandes führte.

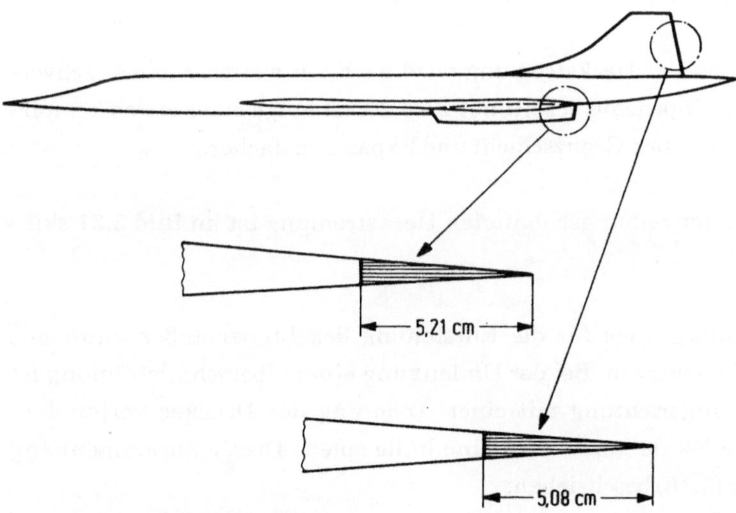

Bild 5.29. Modifikation an Leitwerk und Ruder der Concorde (1978)

Zusammen mit einer ähnlichen Modifikation der Leitwerks–Vorderkante können so 300 bis 400kg Treibstoff auf einer Flugstrecke von 2800nm (5180km) eingespart werden.

□

Für eine erste Abschätzung des Heckdruckes läßt sich die Feststellung benutzen, daß die Stöße am Ende des Totwassers schräge Verdichtungsstöße sind. Setzt man an, daß der Umlenkwinkel über den Expansionsfächer – und demgemäß der Rücklenkwinkel über den Stoß – nicht größer als der maximale Ablenkwinkel für einen schrägen Verdichtungsstoß sein darf, so errechnet sich mit dieser Bedingung ein entsprechender minimaler Heckdruck. Dieser minimale Druck ist als theoretischer Grenzheckdruck in dem folgenden Diagramm (Bild 5.30) eingetragen. Ein Vergleich mit den experimentell ermittelten Heckdruckwerten macht deutlich, daß das benutzte Strömungsmodell unzureichend ist, da sicherlich die Vernachlässigung von Reibungseffekten hier nicht vertretbar ist. Die Streuungen der Meßwerte lassen sich im wesentlichen auf Reynolds–Zahl–Effekte zurückführen.

Über die Grenzschicht vor dem Heck wirkt der Heckdruck stromauf, was sich in einer allmählicheren Expansion am Rande des Hecks bemerkbar macht. Durch Reibung und turbulenten Massenaustausch wird kinetische Energie dem "Totwassergebiet" zugeführt, so daß dort eine Zirkulationsbewegung aufrechterhalten wird. Bei der Rücklenkung der äußeren Strömung in die Hauptströmungsrichtung bewirkt die Grenzschicht eine allmähliche Rückführung über eine Reihe von Kompressionswellen, die erst weiter außerhalb zu einem Verdichtungsstoß zusammenlaufen.

In Schlierenaufnahmen von der Heckströmung wird noch ein weiterer, meist schwacher Stoß sichtbar, der als Lippenstoß bezeichnet wird. Er ist Folge einer etwas komplizierten Wechselwirkung zwischen Grenzschicht und Expansionsfächer.

Der qualitative Verlauf einer reibungsbehafteten Heckströmung ist im Bild 5.31 skizziert.

Eine Andeutung der Hintergründe für die Entstehung des Lippenstoßes kann mit folgendem Hinweis gegeben werden. Bei der Umlenkung einer Überschallströmung ist die Änderung der Strömungsrichtung mit einer Änderung des Druckes verbunden, wobei allerdings noch die lokale Mach–Zahl eine Rolle spielt. Dieser Zusammenhang wird durch die Beziehung (5.18) beschrieben:

$$\frac{dp}{p} = \frac{\gamma\, M^2}{\sqrt{M^2-1}}\, d\theta \quad .$$

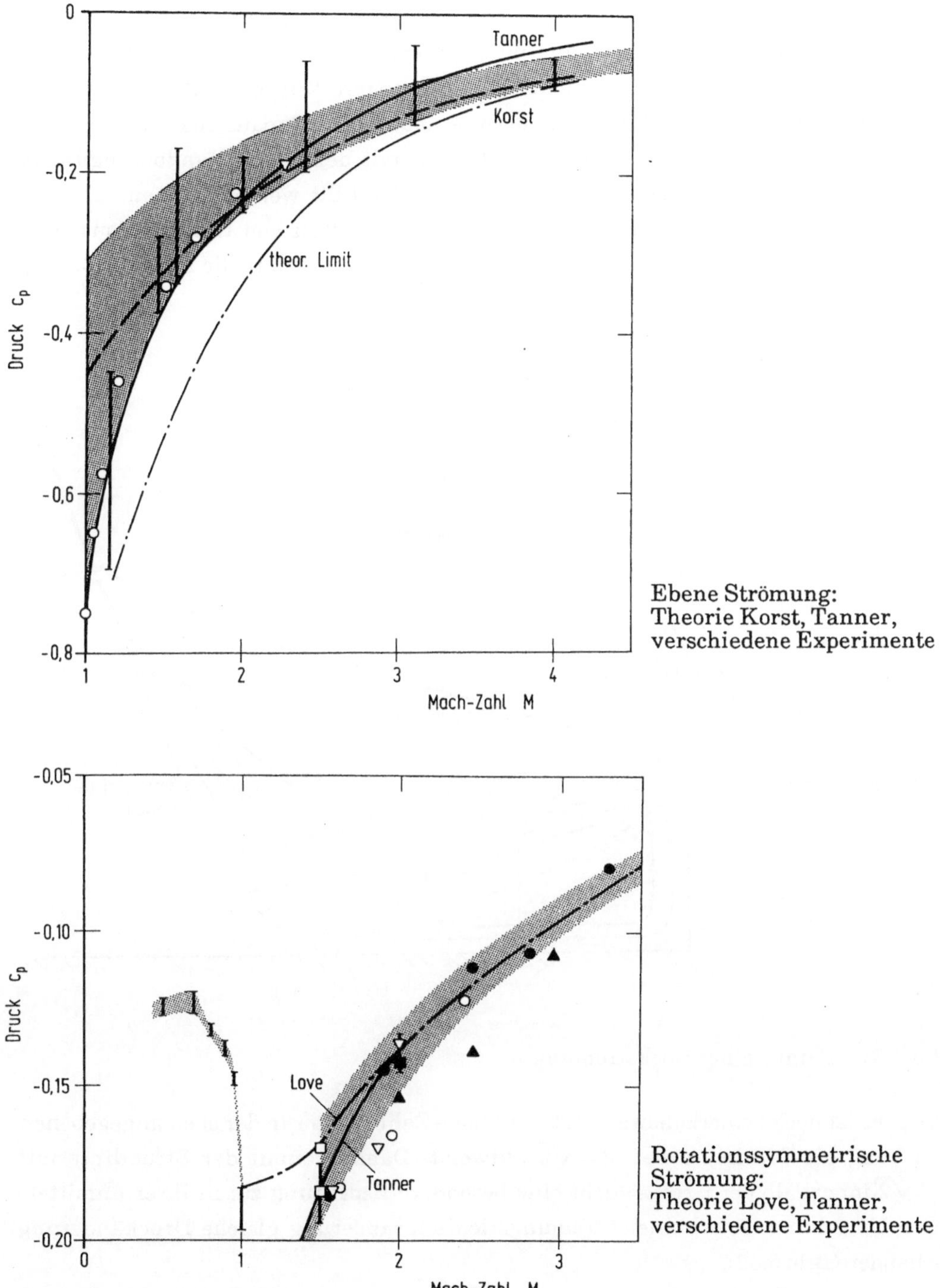

Bild 5.30. Heckdruck mit turbulenter Grenzschicht

Da in der Grenzschicht die lokale Mach–Zahl variiert, ist dort einer bestimmten Strömungsrichtungsänderung jeweils eine unterschiedliche Druckänderung zugeordnet. Daher müssen in den einzelnen Schichten des Überschall–Teils einer Grenzschicht bei einer konvexen Strömungsrichtungsänderung neben dem Expansionsfächer weitere Kompressions- und Expansionswellen auftreten, mit denen die Randbedingungen "gleicher Druck" und "gleiche Strömungsrichtung" erfüllt werden können. In einer Scherschicht ist im Bereich der Umlenkung ein ganzes Netz von Kompressions- und Expansionswellen zu erwarten. Die Kompressionswellen laufen in die Außenströmung und formen den Lippenstoß.

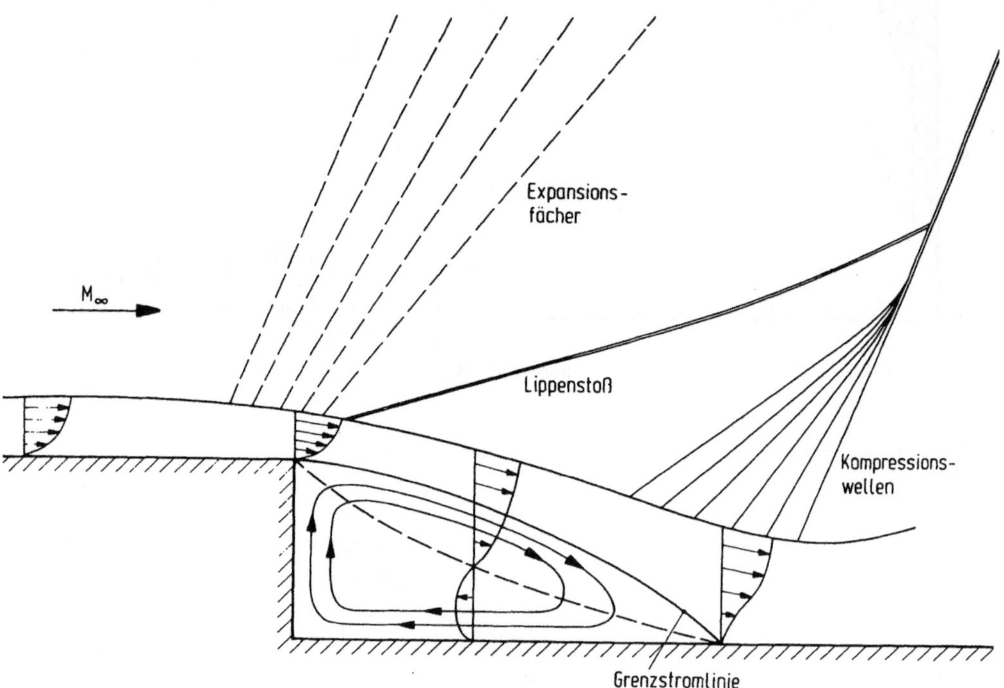

Bild 5.31. Details einer Heckströmung

Übrigens ist noch bemerkenswert, daß der Mach–Zahl–Faktor in der oben angegebenen Gleichung ein Minimum bei $M=\sqrt{2}$ aufweist. Damit kommt der Stromlinie mit $M=\sqrt{2}$ innerhalb der Grenzschicht eine besondere Bedeutung zu: In ihrer unmittelbaren Umgebung ist bei einer Strömungsrichtungsänderung gleiche Druckänderung vorhanden (Bild 5.32).

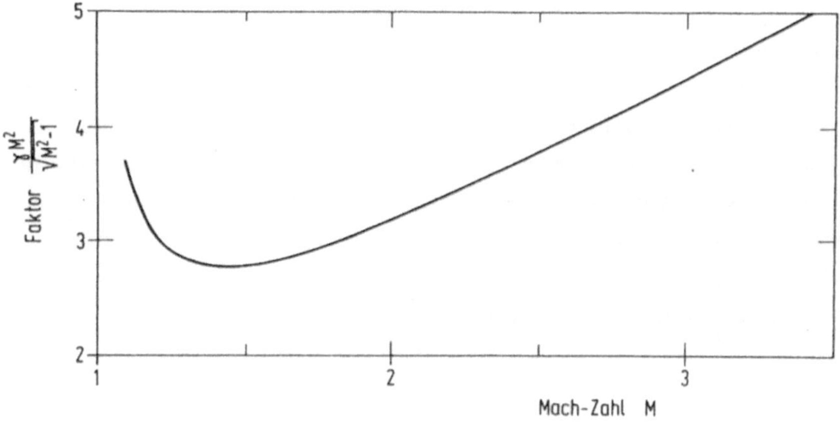

Bild 5.32. Mach–Zahl–Faktor der θ, p –Relation

5.7 Nicht–angepaßte Überschalldüsen

Bild 5.33. Überschallgasstrahlen eines Phantom–Kampfflugzeuges bei nicht–angepaßten Düsen

Eine Düse wird als "nicht–angepaßt" bezeichnet, wenn der Druck in ihrem Austrittsquerschnitt ungleich dem Umgebungsdruck ist. Im Gegensatz zu einem Unterschallgasstrahl, der stets bei Gleichdruck an der Düsenmündung austritt, weil der Mün–

dungsdruck einen regulierenden Einfluß auf die Strömung ausübt, kann ein Überschallgasstrahl nicht nur gegen Gleichdruck sowie gegen beliebig starken Unterdruck, sondern bis zu einem gewissen Grad auch gegen Überdruck ausströmen. In den meisten Betriebsfällen ist bei einem Überschallstrahl der Düsenaustrittsdruck nicht gleich dem Umgebungs- bzw. Gegendruck. Ist der Umgebungsdruck *kleiner* als der statische Druck des Gasstrahls unmittelbar vor Austritt aus der Düse, so spricht man von einem *unterexpandierten* Strahl. Dies erfordert eine Nachexpansion hinter dem Düsenendquerschnitt: An den Austrittskanten setzten Expansionsfächer an und der Strahl erweitert sich außerhalb der Düse (Bild 5.34).

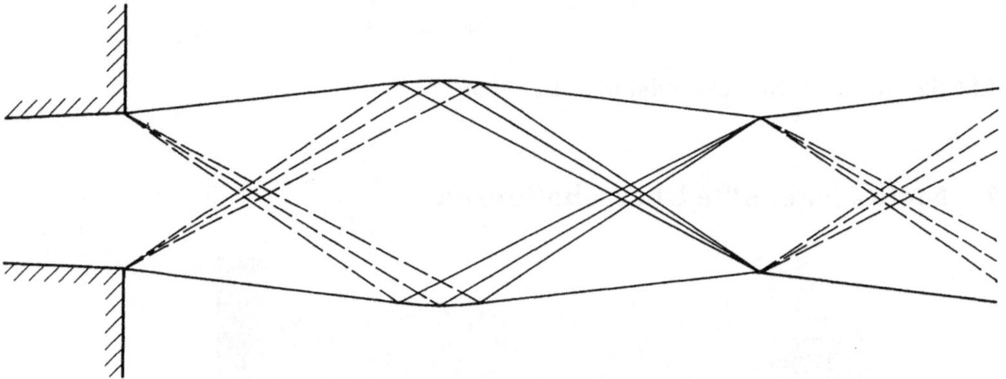

Bild 5.34. Unterexpandierter Überschall-Strahl

Die sich kreuzenden Wellen des Expansionsfächers werden an der Freistrahlgrenze als Kompressionswellen reflektiert. Im Strahlkern ist der Druck stromab von den Expansionswellen kleiner als der Umgebungsdruck, stromab von den Kompressionswellen dagegen größer. Das periodische Wechselspiel von Expansion und Kompression setzt sich solange fort, bis die wachsenden Mischungszonen am Strahlrand das Strömungsfeld beherrschen und der Überschallstrahl dann – meist über eine geradstoßähnliche Front – in einen Unterschallstrahl übergeführt wird.

Ist der Umgebungsdruck *größer* als der statische Druck des Gasstrahls am Düsenaustritt, so spricht man von einem *überexpandiertem* Strahl. Von den Austrittskanten der Düse geht ein Verdichtungsstoßsystem aus. Der Freistrahl wird eingeschnürt, und der Druck im Strahlzentrum steigt stromabwärts auf Werte über den Gegendruck an. Die Verdichtungswellen werden am Strahlrand als Expansionswellen reflektiert; der Strahldruck fällt. Dieser Vorgang wiederholt sich und entspricht weiterhin dem Strömungsfeld der oben erwähnten Strahlunterexpansion (Bild 5.35).

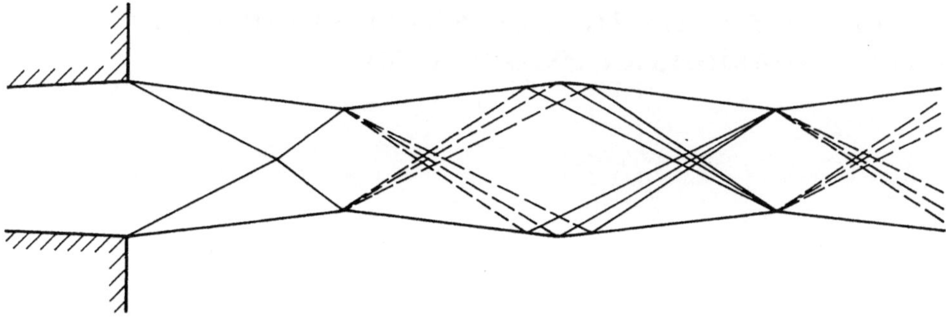

Bild 5.35. Überexpandierter Überschall–Strahl

6 Erhaltungssätze für den allgemeinen Fall dreidimensionaler Strömungen

6.1 Skalare und vektorielle Eigenschaften

Die Geschwindigkeit eines Strömungspartikels ist eine gerichtete Größe, d.h. eine vektorielle Eigenschaft des Gases. Bislang haben wir dies nicht ausdrücklich vermerkt: Wir haben die Komponenten der Geschwindigkeit benutzt und damit, ähnlich wie mit den skalaren Größen, gerechnet. Dies war sinnvoll, solange wir nur verhältnismäßig einfache Probleme der Gasdynamik behandelten.

Bei komplexeren Problemen ist es jedoch angebracht, von einer allgemeinen Darstellung auszugehen und zunächst ausdrücklich zu berücksichtigen, daß es

- skalare Eigenschaften (Temperatur, Druck, innere u. kinetische Energie)
- und vektorielle Eigenschaften (Geschwindigkeit, Impuls)

von Massenteilchen gibt.

Die verschiedenen Eigenschaften der Strömungspartikel sind alle untereinander abhängig. Mit der Zustandsgleichung und den Erhaltungssätzen wird diese Abhängigkeit dargestellt. Zu der Darstellung in den Erhaltungssätzen zunächst noch folgende grundsätzliche Bemerkung:

6.2 Eulersche und Lagrangesche Darstellung

In der Strömungslehre unterscheidet man zwei verschiedene Darstellungen:

- Eulersche Darstellung
- Lagrangesche Darstellung .

Bei der Eulerschen Darstellung (*Euler,* Schweizer Mathematiker, 1707 bis 1783) geht man davon aus, daß das individuelle Schicksal eines strömenden Teilchens meistens ohne Interesse ist, weil man es physikalisch ohnehin von keinem anderen Teilchen innerhalb des Kontinuums unterscheiden kann.

Deshalb beschränkt sich die Eulersche Darstellung auf folgende Fragestellung: Welcher Strömungszustand herrscht zu einer Zeit in einem Punkt des Raumes mit den Koordinaten x,y,z ? Wie groß ist z.B. die Geschwindigkeit, die Beschleunigung usw.? Hierbei stört es nicht, daß ständig wechselnde individuelle Teilchen Träger dieses Zustandes sind. Die Eulersche Darstellung ist die meist gebrauchte Darstellungsmethode in der Strömungslehre.

Bei der Lagrangeschen Darstellung (*Lagrange,* französischer Mathematiker, 1726 bis 1813) stellt man dagegen die Frage: Was geschieht mit jedem einzelnen Teilchen des strömenden Kontinuums im Laufe der Zeit τ, insbesondere an welchem Ort mit den Koordinaten x,y,z befindet es sich? Wie groß ist seine Geschwindigkeit, seine Beschleunigung usw.?

Um diese Frage beantworten zu können, muß man individuelle Teilchen innerhalb der Strömung unterscheiden können. Hierzu geht man von einer Anfangszeit τ_0 aus und benennt die Teilchen nach ihren Koordinaten x_0, y_0, z_0 zu dieser Zeit. Die Lagrangesche Darstellung ist oft schwer durchführbar, gibt dann aber einen tiefen Einblick in die Strömungsverhältnisse.

Einfacher und eleganter ist die Eulersche Darstellung, und wir wollen daher bei unseren Untersuchungen dieser Betrachtungsweise den Vorzug geben.

Zunächst sollen noch einige zusätzliche Bemerkungen zu der Eulerschen Darstellung gemacht werden. Die bahnbrechende Leistung von Euler besteht darin, daß er von der Auffassung vom Strömungsmedium als einem "Punkthaufen" mit individuellen Eigenschaften der Massenpunkte abging und statt dessen den Begriff der Feldeigenschaft einführte. Beispiele für derartige Feldeigenschaften sind das Geschwindigkeitsfeld, das Temperaturfeld und das Druckfeld. Grundsätzlich werden alle Eigenschaften einer Strömung in Eulerscher Darstellung als Feldeigenschaften angegeben.

Betrachten wir als Beispiel die Dichte. Das Dichtefeld wird beschrieben durch

$$\rho = \rho(x, y, z, \tau) \quad ,$$

d.h. die Dichte ist eine Funktion des Ortes und der Zeit. Ist eine Veränderung der Dichte mit der Zeit nicht gegeben, so spricht man von stationären Strömungen. Die Dichte ist dann an einem bestimmten Ort zu jeder Zeit unverändert. Das Dichtefeld ist graphisch darstellbar, indem man im Raum Flächen konstanter Dichte angibt. Bei zweidimensionalen Strömungen treten an die Stelle der Flächen Linien konstanter Dichte (Bild 6.1).

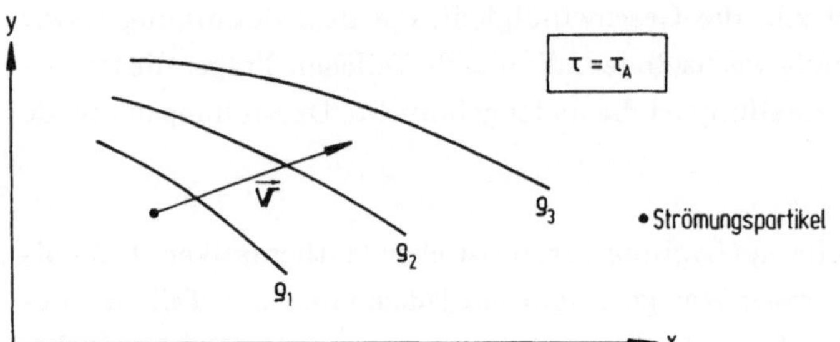

Bild 6.1. Strömungspartikel im Dichtefeld

Die Dichte ρ ist hier nur ein Beispiel. Verallgemeinert kann man von einer Eigenschaft $\mathbb{E}$ sprechen und einem Feld dieser Eigenschaft $\mathbb{E} = \mathbb{E}(x, y, z, \tau)$. Ein Strömungspartikel, das sich in einem derartigen Feld bewegt, ändert seine Eigenschaft sowohl mit dem Ort als auch mit der Zeit. Die gesamte totale Änderung seiner Eigenschaft kann folgendermaßen beschrieben werden:

$$d\,\mathbb{E} = \frac{\partial \mathbb{E}}{\partial \tau} d\tau + \frac{\partial \mathbb{E}}{\partial x} dx + \frac{\partial \mathbb{E}}{\partial y} dy + \frac{\partial \mathbb{E}}{\partial z} dz \quad .$$

Division durch $d\tau$ führt zu

$$\frac{d\mathbb{E}}{d\tau} = \frac{\partial \mathbb{E}}{\partial \tau} + \vec{\mathbb{V}} \circ \nabla \mathbb{E} \tag{6.1}$$

mit

$$\vec{\mathbb{V}} = Ui + Vj + Wk \qquad \text{(wobei } U = \frac{dx}{d\tau} \text{ usw.)}$$

$$\nabla\,\mathbb{E} = \mathbb{E}_x i + \mathbb{E}_y j + \mathbb{E}_z k \quad .$$

Die als Eulersche Ableitung bezeichnete Beziehung (6.1) kann benutzt werden, um die Änderung jeder beliebigen Strömungsgröße zu berechnen, die sich als Feld darstellen läßt, und zwar sowohl skalare als auch vektorielle Größen.

Die totale Änderung einer Eigenschaft setzt sich dabei zusammen aus einer zeitlichen Änderung (bei festgehaltenem Ort) und einer räumlichen Änderung (bei festgehaltener Zeit). Die *zeitliche* Änderung wird als *lokale Änderung* bezeichnet, die *räumliche* Änderung als *konvektive Änderung*.

Mit Nachdruck sei noch einmal darauf verwiesen, daß im Rahmen der Eulerschen Betrachtung ein beliebiges Massenelement, das sich an einer bestimmten Stelle des Feldes befindet, die für diesen Feldpunkt festgeschriebenen Eigenschaften annimmt. Die Geschichte dieses Massenelementes bleibt hierbei vollends uninteressant, Ort und Zeit bestimmen ganz die Eigenschaften.

Dagegen wird bei Lagrangescher Betrachtung die Entwicklungsgeschichte eines individuellen Massenelementes der Strömung beschrieben, und die Kenntnis des Anfangszustandes ist hierzu Voraussetzung.

Als nächstes sollen die Erhaltungssätze der Gasdynamik in allgemeiner Form hergeleitet werden. Hierzu wird die Eulersche Betrachtungsweise zugrundegelegt.

6.3 Integrale Form der Erhaltungssätze

Es wird ein raumfestes Kontrollvolumen vorgegeben, dessen Form sich mit der Zeit nicht ändert (Bild 6.2). Innerhalb des Kontrollvolumens können alle Eigenschaften variieren, beispielsweise verändert sich das Dichtefeld. Im allgemeinen kann man davon ausgehen, daß sich innerhalb des Volumens Masse, Impuls und Energie ändern, wenn ein Massenfluß durch die Oberfläche des Volumens existiert und Kräfte an dieser Oberfläche wirken.

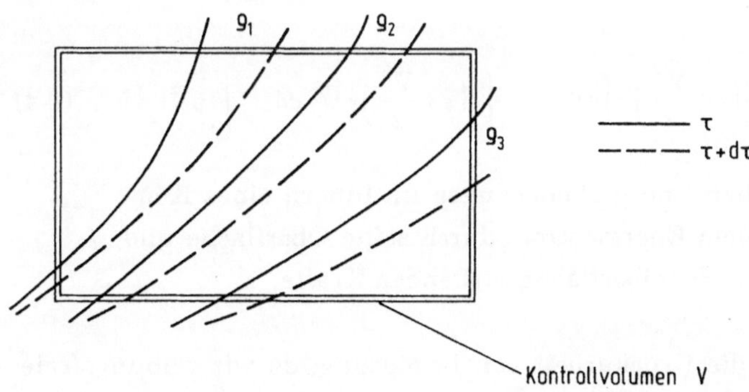

Bild 6.2. Raumfestes Kontrollvolumen in einem instationären Strömungsfeld

Damit ergeben sich folgende Aussagen:

Massen-Erhaltung $$\int_V \frac{\partial \rho}{\partial t} dV = - \int_O \rho \vec{V} \circ d\vec{o} \; . \tag{6.2}$$

Die Summe aller örtlichen Massenänderungen im Innern des Kontrollgebietes ist gleich dem Massenfluß durch seine Oberfläche.

Da ein unveränderliches Kontrollvolumen vorliegt, kann die *partielle* Ableitung nach der Zeit gebildet werden. Diese wird, wie wir bei der Eulerschen Ableitung festgestellt haben, als lokale Ableitung bezeichnet und stellt die zeitliche Änderung bei festgehaltenem Ort dar. Bei dem Oberflächenintegral, das den Zustrom an Masse beschreibt, ist ein negatives Vorzeichen zu setzen, da der Oberflächenvektor $d\vec{o}$ nach außen weisend positiv normiert ist.

Impuls-Erhaltung $$\int_V \frac{\partial}{\partial t} (\rho \vec{V}) dV = - \int_O \rho \vec{V} \vec{V} \circ d\vec{o} - \int_O p \, d\vec{o} \; . \tag{6.3}$$

Die Summe aller örtlichen Impulsänderungen im Innern eines Kontrollgebietes ist gleich der Summe aus dem Impulsstrom durch seine Oberfläche und den an der Oberfläche angreifenden Kräften.

In dieser Gleichung sind nur Druckkräfte berücksichtigt. Allgemein kämen folgende Kräfte in Frage:

- Oberflächenkräfte (Druck- und Schub- bzw. Reibungskräfte)
- Massenkräfte (magnetische, elektrische und Schwerekräfte).

Für die Gasdynamik sind vornehmlich die Druckkräfte von Bedeutung.

Energie-Erhaltung $$\int_V \frac{\partial}{\partial t} \left\{ \left(e + \frac{V^2}{2} \right) \rho \right\} dV = - \int_O \left(e + \frac{V^2}{2} \right) \rho \vec{V} \circ d\vec{o} - \int_O p \vec{V} \circ d\vec{o} \; . \tag{6.4}$$

Die Summe aller örtlichen Energieänderungen im Innern eines Kontrollgebietes ist gleich dem Energiestrom durch seine Oberfläche und der Arbeitsleistung der an der Oberfläche wirkenden Kräfte.

Für uns ist hier zunächst nur die Druckarbeit von Bedeutung, da wir reibungsfreie adiabate Strömungen voraussetzen. Als Energieformen kommen innere und kinetische Energie in Betracht. Das negative Vorzeichen vor dem Integral, das die Druckarbeit beschreibt, ist wiederum durch den normierten Richtungssinn des Oberflächenvektors begründet.

Es ist noch zu vermerken, daß hier die zeitliche Änderung der Energie betrachtet wird. Energie und Arbeit sind einander äquivalent, wie wir beim 1. Hauptsatz der Thermodynamik gesehen haben. Sie haben im internationalen Einheitensystem die Dimension $J = Nm = kg\,m^2/s^2$.

Die zeitliche Änderung von Energie oder Arbeit ergibt eine Leistung mit der Dimension $W = Nm/s = kg\,m^2/s^3$.

So muß es in der Formulierung des Energie–Erhaltungssatzes richtig heißen, daß die *zeitliche Änderung der Energie* (was einer Leistung entspricht) ihr Äquivalent in der *Leistung* der Druckkräfte hat.

Mit Nachdruck soll jetzt noch einmal auf die Voraussetzungen hingewiesen werden: Es wurden adiabate, reibungsfreie Strömungen vorausgesetzt, jedoch wurde keine Stetigkeit der Strömungsgrößen verlangt. Das ist besonders wichtig, da ja in Überschallströmungen Verdichtungsstöße vorliegen können. Unstetige Dichteänderungen sind für die Erhaltungssätze in integraler Form durchaus zugelassen.

6.4 Differentielle Form der Erhaltungssätze

Die Entwicklung der Erhaltungssätze in differentieller Form wird die Einschränkung erfordern, daß Verdichtungsstöße auszuschließen sind. Dennoch sind die Differentialformen der Erhaltungssätze für die Rechnungen der Gasdynamik von immenser Wichtigkeit, und wir werden sie immer dann benutzen, wenn es gilt, stoßfreie Strömungsgebiete zu beschreiben. Für die Verdichtungsstöße selbst haben wir bereits spezielle Beziehungen entwickelt, die für die Berechnung der Änderung von Strömungsgrößen über den Stoß sowie die Form und Lage des Stoßes benutzt werden können. Praktisch wird das stoßbehaftete Strömungsfeld dann aus einem stetigen Bereich und einem sehr schmalen unstetigen Bereich (Stoßfront) zusammengeflickt, und jeder dieser Bereiche wird für sich berechnet.

Die Erhaltungssätze in integraler Form sollen nun als Ausgang genommen werden, um deren Differentialform herzuleiten. Sie müssen derart umgeformt werden, daß alle Veränderlichen unter einem Integral zusammengefaßt erscheinen. Heißt es dann, daß dieses Integral gleich null sein muß, so ist dies dann erfüllbar, wenn der entsprechende Integrand null ist. Mit dieser Bedingung erhält man Beziehungen in Differentialform.

Zur Umformung der Erhaltungssätze benötigt man den *Gauß'schen Integralsatz.* Er stellt die Beziehung zwischen Oberflächen- und Volumenintegral her. Dieser Satz lautet

$$\int_o \mathbb{F} \otimes d\vec{o} = \int_V \nabla \otimes \mathbb{F} dV \quad .$$

Hierin ist $\mathbb{F}$ eine beliebige, aber stetige und differenzierbare Funktion. Diese Bedingung bedeutet, daß Verdichtungsstöße, die ja mit sprunghaften Änderungen aller Zustandsgrößen verbunden sind, ausgeschlossen werden müssen. Das Zeichen $\otimes$ steht für eine beliebige Multiplikation, d.h. eine gewöhnliche, skalare oder vektorielle Multiplikation.

Damit können nun die Oberflächenintegrale in den Erhaltungssätzen in Volumenintegrale umgeformt werden, und alle Integranden können dann unter einem Integral zusammengefaßt werden. Damit kommt man zu der Aussage, daß ein Integral gleich null sein muß, was erfüllt ist, wenn der Integrand null wird.

Massen-Erhaltung
$$\int_V \frac{\partial \rho}{\partial \tau} dV = -\int_o \rho \vec{\mathbb{V}} \circ d\vec{o} = -\int_V \nabla \circ (\rho \vec{\mathbb{V}}) dV$$

$$\int_V \left[\frac{\partial \rho}{\partial \tau} + \nabla \circ (\rho \vec{\mathbb{V}}) \right] dV = 0$$

$$\frac{\partial \rho}{\partial \tau} + \nabla \circ (\rho \vec{\mathbb{V}}) = 0 \quad . \tag{6.5}$$

Durch Ausdifferenzieren läßt sich dies noch umformen:

$$\frac{\partial \rho}{\partial \tau} + \vec{\mathbb{V}} \circ \nabla \rho + \rho \nabla \circ \vec{\mathbb{V}} = 0 \quad .$$

Die ersten beiden Glieder entsprechen der Eulerschen Ableitung (6.1) $d/d\tau = \partial/\partial\tau + \vec{\mathbb{V}} \circ \nabla$, womit folgt:

$$\frac{d\rho}{d\tau} + \rho \nabla \circ \vec{\mathbb{V}} = 0 \quad . \tag{6.6}$$

In ähnlicher Weise kann mit den anderen Erhaltungssätzen vorgegangen werden:

Impuls–Erhaltung
$$\int_V \frac{\partial}{\partial \tau}(\rho\vec{W})\,dV = -\int_O (\rho\vec{W})\vec{W}\circ d\vec{o} - \int_O p\,d\vec{o}$$

$$= -\int_V \nabla\circ\left[(\rho\vec{W})\,\vec{W}\right]dV - \int_V \nabla p\,dV$$

$$\int_V \left[\frac{\partial}{\partial \tau}(\rho\vec{W}) + \nabla\circ\left[(\rho\vec{W})\,\vec{W}\right] + \nabla p\right]dV = 0 \quad .$$

Hier wird gleich ausdifferenziert:

$$\rho\frac{\partial \vec{W}}{\partial \tau} + \underbrace{\vec{W}\frac{\partial \rho}{\partial \tau} + \vec{W}\nabla\circ(\rho\vec{W})} + \rho\vec{W}\,\nabla\circ\vec{W} + \nabla p = 0 \quad .$$

Der zweite und dritte Term zusammen ist nach der Aussage des Massen–Erhaltungssatzes (6.5) null. Es bleibt

$$\frac{\partial \vec{W}}{\partial \tau} + \vec{W}\,\nabla\circ\vec{W} = -\frac{\nabla p}{\rho} \quad .$$

Der Ausdruck $\vec{W}\nabla\circ\vec{W}$ enthält neben dem skalaren Produkt ein dyadisches Produkt. Ein dyadisches Produkt ist ein Tensor 2. Stufe (auch tensorielles Produkt). Während ein Vektor als Tensor 1. Stufe $3^1=3$ Komponenten hat, weist das dyadische Produkt $3^2=9$ Komponenten auf. Mit dem "Entwicklungssatz der Vektorrechung" [3] erhält man folgende Umformungsregel:

$$\vec{W}\,\nabla\circ\vec{W} = \nabla\frac{W^2}{2} - \vec{W}\times(\nabla\times\vec{W}) \quad .$$

Somit ergibt sich schließlich für den Impuls–Erhaltungssatz, der in der Strömungsmechanik auch als *Eulersche Bewegungsgleichung* bezeichnet wird, folgende Aussage:

$$\frac{\partial \vec{W}}{\partial \tau} + \nabla\frac{W^2}{2} - \vec{W}\times(\nabla\times\vec{W}) = -\frac{\nabla p}{\rho} \quad . \tag{6.7}$$

Beispiel: Aus dieser Gleichung erhält man übrigens sehr einfach eine altbekannte Beziehung, nämlich die Bernoulli–Gleichung. Setzt man stationäre Strömung voraus, so verschwindet das erste Glied. Die Annahme "rotorfreier" Strömung bedeutet, daß das dritte Glied null ist. (Wir werden bald noch sehen, was diese Annahme zu bedeuten hat). Bei konstanter Dichte ρ läßt sich das Differentiationszeichen ∇ vorziehen und man erhält

$$\nabla\left(\frac{\mathbb{V}^2}{2}+\frac{p}{\rho}\right)=0 \qquad \text{oder} \qquad \frac{\rho}{2}\mathbb{V}^2+p=\text{konst.} \quad .$$

Diese Bernoulli–Gleichung gilt für stationäre, inkompressible, reibungsfreie Strömungen ohne Schwere–Einflüsse.

□

Schließlich soll nun noch der Energie–Erhaltungssatz umgeformt werden:

Energie–Erhaltung
$$\int_V \frac{\partial}{\partial\tau}\left\{\left(e+\frac{\mathbb{V}^2}{2}\right)\rho\right\}dV = -\int_O\left[e+\frac{p}{\rho}+\frac{\mathbb{V}^2}{2}\right]\rho\vec{\mathbb{V}}\circ d\vec{o}$$

$$= -\int_V \nabla\circ\left\{\left[e+\frac{p}{\rho}+\frac{\mathbb{V}^2}{2}\right]\rho\vec{\mathbb{V}}\right\}dV \quad .$$

Man kann nun hier auf der linken Seite die geschweifte Klammer um $\partial(p\rho/\rho)/\partial\tau$ erweitern und gleichzeitig denselben Wert $\partial p/\partial\tau$ abziehen. Dann erhält man

$$\frac{\partial}{\partial\tau}\left\{\left[e+\frac{p}{\rho}+\frac{\mathbb{V}^2}{2}\right]\rho\right\}-\frac{\partial p}{\partial\tau}+\nabla\circ\left\{\left[e+\frac{p}{\rho}+\frac{\mathbb{V}^2}{2}\right]\rho\vec{\mathbb{V}}\right\}=0 \quad .$$

Durch Ausdifferenzieren ergibt sich

$$\rho\frac{\partial}{\partial\tau}\left[\quad\right]+\underbrace{\left[\quad\right]\frac{\partial\rho}{\partial\tau}+\left[\quad\right]\nabla\circ(\rho\vec{\mathbb{V}})}+\rho\vec{\mathbb{V}}\circ\nabla\left[\quad\right]-\frac{\partial p}{\partial\tau}=0 \quad .$$

Wiederum entfallen aufgrund des Massen–Erhaltungssatzes zwei Glieder:

$$\frac{\partial}{\partial\tau}\left[\quad\right]+\vec{\mathbb{V}}\circ\nabla\left[\quad\right]-\frac{1}{\rho}\frac{\partial p}{\partial\tau}=0 \quad . \tag{6.8}$$

Diese Form des Energiesatzes liefert schnell eine einfache Aussage für stationäre Strömungen. Ansonsten faßt man mit der Eulerschen Ableitung zusammen:

$$\rho\frac{d}{d\tau}\left[e+\frac{p}{\rho}+\frac{\mathbb{V}^2}{2}\right]-\frac{\partial p}{\partial\tau}=0 \quad .$$

Die partielle Ableitung des Druckes kann ersetzt werden durch

$$\frac{dp}{d\tau}=\frac{\partial p}{\partial\tau}+\vec{\mathbb{V}}\circ\nabla p$$

$$\frac{\partial p}{\partial \tau} = \frac{dp}{d\tau} - \vec{V} \circ \nabla p \quad .$$

Der Term ∇p ist in der Eulerschen Bewegungsgleichung (6.7) enthalten. Multipliziert man diese Gleichung skalar mit $\vec{V}$, so entfällt das Kreuzprodukt $\vec{V} \times (\nabla \times \vec{V})$, da dies senkrecht zu V steht. Man erhält

$$\vec{V} \circ \frac{\partial V}{\partial \tau} + \vec{V} \circ \nabla \frac{V^2}{2} = -\frac{\vec{V} \circ \nabla p}{\rho} \quad .$$

Das ist praktisch eine der drei Komponenten der Bewegungsgleichung, nämlich die in $\vec{V}$-Richtung.

Dazu ist $\vec{V} \circ (\partial \vec{V}/\partial \tau) = \partial (V^2/2)/\partial \tau$. Dann läßt sich wieder die Eulersche Ableitung benutzen. Das führt zu

$$\frac{d}{d\tau}\left(\frac{V^2}{2}\right) = -\frac{1}{\rho} \vec{V} \circ \nabla p \quad .$$

Somit erfolgt

$$\frac{\partial p}{\partial \tau} = \frac{dp}{d\tau} + \rho \frac{d}{d\tau}\left(\frac{V^2}{2}\right) \quad .$$

Führt man dies in den Energiesatz ein, so heben sich die Glieder mit $V^2/2$ gegenseitig auf, und es bleibt

$$\rho \frac{d}{d\tau}\left(e + \frac{p}{\rho}\right) - \frac{dp}{d\tau} = 0 \quad .$$

Hier läßt sich die Enthalpie (2.8) $h = e + p/\rho$ einführen:

$$\rho \frac{dh}{d\tau} - \frac{dp}{d\tau} = 0 \quad .$$

Benutzt man noch die Definition der Entropie (2.15) $t\,ds = dh - (1/\rho)\,dp$, so erhält man schließlich die Aussage des Energiesatzes als

$$\frac{ds}{d\tau} = 0 \quad . \tag{6.9}$$

Das bedeutet, bei reibungsfreier, adiabater und stoßfreier Strömung bleibt die Entropie im gesamten Feld konstant.

Der Energie–Erhaltungssatz wird häufig auch in einer anderen Form dargestellt, die sich folgendermaßen ableiten läßt: Aus (6.8) wird mit $h = e + p/\rho$

$$\frac{d}{d\tau}\left(h + \frac{V^2}{2}\right) = \frac{1}{\rho}\frac{\partial p}{\partial \tau} \ .$$

Verwendet man $h = c_p t = (\gamma/(\gamma-1)) p/\rho$, so führt das zu

$$\frac{d}{d\tau}\left(\frac{V^2}{2}\right) + \frac{\gamma}{\gamma-1}\left(\frac{1}{\rho}\frac{dp}{d\tau} - \frac{p}{\rho^2}\frac{d\rho}{d\tau}\right) = \frac{1}{\rho}\frac{\partial p}{\partial \tau} \ .$$

Wird der Impulssatz skalar mit $\vec{V}$ multipliziert, so war schon gezeigt worden, daß sich damit folgende Beziehung ergibt:

$$\frac{d}{d\tau}\left(\frac{V^2}{2}\right) = -\frac{1}{\rho}\vec{V} \circ \nabla p = \frac{1}{\rho}\left(\frac{\partial p}{\partial \tau} - \frac{dp}{d\tau}\right) \ .$$

Führt man dies oben ein, so erhält man

$$\frac{\partial p}{\partial \tau} - \frac{dp}{d\tau} + \frac{\gamma}{\gamma-1}\frac{dp}{d\tau} - \frac{1}{\gamma-1}a^2\frac{\partial \rho}{\partial \tau} = \frac{\partial p}{\partial \tau} \ ,$$

also

$$\frac{dp}{d\tau} - a^2\frac{\partial \rho}{\partial \tau} = 0 \ .$$

Mit Hilfe des Massen–Erhaltungssatzes (6.6) kann das schließlich auf folgende Form gebracht werden:

$$\frac{dp}{d\tau} + a^2 \rho \nabla \circ \vec{V} = 0 \ . \qquad (6.10)$$

7 Grundgleichungen der stationären dreidimensionalen Strömungen

7.1 Erhaltungssätze bei stationärer Strömung

Nach der Behandlung einer ganzen Reihe einfacher Strömungsprobleme in den ersten Kapiteln wurden zuletzt die Erhaltungssätze für den allgemeinen Fall dreidimensionaler Strömungen formuliert. Diese allgemeinen Darstellungen bilden nunmehr die Grundlage für die Behandlung komplexerer Strömungsvorgänge. Wir werden jedoch die Erhaltungssätze nicht in der allgemeinen Form wie in Kapitel 6 verwenden müssen, sondern sie je nachdem mehr oder weniger stark vereinfachen können.

Zunächst treffen wir zwei vereinfachende Feststellungen:

(1) Eventuell im Strömungsfeld auftretende Verdichtungsstöße werden mit den im Kapitel 5 zusammengestellten Schrägstoßbeziehungen gesondert behandelt. Die Erhaltungssätze werden also nur für den *stoßfreien* Teil der Strömung benötigt. Daher ist es möglich, im weiteren nur die Erhaltungssätze in differentieller Schreibweise zu benutzen.

(2) Zum Zweiten werden wir unsere Betrachtungen im folgenden auf *stationäre* Strömungen beschränken. So ist es als nächstes angebracht, die Erhaltungssätze für den Fall stationärer Strömungen anzugeben.

Die Erhaltungssätze bei stationärer Strömung ergeben sich sofort aus den Erhaltungssätzen in allgemeiner Form, wenn diese in differentieller Schreibweise vorliegen. Wir benutzen also die im vorangegangenen Abschnitt hergeleiteten Beziehungen.

Bei stationären Strömungen ist das Strömungsfeld unabhängig von der Zeit; somit können alle partiellen Ableitungen nach der Zeit $\partial/\partial t$ null gesetzt werden. Aus (6.5) wird so der *Massen*-Erhaltungssatz

$$\nabla \circ (\rho \vec{V}) = 0 \qquad (7.1)$$

bzw.

$$(\rho U)_x + (\rho V)_y + (\rho W)_z = 0 \quad .$$

Aus (6.7) erhält man die *Impuls*–Erhaltung (Eulersche Bewegungsgleichung)

$$\nabla \frac{\mathbb{V}^2}{2} - \vec{\mathbb{V}} \times (\nabla \times \vec{\mathbb{V}}) = - \frac{\nabla p}{\rho} \tag{7.2}$$

bzw.

$$UU_x + VU_y + WU_z = - \frac{1}{\rho} p_x$$

$$UV_x + VV_y + WV_z = - \frac{1}{\rho} p_y$$

$$UW_x + VW_y + WW_z = - \frac{1}{\rho} p_z \; .$$

Die drei Gleichungen in der Komponentenschreibweise beziehen sich auf die Richtungen der x,y und z–Achse mit den Einheitsvektoren i, j, k. Man sieht hier übrigens besonders deutlich, wie bequem die Nabla–Schreibweise sein kann.

Beispiel: Die Umformung von Nabla– zu Komponentenschreibweise soll noch an dem Produkt $\nabla \times \vec{\mathbb{V}}$ vorgeführt werden, um die Vorgehensweise zu demonstrieren:

$$\nabla \times \vec{\mathbb{V}} = \left(\frac{\partial}{\partial x} i + \frac{\partial}{\partial y} j + \frac{\partial}{\partial z} k \right) \times (Ui + Vj + Wk)$$

$$= \left(\frac{\partial W}{\partial y} - \frac{\partial V}{\partial z} \right) i + \left(\frac{\partial U}{\partial z} - \frac{\partial W}{\partial x} \right) j + \left(\frac{\partial V}{\partial x} - \frac{\partial U}{\partial y} \right) k \quad .$$

Wenn man berücksichtigt, daß $i \times i = j \times j = k \times k = 0$ sowie

$$\begin{array}{ll} i \times j = k & j \times i = -k \\ j \times k = i & k \times j = -i \\ k \times i = j & i \times k = -j \quad , \end{array}$$

erhält man dann

$$U \frac{\partial U}{\partial x} + V \frac{\partial V}{\partial x} + W \frac{\partial W}{\partial x} - V \left(\frac{\partial V}{\partial x} - \frac{\partial U}{\partial y} \right) + W \left(\frac{\partial U}{\partial z} - \frac{\partial W}{\partial x} \right) = - \frac{1}{\rho} \frac{\partial p}{\partial x}$$

$$U \frac{\partial U}{\partial y} + V \frac{\partial V}{\partial y} + W \frac{\partial W}{\partial y} - W \left(\frac{\partial W}{\partial y} - \frac{\partial V}{\partial z} \right) + U \left(\frac{\partial V}{\partial x} - \frac{\partial U}{\partial y} \right) = - \frac{1}{\rho} \frac{\partial p}{\partial y}$$

$$U\frac{\partial U}{\partial z} + V\frac{\partial V}{\partial z} + W\frac{\partial W}{\partial z} - U\left(\frac{\partial U}{\partial z} - \frac{\partial W}{\partial x}\right) + V\left(\frac{\partial W}{\partial y} - \frac{\partial V}{\partial z}\right) = -\frac{1}{\rho}\frac{\partial p}{\partial z} \quad ,$$

woraus schließlich die oben angegebenen Gleichungen folgen.

□

Wir erinnern uns bei dieser Gelegenheit noch einmal, welche Voraussetzungen bisher gemacht worden sind: adiabat, reibungsfrei, stationär und stoßfrei.

Wir können jetzt noch eine weitere Voraussetzung hinzutragen, indem wir die Bedingung der *Rotorfreiheit* angeben, die bedeutet

$$\nabla \times \vec{\mathbb{V}} = 0 \quad .$$

Wir werden bald mit dem Satz von Crocco noch feststellen können, daß rotorfreie Strömungen stets isentrop sind. Mit dieser zusätzlichen Voraussetzung wird aus (7.2) der *Impuls*–Erhaltungssatz für *rotorfreie* Strömungen

$$\nabla\frac{\mathbb{V}^2}{2} + \frac{\nabla p}{\rho} = 0 \tag{7.3}$$

bzw.

$$UU_x + VV_x + WW_x = -\frac{1}{\rho}p_x$$

$$UU_y + VV_y + WW_y = -\frac{1}{\rho}p_y$$

$$UU_z + VV_z + WW_z = -\frac{1}{\rho}p_z \quad .$$

Der *Energie*–Erhaltungssatz für stationäre Strömungen kann aus der einfachen Beziehung $ds/d\tau = 0$ (6.9) schnell hergeleitet werden. Mit der Eulerschen Ableitung gilt

$$\frac{ds}{d\tau} = \frac{\partial s}{\partial \tau} + \vec{\mathbb{V}} \circ \nabla s = 0 \quad .$$

Aus der Definitionsgleichung für die Entropie (2.15) folgt

$$t\frac{ds}{d\tau} = \frac{dh}{d\tau} - \frac{1}{\rho}\frac{dp}{d\tau} \quad .$$

Für stationäre Strömungen wird daraus, wiederum unter Benutzung der Eulerschen Ableitung

$$t\vec{V}\circ\nabla s=\vec{V}\circ\left(\nabla h-\frac{\nabla p}{\rho}\right) .$$

Somit erhält man als Energiesatz

$$\vec{V}\circ\left(\nabla h-\frac{\nabla p}{\rho}\right)=0 .$$

Benutzt man die Bewegungsgleichung (6.7), so fällt dort bei skalarer Multiplikation mit $\vec{V}$ das Kreuzprodukt heraus. Es bleibt

$$\vec{V}\circ\nabla\frac{V^2}{2}=-\vec{V}\circ\frac{\nabla p}{\rho} .$$

Damit kann im Energiesatz der Ausdruck $-\vec{V}\circ\nabla p/\rho$ ersetzt werden und man erhält

$$\vec{V}\circ\nabla\left(h+\frac{V^2}{2}\right)=0 .$$

Dies ist erfüllt, wenn $\vec{V}=0$ (trivial) oder $h+V^2/2=$konst. entweder im ganzen Feld (isoenergetische Strömung) oder auch nur längs der einzelnen Stromlinien ist. Das letztere bezieht sich auf den Fall, daß Änderungen von $h+V^2/2=H_0=c_pT_0$ (also von T_0) senkrecht zu $\vec{V}$ existieren, wobei das oben angegebene Skalar-Produkt noch immer null war. Es gilt also der *Energie*-Erhaltungssatz

$$h+\frac{V^2}{2}=\text{konst.}=H_0 . \tag{7.4}$$

Dieses Ergebnis für den Energiesatz läßt sich nun noch auswerten mit folgenden Beziehungen:

$$h=c_p t$$

$$a^2=\gamma R t=\frac{c_p}{c_v}(c_p-c_v)t=(\gamma-1)c_p t .$$

Damit erhält man aus dem Energie-Erhaltungssatz für stationäre Strömungen die sogenannte *kompressible Bernoulli-Gleichung*:

Energie-Erhaltungssatz

$$a^2+\frac{\gamma-1}{2}V^2=\text{konst.}=a_0^2=\frac{\gamma-1}{2}V^2_{max.}=\frac{\gamma+1}{2}a*^2 . \tag{7.5}$$

Die Ruheschallgeschwindigkeit a_0 liegt vor, wenn die Geschwindigkeit $\mathbb{V}$ gleich null ist. Ist die Geschwindigkeit gleich der Schallgeschwindigkeit, so gilt $a = \mathbb{V} = a^*$. Wird die Temperatur null, so ergibt sich für die Schallgeschwindigkeit null und damit eine maximale Geschwindigkeit $\mathbb{V}_{max.}$.

Wir hatten diese Beziehung ja bereits am Anfang für den Fall eindimensionaler Strömungen hergeleitet und sehen nun, daß man im dreidimensionalen Fall das gleiche Ergebnis erhält, nur daß anstelle des Geschwindigkeitsbetrages in x-Richtung U jetzt der Betrag der gesamten Geschwindigkeit $\mathbb{V}$ auftritt.

Mit der kompressiblen Bernoulli-Gleichung (7.5) und $M = \mathbb{V}/a$ kann man nun noch das Verhältnis von Ruhetemperatur (bei $\mathbb{V}=0$) zu statischer Temperatur als Funktion der Mach-Zahl bilden:

$$\frac{T_0}{t} = 1 + \frac{\gamma - 1}{2} M^2 \quad . \tag{7.6}$$

Für isentrope Strömungen können die Isentropiebeziehungen angewendet werden, um damit auch das entsprechende Druck- und Dichteverhältnis anzugeben:

$$\frac{p_0}{p} = \left(1 + \frac{\gamma - 1}{2} M^2\right)^{\frac{\gamma}{\gamma - 1}} \tag{7.7}$$

$$\frac{\rho_0}{\rho} = \left(1 + \frac{\gamma - 1}{2} M^2\right)^{\frac{1}{\gamma - 1}} \quad . \tag{7.8}$$

Das sind die gleichen Beziehungen, wie sie im Abschnitt 3.3 für eindimensionale Strömungen bereits hergeleitet worden sind.

7.2 Satz von Crocco

Wir wollen jetzt eine Aussage über die Bedeutung des Geschwindigkeits-Rotors $\nabla \times \vec{\mathbb{V}}$ machen, wie er in dem Impuls-Erhaltungssatz auftritt. Hierbei nehmen wir zum Ausgang unserer Betrachtung den Impulserhaltungssatz in der Form (7.2):

$$\nabla \frac{\mathbb{V}^2}{2} - \vec{\mathbb{V}} \times (\nabla \times \vec{\mathbb{V}}) = - \frac{\nabla p}{\rho} \quad .$$

Der Rotor $\nabla \times \vec{\mathbb{V}} = \mathrm{rot}\vec{\mathbb{V}}$ ist ein Maß für die Drehbewegung (Rotation), die ein Strömungselement im Feld erfährt. Die Bewegung eines Teilchens kann man sich nämlich zusammengesetzt vorstellen aus einer Translations- und einer Rotationsbewegung. Bei der Rotationsbewegung erfährt das Teilchen eine Drehung um eine Achse, die Rotationsachse, und verhält sich ansonsten wie ein starrer Körper.

Bei der Drehbewegung eines starren Körpers bleiben nur die auf der Drehachse gelegenen Punkte in Ruhe. Alle übrigen Punkte beschreiben Kreisbahnen in Ebenen, die senkrecht zur Drehachse liegen. Die Mittelpunkte der Kreisbahnen bilden die Drehachse. Die Umlaufgeschwindigkeit eines Körperpunktes ergibt sich als Produkt des Abstandes des Punktes von der Drehachse und der Drehgeschwindigkeit, wobei die Drehgeschwindigkeit als Winkelgeschwindigkeit $\vec{\omega}$ dargestellt wird. Hierbei ist $\vec{\omega}$ parallel zur Drehachse gerichtet und ergibt sich in einem Geschwindigkeitsfeld als

$$\vec{\omega} = \frac{1}{2} \nabla \times \vec{W} \quad .$$

Wenn diese Winkelgeschwindigkeit im Strömungsfeld existiert, so spricht man von rotations- oder wirbelbehafteten Strömungen. Wir wollen nun sehen, welche Auswirkungen die Existenz von Wirbeln auf die Zustandsgrößen des Strömungsfeldes hat.

Bei der Ableitung des Energiesatzes für stationäre Strömungen zeigte sich, daß

$$t \nabla s = \nabla h - \frac{\nabla p}{\rho} \quad ,$$

also

$$\frac{\nabla p}{\rho} = \nabla h - t \nabla s \quad .$$

Führt man dies in den Impuls-Erhaltungssatz ein, so erhält man

$$\nabla \frac{W^2}{2} - \vec{W} \times (\nabla \times \vec{W}) = -\nabla h + t \nabla s \quad .$$

Setzt man für das gesamte Strömungsfeld (also nicht nur für die einzelnen Stromlinien) $\nabla(W^2/2 + h) = 0$, womit isoenergetische Strömungen vorausgesetzt werden, so folgt

$$\vec{W} \times (\nabla \times \vec{W}) = -t \nabla s \quad . \tag{7.9}$$

Das ist der *Satz von Crocco*. Halten wir uns nun vor Augen, daß $\nabla \times \vec{W} = 0$ Wirbelfreiheit bedeutet und $\nabla \times \vec{W} \neq 0$ wirbelbehaftet, so ergibt sich folgende Aussage:

- Jede wirbelfreie, stationäre, isoenergetische Strömung muß isentrop sein.
- Jede anisentrope, isoenergetische, stationäre Strömung hat Wirbel.

7.3 Gasdynamische Grundgleichung

Führen wir uns noch einmal die Erhaltungssätze für stationäre, dreidimensionale Strömungen vor Augen und überlegen wir, was man damit überhaupt berechnen möchte:

$$\rho\nabla\circ\vec{V} + \vec{V}\circ\nabla\rho = 0 \qquad \textbf{Masse}$$

$$\nabla\frac{V^2}{2} - \vec{V}\times(\nabla\times\vec{V}) = -\frac{\nabla p}{\rho} \qquad \textbf{Euler}$$

$$a^2 + \frac{\gamma-1}{2}V^2 = \text{konst.} \quad . \qquad \textbf{Energie}$$

Da die Eulersche Bewegungsgleichung eine Vektorgleichung ist und uns ferner die Zustandsgleichung der Gase zur Verfügung steht, sind insgesamt 6 Gleichungen zur Ermittlung von 6 Unbekannten vorhanden. Berücksichtigt man, daß die Schallgeschwindigkeit gegeben ist als $a^2 = \gamma p/\rho$, so sind als Parameter in den Gleichungen

p	Druck	x, y, z	Ortskoordinaten
ρ	Dichte	U, V, W	Komponenten der Geschwindigkeit $\vec{V}$
t	Temperatur		

Bei Strömungsproblemen möchte man im allgemeinen zunächst an einem vorgegebenen Ort mit den Koordinaten x,y,z die Geschwindigkeitskomponenten U,V,W kennenlernen. Als nächstes ist dann meist die zugehörige Druckverteilung von Interesse. Somit wäre es eigentlich sinnvoll, die 6 Gleichungen derart miteinander zu verbinden, daß schließlich 3 Gleichungen für die 3 Unbekannten entstehen. Dies würde jedoch zu sehr umfangreichen Gleichungen führen.

Es ist sinnvoller, zunächst auf 5 Gleichungen abzuzielen, in denen als Unbekannte neben den drei Geschwindigkeitskomponenten noch die Schallgeschwindigkeit und die Entropie auftreten. Für den besonders interessanten Fall isentroper Strömungen mit s = konst. reduziert sich dann die Zahl der Variablen auf vier.

Mit diesem Ziel vor Augen soll nun die Umformung der Erhaltungssätze vorgenommen werden.

Schreibt man den Massen-Erhaltungssatz in der Form

$$\nabla\circ\vec{V} = -\vec{V}\circ\frac{\nabla\rho}{\rho} \quad ,$$

so ist angedeutet, daß auf der rechten Seite der Gleichung der Term mit der Dichte ersetzt werden soll. Aus der Eulerschen Bewegungsgleichung läßt sich ein ähnlicher Term eliminieren. Es ist nämlich wegen (3.4)

$$a^2 = \frac{dp}{d\rho}$$

$$dp = a^2\, d\rho \quad ,$$

woraus mit der Eulerschen Ableitung folgt:

$$\vec{V} \circ \nabla p = a^2\, \vec{V} \circ \nabla \rho \quad ,$$

also

$$\frac{\nabla p}{\rho} = a^2\, \frac{\nabla \rho}{\rho} \quad .$$

Verwendet man dies und multipliziert die gesamte Eulersche Bewegungsgleichung skalar mit $\vec{V}$, so ist dabei wieder

$$\vec{V} \circ \left[\vec{V} \times (\nabla \times \vec{V})\right] = 0 \quad .$$

Man benutzt also die Komponente des Impuls-Erhaltungssatzes in Strömungsrichtung. Für diese Komponente erhält man

$$\vec{V} \circ \nabla \frac{V^2}{2} = -\, a^2\, \vec{V} \circ \frac{\nabla \rho}{\rho} \quad .$$

Damit kann nun der Massen-Erhaltungssatz umgeformt werden, und man erhält die sogenannte Gasdynamische Grundgleichung:

$$\vec{V} \circ \nabla \frac{V^2}{2} - a^2\, \nabla \circ \vec{V} = 0 \tag{7.10}$$

bzw.

$$(a^2 - U^2)U_x + (a^2 - V^2)V_y + (a^2 - W^2)W_z - UV(V_x + U_y) - UW(W_x + U_y) - VW(W_y + V_z) = 0 \quad .$$

Anstelle der Unbekannten ρ ist jetzt die Unbekannte a getreten. Wir werden übrigens bald feststellen, daß diese Schreibweise der Kontinuitätsgleichung sehr nützlich sein kann.

Als nächstes soll nun die Eulersche Bewegungsgleichung umgeformt werden. Dazu kann man den Crocco-Satz erwenden, der aus der Eulerschen Bewegungsgleichung unter Verwendung des Energiesatzes für isoenergetische Strömungen entstanden war:

$$\vec{V} \times (\nabla \times \vec{V}) = -t\,\nabla s$$

bzw. mit $a^2 = \gamma R t = (\gamma-1) c_p\, t$

$$\vec{V} \times (\nabla \times \vec{V}) = -\frac{a^2}{(\gamma-1)c_p}\,\nabla s \quad .$$

Führt man als Abkürzung ein

$$\tilde{s} = \frac{s}{(\gamma-1)c_p} \quad ,$$

so wird daraus

$$\vec{V} \times (\nabla \times \vec{V}) = -a^2\,\nabla \tilde{s} \quad . \tag{7.11}$$

Für den Fall isentroper Strömungen vereinfacht sich (7.11) zu der Aussage, daß die Strömung rotationsfrei sein muß:

$$\nabla \times \vec{V} = 0 \quad . \tag{7.12}$$

Als fünfte Gleichung hat man den Energiesatz (7.5)

$$a^2 + \frac{\gamma-1}{2}\,V^2 = \text{konst.} \quad .$$

Damit liegen fünf Gleichungen für fünf Unbekannte U,V,W, a und $\tilde{s}$ vor.

7.4 Potentialgleichung

Es ist im vorangegangenen Abschnitt vielleicht etwas undeutlich geblieben, warum wir jene Umformungen vornahmen, die zu der Gasdynamischen Grundgleichung führten. Im folgenden wird das wahrscheinlich sehr viel deutlicher werden.

Wir wollen uns nunmehr auf die Behandlung *isentroper Strömungen* beschränken, d.h. als Ausgangsgleichungen gelten (7.5), (7.10) und (7.12).

Der fundamentale Schritt ist nun, die Geschwindigkeit derart darzustellen, daß die

Gleichung (7.12), also die Isentropiebedingung, von vornherein erfüllt wird. Setzt man nämlich

$$\vec{V} = \nabla\Phi \equiv \text{grad}\,\Phi \quad , \tag{7.13}$$

so ist mit (7.12) das Kreuzprodukt von zwei parallel liegenden Vektoren zu bilden (∇–Richtung), was immer null ist. Also wird auf diese Weise (7.12), d.h. der Impulssatz automatisch erfüllt:

$$\nabla \times (\nabla\Phi) \equiv 0 \quad .$$

Die Funktion Φ stellt dabei das Strömungspotential dar, wobei man unter potentiell versteht: "möglich, unter Umständen verwirklichbar, als Kraft vorhanden, die Möglichkeit einer Entfaltung besitzend". In unserem Fall ist es eine das Geschwindigkeitsfeld kennzeichnende Größe, deren Zu- und Abnahme in Abhängigkeit vom Ort die Geschwindigkeit bestimmt.

Damit gilt

$$\vec{V} = \nabla\Phi = Ui + Vj + Wk = \Phi_x i + \Phi_y j + \Phi_z k$$

$$U = \Phi_x \qquad V = \Phi_y \qquad W = \Phi_z \quad . \tag{7.14}$$

Wir führen nun das Potential in die Gasdynamische Grundgleichung

$$\vec{V} \circ \nabla \frac{V^2}{2} - a^2\, \nabla \circ \vec{V} = 0$$

ein und erhalten so die *Potentialgleichung*

$$\frac{1}{2} \nabla\Phi \circ \nabla(\Phi_x^2 + \Phi_y^2 + \Phi_z^2) - a^2 \Delta\Phi = 0 \tag{7.15}$$

bzw.

$$\left(1 - \frac{\Phi_x^2}{a^2}\right)\Phi_{xx} + \left(1 - \frac{\Phi_y^2}{a^2}\right)\Phi_{yy} + \left(1 - \frac{\Phi_z^2}{a^2}\right)\Phi_{zz} - \frac{2}{a^2}\left[\Phi_x \Phi_y \Phi_{xy} + \Phi_x \Phi_z \Phi_{xz} + \Phi_y \Phi_z \Phi_{yz}\right] = 0 \quad .$$

Hierbei ist übrigens "Δ" das Laplace–Zeichen mit

$$\Delta\Phi = \nabla \circ \nabla\Phi = \Phi_{xx} + \Phi_{yy} + \Phi_{zz} \quad .$$

In der Gleichung (7.15) treten nur noch zwei Unbekannte auf: Die Schallgeschwindigkeit und das Strömungspotential. Als zweite Gleichung zur Beschreibung des Strömungsfeldes kann auf die Energiegleichung (7.5) in der Form

$$a^2 + \frac{\gamma-1}{2} V^2 = \text{konst.}$$

zurückgegriffen werden, die bei der Aufstellung der Gasdynamischen Grundgleichung nicht verwendet wurde. Wird dort das Potential eingeführt, so erhält man

$$a^2 + \frac{\gamma-1}{2}(\Phi_x^2 + \Phi_y^2 + \Phi_z^2) = \text{konst.} \quad . \tag{7.16}$$

Sowohl die vollständige Potentialgleichung als auch die Euler–Gleichung (7.2) bilden die Grundlage für eine sehr genaue, aber aufwendige Berechnung von Strömungsfeldern, wobei allerdings Reibungsgrenzschichten stets noch extra zu behandeln sind.

Wir werden im Kapitel 9 die Potentialgleichung weiter vereinfachen, um zu einer analytischen Beschreibung von verschiedenen praktisch bedeutsamen Strömungsfällen zu kommen. Aus der Potentialgleichung werden wir die Störpotentialgleichung entwickeln. Wir werden damit in der Lage sein, Profilumströmungen und sogar Strömungen um Flügel–Rumpf–Verbindungen auf verhältnismäßig einfache Art zu berechnen.

8 Charakteristikenverfahren

Der Name "Charakteristikenverfahren" geht auf einen Begriff aus der Mathematik zurück. Dort bezeichnet man als Charakteristik eine Linie, für die eine gewöhnliche Differentialgleichung geschrieben werden kann. Das ist eine Gleichung, die nur totale Differentiale enthält, partielle Ableitungen dürfen in ihr nicht enthalten sein.

Unser Ziel ist es, die Gasdynamische Grundgleichung (7.10) zusammen mit der Bedingung für Rotationsfreiheit der Strömungen derart umzuformen, daß gewöhnliche Differentialgleichungen daraus werden. Die Benutzung der Gasdynamischen Grundgleichung zur Beschreibung von Strömungsproblemen ist insofern erstrebenswert, als die in den vorigen Abschnitten behandelten linearisierten Gleichungen in vielen Fällen eine unzureichende Genauigkeit erbringen. Da die Gasdynamische Grundgleichung jedoch eine nichtlineare partielle Differentialgleichung ist, kommt im allgemeinen nur eine sehr aufwendige numerische Lösung in Betracht. Bei zweidimensionalen Strömungsproblemen ist es jedoch möglich, die partiellen Differentiale zu totalen zusammenzufassen, wodurch die Gleichungen integrierbar werden. Als Ausgangsgleichungen benutzen wir (7.10) und (7.12), die für zweidimensionale Strömungen folgende Form annehmen:

$$(U^2-a^2)U_x+(V^2-a^2)V_y+UV(V_x+U_y)=0 \tag{8.1}$$

$$V_x-U_y=0\ . \tag{8.2}$$

Zunächst werden diese beiden Gleichungen umgeschrieben. Anstelle der Geschwindigkeitskomponeten U und V wird die Gesamtgeschwindigkeit $\mathcal{V}$ und die Strömungsrichtung θ eingeführt. Ferner soll die Schallgeschwindigkeit durch den Mach-Winkel μ ersetzt werden. Es gelten folgende Beziehungen:

$$U=\mathcal{V}\cos\theta \qquad V=\mathcal{V}\sin\theta \qquad \sin\mu=a/\mathcal{V} \qquad \text{also}\quad a=\mathcal{V}\sin\mu$$

$$U_x=-\mathcal{V}\theta_x\sin\theta+\mathcal{V}_x\cos\theta$$

$$U_y=-\mathcal{V}\theta_y\sin\theta+\mathcal{V}_y\cos\theta$$

$$V_x = \mathbb{V}\theta_x \cos\theta + \mathbb{V}_x \sin\theta$$

$$V_y = \mathbb{V}\theta_y \cos\theta + \mathbb{V}_y \sin\theta \quad .$$

Führt man dies zunächst in die Gasdynamische Grundgleichung (8.1) ein, so erhält man

$$\underline{\underline{(\mathbb{V}^2\cos^2\theta - a^2)}}\left[\underline{\underline{-\mathbb{V}\theta_x \sin\theta}} + \mathbb{V}_x \cos\theta\right] + \underline{(\mathbb{V}^2\sin^2\theta - a^2)}\left[\underline{\mathbb{V}\theta_y \cos\theta} + \mathbb{V}_y \sin\theta\right] +$$

$$\underline{\underline{\mathbb{V}^2 \sin\theta\cos\theta}}\left[\underline{\underline{\mathbb{V}\theta_x \cos\theta}} + \mathbb{V}_x \sin\theta\right] + \underline{\mathbb{V}^2 \sin\theta\cos\theta}\left[\underline{-\mathbb{V}\theta_y \sin\theta} + \mathbb{V}_y \cos\theta\right] = 0 \quad .$$

Die unterstrichenen Glieder heben sich gegenseitig auf. Der Rest wird zusammengefaßt und durch $\mathbb{V}^3 \sin\mu$ dividiert. Somit ergibt sich die *Gasdynamische Grundgleichung* schließlich zu

$$\left[\theta_x \sin\theta - \theta_y \cos\theta\right]\sin\mu + \frac{\cot\mu}{\mathbb{V}}\left[\mathbb{V}_x \cos\theta + \mathbb{V}_y \sin\theta\right]\cos\mu = 0 \quad . \tag{8.3}$$

Die *Bedingung der Rotorfreiheit* lautet mit den neuen Variablen

$$\left[\theta_x \cos\theta + \theta_y \sin\theta\right] + \frac{1}{\mathbb{V}}\left[\mathbb{V}_x \sin\theta + \mathbb{V}_y \cos\theta\right] = 0 \quad . \tag{8.4}$$

In den beiden Gleichungen stehen schon recht ähnliche Kombinationen der Ableitungen in x– und y–Richtung. Angestrebt wird nun eine Zusammenfassung der Ableitungen zu totalen Differentialen, so daß nur noch eine Ableitungsrichtung auftritt, die auch für beide Variable θ und $\mathbb{V}$ die gleiche ist. Bezeichnen wir die Ableitungsrichtung mit λ, so muß gelten

$$\frac{d\mathbb{V}}{d\lambda} = \mathbb{V}_x \frac{dx}{d\lambda} + \mathbb{V}_y \frac{dy}{d\lambda}$$

$$\frac{d\theta}{d\lambda} = \theta_x \frac{dx}{d\lambda} + \theta_y \frac{dy}{d\lambda} \quad .$$

Damit nun bei gleichen Variablen die gleiche Ableitungsrichtung vorliegt, muß das Verhältnis

$$\frac{\dfrac{dy}{d\lambda}}{\dfrac{dx}{d\lambda}} = \left.\frac{dy}{dx}\right|_{Char}$$

in beiden Fällen gleich sein.

Das Problem kann auch noch folgendermaßen formuliert werden: Gibt es in der x,y–Ebene eine Kurve $\lambda(x,y)$ derart, daß $\mathbb{V}(\lambda)$ und $\theta(\lambda)$ Lösungen der Gleichungen (8.3) und (8.4) sind? Diese Frage wird in der Mathematik als *Cauchy'sches Problem* bezeichnet.

Die angegebene Bedingung gleicher Ableitungsrichtung kann nun auf folgende Weise erfüllt werden. Die beiden Gleichungen (8.3) und (8.4) werden addiert, wobei die zweite Gleichung mit einem Faktor A multipliziert wird. Dieser Faktor wird anschließend derart festgelegt, daß die oben angegebene Bedingung erfüllt wird. Die Zusammenfassung führt zu:

$$\left[\sin\mu\sin\theta + A\cos\theta\right]\theta_x + \left[-\sin\mu\cos\theta + A\sin\theta\right]\theta_y$$

$$+\left[\frac{\cot\mu}{\mathbb{V}}\cos\mu\cos\theta + \frac{A}{\mathbb{V}}\sin\theta\right]\mathbb{V}_x + \left[\frac{\cot\mu}{\mathbb{V}}\cos\mu\sin\theta - \frac{A}{\mathbb{V}}\cos\theta\right]\mathbb{V}_y = 0 \quad . \tag{8.5}$$

Aus der Forderung nach gleicher Ableitungsrichtung ergibt sich folgende Bestimmungsgleichung für den Faktor A:

$$\frac{-\sin\mu\cos\theta + A\sin\theta}{\sin\mu\sin\theta + A\cos\theta} = \frac{\dfrac{\cot\mu}{\mathbb{V}}\cos\mu\sin\theta - \dfrac{A}{\mathbb{V}}\cos\theta}{\dfrac{\cot\mu}{\mathbb{V}}\cos\mu\cos\theta + \dfrac{A}{\mathbb{V}}\sin\theta} \quad .$$

Die Auswertung ergibt, daß die geforderte Gleichheit der Ableitungsrichtung gegeben ist, wenn $A = \pm\cos\mu$. Für die Ableitungsrichtung ergibt sich damit

$$\left.\frac{dy}{dx}\right|_{Char} = \frac{-\sin\mu\cos\theta \pm \cos\mu\sin\theta}{\sin\mu\sin\theta \pm \cos\mu\cos\theta} = \frac{\sin(\theta\mp\mu)}{\cos(\theta\mp\mu)} \quad ,$$

also

$$\left.\frac{dy}{dx}\right|_{Char} = \tan(\theta\mp\mu) \quad , \tag{8.6}$$

als Richtung der Charakteristiken.

Man bekommt als Ergebnis also nicht eine Kurve $\lambda(x,y)$, sondern nur den Gradient dieser Kurve. Das Ergebnis ist sehr anschaulich. Die Charakteristiken sind identisch mit den Mach'schen Linien. Sie liegen unter dem Mach–Winkel μ zur lokalen Strömungsrichtung. Der Mach–Winkel selbst ist dabei durch die lokale Mach–Zahl bestimmt (Bild 8.1).

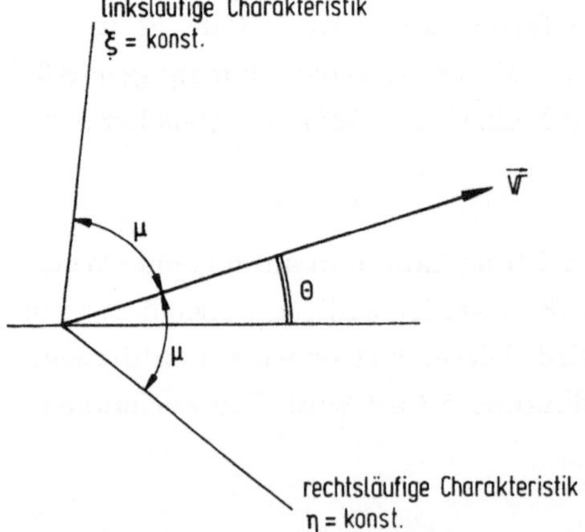

Bild 8.1. Lage der Charakteristiken zum Strömungsvektor

Man bezeichnet im allgemeinen mit Blick in Strömungsrichtung die linksläufige Charakteristik mit ξ = konst. und die rechtsläufige mit η = konst..

Es gilt nun, die Erkenntnis über die Charakteristiken-Richtung in die Gleichung (8.5) einzubringen, mit der zusammenfassend die Änderungen im Strömungsfeld beschrieben werden. Wir führen zunächst den Faktor $A = \pm\cos\mu$ ein und multiplizieren dabei noch die Gleichung mit (± 1):

$$\left[\cos\theta\cos\mu \pm \sin\theta\sin\mu\right]\theta_x + \left[\sin\theta\cos\mu \mp \cos\theta\sin\mu\right]\theta_y$$

$$\pm\frac{\cot\mu}{V}\left\{\left[\cos\theta\cos\mu \pm \sin\theta\sin\mu\right]V_x + \left[\sin\theta\cos\mu \mp \cos\theta\sin\mu\right]V_y\right\} = 0 \quad .$$

Dies wird zusammengefaßt zu

$$\theta_x\cos(\theta\mp\mu) + \theta_y\sin(\theta\mp\mu) \pm \frac{\cot\mu}{V}\left\{V_x\cos(\theta\mp\mu) + V_y\sin(\theta\mp\mu)\right\} = 0 \quad .$$

Wir haben damit praktisch die gewünschten gleichen Kombinationen in den partiellen Ableitungen dazustehen. Sie lassen sich zu den totalen Ableitungen zusammenfassen, womit dann die Änderungen der Strömungsgrößen entlang den Charakteristiken be–schrieben werden. Es gilt

$$d\theta \pm \frac{\cot\mu}{V}dV = 0 \qquad \text{entlang}\ \ \eta,\xi = \text{konst.} \quad \text{mit} \quad \frac{dy}{dx} = \tan(\theta\mp\mu) \quad . \tag{8.7}$$

Diese Beziehung läßt sich nun sofort integrieren. Benutzen wir als untere Integrationsgrenze die kritische Schallgeschwindigkeit a* und bezeichnen den Strömungswinkel, der der lokalen Schallgeschwindigkeit zugeordnet ist mit θ^*, so erhält man

$$\left[\theta-\theta^*\right] \pm \int_{a^*}^{\mathbb{V}} \frac{\cot\mu}{\mathbb{V}} d\mathbb{V} = \text{konst.} \qquad \text{längs} \quad \eta\,,\xi = \text{konst.} \quad .$$

Das Integral hatten wir bereits in Zusammenhang mit der Prandtl–Meyer–Expansion (siehe Abschnitt 5.3) kennengelernt. Es stellt den Prandtl–Meyer–Winkel v^* dar:

$$v^* = \int_{a^*}^{\mathbb{V}} \frac{\cot\mu}{\mathbb{V}} d\mathbb{V} = \left[\frac{\gamma+1}{\gamma-1}\right]^{\frac{1}{2}} \arctan\left[\frac{\gamma-1}{\gamma+1}(M^2-1)\right]^{\frac{1}{2}} - \arctan\sqrt{M^2-1} \quad . \tag{8.8}$$

Benutzen wir dies und beziehen den Winkel θ^* in die Konstante ein, so erhält man schließlich

$$\theta \pm v^* = \text{konst.} \quad \text{längs } \eta\,,\xi = \text{konst.} \quad . \tag{8.9}$$

Beispiel: Es soll zunächst gezeigt werden, wie mit Hilfe dieser Gleichung (8.9) die Strömungsgrößen in einem Punkt berechnet werden können, wenn in zwei weiteren Punkten Mach–Zahl und Strömungswinkel bekannt sind (Bild 8.2).

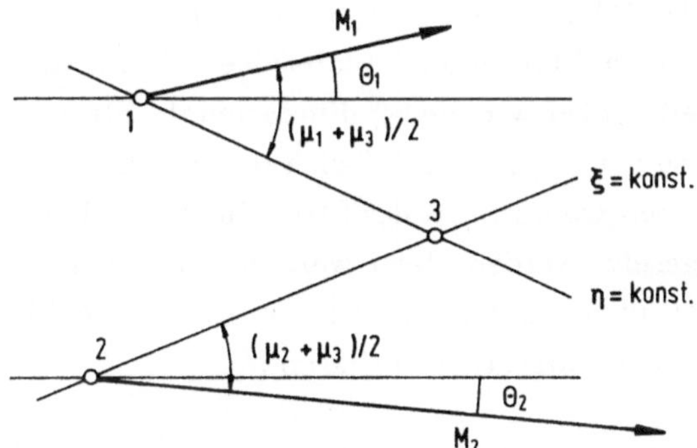

Bild 8.2. Ermittlung von Strömungsgrößen mit dem Charakteristiken–Verfahren

Eine rechtsläufige Charakteristik vom Punkt (1) schneidet eine linksläufige Charakteristik vom Punkt (2) in dem Punkt (3). Über den Verlauf der Charakteristiken ist zunächst nur soviel bekannt, daß ihre Tangenten in den Punkten (1) und (2) unter dem jeweiligen Mach–Winkel μ_1 bzw. μ_2 zur lokalen Strömungsrichtung liegen. Im Punkt (3) verläuft die Tangente unter μ_3, das wir ja noch berechnen wollen. Im allgemeinen werden die Charakteristiken gekrümmt verlaufen, sofern die Mach–Zahl im Strömungsfeld variiert. Eine Annäherung erhält man, indem ein Polygonzug aus Geraden gezeichnet wird, die jeweils unter einem mittleren Mach–Winkel zur mittleren Strömungsrichtung verlaufen (im Bild ist vereinfachend auf die lokale Strömungsrichtung bezogen worden). Der Fehler einer Charakteristikenkonstruktion läßt sich beliebig klein machen, indem der Abstand der Punkte klein gewählt wird. Zur Berechnung der Strömungsgrößen im Punkt (3) gilt:

$$v^*_3 + \theta_3 = v^*_1 + \theta_1$$

$$v^*_3 - \theta_3 = v^*_2 - \theta_2 \ ,$$

also

$$v^*_3 = \frac{1}{2}\left[v^*_1 + v^*_2 + \theta_1 - \theta_2\right]$$

$$\theta_3 = \frac{1}{2}\left[v^*_1 - v^*_2 + \theta_1 + \theta_2\right] \ .$$

Der Prandtl–Meyer–Winkel v^* wird dazu mit Gl.(8.8) aus der Mach–Zahl berechnet oder aus dem Diagramm in Bild 5.16 abgelesen.

□

Beispiel: Als nächstes kann nun eine größere Aufgabe mit dem Charakteristiken–Verfahren gelöst werden. Es soll eine ebene Überschalldüse entwickelt werden, die eine parallele Strömung mit $M_1 = 1{,}1$ in eine ebenfalls parallele Strömung mit $M_{10} = 2{,}0$ überführt. Es handelt sich also um den Überschallteil einer Laval–Düse. Die Laval–Düse hatten wir im Abschnitt 3.6 behandelt, wobei wir die eindimensionale Stromfadentheorie zugrundelegten. Dabei war also vorausgesetzt, daß sich die Strömungsgrößen nur in einer Richtung ändern. Über den Querschnitt des Stromfadens mußten die Strömungsgrößen als konstant vorausgesetzt werden. Jetzt werden wir mit dem Charakteristiken–Verfahren feststellen, daß in der divergenten Stromröhre sowohl Mach–Zahl als auch Strömungsrichtung quer zur Längsachse variieren.

Man beginnt übrigens die Charakteristiken–Konstruktion einer Düse stets mit einer Anström–Mach–Zahl geringfügig über 1, da bei $M = 1$ nur eine Charakteristik existiert (die beiden Charakteristiken fallen zusammen). So kann man bei $M = 1$ nicht zwei Charakteristiken zum Schnitt bringen, um den Zustand in einem dritten Punkt zu berechnen.

Bei der Konstruktion der Düse genügt es, nur eine Hälfte zu betrachten. Die Symmetrieachse kann wie eine feste Wand angesehen werden: Entlang der Symmetrieachse ist die Strömungsrichtung konstant $\theta = 0°$. Im Bild 8.3 ist das Ergebnis der Charakteristiken–Konstruktion dargestellt. Anhand dieses Bildes soll die Konstruktion selbst erläutert werden.

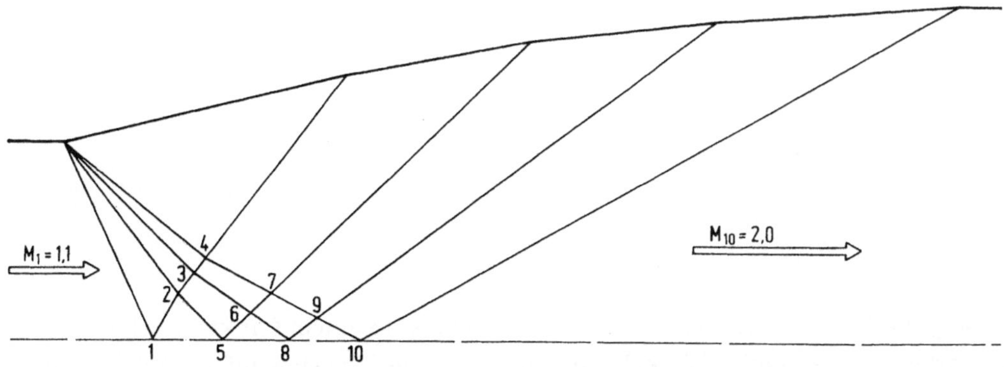

Bild 8.3. Charakteristiken–Konstruktion einer ebenen Überschall–Düse

Für die Charakteristiken–Konstruktion benötigt man Mach–Winkel und Prandtl–Meyer–Winkel. Beide Winkel stehen in direkter Beziehung zu der lokalen Mach–Zahl. Der Mach–Winkel errechnet sich einfach aus der Beziehung $\mu = \arcsin(1/M)$. Der Zusammenhang zwischen Mach–Zahl und Prandtl–Meyer–Winkel ist hier noch einmal in Tabelle 8.1 für den in Frage kommenden Mach–Zahl–Bereich angegeben. Zwischenwerte können linear interpoliert werden.

Tabelle 8.1. Zusammenhang zwischen Mach–Zahl und Prandtl–Meyer–Winkel

M	v^*	M	v^*
1,1	1,34°	1,6	14,86°
1,2	3,56°	1,7	17,81°
1,3	6,17°	1,8	20,73°
1,4	8,99°	1,9	23,59°
1,5	11,91°	2,0	26,38°

Zur Auswertung der Charakteristiken–Beziehung $v^* \mp \theta = \text{konst.}$ benötigen wir Strömungsrichtung und Mach–Zahl (=Prandtl–Meyer–Winkel) entlang der Symmetrieachse. Entlang der Achse gilt $\theta_1 = \theta_5 = \theta_8 = \theta_{10} = 0°$. Ferner liegt fest $M_1 = 1,1$ ($v^*_1 = 1,34°$) und $M_{10} = 2,0$ ($v^*_{10} = 26,38°$). Wir wählen Zwischenwerte $M_5 = 1,4$ und $M_8 = 1,7$. Natürlich können beliebige und beliebig viele Zwischenwerte gewählt werden. Zu jedem weiteren Punkt führt immer eine linksläufige Charakteristik von der Achse und von dem Punkt zur Achse hin läuft eine rechtsläufige Charakteristik. Beispielsweise gilt für den Punkt (2)

$$v^*_2 - \theta_2 = v^*_1 - \theta_1$$

$$v^*_2 + \theta_2 = v^*_5 + \theta_5 \quad ,$$

also

$$v^*_2 = \frac{1}{2}(v^*_5 + v^*_1)$$

$$\theta_2 = \frac{1}{2}(v^*_5 - v^*_1) \quad .$$

Und so gilt allgemein, daß der Prandtl–Meyer–Winkel in einem Punkt (i) sich als Mittelwert der entsprechenden Winkel in den zugeordneten Punkten auf der Achse ergibt. Die Strömungsrichtung erhält man als halben Wert des Differenzwinkels:

$$v^*_i = \frac{1}{2}(v^*_R + v^*_L)$$

$$\theta_i = \frac{1}{2}(v^*_R - v^*_L) \quad .$$

Mit L und R sind die über eine links– bzw. rechtslaufende Charakteristik erreichbaren Punkte auf der Achse gemeint. In der folgenden Tabelle 8.2 sind die Ergebnisse zusammengestellt:

Tabelle 8.2. Ergebnisse für die ebene Überschall–Düse

Pkt.	M	θ	v*	μ
1	1,1	0°	1,4°	65,4°
2	1,26	3,8°	5,2°	52,5°
3	1,42	8,2°	9,6°	44,8°
4	1,57	12,5°	13,9°	39,6°
5	1,4	0°	9,0°	45,6°
6	1,55	4,4°	13,4°	40,2°
7	1,69	8,7°	17,7°	36,3°
8	1,7	0°	17,8°	36,0°
9	1,85	4,3°	22,1°	32,7°
10	2,0	0°	26,4°	30,0°

Bei der Zeichnung der Charakteristiken ist darauf zu achten, daß der Mach–Winkel die Richtung der Charakteristiken mit Bezug auf die lokale Strömungsrichtung angibt. Zwischen zwei Punkten ist dann jeweils eine Mittelwertbildung der Mach–Winkel er–

forderlich, die korrekterweise auch auf eine mittlere Strömungsrichtung zwischen den betroffenen Punkten bezogen werden.

Es ist übrigens zweckmäßig, in jedem Punkt die Strömungsrichtung einzutragen. Die zu bestimmende Düsenkontur erscheint dann als Stromlinie, die auf dieses Richtungsfeld paßt und durch den Anfangsquerschnitt geht. Die Düsenaustrittsfläche muß dabei mit dem Flächenverhältnis A/A* entsprechend der Mach-Zahl $M_{10}=2$ übereinstimmen.

Wir erkennen, daß bei einer Parallelstrahldüse die Strömung zunächst expandieren muß, bis auf der Symmetrieachse die gewünschte Austrittsgeschwindigkeit erreicht ist. Danach muß die Düse wieder zusammengezogen werden, damit der Strahl die Düse parallel verläßt. Die reflektierten Wellen werden an der Wand infolge der jeweiligen lokalen Konturänderung ausgelöscht.

In dem Beispiel erhalten wir die kürzeste Düse zur Erzeugung einer homogenen Strömung. Häufig ist es aber zweckmäßig, die volle Expansion am Düsenrand aufgrund von Grenzschicht-Effekten nicht schon an einer Stelle zu vollziehen (Prandtl-Meyer-Expansion), sondern auf mehrere Randpunkte zu verteilen. Längere Düsen erhält man auch, wenn die einmal reflektierten Wellen nicht gleich ausgelöscht, sondern nochmals an der Wand und an der Symmetrieachse reflektiert werden. Hierbei müssen die jeweiligen Ablenkwinkel entsprechend kleiner sein. Eine teilweise Auslöschung der Wellen kann ebenfalls vorgesehen werden.

□

Beispiel: Konstruktionen nach dem Charakteristikenverfahren werden häufig auch mit Hilfe von sogenannten Epizykloiden-Diagrammen (Bild 8.4) durchgeführt. In diesem Diagramm sind die Charakteristiken-Gleichungen ausgewertet und in der Hodographenebene dargestellt. Es werden folgende Funktionen angegeben:

$$2\tilde{U}(V,\theta) = (\theta - v^*) + 1000°$$

$$2\tilde{V}(V,\theta) = -(\theta + v^*) + 1000° \quad .$$

Demgemäß gilt jetzt

$\tilde{U}$ = konst. entlang linkslaufender Charakteristik

$\tilde{V}$ = konst. entlang rechtslaufender Charakteristik .

Ferner ist

$$\tilde{U} + \tilde{V} = 1000° - v^*$$

$$\tilde{U} - \tilde{V} = \theta \quad .$$

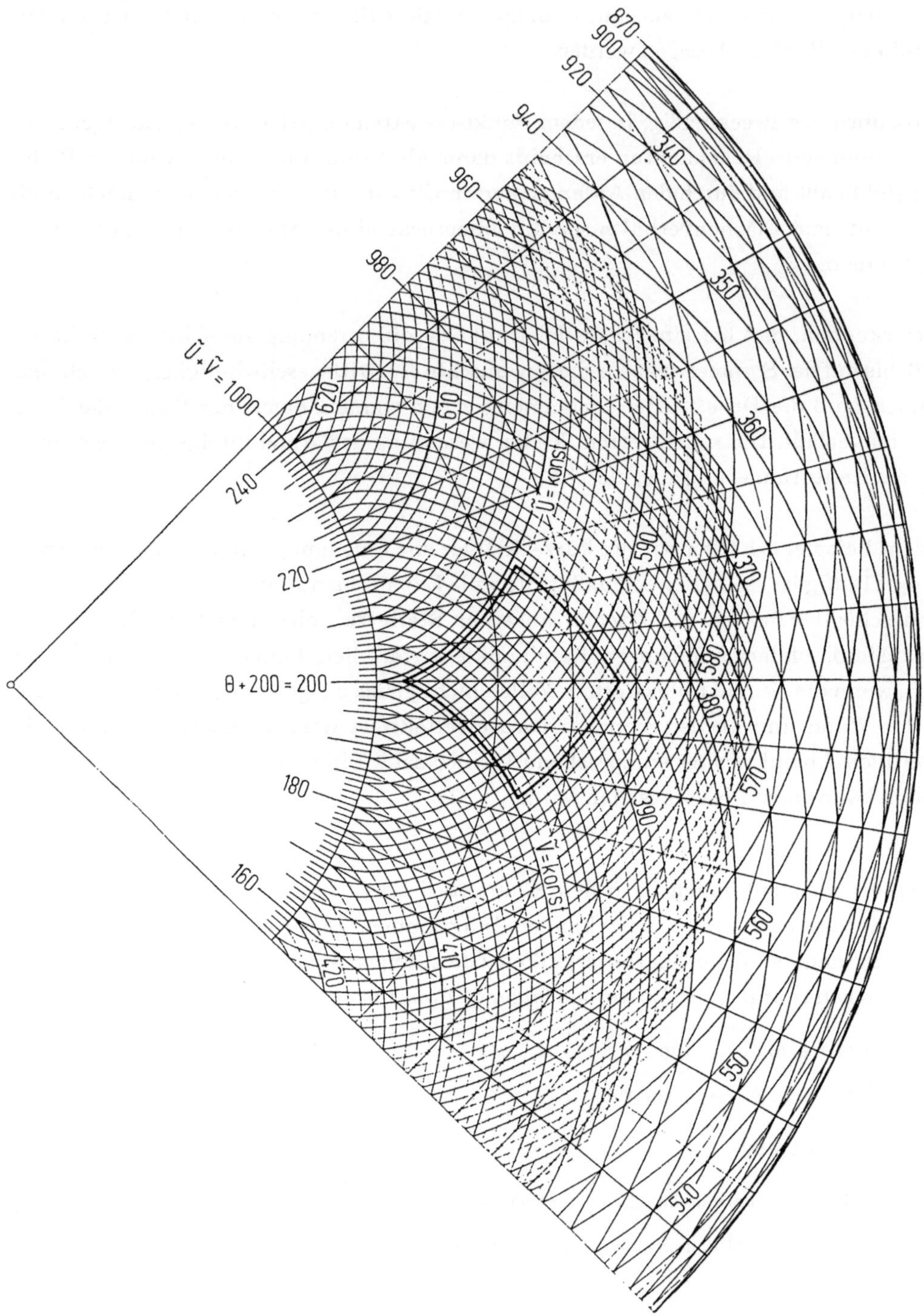

Bild 8.4. Epizykloiden-Diagramm für $\gamma = 1{,}4$

Die Arbeit mit dem Epizykloiden–Diagramm kann an dem bereits durchgerechneten Fall der Laval–Düse demonstriert werden. Im Epizykloiden–Diagramm sind die Winkel der Strömungsrichtung $+200°$ angegeben, so daß der Wert 200 am inneren Kreis der Strömungsrichtung $\theta=0°$ entspricht. Für die Anfangs- und Endwerte erhalten wir

$$M_1 = 1.1 \qquad \nu^*_1 = 1{,}34° \qquad \tilde{U}_1 + \tilde{V}_1 = 998{,}66°$$

$$M_{10} = 2.0 \qquad \nu^*_{10} = 26{,}38° \qquad \tilde{U}_{10} + \tilde{V}_{10} = 973{,}62° \quad .$$

Diese Werte werden auf dem Radial 200 angetragen. Von den derart bestimmten Punkten (1) und (10) geht man mit $\tilde{U}=$konst. bzw. $\tilde{V}=$konst. zum Schnittpunkt (4). Hier läßt sich der Radial 212,5 ablesen, was eine Strömungsrichtung $\theta=12{,}5°$ ergibt. Man liest außerdem ab $\tilde{U}_4=599{,}3$ und $\tilde{V}_4=386{,}8$. Die Differenz dieser beiden Werte ergibt ebenfalls den Strömungswinkel $\theta=12.5°$. Aus der Summe erhält man den Prandtl–Meyer–Winkel im Punkt (4) als $\nu^*_4=13{,}9°$. Alle Zwischenpunkte lassen sich in ähnlicher Weise bestimmen. Sie liegen alle innerhalb des durch die Punkte (1), (4), (10) im Epizykloidendiagramm abgegrenzten Rahmens.

□

9 Theorie kleiner Störungen

9.1 Grundgleichungen für Störgeschwindigkeit und Störpotential

Im Kapitel 7 war die Gasdynamische Grundgleichung abgleitet worden in der Form

$$a^2 \nabla \circ \vec{\mathbb{V}} = \vec{\mathbb{V}} \circ \nabla \frac{\mathbb{V}^2}{2}$$

sowie die Potentialgleichung

$$2a^2 \Delta \Phi = \nabla\Phi \circ \nabla (\Phi_x^2 + \Phi_y^2 + \Phi_z^2) \quad .$$

Für 2–dimensionale Strömungen wird daraus

$$a^2 (U_x + V_y) = U^2 U_x + V^2 V_y + UV (V_x + U_y) \tag{9.1}$$

bzw.

$$(a^2 - \Phi_x^2) \Phi_{xx} + (a^2 - \Phi_y^2) \Phi_{yy} = 2\, \Phi_x \Phi_y \Phi_{xy} \quad . \tag{9.2}$$

Eine Lösung dieser Gleichungen für ein vorgegebenes Strömungsproblem ist im allgemeinen nur numerisch möglich und derart aufwendig, daß das Bestreben, weitere Vereinfachungen vorzunehmen, naheliegt.

Der Grund für die Schwierigkeiten ist in der Nicht–Linearität der Differentialgleichungen zu sehen. Eine Differentialgleichung wird als linear bezeichnet, wenn in ihr die abhängigen Variablen und deren Ableitungen nur in linearer Form vorkommen. In den Gleichungen finden wir jedoch kubische Terme wie $U^2 U_x$ und $\phi_x\ \phi_y\ \phi_{xy}$, was bedeutet, daß diese Gleichungen nichtlinear sind.

Während bei linearen Differentialgleichungen die Lösungen überlagert werden können – d.h. durch Superposition von bekannten Elementarlösungen, wie die für Quellen und

Senken, können komplexe Strömungsprobleme dargestellt werden –, so ist dies bei nichtlinearen Differentialgleichungen nicht möglich. Es wird also unser Bestreben sein zu untersuchen, ob es einen Weg gibt, die Gleichungen unter vertretbaren Voraussetzungen zu linearisieren.

Eine einfache Überlegung bringt uns hier schon den entscheidenden Schritt vorwärts. Bei einer Vielzahl von aerodynamischen Problemen liegt zunächst eine gleichförmige, stetige Strömung vor, die durch die Anwesenheit eines meist verhältnismäßig schlanken Körpers gestört wird (Bild 9.1).

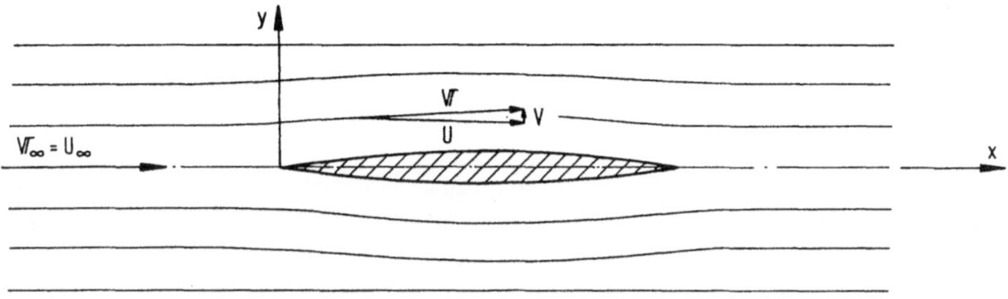

Bild 9.1. Profil als kleine Störung einer gleichförmigen Strömung

Der Betrag der Geschwindigkeit in irgendeinem Punkt im Feld wird sich nur geringfügig von dem Wert für die Anströmung unterscheiden. So ist es vertretbar, folgenden Ansatz zu machen:

$$U = U_\infty + u$$

$$V = v \quad , \qquad (9.3a)$$

wobei

$$\frac{u}{U_\infty}, \frac{v}{U_\infty} \ll 1 \quad .$$

Dem entspricht praktisch die Vorstellung, daß sich das Potential durch die Überlagerung eines Potentials der Anströmung mit einem Störpotential dastellen läßt:

$$\Phi = U_\infty x + \phi(x,y) \quad ,$$

wobei

$$u = \phi_x \qquad v = \phi_y \qquad (9.3b)$$

ist.

Obwohl die folgenden Ableitungen darauf abzielen, eine Störpotentialgleichung herzuleiten, wird zunächst noch einmal von der Gasdynamischen Grundgleichung ausgegangen. Damit ist die Annahme der Rotationsfreiheit zunächst noch ausgespart, und die Schreibweise ist darüber hinaus auch etwas anschaulicher. Die Einführung der Störgeschwindigkeiten (9.3) bringt daraus

$$a^2(u_x + v_y) = (U_\infty^2 + 2uU_\infty + u^2)\,u_x + v^2 v_y + (U_\infty + u)(v_x + u_y)\,v \quad . \tag{9.4}$$

Hierzu läßt sich die Schallgeschwindigkeit über die Energiegleichung als Funktion der Störgeschwindigkeit darstellen

$$(U_\infty + u)^2 + v^2 + \frac{2}{\gamma - 1}a^2 = U_\infty^2 + \frac{2}{\gamma - 1}a_\infty^2$$

oder

$$a^2 = a_\infty^2 - \frac{\gamma - 1}{2}(2uU_\infty + u^2 + v^2) \quad . \tag{9.5}$$

Setzt man dies in (9.4) ein und dividiert dabei durch $a_\infty{}^2$, um damit die Anström-Mach-Zahl einzuführen, so folgt

$$\left[1 - \frac{\gamma - 1}{2}M_\infty^2\left(2\frac{u}{U_\infty} + \underbrace{\frac{u^2 + v^2}{U_\infty^2}}\right)\right](u_x + v_y) =$$

$$M_\infty^2\left[\left(1 + 2\frac{u}{U_\infty} + \underbrace{\frac{u^2}{U_\infty^2}}\right)u_x + \underbrace{\frac{v^2}{U_\infty^2}}v_y + \underbrace{\left(1 + \frac{u}{U_\infty}\right)}\frac{v}{U_\infty}(v_x + u_y)\right] \quad .$$

Diese Gleichung ist zunächst noch vollständig, ohne jegliche Vernachlässigung. Jetzt werden die quadratisch kleinen Glieder vernachlässigt, und es wird die Gleichung derart umsortiert, daß alle linearen Terme auf der linken Seite erscheinen und die nichtlinearen auf der rechten:

$$(1 - M_\infty^2)\,u_x + v_y = M_\infty^2\left[(\gamma + 1)\frac{u}{U_\infty}u_x + (\gamma - 1)\frac{u}{U_\infty}v_y + \frac{v}{U_\infty}(v_x + u_y)\right] \quad .$$

Damit ist zwar die Gleichung schon beträchtlich kürzer geworden, jedoch ist sie noch immer nichtlinear. Es muß eine nächste Überlegung ansetzen, um festzustellen, inwiefern auch die restlichen Ausdrücke auf der rechten Seite vernachlässigbar sind.

Sicherlich kann davon ausgegangen werden, daß bei kleinen Störungen einer Strömung nicht nur die Störgeschwindigkeiten, sondern auch deren Änderungen in x- und y–Richtung klein sind. Somit wären die Produkte auf der rechten Seite wie $u_x u/U_\infty$, $v_y u/U_\infty$ usw. als quadratisch kleine Glieder zu identifizieren.

Dies rechtfertigt allerdings nur die Vernachlässigung des 2. und 3. Terms auf der rechten Seite. Der erste Term dort jedoch muß im Verhältnis zu dem Ausdruck auf der linken Seite $(1-M_\infty^2)u_x$ gesehen werden. Dieser Ausdruck geht gegen null, wenn $M_\infty \to 1$ geht. Im Transsonik–Bereich ($M_\infty \approx 1$) hat dieser Ausdruck ähnliches Gewicht wie der Term $M_\infty^2(\gamma+1)(u/U_\infty)u_x$ und kann nicht mehr vernachlässigt werden. Es gilt also insbesondere für transsonische Strömungen (jedoch auch noch für Unter– und Überschall):

$$(1-M_\infty^2)\,u_x + v_y = M_\infty^2(\gamma+1)\frac{u}{U_\infty}u_x \tag{9.6}$$

bzw.

$$\left\{1 - M_\infty^2\left[1 + (\gamma+1)\frac{u}{U_\infty}\right]\right\}u_x + v_y = 0 \quad .$$

Mit der zweiten Schreibweise soll deutlich gemacht werden, daß im Transsonik das Vorzeichen des Terms mit u_x wesentlich durch den nichtlinearen Teil in der geschweiften Klammer bestimmt wird. Da sich mit dem Vorzeichen auch der gesamte Charakter der Differentialgleichung ändert, ist es in diesem Fall unumgänglich, den nichtlinearen Teil in der Klammer zu erhalten. Außerhalb des transsonischen Bereiches, also im Unterschall und Überschall kann man weiter vereinfachen zu

$$(1 - M_\infty^2)\,u_x + v_y = 0 \quad . \tag{9.7}$$

Wir wollen nun wieder auf die Potentialschreibweise zurückkommen. Mit $u=\phi_x$ und $v=\phi_y$ erhalten wir sofort

$$(1-M_\infty^2)\,\phi_{xx} + \phi_{yy} = M_\infty^2(\gamma+1)\frac{\phi_x}{U_\infty}\phi_{xx} \tag{9.8}$$

bzw.

$$(1-M_\infty^2)\,\phi_{xx} + \phi_{yy} = 0 \quad . \tag{9.9}$$

Im Transsonik muß die Störpotentialgleichung in der Form (9.8) benutzt werden, während in Unter– und Überschall die Form (9.9) zur Anwendung kommen kann. Letztere Gleichung ist eine lineare Differentialgleichung zweiter Ordnung. Lösungen dieser Gleichung können überlagert werden, und es ist daher möglich, über Einzellösungen schließlich zur Beschreibung komplexer Strömungen zu gelangen. Wir werden im folgenden bald die enormen Vorteile dieser Möglichkeit erkennen, wenn wir beispielsweise bei einer Profilberechnung das Dicken–, Anstellungs– und Wölbungsproblem getrennt behandeln, um die Lösungen dann durch einfache Addition zu überlagern.

9.2 Druckbeiwert

Mit der Störpotentialgleichung ist die Möglichkeit eröffnet, die Geschwindigkeitsverteilung in einem Strömungsfeld zu errechnen. Bei flugtechnischen Problemen sind jedoch im allgemeinen nicht so sehr die Geschwindigkeitsverteilungen, sondern die an Flugkörpern wirksamen Kräfte von Interesse. Bei einem Profil z.B. möchte man zunächst die Druckverteilung kennen, um damit Widerstand und Auftrieb zu ermitteln. Daher soll als nächstes der Zusammenhang zwischen Druck– und Geschwindigkeitsverteilung angegeben werden.

Da es sehr praktisch ist, mit dimensionslosen Beiwerten zu rechnen, soll hier ein Druck*beiwert* benutzt werden. Es wird dabei die Differenz des lokalen Drucks zu dem Druck der Anströmung auf den Staudruck der Anströmung bezogen:

$$c_p = \frac{p - p_\infty}{\frac{\rho_\infty}{2} V_\infty^2} = \frac{2}{\gamma M_\infty^2}\left(\frac{p}{p_\infty} - 1\right) .$$

Dabei wurde die Schallgeschwindigkeit $a_\infty{}^2 = \gamma p_\infty / \rho_\infty$ benutzt. Für isentrope Strömungen gilt gemäß (2.17):

$$\frac{p}{p_\infty} = \left(\frac{t}{t_\infty}\right)^{\frac{\gamma}{\gamma-1}} = \left(\frac{a}{a_\infty}\right)^{\frac{2\gamma}{\gamma-1}} .$$

Das Verhältnis der Schallgeschwindigkeiten läßt sich dazu über den Energiesatz (kompressible Bernoulli–Gleichung) ermitteln:

$$a^2 + \frac{\gamma-1}{2} V^2 = a_\infty^2 + \frac{\gamma-1}{2} V_\infty^2$$

$$\left(\frac{a}{a_\infty}\right)^2 = 1 + \frac{\gamma-1}{2} M_\infty^2 \left(1 - \frac{V^2}{V_\infty^2}\right) .$$

Für zweidimensionale Strömungen erhält man bei Vernachlässigung quadratisch kleiner Glieder

$$V^2 = U^2 + V^2 = U_\infty^2 + 2uU_\infty + u^2 + v^2 \approx U_\infty^2 + 2uU_\infty$$

Damit wird das Druckverhältnis zu

$$\frac{p}{p_\infty} = \left[1 - \frac{\gamma-1}{2} M_\infty^2 \, 2 \frac{u}{U_\infty}\right]^{\frac{\gamma}{\gamma-1}} .$$

Wiederum unter der Annahme, daß $u/U_\infty \ll 1$ führt eine Reihenentwicklung zu

$$\frac{p}{p_\infty} = 1 - \frac{\gamma}{\gamma-1}(\gamma-1) M_\infty^2 \frac{u}{U_\infty} + \frac{\gamma}{2(\gamma-1)^2}(\gamma-1)^2 M_\infty^4 \left(\frac{u}{U_\infty}\right)^2 - \ldots , \tag{9.10}$$

also näherungsweise

$$\frac{p}{p_\infty} - 1 \approx -\gamma M_\infty^2 \frac{u}{U_\infty}$$

und schließlich

$$c_p = -2 \frac{u}{U_\infty}$$

bzw.

$$c_p = -2 \frac{\Phi_x}{U_\infty} . \tag{9.11}$$

Beispiel: Sehen wir uns noch einmal den Druckbeiwert in seiner nichtlinearisierten Form an und fragen, welchen Wert er im Staupunkt annimmt. Sein Wert im Staupunkt ist gegeben durch

$$c_p = \frac{\dfrac{P_0}{p_\infty} - 1}{\dfrac{\gamma}{2} M_\infty^2} .$$

Das Druckverhältnis P_0/p_∞ läßt sich aus der Isentropenbeziehung in einer Reihe entwickeln, sofern $((\gamma-1)/2)M_\infty{}^2 < 1$, also insbesondere für Unterschallströmungen. Es gilt

$$\frac{P_0}{p_\infty} = \left(1 + \frac{\gamma-1}{2} M_\infty^2\right)^{\frac{\gamma}{\gamma-1}} \approx 1 + \frac{\gamma}{2} M_\infty^2 + \frac{\gamma}{8} M_\infty^4 + \ldots .$$

Im Vergleich dazu erhält man aus der (inkompressiblen) Bernoulligleichung

$$P_0 = \frac{\rho_\infty}{2} U_\infty^2 + p_\infty \qquad \frac{P_0}{p_\infty} = 1 + \frac{\gamma}{2} M_\infty^2 \ ,$$

also die ersten beiden Glieder der obigen Reihe. Für den Druckbeiwert ergibt sich

$$c_p = 1 + \frac{(2\gamma + 1)}{4} M_\infty^2 + \dots \ .$$

Bei inkompressibler Strömung ist also im Staupunkt $c_p = 1$, bei kompressibler Strömung ein Wert größer als eins.

□

9.3 Aerodynamische Beiwerte

Die Druckverteilung an einem umströmten Körper ergibt eine Kraft. Da wir in diesem Kapitel zweidimensionale Strömungen behandeln, so nehmen wir jetzt ein Profil als Beispiel, um zu erläutern, wie aus der Druckverteilung die daraus resultierende Kraft berechnet wird (Bild 9.2).

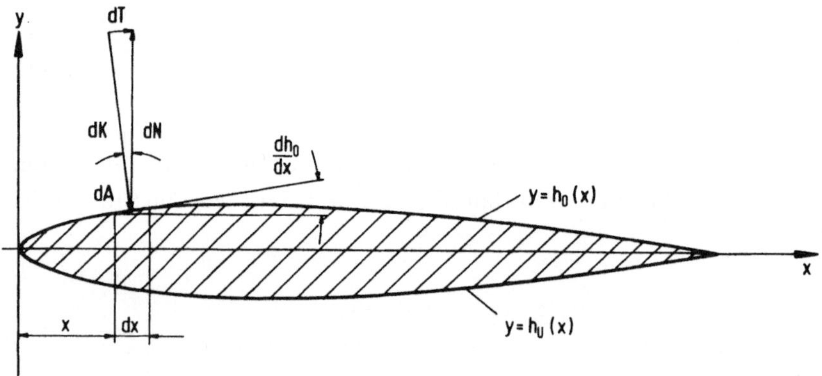

Bild 9.2. Wirkung von Druckkräften an Profil–Oberflächen

Wir betrachten ein Flächenelement dA. Der auf das Flächenelement wirkende Druck ergibt die senkrecht auf die Oberfläche wirkende Kraft

$$dK = c_p \frac{\rho_\infty}{2} V_\infty^2 \, dA \ .$$

Diese Kraft wird aufgespalten in eine Tangential– und eine Normalkraft–Komponente. Die Tangentialkraft ist dabei in Richtung stromab positiv normiert, während die Normalkraft nach oben (in y–Richtung) als positiv gilt.

Es gilt für eine Einheitsbreite des Profils:

Oberseite
$$dN_o = -c_{p_o}\frac{\rho_\infty}{2}V_\infty^2\,dx\cdot 1$$

$$dT_o = c_{p_o}\frac{\rho_\infty}{2}V_\infty^2\frac{dh_o}{dx}dx\cdot 1$$

Unterseite
$$dN_u = c_{p_u}\frac{\rho_\infty}{2}V_\infty^2\,dx\cdot 1$$

$$dT_u = -c_{p_u}\frac{\rho_\infty}{2}V_\infty^2\frac{dh_u}{dx}dx\cdot 1 \quad .$$

Durch Addition der Anteile für Ober– und Unterseite und Integration über die Profiltiefe 1 erhält man die Gesamtwerte für Tangential– und Normalkraft. Dabei werden sinnvollerweise gleich Kraftbeiwerte gebildet, indem auf das Produkt von Staudruck $(\rho_\infty/2)V_\infty^2$ und Einheitsfläche (Breite 1 und Tiefe 1) bezogen wird. So erhält man als Kraftbeiwerte im *körperfesten Koordinatensystem*

$$c_n = \int_0^1 (c_{p_u} - c_{p_o})\,dx \tag{9.12a}$$

$$c_t = \int_0^1 \left(c_{p_o}\frac{dh_o}{dx} - c_{p_u}\frac{dh_u}{dx}\right)dx \quad . \tag{9.12b}$$

Gewöhnlicherweise ist jedoch ein Tragflügelprofil gegen die Anströmung angestellt:

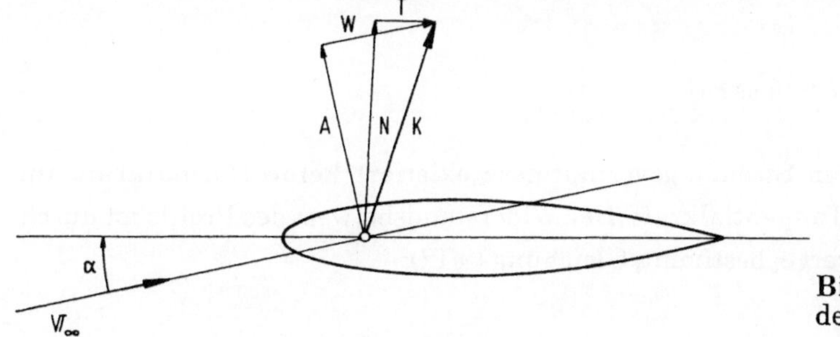

Bild 9.3. Komponenten der Gesamtdruckkraft

Bei einem angestellten Profil ist es vor allem von Interesse, die Kraftkomponenten in Richtung der Anströmung und senkrecht dazu zu kennen (Widerstand und Auftrieb). Die entsprechenden Beiwerte im *aerodynamischen Koordinatensystem* erhält man leicht aus dem Tangential- und Normalkraftbeiwert:

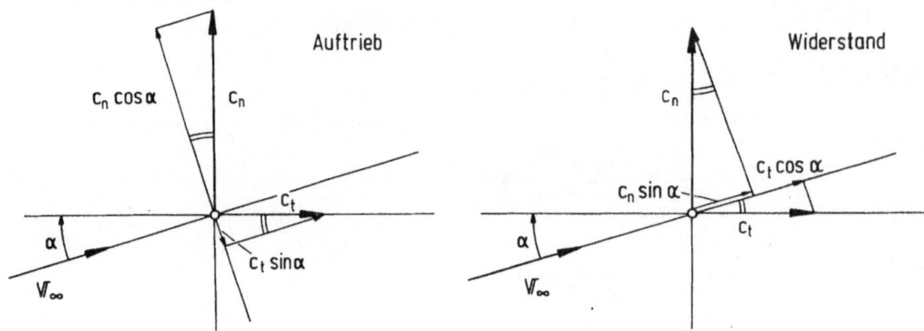

Bild 9.4. Ermittlung von Auftrieb und Widerstand aus Normal- und Tangentialkraft

$$c_a = c_n \cos \alpha - c_t \sin \alpha \tag{9.13a}$$

$$c_w = c_n \sin \alpha + c_t \cos \alpha \quad . \tag{9.13b}$$

Für kleine Anstellwinkel kann näherungsweise geschrieben werden:

$$c_a = c_n - c_t \alpha \tag{9.14a}$$

$$c_w = c_n \alpha + c_t \quad . \tag{9.14b}$$

Beispiel: Im Kapitel 5 hatten wir als Beispiel die Druckverteilung für ein Rhombus-Profil ermittelt. Das Profil ist symmetrisch mit einem Öffnungswinkel $2\theta = 20°$. Der Anstellwinkel war mit $\alpha = 0°$ angesetzt (Bild 9.5). Über die Schrägstoßbeziehungen und die Prandtl-Meyer-Expansion errechneten sich folgende Drücke in den Gebieten (2) und (3):

$$p_2 = 1{,}72\, p_1 \qquad p_3 = 0{,}592\, p_1 \quad .$$

Wegen der symmetrischen Strömungsverhältnisse existiert keine Normalkraft am Profil, sondern nur eine Tangentialkraft. Der Widerstandsbeiwert des Profils ist durch den Tangentialkraftbeiwert c_t bestimmt, Gleichung (9.12):

$$c_w = c_t = \int_0^1 \left(c_{p_o} \frac{dh_o}{dx} - c_{p_u} \frac{dh_u}{dx} \right) dx \quad .$$

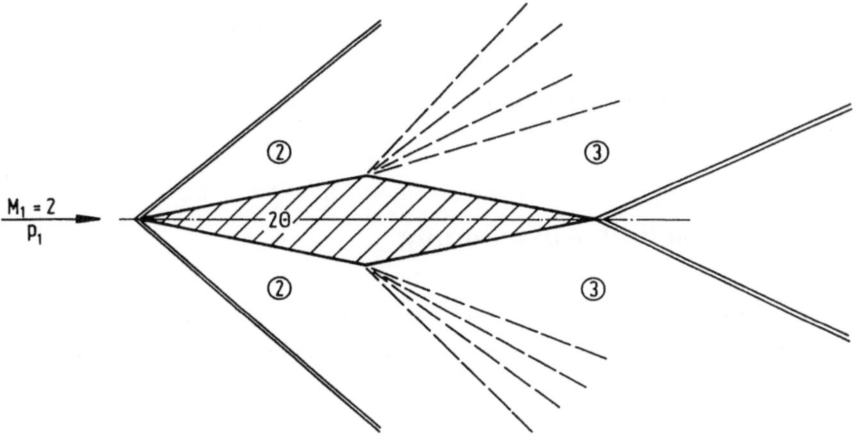

Bild 9.5. Rhombus–Profil in einer Überschall–Strömung

Die Druckbeiwerte errechnen sich über

$$c_p = \frac{\frac{p}{p_1} - 1}{\frac{\gamma}{2} M_1^2} \quad .$$

Man erhält

$$c_{p_2} = 0{,}257 \qquad c_{p_3} = -0{,}146 \quad .$$

Die Gradienten der Profilkontur errechnen sich über den Winkel θ:

$$\frac{dh_{o2}}{dx} = \frac{dh_{u3}}{dx} = \tan\theta = 0{,}176$$

$$\frac{dh_{u2}}{dx} = \frac{dh_{o3}}{dx} = -\tan\theta = -0{,}176 \quad .$$

Damit läßt sich schließlich der Widerstandsbeiwert berechnen als

$$c_w = \int_0^{\frac{1}{2}} \left(c_{p_{o2}} h'_{o2} - c_{p_{u2}} h'_{u2} \right) dx + \int_{\frac{1}{2}}^{1} \left(c_{p_{o3}} h'_{o3} - c_{p_{u3}} h'_{u3} \right) dx \quad .$$

Man erhält

$$c_w = 0{,}0711 \quad .$$

Dieser Widerstand ist allein Folge der bei einer Überschall-Umströmung am Profil entstehenden Druckverteilung. Er wird als Wellenwiderstand bezeichnet (siehe auch Kapitel 11.3). Reibungskräfte sind hier nicht betrachtet worden.

□

9.4 Profile bei Unterschall-Anströmung

Die Berechnung der Unterschall-Strömung um Profile kann mit der Störpotentialgleichung erfolgen, die für ebene Strömungsprobleme folgende Form hat:

$$(1-M_\infty^2)\,\phi_{xx} + \phi_{yy} = 0 \quad .$$

Vorausgesetzt wird damit, daß das zu untersuchende Profil in der Hauptströmung nur eine verhältnismäßig kleine Störung hervorruft. Mit anderen Worten: Im gesamten Strömungsfeld sind die lokalen Geschwindigkeiten nur geringfügig verschieden von der Anström-Geschwindigkeit.

Der große Vorzug der Störpotentialgleichung in der oben angegebenen Form ist, daß es sich hierbei um eine lineare Differentialgleichung handelt. Bei linearen Differentialgleichungen können verschiedene Lösungen überlagert werden, und man kann durch eine Summe von einfachen Grundlösungen komplexere Lösungen konstruieren. Die Überlagerung geschieht unter Berücksichtigung der jeweils gegebenen Randbedingungen, um so die gesuchte Profilumströmung darzustellen.

Wir bemühen uns daher zunächst, einige Grundlösungen der Störpotentialgleichung zu finden. Dazu empfiehlt sich die Einführung neuer Koordinaten:

$$\bar{x} = x$$

$$\bar{y} = \sqrt{1-M_\infty^2}\; y = ß y \quad .$$

Hierin wird ß als der Prandtl-Faktor bezeichnet. Mit diesen neuen Koordinaten bekommt die Differentialgleichung eine besonders einfache Form:

$$\Delta\phi = \phi_{\bar{x}\bar{x}} + \phi_{\bar{y}\bar{y}} = 0 \quad .$$

Die Gleichung entspricht damit der Störpotentialgleichung für inkompressible Strömungen. Sie ist als Laplace'sche Differentialgleichung in der Mathematik bekannt.

Die bekanntesten Grundlösungen der Laplace-Gleichung sind

$$\phi = \ln\sqrt{\bar{x}^2 + \bar{y}^2} \qquad \text{(Quell – Senken Potential)} \tag{9.15a}$$

$$\phi = \arctan\left(\frac{\bar{y}}{\bar{x}}\right) \qquad \text{(Wirbel Potential)} \quad . \tag{9.15b}$$

Die dazu angegebene physikalische Bedeutung dieser Lösungen kann man sich sehr leicht klarmachen, wenn man anstelle der karthesischen Koordinaten Zylinder–Koordinaten verwendet. Es gelten folgende Zusammenhänge:

$$r = \sqrt{\bar{x}^2 + \bar{y}^2}$$

$$\theta = \arctan\left(\frac{\bar{y}}{\bar{x}}\right) \quad ,$$

womit sich die Grundlösungen schreiben lassen als

$$\phi = \ln r$$

bzw.

$$\phi = \theta \quad ,$$

wobei sich der Geschwindigkeitsvektor errechnet als $\vec{V} = \text{grad}\phi = \{\phi_r, \phi_\theta/r\}$.

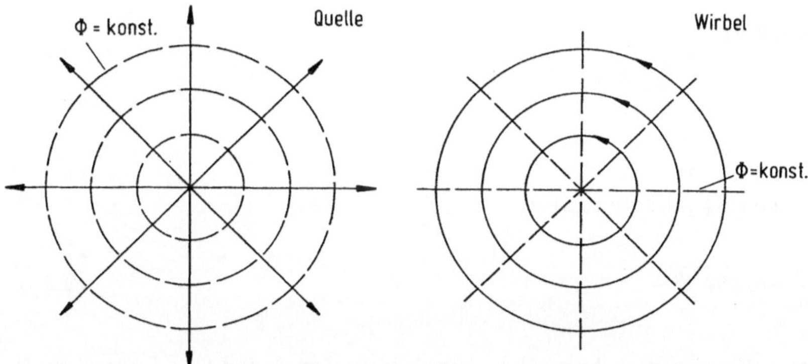

Bild 9.6. Potential– und Stromlinien von Quelle und Wirbel

Man erkennt, daß in dem einen Fall konzentrische Kreise um den Nullpunkt (r=konst.) Linien konstanten Potentials ergeben, während im anderen Fall Äquipotential–Linien durch θ=konst., also durch Strahlen, die durch den Nullpunkt gehen, gebildet werden (Bild 9.6). Die Stromlinien müssen orthogonal zu den Äquipotential–linien verlaufen, da die Geschwindigkeit mit einem Potentialgradienten verbunden ist. Daher müssen im ersten Fall Stromlinien Strahlen durch den Nullpunkt sein, während man im zweiten Fall Stromlinien als konzentrische Kreise um den Nullpunkt erhält. Bei der Quellströmung existiert nur eine Radialkomponente der Geschwindigkeit $\mathbb{V}^{(r)} = \phi_r = 1/r$, während bei der Wirbelströmung nur eine Umfangsgeschwindigkeit $\mathbb{V}^{(\theta)} = \phi_\theta / r = 1/r$ auftritt.

Die Grundlösungen können nun noch mit einem beliebigen Faktor multipliziert werden und bleiben weiterhin Lösung der Laplace-Gleichung. Bei der Quell-Senken-Lösung kann der Faktor als Maß für die Ergiebigkeit der Quelle oder Senke interpretiert werden. Bei der Wirbel-Lösung ist der Faktor ein Maß für die Zirkulation.

Die Ergiebigkeit einer Quelle, die auch als Quellstärke bezeichnet wird, errechnet man, indem man das Flüssigkeitsvolumen bestimmt, das durch eine zylindrische, das Quellzentrum umschließende Kontrollfläche r = konst. pro Längeneinheit des Zylinders hindurchströmt. So erhält man die Quellstärke als

$$Q = 2\pi r \mathbb{V}^{(r)} \quad .$$

Setzt man den multiplikativen Faktor für das Quell-Potential zunächst C_1, so erhält man aus

$$\phi = C_1 \ln r$$

die Radialgeschwindigkeit

$$\mathbb{V}^{(r)} = \frac{\partial \phi}{\partial r} = \frac{C_1}{r} \quad .$$

Somit wird schließlich das Quellpotential zu

$$\phi = \frac{Q}{2\pi} \ln r = \frac{Q}{2\pi} \ln \sqrt{\bar{x}^2 + \bar{y}^2} \quad . \tag{9.16}$$

Die Zirkulation eines Wirbels errechnet sich aus dem Integral der Geschwindigkeit entlang einer geschlossenen Kurve um das Wirbelzentrum. Mit der Bogenlänge s und der Tangentialkomponente der Geschwindigkeit $\mathbb{V}^{(t)}$ erhält man

$$\Gamma = \oint \mathbb{V}^{(t)} ds = 2\pi r \mathbb{V}^{(\theta)} \quad .$$

Setzt man den multiplikativen Faktor für das Wirbelpotential zunächst C_2, so erhält man aus

$$\Phi = C_2 \theta$$

die Tangentialgeschwindigkeit

$$V^{(\theta)} = \frac{1}{r}\frac{\partial \Phi}{\partial \theta} = \frac{C_2}{r} \quad .$$

Somit wird schließlich das Wirbelpotential zu

$$\Phi = \frac{\Gamma}{2\pi}\theta = \frac{\Gamma}{2\pi}\arctan\frac{\bar{y}}{\bar{x}} \quad . \tag{9.17}$$

Es ist eingangs darauf hingewiesen worden, daß man durch Überlagerung von einfachen Grundlösungen neue, im allgemeinen komplexere Lösungen konstruieren kann. Ein besonders bemerkenswertes Ergebnis erhält man durch die Überlagerung einer Quelle mit einer gleichstarken Senke, wenn man dabei den Abstand der beiden Singularitäten gegen null gehen läßt und gleichzeitig die Ergiebigkeiten derart anwachsen läßt, daß das Produkt aus Abstand und Quellstärke $aQ = M$ konstant bleibt. Wird die Senke im Nullpunkt des Koordinatensystems angesetzt und die Quelle auf der x–Achse im Abstand $-a$ vom Nullpunkt, so gilt

$$\Phi = \lim_{a\to 0}\left\{\frac{Q}{2\pi}\ln\sqrt{(\bar{x}+a)^2+\bar{y}^2} - \frac{Q}{2\pi}\ln\sqrt{\bar{x}^2+\bar{y}^2}\right\}$$

$$= \frac{M}{2\pi}\lim_{a\to 0}\left\{\frac{\ln\sqrt{(\bar{x}+a)^2+\bar{y}^2} - \ln\sqrt{\bar{x}^2+\bar{y}^2}}{a}\right\}$$

$$= \frac{M}{2\pi}\frac{\partial}{\partial x}\ln\sqrt{\bar{x}^2+\bar{y}^2}$$

$$= \frac{M}{2\pi}\frac{\bar{x}}{\bar{x}^2+\bar{y}^2} = \frac{M}{2\pi}\frac{\cos\theta}{r} \quad . \tag{9.18}$$

Diese Lösung wird als Dipol–Potential bezeichnet, wobei M das Dipolmoment ist. Über die Äquipotential–Linien ergibt sich dann folgendes Bild von den Stromlinien einer ebenen Dipolströmung (Bild 9.7).

Die Grundlösungen für das Quell/Senken– und Wirbel–Potential sollen nunmehr verwendet werden, um Profilströmungen zu berechnen. Quellen bzw. Senken werden sinnvollerweise dann benutzt, wenn es gilt, ein symmetrisches Strömungsproblem zu behandeln, also z.B. ein symmetrisches, endliches dickes Profil ohne Anstellung.

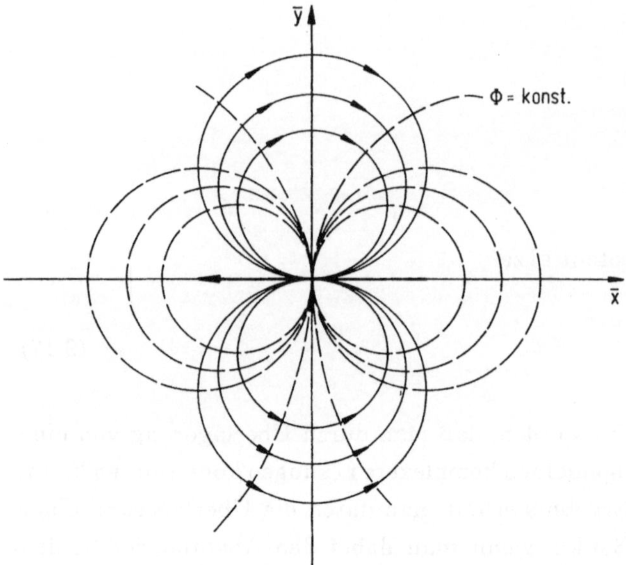

Bild 9.7. Potential- und Stromlinien einer Dipolströmung

Wirbel werden dagegen dann eingesetzt, wenn ein nicht-symmetrischer Strömungsfall vorliegt, wie beispielsweise bei einer angestellten ebenen Platte. Während bei einer symmetrischen Strömung die Geschwindigkeiten an Ober- und Unterseite gleich sind, ergibt sich bei einem angestellten Profil auf der einen Seite Verzögerung, auf der anderen Beschleunigung.

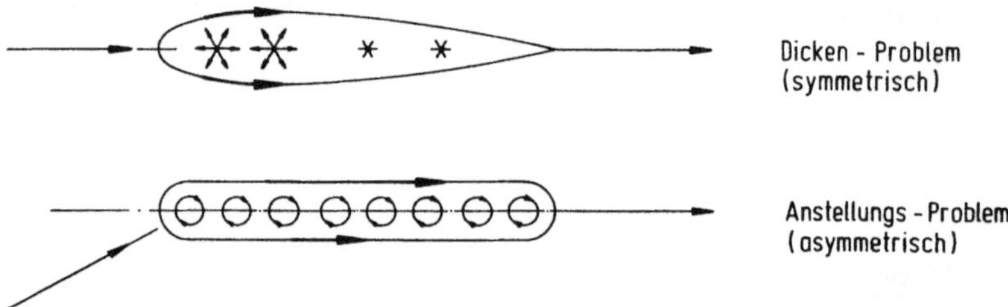

Bild 9.8. Quell/Senkenbelegung und Wirbelbelegung auf der x-Achse

In der Skizze (Bild 9.8) ist angedeutet, daß man im allgemeinen eine kontinuierliche Verteilung einer Vielzahl von Singularitäten benutzen wird, um irgendeinen bestimmten Strömungsfall darzustellen. Der Ort, in dem eine Singularität angeordnet ist, wird als Quellpunkt bezeichnet. Die Wirkung einer Singularität in irgendeinem Aufpunkt der x,y-Ebene ist bestimmt durch den Abstand zwischen Quellpunkt und Aufpunkt.

Wir werden uns hier darauf beschränken, Strömungen über eine Achsen–Belegung von Singularitäten zu beschreiben. Das heißt, die Quellpunkte liegen nicht irgendwo in der x,y–Ebene, sondern sie sind immer nur auf der x–Achse angeordnet. Es wird eine kontinuierliche Verteilung von Elementar–Singularitäten mit diskreten Stärken

$$dQ(\xi) = q(\xi)\,d\xi$$

$$d\Gamma(\xi) = \gamma(\xi)\,d\xi$$

vorgesehen, wobei der Quellpunkt auf der x–Achse im Abstand ξ zum Nullpunkt liegt.

Die Wirkung einer solchen Elementar–Singularität in einem beliebigen Aufpunkt P(x,y) wird durch folgende Ausdrücke beschrieben:

$$d\phi(x,y) = \frac{q(\xi)}{2\pi} \ln\sqrt{(x-\xi)^2 + \beta^2 y^2}\,d\xi \qquad \text{Quelle / Senke} \qquad (9.19a)$$

$$d\phi(x,y) = \frac{\gamma(\xi)}{2\pi} \arctan\frac{\beta y}{x-\xi}\,d\xi \qquad \text{Wirbel} \; . \qquad (9.19b)$$

Dicken–Problem:

Die Strömung um ein symmetrisches Profil ohne Anstellung wird dargestellt durch eine Summe von Quell/Senken–Potentialen, die entlang der x–Achse zwischen Profil–Vorderkante ($\xi = 0$) und Profil–Hinterkante ($\xi = 1$) angeordnet sind. Als gesamtes Störpotential ergibt sich

$$\phi(x,y) = \frac{1}{2\pi}\int_0^1 q(\xi)\,\ln\sqrt{(x-\xi)^2 + (\beta y)^2}\,d\xi \; . \qquad (9.20)$$

Dabei muß die Quell/Senken–Stärke derart festgelegt werden, daß sich im Strömungsfeld die vorgegebene Profilkontur als Stromlinie ergibt. Mit anderen Worten, es gilt die Randbedingung zu erfüllen, daß die Strömung tangential zur Profilkontur verlaufen muß (Bild 9.9).

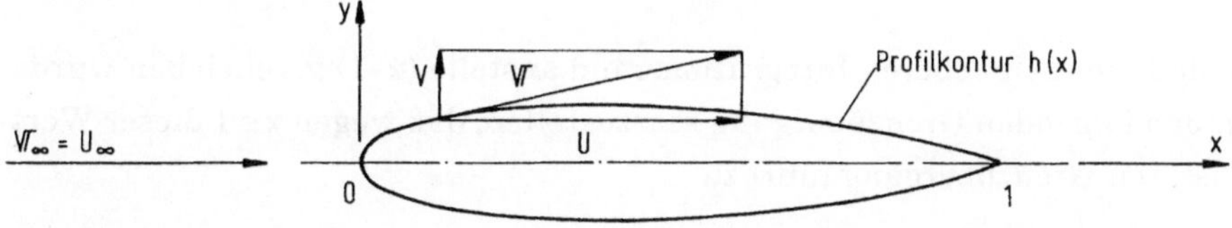

Bild 9.9. Randbedingung bei der Umströmung eines Profils

Als Randbedingung ergibt sich folgender Zusammenhang:

$$h'(x) = \frac{dh}{dx} = \frac{V}{U} = \frac{\phi_y(x,y)}{U_\infty + \phi_x(x,y)} \quad . \tag{9.21}$$

Man könnte jetzt eigentlich noch präziser sagen, daß hier das Störpotential an der Profiloberfläche verwendet werden muß, also bei $y=h(x)$. In Anbetracht der Vereinfachungen jedoch, die bislang schon gemacht worden sind, um zu den linearisierten Gleichungen zu gelangen, läßt sich hier folgende Vorgehensweise vertreten: Das Störpotential in der Randbedingung wird nicht auf der Profilkontur genommen, sondern längs der x-Achse, also bei $y=0$, d.h. man sieht das Profil als derart dünn an, daß es praktisch mit der x-Achse zusammenfällt. Als weitere Vereinfachung nimmt man an, daß die Störgeschwindigkeit $u=\phi_x$ im Vergleich zur Anströmgeschwindigkeit U_∞ vernachlässigbar ist. Somit lautet die Randbedingung

$$h'(x) = \frac{\phi_y(x,0)}{U_\infty} \quad . \tag{9.22}$$

Mit dem Ausdruck für das Störpotential (9.20) erhält man folgende Form der Randbedingung:

$$h'(x) = \lim_{y \to 0} \frac{\beta}{2\pi U_\infty} \int_0^1 q(\xi) \frac{\beta y}{(x-\xi)^2 + \beta^2 y^2} d\xi \quad .$$

Dieser Ausdruck ist null, ausgenommen für den Fall, daß mit $y \to 0$ auch gleichzeitig $x \to \xi$ geht. Die Grenzwertbildung wird durch folgende Substitution ermöglicht:

$$\beta y \lambda \Rightarrow x - \xi \qquad \beta y d\lambda \Rightarrow -d\xi \quad .$$

Auf diese Weise wird abgesichert, daß y und $(x-\xi)$ gleichzeitig zu null werden. Man erhält

$$h'(x) = -\frac{\beta}{2\pi U_\infty} \lim_{y \to 0} \int_{\frac{x}{\beta y}}^{-\frac{1-x}{\beta y}} q(x - \beta y \lambda) \frac{d\lambda}{1+\lambda^2} \quad .$$

Man beachte, daß hier beim oberen Integrationsrand anstelle $(x-1)$ geschrieben wurde $-(1-x)$, um für den folgenden Grenzübergang klarzustellen, daß wegen $x \leq 1$ dieser Wert stets negativ ist. Der Grenzübergang führt zu

$$h'(x) = -\frac{\beta}{2\pi U_\infty} \int_{+\infty}^{-\infty} q(x) \frac{d\lambda}{1+\lambda^2} = \frac{\beta q(x)}{2\pi U_\infty} \arctan\lambda \Big|_{-\infty}^{+\infty} = \frac{\beta q(x)}{2\pi U_\infty} \left(\frac{\pi}{2} + \frac{\pi}{2} \right) \quad .$$

Das Ergebnis ist schließlich

$$q(x) = \frac{2U_\infty}{\beta} h'(x) = \frac{2v(x,0)}{\beta} \quad , \tag{9.23}$$

also ein einfacher Zusammenhang zwischen Quellstärke und dem Gradienten der Profilkontur.

Mit diesem Ergebnis ist man nun in der Lage, die Geschwindigkeitsverteilung im Strömungsfeld um ein symmetrisches, dickes Profil anzugeben. Dazu wird der Ausdruck für das Störpotential (9.20) nach x bzw. y differenziert:

$$\frac{\Phi_x}{U_\infty} = \frac{U - U_\infty}{U_\infty} = \frac{1}{\pi\beta} \int_0^1 \frac{(x-\xi)\, h'(\xi)}{(x-\xi)^2 + \beta^2 y^2}\, d\xi \tag{9.24}$$

$$\frac{\Phi_y}{U_\infty} = \frac{v}{U_\infty} = \frac{1}{\pi} \int_0^1 \frac{\beta y\ h'(\xi)}{(x-\xi)^2 + \beta^2 y^2}\, d\xi \quad . \tag{9.25}$$

Wohlgemerkt, dies ist allgemein die Geschwindigkeitsverteilung im Feld. Speziell wird dagegen meist nach der Geschwindigkeitsverteilung entlang der Oberfläche des Profils gefragt. In diesem Fall vereinfachen sich die Gleichungen, wenn man, wie bei der Randbedingung, das Profil mit der x–Achse zusammenfallen läßt (sehr schlankes Profil) und dann die Geschwindigkeitskomponenten für $y=0$ angibt:

$$\frac{U - U_\infty}{U_\infty} = \frac{1}{\pi\beta} \int_0^1 \frac{h'(\xi)}{x-\xi}\, d\xi \tag{9.26}$$

$$\frac{V}{U_\infty} = h'(x) \quad . \tag{9.27}$$

Die Grenzwertbildung beim Übergang von (9.25) nach (9.27) erübrigt sich. Sie erfolgte bereits bei der Auswertung der Randbedingung und es ist (9.23) sofort zu übernehmen.

Beispiel: Als Beispiel soll die Druckverteilung für ein 7% dickes Parabel–Zweieck bei $M_\infty = 0{,}5$ und $\alpha = 0°$ berechnet werden. Die Kontur des Parabel–Zweiecks wird bestimmt durch

$$h(x) = 2\tau(x - x^2)$$

mit τ als relative, d.h. auf die Profiltiefe bezogene Dicke des Profils, hier also $\tau = 0{,}07$.

Der Zusammenhang zwischen Druckbeiwert und Geschwindigkeit ist gegeben durch

$$c_p = -2\frac{u}{U_\infty} = -2\frac{U-U_\infty}{U_\infty} = -2\frac{\Phi_x}{U_\infty} \quad .$$

Mit dem Konturgradienten

$$h'(x) = 2\tau(1-2x)$$

und der Beziehung (9.26) erhält man

$$c_p = -\frac{4\tau}{\pi\beta}\left[\int_0^1 \frac{d\xi}{x-\xi} - 2\int_0^1 \frac{\xi d\xi}{x-\xi}\right]$$

$$= -\frac{4\tau}{\pi\beta}\left[-\ln|x-\xi|\,\Big|_0^1 - 2\left\{-1 + x\int_0^1 \frac{d\xi}{x-\xi}\right\}\right]$$

und schließlich

$$c_p = -\frac{4\tau}{\pi\beta}\left[2 + (2x-1)\ln\left|\frac{1-x}{x}\right|\right] \quad .$$

Mit $\tau = 0{,}07$ und $\beta = \sqrt{1-M_\infty^2} = 0{,}866$ ergibt sich folgendes Bild:

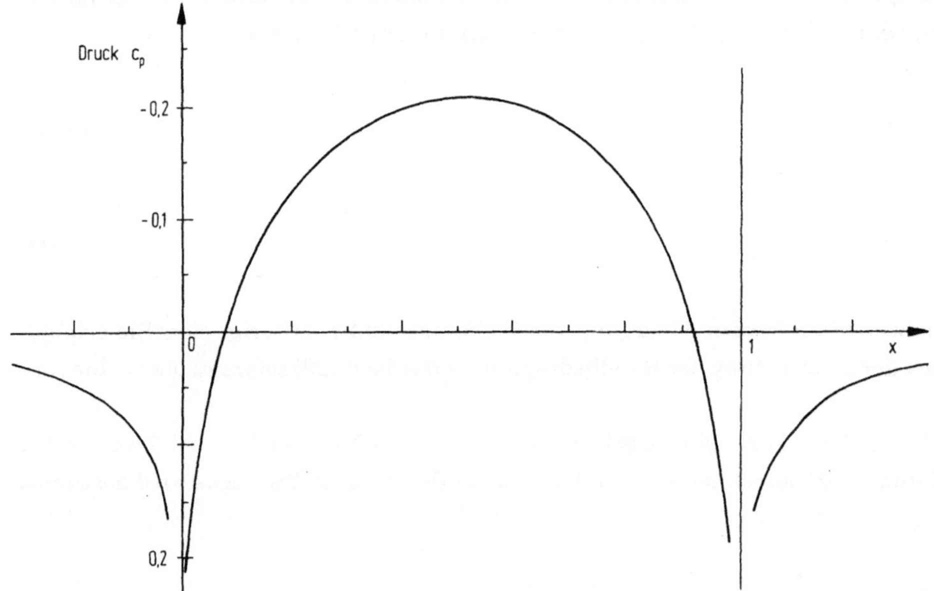

Bild 9.10. Druckverteilung für ein Parabel–Zweieck, berechnet mit der Theorie kleiner Störungen ($M_\infty = 0{,}5$, $\tau = 0{,}07$)

□

Beispiel: Als ein weiteres Beispiel soll die Druckverteilung für das in der Praxis häufig verwendete NACA 0012–Profil ermittelt werden. Die Anström–Bedingungen seien wiederum $M_\infty = 0{,}5$ und $\alpha = 0°$. Die Kontur des Profils wird durch folgende Beziehung analytisch dargestellt:

$$h(x) = 0{,}6\left[0{,}2969\sqrt{x} - 0{,}126x - 0{,}3516x^2 + 0{,}2843x^3 - 0{,}1015x^4\right] \ .$$

Das Profil hat folgendes Aussehen:

Bild 9.11. Kontur des NACA 0012–Profils

Bei der Berechnung der Druckverteilung über die Beziehung (9.26)

$$c_p = -\frac{2}{\pi\beta}\int_0^1 \frac{h'(\xi)}{x-\xi}\,d\xi \qquad (9.28)$$

benötigt man die Lösung folgender Integrale (Bronstein [4], Integrale Nr. 113, 2, 273):

$$\int_0^1 \frac{d\xi}{\sqrt{\xi}(x-\xi)} = \frac{1}{\sqrt{x}}\ln\frac{1+\sqrt{x}}{1-\sqrt{x}}$$

$$\int_0^1 \frac{d\xi}{x-\xi} = -\ln\left|\frac{1-x}{x}\right|$$

$$\int_0^1 \frac{\xi^m d\xi}{x-\xi} = -\frac{1}{m} + x\int_0^1 \frac{\xi^{m-1}}{x-\xi}d\xi \ .$$

Für den Druckbeiwert erhält man schließlich folgende Beziehung:

$$c_p = -\frac{1}{\beta}\left[0{,}0567\frac{1}{\sqrt{x}}\ln\frac{1+\sqrt{x}}{1-\sqrt{x}} + 0{,}0481\ln\left|\frac{1-x}{x}\right|\right.$$

$$+ 0{,}2686\left(1 + x\ln\left|\frac{1-x}{x}\right|\right) - 0{,}3258\left(\frac{1}{2} + x + x^2\ln\left|\frac{1-x}{x}\right|\right)$$

$$\left.+ 0{,}1551\left(\frac{1}{3} + \frac{1}{2}x + x^2 + x^3\ln\left|\frac{1-x}{x}\right|\right)\right] \ .$$

Im Bild 9.12 ist diese Druckverteilung mit experimentellen Ergebnissen verglichen. Besonders zu vermerken ist, daß solcherart ermittelte Druckverteilungen eine Singularität im Profilnasen-Bereich aufweisen. Dies ist darauf zurückzuführen, daß dort $u=-U_\infty$ und somit die Annahme kleiner Störungen nicht gerechtfertigt ist.

Mit Hilfe des Riegels-Faktors

$$F_R = \sqrt{1+h'^2(x)} \tag{9.29}$$

läßt sich die Druckverteilung im Profilnasen-Bereich korrigieren:

$$c_{p_{korr}} = \frac{c_p}{F_R} \quad . \tag{9.30}$$

Auf diese Art wird eine verbesserte Übereinstimmung mit experimentellen Ergebnissen erreicht.

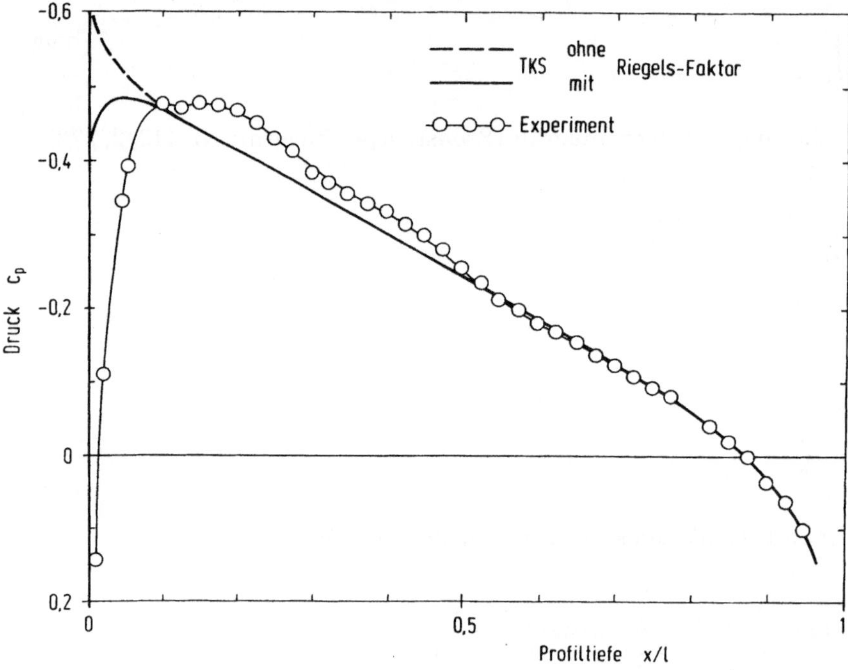

Bild 9.12. Druckverteilung für das NACA 0012-Profil

□

Beispiel: Mit einem weiteren Beispiel soll nun noch auf die vielseitigen Anwendungsmöglichkeiten der Theorie kleiner Störungen hingewiesen werden. Sie kann u.a. auch verwendet werden, um in Windkanälen mit adaptiven Wänden die geeigneten Wandformen zu ermitteln. Durch adaptive Wände sollen Wandinterferenzen bei Windkanalmessungen verhindert werden. Dabei geht man von folgender Überlegung aus:

Die Strömung um ein Windkanal-Modell ist bei undurchlässigen Wänden nur dann frei von Wandinterferenzen, wenn die Meßstreckenwände die Form einer Stromfläche einer nach allen Seiten unbegrenzten Strömung haben. Eine Illustration dieser Vorstellung ist in Bild 9.13 gegeben.

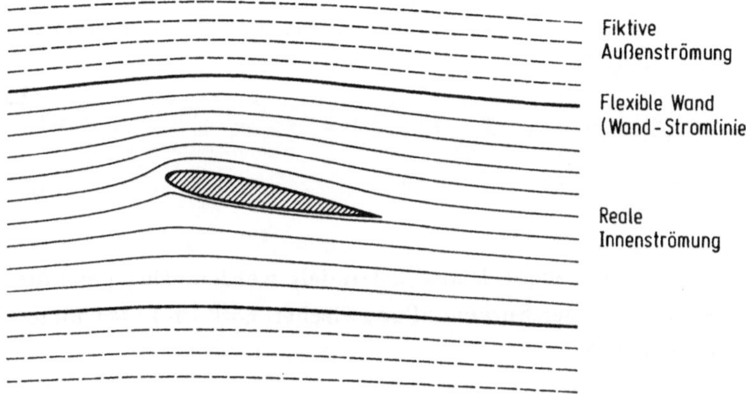

Bild 9.13. Das Prinzip adaptiver Wände

In dem Bild ist das Strömungsfeld in der Meßstrecke skizziert, erweitert um ein fiktives, gedachtes Außenfeld, das sich jenseits der Wände an das Bild von der realen Innenströmung anschließt.Die Überprüfung, inwieweit die Wandform korrekt ist, läßt sich anhand einer Betrachtung über die Wandstromlinie durchführen. Für diese Wandstromlinie muß die Relation (9.26) gelten, wenn man dort $y=0$ ansetzt, was im Prinzip nur bedeutet, daß die u-Störung entlang derselben Linie berechnet wird, für die man den Gradienten $h'(\xi)$ vorgeben kann:

$$\frac{u}{U_\infty} = \frac{1}{\pi\beta}\int_0^1 \frac{h'(\xi)}{x-\xi}\,d\xi \quad .$$

Hierin ist also jetzt $h'(\xi)$ der lokale Gradient der Wandstromlinie, die von $x=0$ bis $x=1$ läuft. Man kann auch die Randbedingung in der Form (9.22) einführen, also $h'(\xi)=\phi_y(\xi\,,0)/U_\infty=v(\xi\,,0)/U_\infty$ und erhält

$$u = \frac{1}{\pi\beta}\int_0^1 \frac{v(\xi)}{x-\xi}\,d\xi \quad .$$

Dies ist eine Relation zwischen u– und v–Störung, die grundsätzlich voraussetzt, daß seitwärts zum Unendlichen alle Störungen abgeklungen sind. Wir hatten bei der Herleitung der Gleichungen dies nicht ausdrücklich vermerkt, es wird aber hier von besonderer Bedeutung und ist in der Tat die entscheidende Voraussetzung, die es ermöglicht, die Interferenzfreiheit der Strömungsverhältnisse zu überprüfen:

Nur wenn die entlang der Wand festgestellte u– und v–Störung diese oben angegebene Gleichung erfüllen, ist die Strömung interferenzfrei, also entspricht einer seitlich unbegrenzten Strömung. Die beiden Größen u und v können leicht ermittelt werden: v ist gegeben durch den Konturverlauf der Wand und u ermittelt sich aus der meßbaren Wanddruckverteilung über $c_p = -2u/U_\infty$.

□

Anstellungsproblem:

Als nächstes soll nun die angestellte ebene Platte behandelt werden. Das gesamte Störpotential wird dabei gebildet aus der Summe aller zwischen $\xi = 0$ und $\xi = 1$ angeordneten Wirbelsingularitäten (9.19b):

$$\phi(x,y) = \frac{1}{2\pi}\int_0^1 \gamma(\xi)\arctan\frac{\beta y}{x-\xi}\,d\xi \quad . \tag{9.31}$$

Das gesamte Strömungspotential ergibt sich dann in diesem Falle aus der Summe eines Potentials der Anströmung, das den Anstellwinkel α ausweisen muß, und dem oben angegebenen Störpotential, also

$$\Phi(x,y) = U_\infty x + V_\infty y + \phi(x,y) \quad . \tag{9.32}$$

Dabei wurde die Anström–Geschwindigkeit in zwei Komponenten zerlegt:

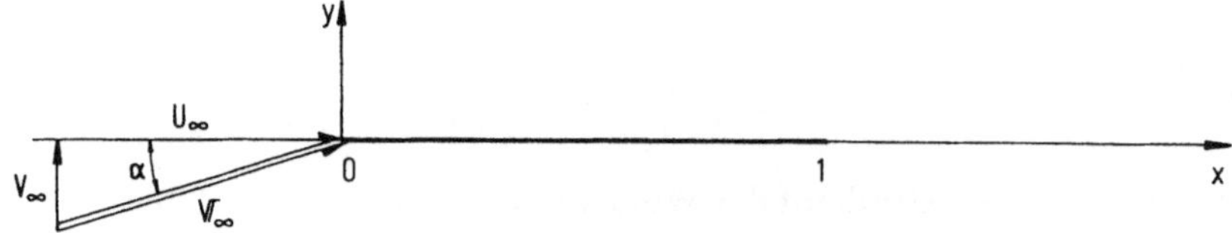

Bild 9.14. Zerlegung der Anströmung in Komponenten

Die Annahme, daß der Anstellwinkel klein ist, ermöglicht folgende Näherung:

$$U_\infty = V_\infty \cos \alpha \approx V_\infty$$

$$V_\infty = V_\infty \sin \alpha \approx V_\infty \alpha \quad .$$

Für die Geschwindigkeitskomponenten im Feld läßt sich damit schreiben

$$U(x, y) = V_\infty + \phi_x(x, y)$$

$$V(x, y) = V_\infty \alpha + \phi_y(x, y) \; .$$

Als Randbedingung gilt es auch hier sicherzustellen, daß die Strömung tangential zur "Profilkontur" zu verlaufen hat. Das bedeutet bei einer parallel zur x–Achse ausgerichteten ebenen Platte, daß entlang dieser Platte der Geschwindigkeitsvektor keine Komponente in y–Richtung besitzen darf. Es muß also gelten:

$$V(x,0) = V_\infty \alpha + \phi_y(x, 0) = 0 \qquad \text{für} \quad 0 \le x \le 1 \quad .$$

Damit folgt

$$\phi_y(x, 0) = -V_\infty \alpha \qquad \text{für} \quad 0 \le x \le 1 \quad . \tag{9.33}$$

Dies gibt die Möglichkeit, die Verteilung der Wirbelstärken festzulegen. Dazu muß zunächst das Störpotential (9.31) nach y abgeleitet werden. Unter Benutzung der Regel

$$\frac{d}{d\lambda}(\arctan \lambda) = \frac{1}{1+\lambda^2}$$

erhält man

$$\phi_y(x, y) = \frac{\beta}{2\pi} \int_0^1 \gamma(\xi) \frac{x-\xi}{(x-\xi)^2 + \beta^2 y^2} \, d\xi \quad .$$

Für die Plattenoberfläche, also bei y = 0, ergibt sich damit

$$\phi_y(x, 0) = \frac{\beta}{2\pi} \int_0^1 \frac{\gamma(\xi)}{x-\xi} \, d\xi = -V_\infty \alpha \quad . \tag{9.34}$$

Dies ist eine spezielle Form der "Betz'schen Integralgleichung", die da lautet:

$$g(x) = \int_0^1 \frac{f(\xi)}{\xi - x} \, d\xi$$

mit der Lösung

$$f(x) = -\frac{1}{\sqrt{x(1-x)}}\left[\frac{1}{\pi^2}\int_0^1 g(\xi)\,\frac{\sqrt{\xi(1-\xi)}}{\xi-x}\,d\xi + C\right] \quad .$$

Wir schreiben die Randbedingung (9.34) etwas um in

$$\frac{2\pi\alpha}{\beta} = \int_0^1 \frac{\frac{\gamma(\xi)}{V_\infty}}{\xi-x}\,d\xi$$

und können dann für die Lösung der Betz'schen Integralgleichung folgendes ansetzen:

$$\frac{\gamma(\xi)}{V_\infty} \Rightarrow f(\xi)$$

$$\frac{2\pi\alpha}{\beta} = \text{konst.} \Rightarrow g(x) \quad .$$

Aus einer Integraltafel (z.B. W. Gröbner, N. Hofreiter [5]) entnimmt man

$$\int_0^1 \frac{\sqrt{\xi(1-\xi)}}{\xi-x}\,d\xi = \frac{\pi}{2}(1-2x) \quad .$$

Somit erhält man schließlich für die Verteilung der Wirbelstärke

$$\frac{\gamma(x)}{V_\infty} = -\frac{1}{\sqrt{x(1-x)}}\left[\frac{\alpha}{\beta}(1-2x) + C\right] \quad . \tag{9.35}$$

Dies bedeutet, daß es bei beliebiger Wahl der Integrationskonstanten C unendlich viele Lösungen gibt. Diese Lösungsvielfalt kann jedoch durch folgende Überlegung eingeschränkt werden: Das Ergebnis für die Wirbelstärke (9.35) weist zwei Singularitäten auf, nämlich für $x=0$ und $x=1$. Eine unendliche Wirbelstärke an der scharfen Vorderkante bei $x=0$ erscheint von physikalischen Überlegungen her vertretbar. Dagegen ist von einer reibungsbehafteten Strömung nicht zu erwarten, daß sie einer Umströmung der Hinterkante mit nachfolgend starker Kompression zu einem Staupunkt folgen kann. Bei Profilen mit scharfer Hinterkante hat es sich als berechtigt erwiesen, ein glattes Abströmen an der Hinterkante anzusetzen und somit dort jegliche Umströmung auszuschließen. Dies bedeutet, daß die Zirkulation an der Hinterkante verschwinden muß, was durch eine entsprechende Wahl der Integrationskonstanten gewährleistet werden kann. Setzt man

$$C = \frac{\alpha}{\beta} \quad ,$$

so ergibt sich für den Klammerausdruck

$$\left[\quad\right] = 2\frac{\alpha}{\beta}(1-x)$$

und damit schließlich folgende Zirkulationsverteilung:

$$\frac{\gamma(x)}{V_\infty} = -2\frac{\alpha}{\beta}\left[\frac{1-x}{x}\right]^{\frac{1}{2}} \quad . \tag{9.36}$$

Die Zirkulation ist weiterhin singulär bei $x=0$, verschwindet jedoch bei $x=1$. Jetzt ist man in der Lage, die Geschwindigkeitsverteilung an der Plattenoberfläche anzugeben. Die v–Störung ist bereits mit der Randbedingung angegeben:

$$\phi_y(x,0) = -V_\infty\alpha \quad .$$

Für die u–Störung erhält man

$$\phi_x(x,y) = -\frac{1}{2\pi}\int_0^1 \gamma(\xi)\frac{\beta y}{(x-\xi)^2+\beta^2 y^2}\,d\xi \quad .$$

Die Störgeschwindigkeit an der Plattenoberfläche erhält man durch einen Grenzübergang $y \to \pm 0$. Dies wird wieder durch folgende Substitution ermöglicht:

$$\beta y\lambda = x-\xi \qquad\qquad \beta y\,d\lambda = -d\xi \quad .$$

Man erhält

$$\phi_x(x,\pm 0) = \frac{1}{2\pi}\lim_{y\to\pm 0}\int_{\frac{x}{\beta y}}^{-\frac{1-x}{\beta y}} \gamma(x-\beta y\lambda)\frac{d\lambda}{1+\lambda^2}$$

$$\phi_x(x,\pm 0) = -\frac{\gamma(x)}{2\pi}\int_{\mp\infty}^{\pm\infty}\frac{d\lambda}{1+\lambda^2} = -\frac{\gamma(x)}{2\pi}\left[\pm\frac{\pi}{2}\pm\frac{\pi}{2}\right]$$

$$\phi_x(x,\pm 0) = \mp\frac{\gamma(x)}{2} \quad . \tag{9.37}$$

Die Störgeschwindigkeit an der Plattenoberfläche ist also gleich der halben lokalen Zirkulationsstärke. Damit folgt schließlich mit (9.36) für die u–Störung

$$\frac{u}{U_\infty} = \pm\frac{\alpha}{\beta}\left[\frac{1-x}{x}\right]^{\frac{1}{2}} \quad . \tag{9.38}$$

Beispiel: Der Druckbeiwert für eine angestellte Platte errechnet sich aus der Störgeschwindigkeit zu

$$c_p = -2\frac{u}{U_\infty} = \mp 2\frac{\alpha}{\beta}\left[\frac{1-x}{x}\right]^{\frac{1}{2}} . \tag{9.39}$$

Bei inkompressibler Anströmung ist ß=1 und man erhält für einen Anstellwinkel $\alpha=1°=0{,}01745$ die im Bild 9.15 angegebene Druckverteilung.

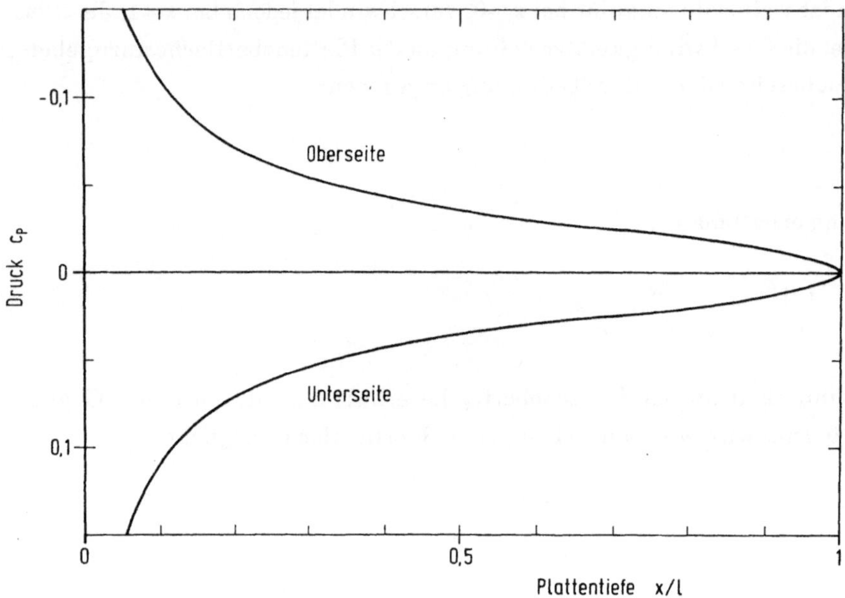

Bild 9.15. Druckverteilung auf der Ober- und Unterseite einer um $\alpha=1°$ angestellten Platte

Die Druckbeiwerte erhöhen sich linear mit α und 1/ß. Beispielsweise erhöht sich das Druckniveau bei M=0,7 um das $1/\sqrt{1-0{,}7^2}=1{,}4$ -fache.

□

Beispiel: Die Druckverteilung eines endlich dicken, angestellten Profils läßt sich berechnen durch Überlagerung der Dickenwirkung und des Anstellwinkeleffektes. Für das NACA 0012-Profil war beispielhaft eine Druckverteilung bei $\alpha=0°$ in Bild 9.12 angegeben worden. Überlagert man hier die Druckverteilung gemäß (9.39) und berücksichtigt wiederum den Riegels-Faktor nach (9.29), so erhält man eine befriedigende Übereinstimmung mit experimentellen Daten (Bild 9.16).

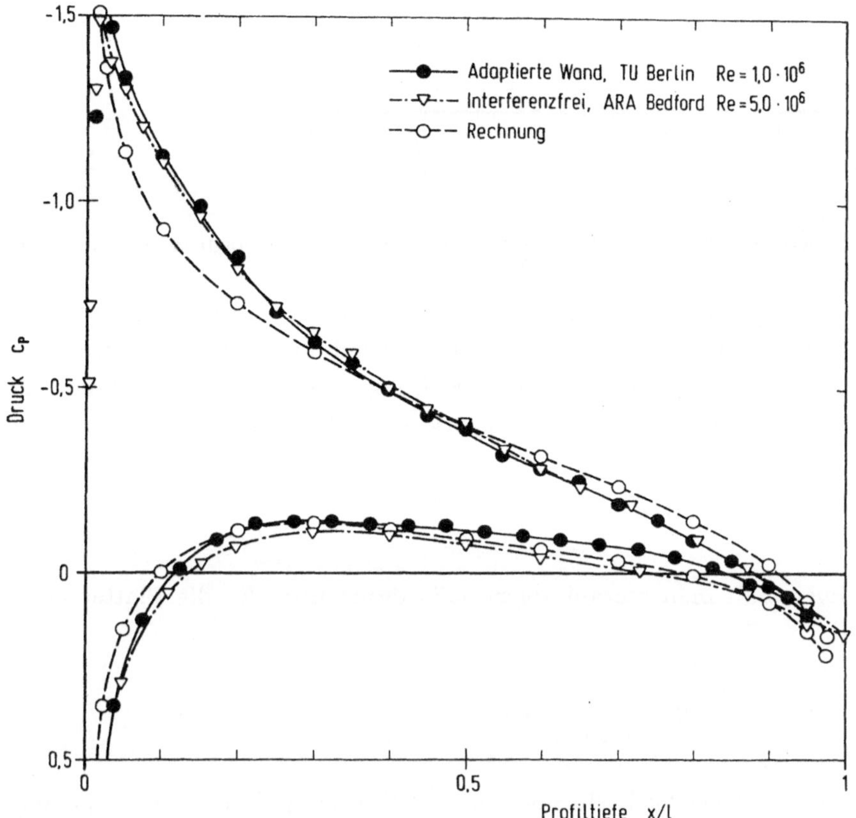

Bild 9.16. Druckverteilung für ein NACA 0012–Profil bei $M_\infty = 0{,}5$ und $\alpha = 3{,}83°$

□

Beispiel: Das Strömungsfeld für eine senkrecht angeströmte Platte ergibt sich, wenn in der Zirkulationsverteilung nach Gleichung (9.35) die Integrationskonstante $C = 0$ gesetzt wird. Dies ergibt sich unmittelbar aus der Forderung, daß bei $x = 1/2$ ein Staupunkt mit $\gamma = 0$ vorliegt, zu dem die Strömung symmetrisch ist.

Wir werden dies Ergebnis für die senkrecht angeströmte Platte im Kapitel 11 bei der Berechnung der Strömung um schlanke Körper benötigen und deshalb gleich hier das später benutzte Koordinatensystem einführen, wobei $x \Rightarrow (\eta + 1)/z$ gesetzt wird (Bild 9.17).

Wir betrachten jetzt nur den inkompressiblen Fall ($\beta = 1$). Dann ergibt sich aus (9.35) für die Zirkulationsverteilung in den beiden Koordinatensystemen

$$\frac{\gamma(x)}{V_\infty \alpha} = \frac{2x - 1}{\sqrt{x(1-x)}} \qquad \text{bzw.} \qquad \frac{\gamma(\eta)}{V_\infty \alpha} = \frac{2\eta}{\sqrt{1-\eta^2}} \quad .$$

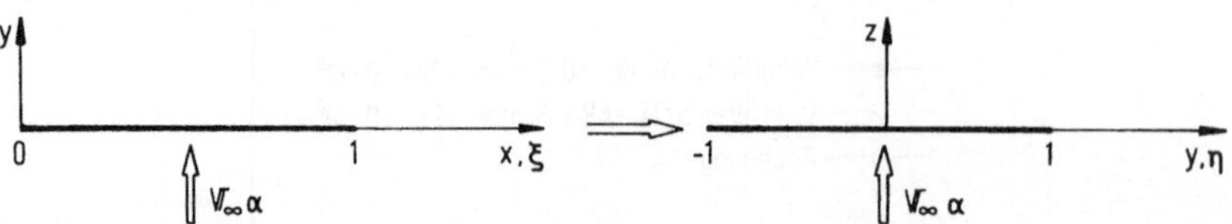

Bild 9.17. Senkrecht angeströmte Platte in zwei verschiedenen Koordinatensystemen

Dies ergibt einen Staupunkt bei $x=1/2$ bzw. $\eta=0$ und an den Kanten bei $x=0$ und 1 bzw. $\eta=\pm 1$ unendlich starke Zirkulationen entsprechend einer Kantenumströmung von unten nach oben. Die Geschwindigkeitsverteilung an der Plattenoberfläche ist dann wiederum gleich der halben Zirkulationsstärke (siehe Gleichung (9.37)), also

$$\phi_\eta(\eta, \pm 0) = \mp V_\infty \alpha \frac{\eta}{\sqrt{1-\eta^2}} \quad .$$

Durch Integration erhält man hieraus sofort das Störpotential für die Plattenoberfläche:

$$\phi(y, \pm 0) - \phi(0, \pm 0) = \mp V_\infty \alpha \int_0^y \frac{\eta}{\sqrt{1-\eta^2}} d\eta = \pm V_\infty \alpha \left[\sqrt{1-y^2} - 1 \right] \quad .$$

Die Lösung des Integrals erfolgt leicht über die Substitution $\eta = \sin \omega$. Man bekommt damit folgendes Ergebnis für das Störpotential an der Oberfläche einer mit $V_\infty \alpha$ senkrecht angeströmten Platte:

$$\phi(y, \pm 0) = \pm V_\infty \alpha \sqrt{1-y^2} \quad . \tag{9.40}$$

Eine Grenzwert–Bildung $z \rightarrow \pm 0$ für das Störpotential nach Gleichung (9.31) ist übrigens nicht ohne weiteres möglich. Im allgemeinen wird in Lehrbüchern das oben angegebene Ergebnis für die senkrecht angeströmte Platte über eine konforme Abbildung errechnet. Wir haben hier dagegen den Weg über die Integration von ϕ_η gewählt.

□

9.5 Profile bei Überschall-Anströmung

Auch bei der Berechnung der Überschall–Strömung um Profile bildet wieder die Störpotentialgleichung in der bekannten Form den Ausgang:

$$(M_\infty^2 - 1)\phi_{xx} - \phi_{yy} = 0 \quad .$$

Das Vorzeichen wurde hierbei unter Berücksichtigung der Tatsache umgesetzt, daß bei Überschallströmungen $M_\infty > 1$ ist. Damit wird auch gleich ein Hinweis auf die Lösung der Differentialgleichung gegeben. Sofern das Vorzeichen beider Terme in der Gleichung verschieden ist, gibt es eine allgemeine Lösung, die als d'Alembertsche Lösung bekannt ist:

$$\phi(x,y) = F_1\left(x - \sqrt{M_\infty^2 - 1}\, y\right) + F_2\left(x + \sqrt{M_\infty^2 - 1}\, y\right) \quad . \tag{9.41}$$

Als Parameter tauchen hier ganz bestimmte Kombinationen von x und y auf, die bei Überschallströmungen eine besondere physikalische Bedeutung haben.

Geradenscharen der Art

$$\xi = x - \sqrt{M_\infty^2 - 1}\, y = \text{konst.}$$

$$\eta = x + \sqrt{M_\infty^2 - 1}\, y = \text{konst.}$$

stellen in der x,y–Ebene Mach'sche Linien dar. Es sind Linien, längs derer sich in einer Überschallströmung kleine Störungen fortpflanzen (siehe auch Kapitel 5). Der Verlauf der Mach–Linien ist mit Bezug auf die Strömungsrichtung durch den Mach'schen Winkel bestimmt, der wiederum allein durch die jeweilige Mach–Zahl bestimmt ist:

$$\mu = \arctan \frac{1}{\sqrt{M^2 - 1}}$$

Im Falle der hier zugrunde gelegten linearisierten Theorie wird anstelle der lokalen Mach–Zahl M pauschal die Mach–Zahl der Hauptströmung M_∞ als bestimmend für den Verlauf der Mach'schen Linien angesetzt. Bei nicht–linearen Betrachtungen dagegen wird die Variation der Mach–Zahl im Strömungsfeld auch bei der Darstellung der Mach'schen Linien berücksichtigt. Wir haben dies bereits bei der Behandlung des Charakteristiken–Verfahrens (Kapitel 8) besprochen.

Für die weitere Vorgehensweise ist hier von Bedeutung, die Parameter der Lösung als Mach'sche Linien identifiziert zu haben. Aufgrund dieser Erkenntnis läßt sich nämlich die allgemeine Lösung einschränken.

Da sich Störungen in einer Überschallströmung nur stromab bemerkbar machen können, muß folgendes gelten:

$$\phi(x,y) = F_1\left(x - \sqrt{M_\infty^2 - 1}\, y\right) \qquad \text{für } y > 0 \tag{9.42a}$$

$$\phi(x, y) = F_2\left(x + \sqrt{M_\infty^2 - 1}\; y\right) \qquad \text{für } y < 0 \ . \tag{9.42b}$$

Es wird also auch hier durch physikalische Überlegungen eine Einschränkung der rechnerischen Lösung herbeigeführt, ähnlich wie dies bei der Unterschall-Umströmung der angestellten Platte über die Kutta-Bedingung erreicht wurde. Damit errechnen sich die Geschwindigkeitsstörungen als

$$u = \phi_x = U - V_\infty = F'_{1,2}\left(x \mp \sqrt{M_\infty^2 - 1}\; y\right) \tag{9.43a}$$

$$v = \phi_y = V - V_\infty \alpha = \mp\sqrt{M_\infty^2 - 1}\, F'_{1,2}\left(x \mp \sqrt{M_\infty^2 - 1}\; y\right) \tag{9.43b}$$

mit dem oberen Vorzeichen für die Oberseite und dem unteren für die Unterseite. Der Strich bedeutet Ableitung der Funktionen nach dem Argument. Als nächstes wären wieder die Funktionen $F'_{1,2}$ über die Randbedingungen näher zu bestimmen.

Doch bevor wir damit voranschreiten, noch eine Zwischenbemerkung: Dividiert man die beiden oben angegebenen Ausdrücke durcheinander, so fallen die noch unbestimmten Funktionen $F'_{1,2}$ heraus und man erhält

$$\frac{U - V_\infty}{V - V_\infty \alpha} = \mp \frac{1}{\sqrt{M_\infty^2 - 1}}$$

bzw.

$$\frac{u}{V_\infty} = \frac{U}{V_\infty} - 1 = \mp \frac{1}{\sqrt{M_\infty^2 - 1}}\left(\frac{V}{V_\infty} - \alpha\right) \ . \tag{9.44}$$

Diese Beziehung wird als *Ackeret*-Formel bezeichnet. Sie gibt an, daß die u-Störung in einem Feldpunkt der Überschall-Strömung allein durch den lokalen Neigungswinkel der Stromlinie in bezug auf die Richtung der Anströmung bestimmt ist. Der Ausdruck $(V/V_\infty - \alpha)$ stellt nämlich den Winkel zwischen Anströmrichtung und lokaler Strömungsrichtung dar, wenn man näherungsweise $U \approx V_\infty$ setzt (Bild 9.18).

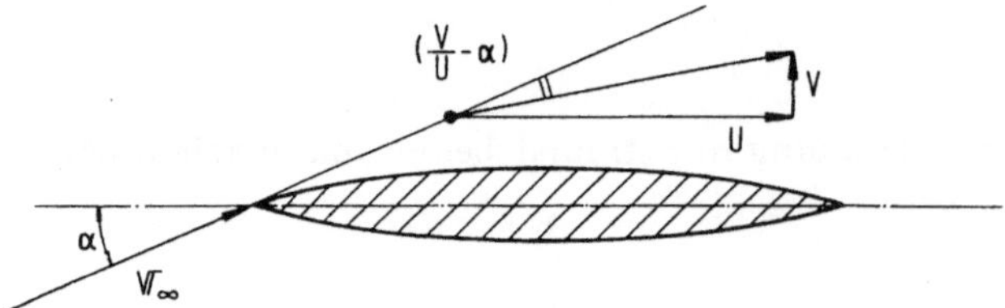

Bild 9.18. Überschall-Umströmung eines Profils, Erläuterung zur Ackeret-Formel

Der einfache Zusammenhang zwischen u–Störung und lokaler Strömungsrichtung, wie er in der Ackeret–Formel zum Ausdruck kommt, ist eine Besonderheit der Überschall-strömungen. Bei Unterschall–Strömungen geht dagegen stets die Vorgeschichte der Strömung ein.

Nach dieser Zwischenbemerkung nun zurück zur der Bestimmung der Geschwindigkeitsverteilung bei ebener Überschall–Strömung.

Die Randbedingung ist hier natürlich die gleiche wie bei einer Unterschall–Strömung. Auch hier muß entlang der Profilkontur die Strömung tangential verlaufen. Die Profilkontur der Oberseite sei durch $h_o(x)$ beschrieben, diejenige der Unterseite durch $h_u(x)$.

Die Randbedingung für Ober– und Unterseite lautet dann

$$h'_{o,u}(x) = \frac{V}{U} = \frac{V_\infty \alpha \mp \sqrt{M_\infty^2 - 1}\, F'_{1,2}(x)\left(x \mp \sqrt{M_\infty^2-1}\, y\right)}{V_\infty + F'_{1,2}(x)\left(x \mp \sqrt{M_\infty^2-1}\, y\right)} \quad .$$

Wir setzen nun wieder ein derart dünnes Profil voraus, daß die Randbedingung bei $y=0$, also auf der Sehne des Profils, angesetzt werden kann. Ferner wird die Störgeschwindigkeit $u=F'_{1,2}$ als klein im Vergleich zu V_∞ angenommen. Unter diesen Voraussetzungen erhält man:

$$h'_{o,u}(x) = \frac{V_\infty \alpha \mp \sqrt{M_\infty^2-1}\, F'_{1,2}(x)}{V_\infty} \quad .$$

Die Auflösung führt zu

$$F'_{1,2}(x) = \frac{\left[\pm\, \alpha \mp h'_{o,u}(x)\right] V_\infty}{\sqrt{M_\infty^2-1}}$$

bzw.

$$F'_{1,2}\left(x \mp \sqrt{M_\infty^2-1}\, y\right) = \frac{\left[\pm\, \alpha \mp h'_{o,u}\left(x \mp \sqrt{M_\infty^2-1}\, y\right)\right] V_\infty}{\sqrt{M_\infty^2-1}} \quad .$$

Mit diesem Resultat aus der Randbedingung kommt man schließlich zu folgendem Ergebnis für die Geschwindigkeitsverteilung im Feld eines mit Überschall angeströmten Profils:

$$\sqrt{M_\infty^2-1}\,\frac{u}{V_\infty} = \pm\, \alpha \mp h'_{o,u}\left(x \mp \sqrt{M_\infty^2-1}\,y\right)$$

$$\frac{v}{V_\infty} = -\,\alpha + h'_{o,u}\left(x \mp \sqrt{M_\infty^2-1}\,y\right) \; . \tag{9.45}$$

Die Geschwindigkeitsverteilung an der Oberfläche des Profils erhält man damit sofort, indem $y=0$ gesetzt wird.

Beispiel: Bei Überschall–Profilen ist die Annahme, daß es sich um einen schlanken Körper handelt, besonders gerechtfertigt, wenn man sich folgendes vor Augen führt:

Der Flügel des Starfighters F 104 hat ein bikonvexes Profil von 3,36% Dicke. Die mittlere aerodynamische Flügeltiefe beträgt 2,91m, somit ist der Flügel im Mittel 9,8cm Dick. Der Vorderkanten–Radius des Profils wird mit 0,41 mm angegeben, die Hinterkante als rasierklingenscharf.

Die Störgeschwindigkeiten – und somit auch die Stromlinienform – sind im Strömungsfeld im wesentlichen durch die Profilform bestimmt (Bild 9.19).

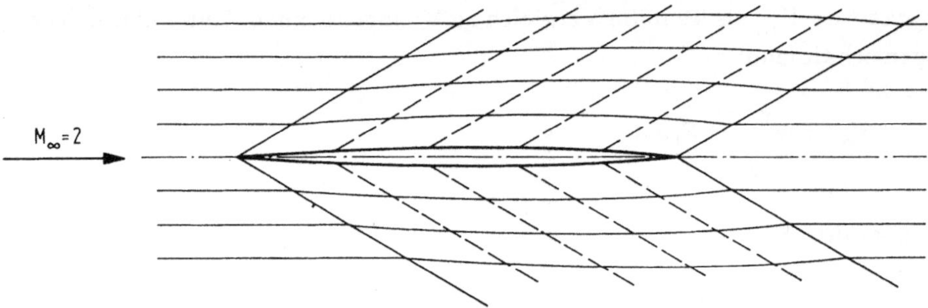

Bild 9.19. Stromlinien eines mit Überschallgeschwindigkeit angeströmten Profils nach der Theorie kleiner Störungen

Im Rahmen der Theorie kleiner Störungen ergeben sich folgende Aussagen: Alle Stromlinien sind innerhalb der begrenzenden Mach–Wellen ähnlich. Dementsprechend klingt weder die v–noch die u–Störung in den Raum hinein ab. Die Druckverteilung, die entlang der Profiloberfläche ermittelt wird, ist unverändert entlang den weiter vom Profil entfernt zwischen den Mach–Linien liegenden Stromlinienteilen vorhanden.

Wohlgemerkt, diese Aussagen gelten nur für schlanke Körper im Rahmen der Theorie kleiner Störungen. Tatsächlich hat die Umströmung eines Körpers im Überschall das am Beispiel eines dicken Profils (Bild 9.20) gezeigte Aussehen.

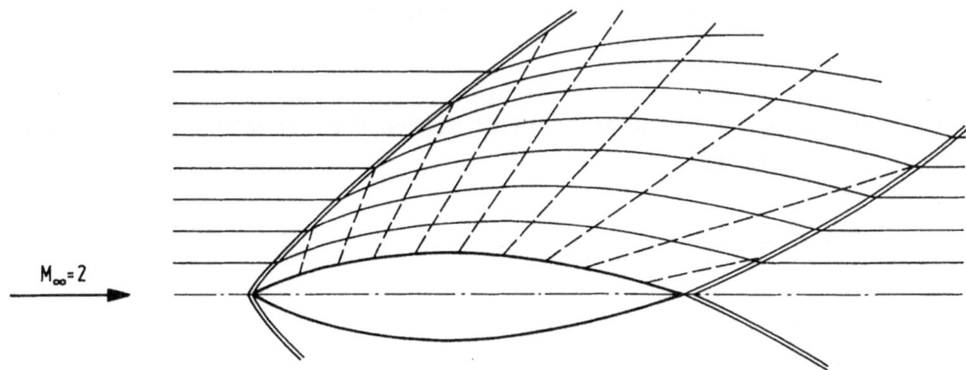

Bild 9.20. Stromlinien eines mit Überschallgeschwindigkeit angeströmten Profils (nichtlineare Theorie)

Die Stromlinien divergieren innerhalb der begrenzenden Stoßwellen entsprechend der Zunahme der Mach-Zahl. Die Expansionsfächer bewirken eine Krümmung der Stöße. Die v- und u-Störungen klingen mit zunehmender Entfernung vom Profil ab. Die Druckverteilung variiert dementsprechend im gesamten Gebiet zwischen den Stoßwellen.

□

Beispiel: Im Kapitel 5 hatten wir als Beispiel ein Rhombus-Profil behandelt. Bei horizontaler Anströmung mit Mach 2 hatten wir über die Schrägstoßbeziehungen und die Prandtl-Meyer-Expansion reibungsfrei exakt den Druck berechnet. Später hatten wir in diesem Kapitel das Beispiel im Abschnitt 9.3 noch einmal aufgegriffen, um mit den Druckverhältnissen Druckbeiwerte zu bestimmen und damit schließlich den Wellenwiderstand zu berechnen. Wir erhielten

$$c_{p_1} = 0{,}257 \qquad c_{p_2} = -0{,}146 \qquad c_w = 0{,}0711 \quad .$$

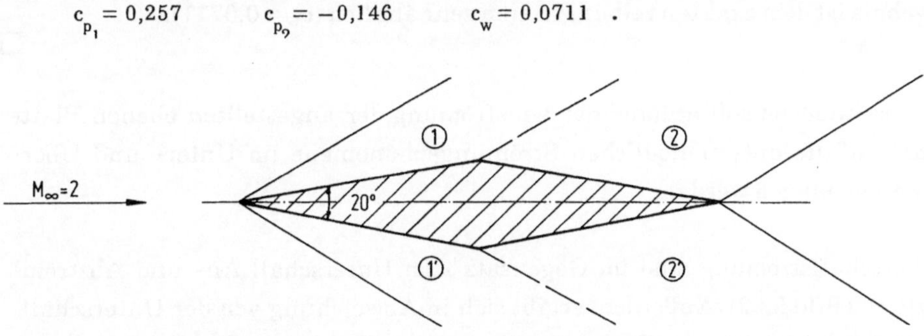

Bild 9.21. Rhombus-Profil in einer Überschall-Strömung

Wir wollen jetzt diesen Strömungsfall mit der Theorie kleiner Störungen berechnen. Es ist allerdings zu erwarten, daß dies nur eine verhältnismäßig grobe Näherung ergibt, da ein Keil mit 20° Öffnungswinkel keineswegs mehr als eine kleine Störung angesehen werden kann.

Nach der Theorie kleiner Störungen errechnen sich die Druckbeiwerte über die Gleichungen (9.11) und (9.45):

$$c_p = -2\frac{u}{U_\infty} = \pm\frac{2}{\sqrt{M_\infty^2 - 1}}\,h'_{o,u}(x) \quad .$$

Mit $h'_{o1} = h'_{u2} = \tan\theta = -h'_{u1} = -h'_{o2}$ folgt

$$c_{p_{1,2}} = \pm\frac{2}{\sqrt{3}}\tan 10^\circ = \pm\,0{,}204 \quad .$$

Bei dem Vergleich dieser Druckbeiwerte mit den exakten Ergebnissen (+0,257 und −0,146) wird deutlich, daß hier die Theorie kleiner Störungen eine kaum noch vertretbare Näherungslösung darstellt.

Der Widerstand ist bei Nullanstellung identisch mit dem Tangentialkraftbeiwert nach Gleichung (9.12):

$$c_w = \int_0^1 \left(c_{p_o}\frac{dh_o}{dx} - c_{p_u}\frac{dh_u}{dx} \right) dx$$

$$= c_{p_1}\int_0^{\frac{1}{2}} \left(h'_{o1} - h'_{u1} \right) dx + c_{p_2}\int_{\frac{1}{2}}^{1} \left(h'_{o2} - h'_{u2} \right) dx$$

$$= 2\cdot 0{,}204\tan 10^\circ = 0{,}0718 \quad .$$

Dieses Ergebnis ist dem exakten reibungsfreien sehr ähnlich ($c_w = 0{,}0711$).

□

Beispiel: Abschließend soll anhand der Umströmung der angestellten ebenen Platte noch einmal auf die unterschiedlichen Strömungsphänomene im Unter- und Überschall kurz eingegangen werden.

Bei der Überschallströmung sind im Gegensatz zum Unterschall An- und Abströmrichtung gleich (Bild 9.22). Außerdem ergibt sich in Abweichung von der Unterschallströmung längs der Plattenoberfläche eine konstante Druckverteilung. Diese liefert eine in der Plattenmitte angreifende Luftkraftresultierende, während bei Unterschall-Anströmung die resultierende Luftkraft in 25% der Profiltiefe liegt.

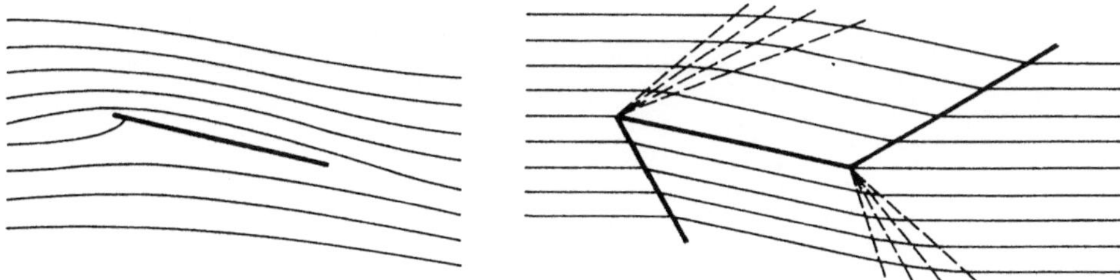

Bild 9.22. Vergleich von Unterschall- und Überschallströmung

Damit ist auf eine besondere Problematik beim Betrieb von Überschallflugzeugen hingewiesen: Beim Übergang vom Unterschall- zum Überschallflug und umgekehrt tritt eine erhebliche Verschiebung des Druckpunktes auf, die durch Trimmung kompensiert werden muß. Bei der Concorde wird dazu eine Schwerpunktverschiebung durch Umpumpen von Kraftstoff aus speziellen Trimmtanks vorgenommen. Eine aerodynamische Trimmung mit Hilfe von Klappen wäre hier mit einem beträchtlichen Zusatzwiderstand verbunden, der die Reichweite drastisch verringern würde.

□

10 Theorie kleiner Störungen rotationssymmetrisch

10.1 Allgemeine Lösung

Den Ausgang bildet die dreidimensionale Stördifferentialgleichung

$$(1 - M_\infty^2)\phi_{xx} + \phi_{yy} + \phi_{zz} = 0 \quad .$$

Der Rotationssymmetrie der Strömung wird durch die Einführung der Koordinate

$$r = \sqrt{y^2 + z^2}$$

Rechnung getragen. Es gilt somit

$$\frac{\partial r}{\partial y} = \frac{y}{\sqrt{y^2 + z^2}} = \frac{y}{r}$$

$$\frac{\partial r}{\partial z} = \frac{z}{\sqrt{y^2 + z^2}} = \frac{z}{r} \quad .$$

Dann wird

$$\phi_y = \phi_r \frac{\partial r}{\partial y} = \phi_r \frac{y}{r}$$

und

$$\phi_{yy} = \left[\frac{\phi_r}{r}\right]_y y + \frac{\phi_r}{r} = \left[\frac{\phi_r}{r}\right]_r \frac{y^2}{r} + \frac{\phi_r}{r} = \frac{r\phi_{rr} - \phi_r}{r^2} \frac{y^2}{r} + \frac{\phi_r}{r}$$

und ähnlich

$$\phi_{zz} = \frac{r\phi_{rr} - \phi_r}{r^2} \frac{z^2}{r} + \frac{\phi_r}{r} \quad .$$

Somit ist

$$\phi_{yy} + \phi_{zz} = \phi_{rr} + \frac{\phi_r}{r} \quad .$$

Damit erhält man als Ausgangsdifferentialgleichung für rotationssymmetrische Strömungen

$$(1 - M_\infty^2)\phi_{xx} + \phi_{rr} + \frac{\phi_r}{r} = 0 \quad . \tag{10.1}$$

Das Störpotential einer Quellen-/Senkenströmung wird im rotationssymmetrischen Fall durch folgende singuläre Lösung der Differentialgleichung beschrieben:

$$\phi = -\frac{\text{konst.}}{\sqrt{x^2 + (1 - M_\infty^2)r^2}} \quad . \tag{10.2}$$

Die Anordnung derartiger Singularitäten längs der x–Achse an den Quellpunkten ergibt das Störpotential für eine Strömung um einen schlanken Rotationskörper. Das Ergebnis für Unter– bzw. Überschall–Anströmung unterscheidet sich im wesentlichen durch die Integrationsgrenzen:

$$\phi(x,r) = -\int_0^l \frac{f(\xi)\,d\xi}{\sqrt{(x-\xi)^2 + \beta^2 r^2}} \qquad \text{Unterschall} \tag{10.3}$$

$$\phi(x,r) = -\int_0^{x-mr} \frac{f(\xi)\,d\xi}{\sqrt{(x-\xi)^2 - m^2 r^2}} \qquad \text{Überschall} \tag{10.4}$$

mit

$$\beta^2 = 1 - M_\infty^2 \quad \text{und} \quad m^2 = M_\infty^2 - 1 \quad .$$

Wir wollen hier nur den Fall der Überschall–Strömung weiter verfolgen. Es ist zu (10.4) zu vermerken, daß der Radikant für $\xi > x-mr$ negativ wird. Mit der oberen Integrationsgrenze wird sichergestellt, daß nur über den Teil der Singularitäten integriert wird, die einen positiven Radikanten ergeben: Das sind alle Singularitäten, für die sich der Punkt P(x,r) noch innerhalb ihres Machkegels befindet, wie man aus der folgenden Skizze (Bild 10.1) entnehmen mag. Hierbei ist der Mach–Winkel μ gegeben durch

$$\tan\mu = \frac{1}{m} = \frac{1}{\sqrt{M_\infty^2 - 1}} \quad .$$

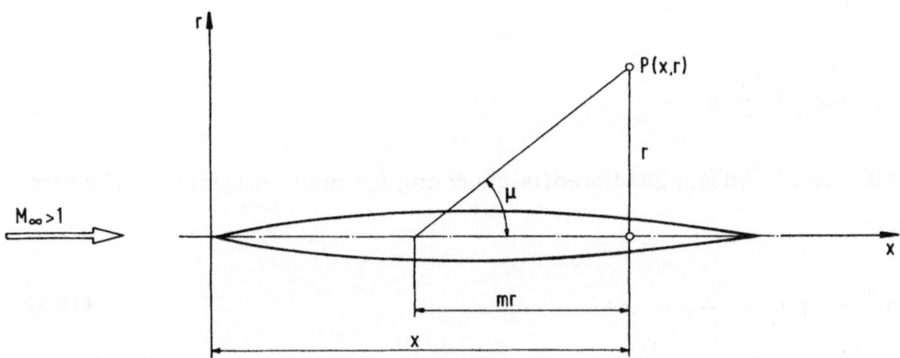

Bild 10.1. Begrenzung des Abhängigkeitsgebietes für einen Aufpunkt P(x,r)

Um nun die Störgeschwindigkeiten angeben zu können und dann damit in ähnlicher Weise wie bei zweidimensionalen Strömungen über die Randbedingung die Quell-/Senkenstärke $f(\xi)$ festzulegen, wären zunächst die Ableitungen von (10.4) nach r und x zu bilden.

Bei der Differentiation von (10.4) ist es erforderlich, die Leibniz-Regel zur Differentiation eines Integrals mit variablen Grenzen anzuwenden.

Diese lautet:

$$\frac{\partial}{\partial \alpha} \int_{a(\alpha)}^{b(\alpha)} f(x,\alpha)\, d\alpha = \int_{a(\alpha)}^{b(\alpha)} \frac{\partial f}{\partial \alpha}\, dx + f(b,\alpha)\frac{db}{d\alpha} - f(a,\alpha)\frac{da}{d\alpha} \quad .$$

Das in diesem Zusammenhang erforderliche Einsetzen der oberen Grenze des Integrals in den Integranten ergibt eine Singularität, die allerdings integrierbar wird, wenn man folgende Substitution durchführt:

$$\xi = x - m\,r \cosh \omega$$

$$d\,\xi = -\,m\,r \sinh \omega\, d\,\omega$$

$$\omega = \operatorname{arccosh} \frac{x - \xi}{m\,r} \quad .$$

Aus (10.4) erhält man damit

$$\phi(x,r) = -\int_0^{\operatorname{arc\,cosh} \frac{x}{m\,r}} f(x - m\,r \cosh \omega)\, d\,\omega \quad .$$

In dieser Darstellung ist die Differentiation nach x und r ohne weiteres durchführbar:

$$\Phi_x = u = U - U_\infty = -\int_0^{\operatorname{arc\,cosh}\frac{x}{mr}} f'(x - mr\cosh\omega)\,d\omega - \frac{f(0)}{\sqrt{x^2 - m^2r^2}}$$

$$\Phi_r = \sqrt{v^2 + w^2} = \sqrt{V^2 + W^2}$$

$$= -\int_0^{\operatorname{arc\,cosh}\frac{x}{mr}} f'(x - mr\cosh\omega)(-m\cosh\omega)\,d\omega - \frac{x\,f(0)}{r\sqrt{x^2 - m^2r^2}} \quad .$$

Für spitze Körper ist $f(0) = 0$ und man erhält nach Rücktransformation

$$\Phi_x = u = -\int_0^{x-mr} \frac{f'(\xi)}{\sqrt{(x-\xi)^2 - m^2r^2}}\,d\xi \tag{10.5}$$

$$\Phi_r = \sqrt{v^2 + w^2} = \frac{1}{r}\int_0^{x-mr} \frac{(x-\xi)\,f'(\xi)}{\sqrt{(x-\xi)^2 - m^2r^2}}\,d\xi \quad . \tag{10.6}$$

Die Funktion $f'(\xi)$ ist nun anhand der Randbedingung zu ermitteln.

10.2 Randbedingungen

Die Randbedingung lautet

$$\frac{dR}{dx} = \frac{v(x, r = R)}{U_\infty} \quad .$$

So erhält man zunächst mit (10.6) eine Integralgleichung zur Bestimmung der Funktion $f'(\xi)$. Mit folgenden vereinfachenden Annahmen läßt sich die Integration leicht durchführen:

$$mR \ll (x - \xi)$$

$$mR \ll x \quad .$$

Diese Annahmen sind durch die Voraussetzung begründet, daß der Radius des Rotationskörpers klein im Vergleich zu seiner Längsausdehnung ist. Damit erhält man

$$\frac{dR}{dx} = \frac{1}{RU_\infty}\int_0^x f'(\xi)\,d\xi = \frac{1}{RU_\infty} f(x) \quad ,$$

also

$$f(x) = U_\infty R \frac{dR}{dx} \quad ,$$

bzw. wenn man hier die Querschnittsfläche $A(x) = \pi R^2(x)$ einführt, ergibt sich

$$f(x) = \frac{U_\infty}{2\pi} A'(x) \quad .$$

So kommt man über (10.5) und (10.6) schließlich zu folgenden Beziehungen:

$$\Phi_x = -\frac{U_\infty}{2\pi} \int_0^{x-mr} \frac{A''(\xi)}{\sqrt{(x-\xi)^2 - m^2 r^2}} d\xi \tag{10.7}$$

$$\Phi_r = \frac{U_\infty}{2\pi r} \int_0^{x-mr} \frac{(x-\xi) A''(\xi)}{\sqrt{(x-\xi)^2 - m^2 r^2}} d\xi \quad . \tag{10.8}$$

Hier wurde nun eine im Vergleich zur Behandlung ebener Strömungen andersartige Rechnung durchgeführt: Während bei ebenen Strömungen für die Randbedingung die v–Komponente bei $y=0$ verwendet wird, ist für die Randbedingung beim Rotationskörper $v = v(x, r=R)$ benutzt worden. Die Randbedingung wird also nicht mehr auf der x–Achse, sondern auf der Körperoberfläche angesetzt. Das hat folgende Bewandtnis: Vergleichen wir einen ebenen und einen Rotationskörper mit gleicher Querschnittsform (Bild 10.2). Im Querschnitt an einer beliebigen Stelle müssen zur Erfüllung der Randbedingung die Beträge der jeweiligen v– bzw. Radial–Komponente der Strömung an der Oberfläche gleich sein.

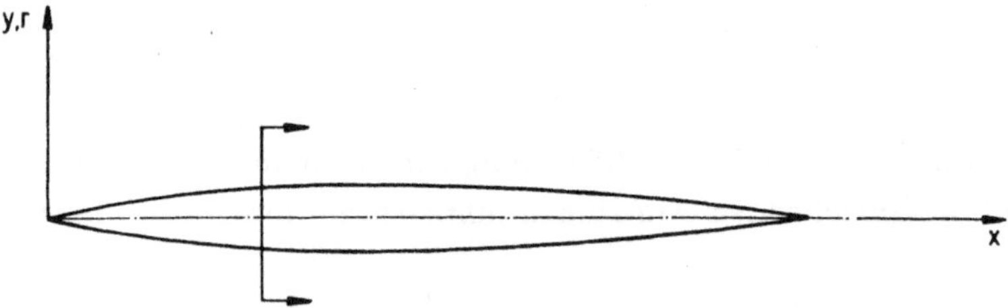

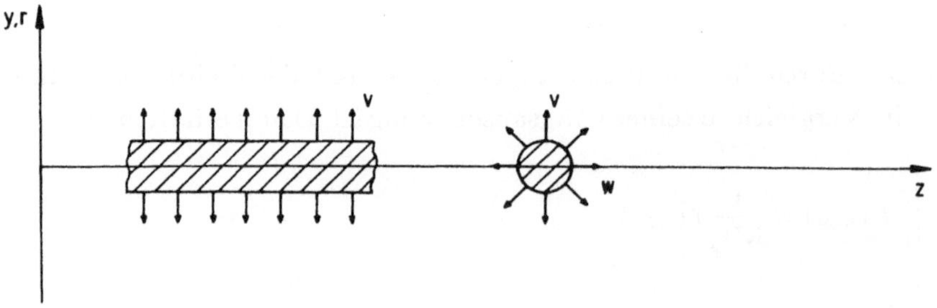

Bild 10.2. Quellenwirkung bei ebener und bei rotationssymmetrischer Strömung

Stellt man sich nun vor, daß diese Komponenten durch Quellen hervorgerufen werden, so ist dabei zu bedenken, daß im ebenen Fall eine ganze Ebene $y=0$ mit Quellen belegt werden kann, während im rotationssymmetrischen Fall die gesamte Quellwirkung auf der Linie $r=0$ konzentriert werden muß. Daher ist im ebenen Fall die v–Komponente an der Oberfläche von derjenigen bei $y=0$ kaum verschieden (9.41). Im rotationssymmetrischen Fall dagegen muß die Radial–Komponente der Geschwindigkeit zur Achse hin $(r=0)$ aus Kontinuitätsgründen entsprechend dem Faktor $1/r$ schnell zunehmen (10.6). Bei endlicher Quellstärke ist die Radialkomponente auf der Achse unendlich groß. Aus diesem Grunde ist es erforderlich, im rotationssymmetrischen Fall die Randbedingung auf der Körperoberfläche und nicht auf der Achse $r = 0$ anzusetzen.

10.3 Druckbeiwert

Für die zweidimensionale Theorie kleiner Störungen hatten wir den Druckbeiwert über eine Reihenentwicklung angenähert (9.10). Wir hatten dort quadratische Glieder vernachlässigt und kamen zu der einfachen Beziehung (9.11), nämlich

$$c_p = -2\,\frac{u}{U_\infty} \quad .$$

Bei rotationssymmetrischen Strömungen ist jedoch die Axialkomponente der Störgeschwindigkeit sehr viel kleiner als im zweidimensionalen Fall, da die Verdrängungswirkung des Körpers geringer ist. So werden quadratische Glieder der Radialkomponente der Geschwindigkeit von gleicher Größenordnung wie die linearen Glieder der Axialkomponente und müssen nun mit berücksichtigt werden.

Für dreidimensionale Strömungen ergibt die Reihenentwicklung des Druckbeiwertes bis zu quadratischen Gliedern

$$c_p = -2\,\frac{u}{U_\infty} + (M_\infty^2 - 1)\,\frac{u^2}{U_\infty^2} - \frac{v^2 + w^2}{U_\infty^2} \quad .$$

Aufgrund der oben geführten Argumentation ist der Druckbeiwert für rotationssymmetrische Strömungen im Rahmen der Theorie kleiner Störungen

$$c_p = -2\,\frac{\Phi_x}{U_\infty} - \left(\frac{\Phi_r}{U_\infty}\right)^2 \quad . \tag{10.9}$$

Beispiel: Hier soll die Strömung um einen Kegel mit dem halben Öffnungswinkel θ berechnet werden. Es gilt

$$R(x) = x \tan\theta$$

$$A(x) = \pi x^2 \tan^2\theta$$

$$A''(x) = 2\pi \tan^2\theta \quad .$$

Aus (10.7) und (10.8) erhält man

$$\phi_x = -U_\infty \tan^2\theta \int_0^{x-mr} \frac{d\xi}{\sqrt{(x-\xi)^2 - m^2 r^2}}$$

$$\phi_r = \frac{U_\infty}{r} \tan^2\theta \int_0^{x-mr} \frac{(x-\xi)\, d\xi}{\sqrt{(x-\xi)^2 - m^2 r^2}} \quad .$$

Die Integration wird durch folgende Substitution erleichtert:

$$x - \xi = mr \cosh\omega$$

$$\xi = x - mr \cosh\omega$$

$$d\xi = -mr \sinh\omega \, d\omega \quad .$$

Damit erhält man

$$\phi_x = -U_\infty \tan^2\theta \int_{\operatorname{arc\,cosh}\frac{x}{mr}}^{0} \frac{-mr \sinh\omega}{mr\sqrt{\cosh^2\omega - 1}} d\omega = -U_\infty \tan^2\theta \operatorname{arc\,cosh}\frac{x}{mr}$$

$$\phi_r = \frac{U_\infty}{r} \tan^2\theta \int_{\operatorname{arc\,cosh}\frac{x}{mr}}^{0} \frac{-m^2 r^2 \sinh\omega \cosh\omega}{mr\sqrt{\cosh^2\omega - 1}} d\omega$$

$$= U_\infty m \tan^2\theta \sinh\omega \Big|_0^{\operatorname{arc\,cosh}\frac{x}{mr}}$$

$$= U_\infty m \tan^2\theta \left[\left(\frac{x}{mr}\right)^2 - 1\right]^{\frac{1}{2}} \quad .$$

Es ist ersichtlich, daß die Störgeschwindigkeiten konstant sind längs Strahlen durch die Kegelspitze, das sind x/r = konst.. Es handelt sich um ein konisches Strömungsfeld, das folgendes Aussehen hat (Bild 10.3):

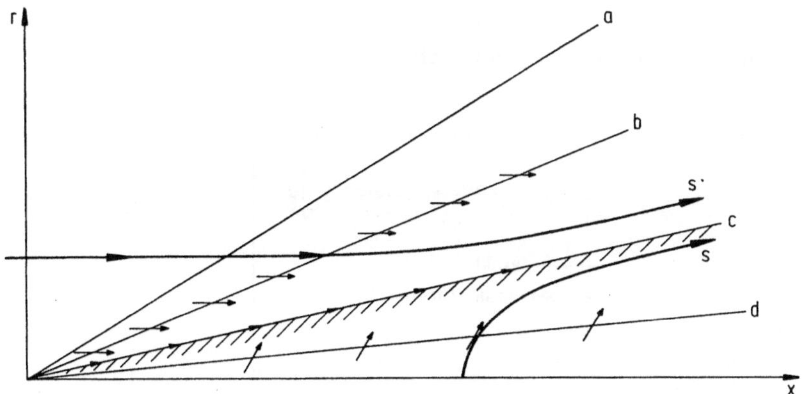

a Mach-Kegel
b,c,d typische Strahlen im Strömungsfeld
c Strahl mit Geschwindigkeitsvektor in Richtung des Strahls (Kegel-Oberfläche)
s typische Stromlinien

Bild 10.3. Konisches Srömungsfeld

Abschließend soll noch die Druckverteilung entlang der Kegeloberfläche, d.h. bei $r/x = \tan\theta$ ermittelt werden. Hierzu werden zunächst die Störgeschwindigkeiten ϕ_r und ϕ_x benötigt. Im Rahmen der Theorie kleiner Störungen lassen sich dabei folgende Vereinfachungen vertreten, wenn davon ausgegangen wird, daß θ sehr klein ist:

$$\tan\theta \simeq \theta$$

$$\left[\left(\frac{1}{\theta m}\right)^2 - 1\right]^{\frac{1}{2}} \simeq \frac{1}{\theta m}$$

$$\operatorname{arc\,cosh}\frac{1}{\theta m} = \ln\left\{\frac{1}{\theta m} \overset{+}{(-)} \left[\left(\frac{1}{\theta m}\right)^2 - 1\right]^{\frac{1}{2}}\right\} \simeq \ln\frac{2}{\theta m} \quad .$$

Damit ergeben sich die Störgeschwindigkeiten zu

$$\frac{\phi_x}{U_\infty} = -\theta^2 \ln\frac{2}{\theta m} \qquad \frac{\phi_r'}{U_\infty} = \theta$$

und schließlich der Druckbeiwert

$$c_p = \theta^2\left[2\ln\frac{2}{\theta m} - 1\right] \quad .$$

Diese Beziehung für den Druckbeiwert ist in dem folgenden Bild 10.4 ausgewertet und mit einer exakten (reibungsfreien) Rechnung verglichen.

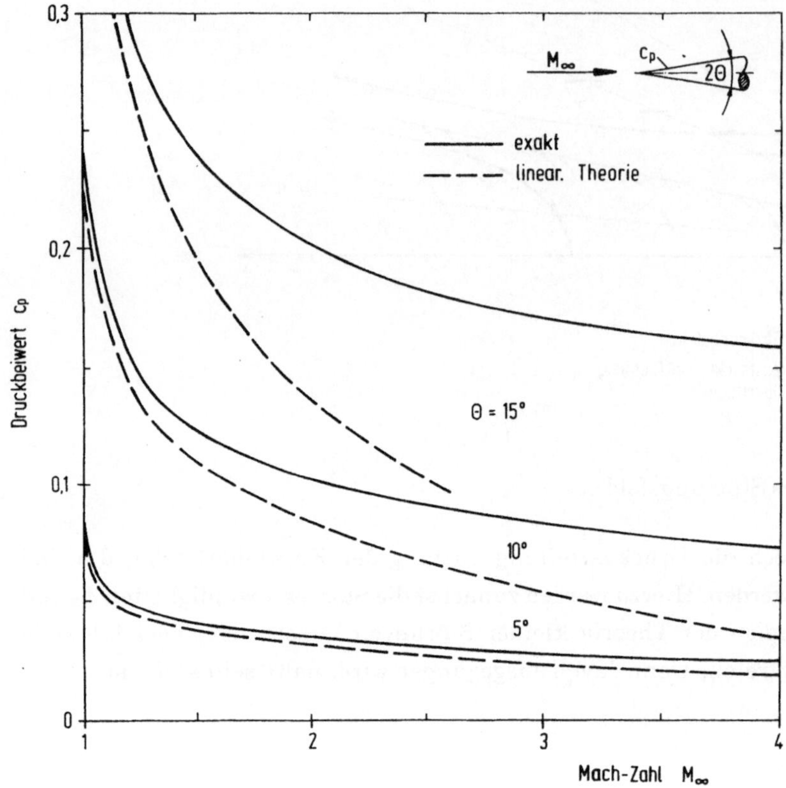

Bild 10.4. Druckbeiwert auf der Oberfläche eines mit Überschallgeschwindigkeit angeströmten Kegels

□

11 Theorie schlanker Körper (Slender Body Theory – SBT)

11.1 Grundgleichung der SBT und allgemeine Lösung

Die Theorie schlanker Körper ist ein Sonderfall der allgemeinen Potentialtheorie. Die Grundgleichung der SBT wird aus der linearisierten Differentialgleichung für das Störpotential ϕ, nämlich

$$(1-M_\infty^2)\,\phi_{xx} + \phi_{yy} + \phi_{zz} = 0 \tag{11.1}$$

abgeleitet.

Man geht dabei von der Überlegung aus, daß die räumliche Ausdehnung von schlanken Flugkörpern in x–Richtung viel größer ist als in y– und z–Richtung: ihre Länge ist groß im Vergleich zur Dicke und Weite. Daraus läßt sich die Annahme herleiten, daß die Beschleunigung in x–Richtung ϕ_{xx} sehr viel kleiner ist als diejenigen in y– und z–Richtung. Die Frage ist zu klären, ob der gesamte Term mit ϕ_{xx} in der Gleichung (11.1) im Vergleich zu den anderen beiden vernachlässigbar ist. Um festzustellen, unter welchen Umständen dies möglich ist, werden folgende reduzierte Koordinaten eingeführt:

$$\xi = x/l \qquad \eta = y/s \qquad \zeta = z/s \quad .$$

Hierbei ist l die Körperlänge und s die Halbspannweite. Durch Bezug auf die Maximalausdehnung erfolgt eine Relativierung derart, daß die Beschleunigungsglieder nunmehr als von gleicher Größenordnung angenommen werden können. Die Störpotentialgleichung hat dann folgende Form:

$$(1-M_\infty^2)\left(\frac{s}{l}\right)^2 \phi_{\xi\xi} + \phi_{\eta\eta} + \phi_{\zeta\zeta} = 0 \quad . \tag{11.2}$$

Sind die Beschleunigungsglieder $\phi_{\xi\xi}$, $\phi_{\eta\eta}$ und $\phi_{\zeta\zeta}$ von gleicher Größenordnung, so ist der erste Term in (11.2) gegenüber dem zweiten und dritten vernachlässigbar, wenn

$$|1 - M_\infty^2| \left(\frac{s}{l}\right)^2 \ll 1 \quad .$$

Unter dieser Voraussetzung kommt man zu folgender Grundgleichung für die Theorie schlanker Körper:

$$\phi_{yy} + \phi_{zz} = 0 \quad . \tag{11.3}$$

Diese Gleichung ist ähnlich der Störpotentialgleichung für inkompressible zweidimensionale Strömungen. Ein Mach–Zahl–Einfluß tritt nicht auf, das Glied mit M_∞ ist entfallen. Während bei Flügeln großer Streckung eine Änderung der Strömungsgrößen in Spannweitenrichtung vernachlässigt wird, was eine Beschränkung auf einen Flügelquerschnitt (Profil) parallel zur Hauptströmung ermöglicht, werden bei der SBT die Änderungen in Flugzeuglängsrichtung als vernachlässigbar angesehen, und die Betrachtung ist auf die Querschnittsebene senkrecht zur Hauptströmung beschränkt. Profil–Untersuchungen erfolgen also in der x,y–Ebene (oder jetzt besser: x,z–Ebene, da bei dreidimensionalen Betrachtungen gewöhnlich die Spannweitenrichtung mit y bezeichnet wird). Untersuchungen von schlanken Körpern dagegen erfolgen in der y,z–Ebene.

Die Lösung der oben angegebenen Grundgleichung der Theorie schlanker Körper (11.3) kann folgendermaßen aufgebaut sein:

$$\phi(x, y, z) = \bar{\phi}(y, z; x) + g(x) \quad . \tag{11.4}$$

Darin ist $\bar{\phi}(y,z;x)$ das Störgeschwindigkeitspotential einer zweidimensionalen Strömung in der y,z–Ebene. Die Variable x geht als Parameter über die Randbedingung ein (Querschnittsform an der Stelle x).

Die Funktion g(x) steht für alle diejenigen Größen, deren zweite Ableitung nach y und z verschwindet. Die Ermittlung dieser Funktion bereitet im allgemeinen erhebliche Schwierigkeiten. Sie ist jedoch allein bei der Berechnung des Widerstandes von umströmten Körpern von Bedeutung, während bei der Berechnung des Auftriebes die Funktion g(x) keinen Einfluß hat. Dies wird im folgenden gleich erläutert.

Es sei hier noch darauf hingewiesen, daß die Ausgangsgleichung (11.1) keine Gültigkeit im Transsonik–Bereich hat. Obwohl die Bedingung, die zur Grundgleichung der

SBT führte, gerade bei $M_\infty \to 1$ leicht erfüllbar wird, kann in diesem Fall die Gleichung (11.3) nicht gelten. Es müßten nichtlineare Terme mit berücksichtigt werden.

Man hat dennoch diese Gleichung auch im Transsonik-Bereich verwendet und erstaunlicherweise vernünftige Ergebnisse erhalten.

Beispiel: Für die aerodynamische Auslegung der Concorde wurde die Slender Body Theory zugrunde gelegt. Die Concorde hat eine Länge von $l = 62$m, eine Halbspannweite von $s = 13$m und eine Höhe von $h = 9{,}5$m (Bild 11.1). Für die Reise-Mach-Zahl $M_\infty = 2$ errechnet sich

$$(M^2 - 1)\left(\frac{s}{l}\right)^2 = (4-1)(0{,}21)^2 = 0{,}13 \quad .$$

Dies ist klein im Vergleich zu dem Faktor 1, der vor den anderen Gliedern der Ausgangsgleichung steht.

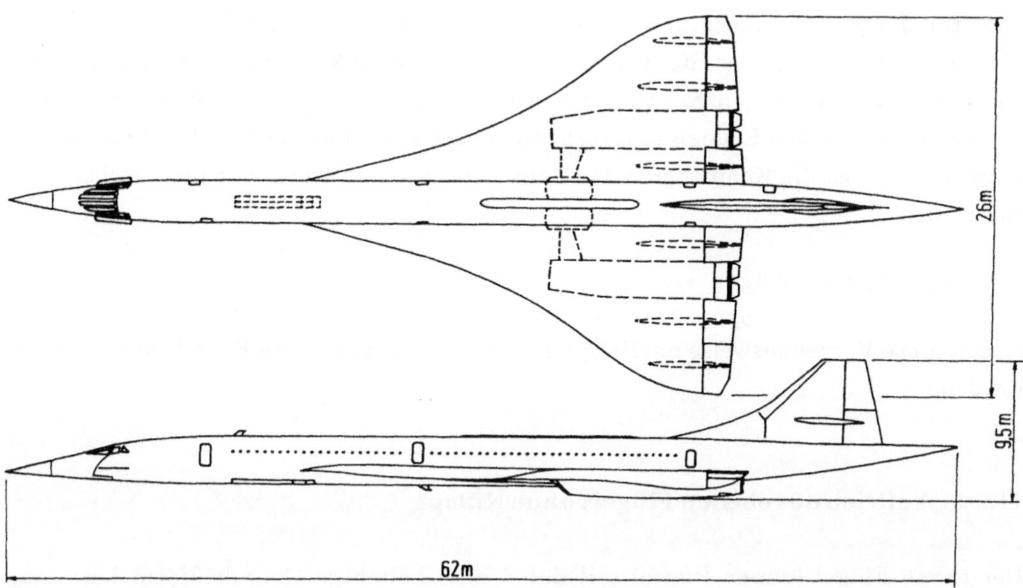

Bild 11.1. Überschall-Flugzeug Concorde als Beispiel eines schlanken Flugkörpers

□

11.2 Auftrieb von schlanken Körpern

Der Auftrieb eines dünnen Flügels wird durch die Druckdifferenz zwischen Ober– und Unterseite bestimmt. In linearer Näherung ist der Druckbeiwert gegeben durch

$$c_p = -2\frac{\phi_x}{U_\infty} \quad .$$

Somit erhält man für die Druckdifferenz zwischen Ober– und Unterseite

$$c_{p_u} - c_{p_o} = -\frac{2}{U_\infty}\left[\phi_x(x,y,-0) - \phi_x(x,y,+0)\right] \quad .$$

Was nun die Funktion g(x) in dem Lösungsansatz (11.4) anbetrifft, so ist festzustellen, daß sie unabhängig von der Koordinate z ist und somit unterhalb und oberhalb des Flügels den gleichen Wert hat. Das bedeutet, daß die Funktion g(x) keinen Einfluß auf den Auftrieb nimmt. Demnach ist für die Bestimmung des Auftriebs nur das Störpotential $\phi(y,z;x)$ zu ermitteln, wobei x als Parameter allein durch die Randbedingung (Querschnittsform) an der Stelle x eingeht. Mit anderen Worten, die Ermittlung des Auftriebs eines schlanken Körpers erfolgt über die Berechnung der Strömung in der y,z–Ebene, also in den Ebenen senkrecht zur Flugkörper–Längsachse. Als Anströmgeschwindigkeit ist die Komponente der Hauptströmung senkrecht zur Längsachse einzusetzen:

$$W_\infty = V_\infty \sin\alpha \approx V_\infty \alpha \quad .$$

Es soll diese Vorgehensweise am Beispiel des ebenen angestellten Flügels verdeutlicht werden.

11.2.1 Auftrieb des ebenen Flügels ohne Rumpf

Der ebene Flügel (dünne Platte) soll dabei eine beliebige Grundrißform besitzen, dargestellt durch die Funktion für die lokale Spannweite $b(x)=2s(x)$. Die maximale Spannweite wird dabei mit B bezeichnet. Die Längsachse des Flügels fällt mit der x–Achse zusammen. In der y,z–Ebene stellt sich der Flügel als Linie der Spannweite b(x) dar (Bild 11.2).

Die Ermittlung des Auftriebs eines solchen Flügels erfolgt somit über die Berechnung der Strömung um eine mit $V_\infty\alpha$ angeströmte Platte der Breite b(x).

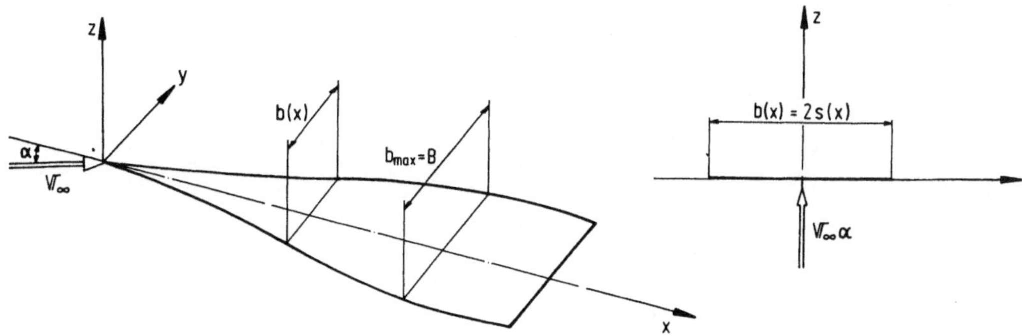

Bild 11.2. Ebener Flügel ohne Rumpf

Das inkompressible Strömungsfeld einer senkrecht angeströmten Platte kann mit folgendem Störpotential beschrieben werden:

$$\phi(y,0) = \pm \alpha V_\infty \sqrt{1-y^2} \ . \tag{11.5}$$

Dieses Ergebnis erhielten wir für eine Platte der Halbspannweite s = 1 (siehe hierzu das entsprechende Beispiel im Kapitel 9).

Die Lösung wird jetzt für die einzelnen Querschnitte des Flügels mit der jeweiligen lokalen Halbspannweite s(x) angesetzt. Man erhält so das Störpotential für den ganzen Flügel

$$\bar{\Phi}(y,0;x) = \pm \alpha V_\infty \sqrt{s^2(x)-y^2} \ . \tag{11.6}$$

Das obere Vorzeichen gilt hier für die Oberseite, das untere für die Unterseite des Flügels.

Die Druckverteilung über den Flügel erhält man damit als

$$c_p = -2 \frac{\bar{\Phi}_x}{V_\infty} = \mp \frac{2s(x)\, s'(x)}{\sqrt{s^2(x)-y^2}}\, \alpha \ . \tag{11.7}$$

Verwendet man die dimensionslose Koordinate $\eta = y/s$, so führt das zu

$$\frac{c_p}{2\alpha\, s'(x)} = \mp \frac{1}{\sqrt{1-\eta^2}} \ .$$

Eine derart reduzierte Druckverteilung hat über die Spannweite folgenden Verlauf:

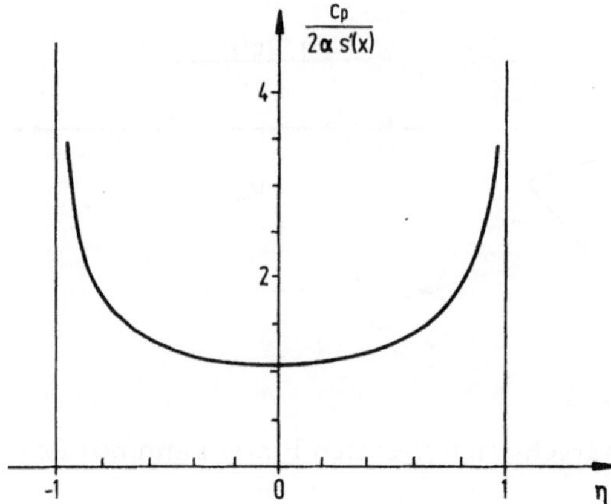

Bild 11.3. Druckverteilung über die Spannweite des ebenen Flügels

Bevor wir nun durch Integration der Druckverteilung über den Flügel den Auftrieb bestimmen, sei noch folgende Überlegung gemacht:

Die formale Anwendung der Beziehung (11.7) auch für solche Bereiche des Flügels mit in Strömungsrichtung abnehmender Spannweite ($s'(x)<0$) würde lokal einen Abtrieb ergeben. Das aber ist physikalisch nicht sinnvoll: Beobachtet man einen angestellten ebenen Flügel, der sich mit der Geschwindigkeit V_∞ bewegt und dabei durch eine ortsfeste Ebene z,y hindurchtritt, so stellt man fest, daß er in dieser Ebene zunehmend Wirbel erzeugt, solange seine Spannweite wächst. Ist jedoch der Flügel erst einmal mit seiner maximalen Spannweite durch die Beobachter–Ebene hindurchgetreten, so ist bereits eine Wirbelschleppe der Maximalbreite B gebildet, durch die dann alle Flügel–teile mit $b \leq B$ ohne eine Störung zu verursachen hindurchgehen. Daraus folgt, daß Teile des Flügels, die stromab von der Stelle x(B) liegen, keinen Auftrieb erzeugen. Bei der Ermittlung des Auftriebs wird die Integration des Druckbeiwertes nur bis zur Flügeltiefe mit $b(x)_{max} = B$ durchgeführt, also bis $x = x_B$:

$$c_A = \frac{1}{A}\int_{-B/2}^{B/2}\left[\int_{x_{VK}}^{x_B}(c_{p_u} - c_{p_o})\,dx\right]dy = \frac{2}{AV_\infty}\int_{-B/2}^{B/2}\left[\int_{x_{VK}}^{x_B}(\phi_{x_o} - \phi_{x_u})\,dx\right]dy \quad .$$

Hierin werden zunächst die Lasten eines Streifens y = konst. von der Vorderkante (x_{VK}) bis hin zur Stelle mit maximaler Spannweite (x_B) summiert. Es tritt ja die Ableitung des Potentials nach x auf, so daß zunächst eine Integration über x auf das Störpotential selbst zurückführt. Berücksichtigt man noch, daß $\phi_{x_o} = -\phi_{x_u}$, so folgt

$$c_A = \frac{4}{A V_\infty} \int_{-B/2}^{B/2} \Phi_o \Big|_{x_{VK}}^{x_B} dy = \frac{4\alpha}{A} \int_{-B/2}^{B/2} \sqrt{s^2(x) - y^2}\Big|_{x_{VK}}^{x_B} dy \quad . \tag{11.8}$$

Führt man die Grenzen ein, so ist $s(x_{VK}) = y$ und $s(x_B) = B/2$:

$$c_A = \frac{4\alpha}{A} \int_{-B/2}^{B/2} \left(\frac{B^2}{4} - y^2\right)^{\frac{1}{2}} dy \quad . \tag{11.9}$$

Die Integration ergibt

$$c_A = \frac{4\alpha}{A} \left[\frac{B}{2}\left(\frac{B^2}{4} - y^2\right)^{\frac{1}{2}} + \frac{B^2}{8} \arcsin \frac{y}{B/2} \right]_{-B/2}^{B/2} = \frac{4\alpha}{A} \left[\frac{B^2}{8} \left(\frac{\pi}{2} + \frac{\pi}{2} \right) \right] \quad .$$

Führt man dazu die Streckung $\Lambda = B^2/A$ ein, so erhält man schließlich

$$c_A = \frac{\pi}{2} \Lambda \alpha \quad . \tag{11.10}$$

Das Zwischenergebnis (10.9) läßt erkennen, daß die Auftriebsverteilung über die Spannweite bei schlanken Flügeln stets elliptisch ist, unabhängig von der Flügelform. Bei elliptischer Auftriebsverteilung ist der induzierte Widerstand leicht anzugeben:

$$c_{W_i} = \frac{c_A^2}{\pi \Lambda} = \frac{\pi \Lambda}{4} \alpha^2 \quad . \tag{11.11}$$

Beispiel: Das Überschall–Flugzeug Concorde kann als typischer schlanker Flugkörper angesehen werden. Kennzeichnend dafür ist die sehr kleine Flügelstreckung $\Lambda = 1{,}7$ im Vergleich zu der Flügelstreckung von Unterschall–Verkehrsflugzeugen, die etwa bei $\Lambda = 9$ liegt. Im Bild 11.4 ist gezeigt, daß mit der oben angegebenen Formel der Auftrieb der Concorde bei kleineren Anstellwinkeln gut beschrieben wird.

Die Formel allerdings besagt, daß sich der Auftrieb schlanker Körper linear mit dem Anstellwinkel ändert. Dies entspricht nicht den Gegebenheiten. Bei höherem Anstell–winkel ergibt sich ein nicht–linearer Zusatzauftrieb, der auf wirbelartige Ablösungen an den Flügelvorderkanten zurückzuführen ist. Solche Ablösungen sind in der hier besprochenen Theorie nicht berücksichtigt. Ferner erhält man in der Nähe des Bodens einen auftriebserhöhenden Bodeneffekt. Der Auftriebsbeiwert bei Start und Landung ist verschieden wegen unterschiedlicher Geschwindigkeiten. Der Start erfolgt mit

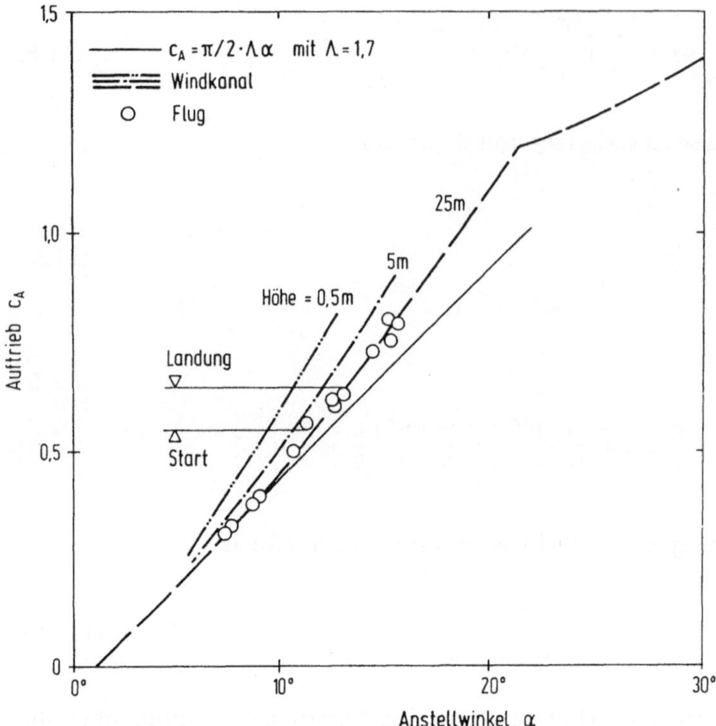

Bild 11.4. Auftriebsbeiwert der Concorde, M = 0,3, ..., 0,4 und verschiedene Bodenabstände

etwas mehr als 400km/h, die Landung mit etwa 300km/h. Dabei ist noch zu berücksichtigen, daß die Landung mit geringerem Gewicht als der Start erfolgt.

□

Beispiel: Die wirbelartigen Ablösungen (Bild 11.5) an den Flügelvorderkanten kennzeichnen übrigens die besonderen aerodynamischen Eigenschaften eines Deltaflügels. Die für den Hochgeschwindigkeitsflug vorteilhafte Deltaform ist dadurch auch für den Langsamflug hervorragend geeignet. Durch die Wirbel wird nämlich neben der Auftriebserhöhung (starker Unterdruck innerhalb der Wirbel) auch ein stabiler Strömungszustand bei hohen Anstellwinkeln erreicht (wichtig bei kleinen Fluggeschwindigkeiten, d.h. bei Start und Landung). Bei stabilen Wirbelstrukturen sind Anstellwinkel von 40° und mehr möglich, wodurch der Deltaflügel praktisch überziehsicher wird. Ein weiterer Vorteil ist, daß auf den Einbau von Hochauftriebshilfen für Start und Landung verzichtet werden kann. Der mit dem wirbelinduzierten Zusatzauftrieb verbundene sehr hohe Widerstandsanstieg muß allerdings in Kauf genommen werden.

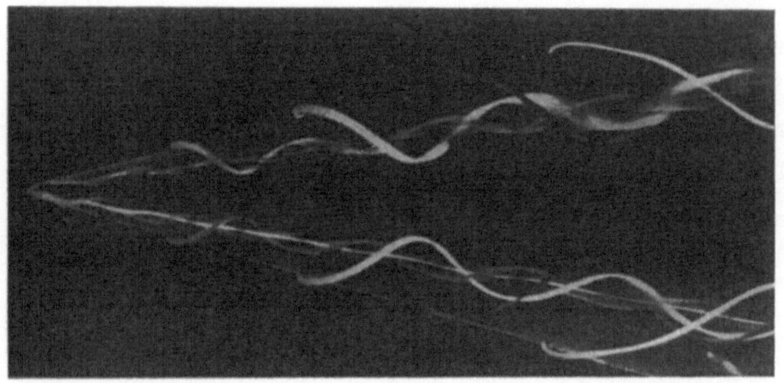

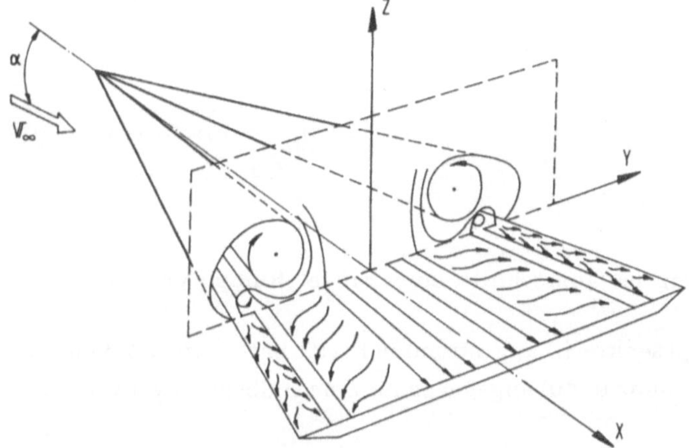

Bild 11.5. Vorderkantenwirbel an einem Deltaflügel

□

11.2.2 Auftrieb von Flügel–Rumpf–Kombinationen

Die Berechnung des Auftriebs von schlanken Flügel–Rumpf–Kombinationen läßt sich dann verhältnismäßig einfach durchführen, wenn der Rumpfquerschnitt ein Kreis ist und der Flügel in Mitteldecker–Lage angeordnet sowie dünn und eben ist. Durch konforme Abbildung läßt sich die relativ komplizierte Querschnittsform in eine sehr einfache überführen, deren Umströmung leicht zu behandeln ist.

Es gilt, den Querschnitt von einer beliebigen Stelle x = konst. zu transformieren, der eine Spannweite 2s(x) und einen Rumpfradius r(x) aufweist. Mit Hilfe der Abbildungsfunktion

$$\zeta_1 = \left(\zeta + \frac{r^2}{\zeta} \right)$$

wird der Modellquerschnitt in eine horizontale Platte transformiert mit der Spannweite $s_1 = (s + r^2/s)$ (Bild 11.6).

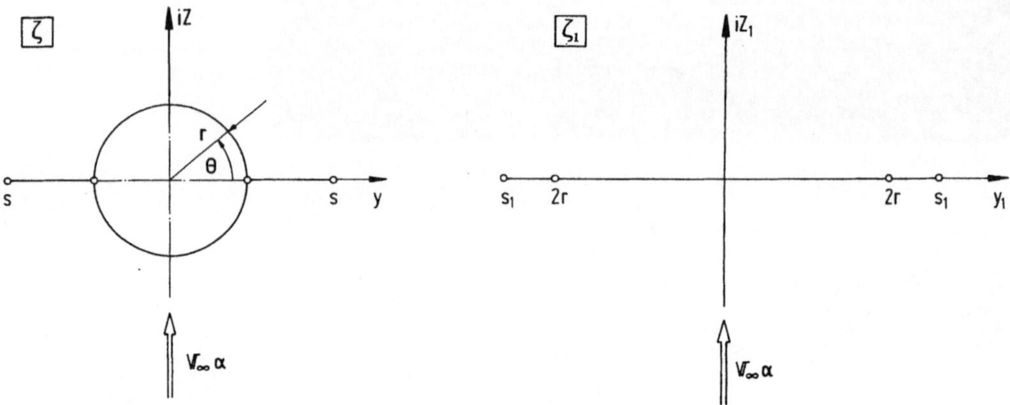

Bild 11.6. Konforme Abbildung des Querschnitts einer Flügel–Rumpf–Verbindung

Das Störpotential einer mit $V_\infty \alpha$ senkrecht angeströmten Platte hatten wir im Kapitel 9 bestimmt. Es war dort als Gleichung (9.40) angegeben für eine Halbspannweite $s = 1$.

Hier wird es für die Spannweite s_1 benötigt und lautet dafür

$$\Phi_1 = \pm V_\infty \alpha \sqrt{s_1^2 - y_1^2} \quad .$$

Durch Transformation der Variablen erhalten wir hieraus das Störpotential für den Flügel–Rumpf–Querschnitt. Flügel und Rumpf werden hierbei getrennt behandelt.

Beim *Rumpf* ist die Darstellung der Querschnittsform in Polarkoordinaten vorteilhaft. Mit $\zeta = re^{i\theta}$ erhält man die Transformationsbeziehung

$$\zeta_1 = y_1 + i z_1 = \left(\zeta + \frac{r^2}{\zeta} \right) = re^{i\theta} + re^{-i\theta} = 2r\cos\theta \quad .$$

Aufgrund der Zuordnung von Real- und Imaginärteil erhält man

$$y_1 = 2r\cos\theta \qquad\qquad z_1 = 0 \quad .$$

Für das Störpotential des Rumpfes ergibt sich damit

$$\phi_R = \pm V_\infty \alpha \left[\left(s + \frac{r^2}{s} \right)^2 - 4\, r^2 \cos^2\theta \right]^{\frac{1}{2}} .$$

Darin kann sowohl die Halbspannweite s als auch der Rumpfradius r mit der Koordinate x variieren. Beschränken wir uns hier auf den Fall, daß nur die Rumpfspitze einen mit x veränderlichen Radius aufweist und dort $s=r(x)$ ist, also der Flügel erst stromab von der Rumpfspitze ansetzt. Im Bereich des Flügels sei der Rumpfradius konstant. Dann lassen sich zwei spezielle Störpotentiale für die beiden Teilbereiche des Rumpfes angeben.

Für die *Rumpfspitze* erhält man mit $s(x)=r(x)$

$$\phi_{RS} = \pm V_\infty \alpha \sqrt{(2r(x))^2 - 4r^2(x)\cos^2\theta} = \pm\, 2r(x) V_\infty \alpha \sqrt{1-\cos^2\theta}$$

$$\phi_{RS} = \pm\, 2r(x) V_\infty \alpha \sin\theta \; . \tag{11.12}$$

Für den Rumpf im Bereich des Flügels *(Rumpfmittelteil)* ist $r=R=$ konstant und es gilt

$$\phi_{RM} = \pm V_\infty \alpha \left[\left(s(x) + \frac{R^2}{s(x)} \right)^2 - 4\, R^2 \cos^2\theta \right]^{\frac{1}{2}} . \tag{11.13}$$

Beim *Flügel* ist eine Darstellung in kartesischen Koordinaten sinnvoll. Es gilt $\zeta=y$ für $R \le |y| \le s$.

Die Transformationsbeziehung ergibt

$$\zeta_1 = y_1 + i z_1 = \zeta + \frac{R^2}{\zeta} = y + \frac{R^2}{y} \; .$$

Für das Störpotential des Flügels gilt somit

$$\phi_{FL} = \pm V_\infty \alpha \left[\left(s(x) + \frac{R^2}{s(x)} \right)^2 - \left(y + \frac{R^2}{y} \right)^2 \right]^{\frac{1}{2}} . \tag{11.14}$$

Aus den Störpotentialen errechnet sich, wie gewöhnlich , der Druckbeiwert über

$$c_p = -2 \frac{\phi_x}{V_\infty} \; .$$

Mit dem Druckbeiwert läßt sich der Auftriebsbeiwert durch Integration des Druckes über die Oberfläche bestimmen. Bei einer Zylinder–Scheibe des Rumpfes der Tiefe dx wirkt der Druck auf Oberflächenelemente der Größe R dθ dx (Bild 11.7).

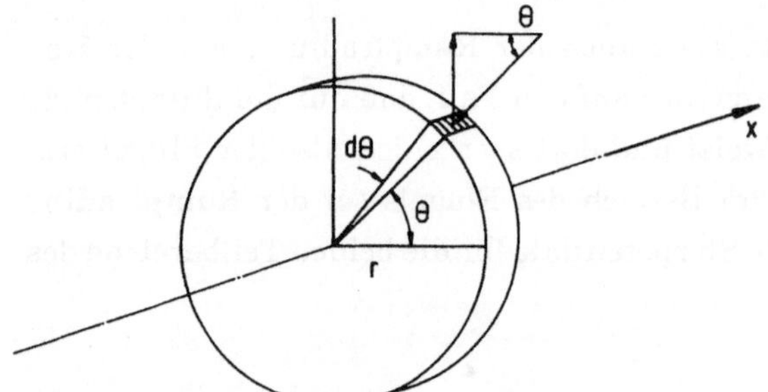

Bild 11.7. Rumpf–Element mit lokaler Druckkraft

Als Auftrieb wirkt die Kraftkomponente $d^2A = -c_p\, q_\infty\, r(x) \sin\theta\, d\theta\, dx$. Da das Potential für Ober– und Unterseite sich nur durch das Vorzeichen unterscheidet, ergibt sich der Auftrieb als der doppelte Wert der Integration $\theta \Rightarrow 0, \ldots, \pi$. Durch Bezug auf die Flügelfläche F und den Staudruck q_∞ erhält man den Auftriebsbeiwert

$$c_A = \frac{4}{V_\infty F} \int_0^\pi \int_{x_1}^{x_2} \Phi_x r(x) \sin\theta\, d\theta\, dx \quad .$$

Damit ergibt sich für die *Rumpfspitze* mit $r(x_1) = 0$, $r(x_2) = R$:

$$c_{A_{RS}} = \frac{8\alpha}{F} \int_0^\pi \int_{x_1}^{x_2} r'(x)\, r(x) \sin^2\theta\, d\theta\, dx$$

$$= \frac{4\alpha}{F} \int_0^\pi r^2(x) \Big|_{x_1}^{x_2} \sin^2\theta\, d\theta = \frac{4\alpha R^2}{F} \int_0^\pi \sin^2\theta\, d\theta$$

$$= \frac{2\pi R^2}{F}\, \alpha \quad . \tag{11.15}$$

Für den *Rumpfmittelteil* ist $r(x) = R = \text{konst.}$ und $s(x_1) = R$ sowie $s(x_2) = S$:

$$c_{A_{RM}} = \frac{4R}{V_\infty F} \int_0^\pi \Phi \Big|_{x_1}^{x_2} \sin\theta\, d\theta$$

$$= \frac{4R\alpha}{F} \int_0^\pi \left\{ \left[\left(S + \frac{R^2}{S} \right)^2 - 4R^2 \cos^2\theta \right]^{\frac{1}{2}} - 2R\sqrt{1 - \cos^2\theta} \right\} \sin\theta\, d\theta \quad .$$

Führt man im ersten Teil des Integrals $y=R\cos\theta$ und $dy=-R\sin\theta\, d\theta$ ein, so erhält man

$$c_{A_{RM}} = -\frac{8\alpha}{F}\int_R^{-R}\left[\frac{1}{4}\left(S+\frac{R^2}{S}\right)^2 - y^2\right]^{\frac{1}{2}} dy - \frac{8R^2\alpha}{F}\int_0^{\pi}\sin^2\theta\, d\theta \quad .$$

Die Integration des ersten Integrals kann nach der Beziehung

$$\int\sqrt{a^2-y^2}\,dy = \frac{1}{2}\left(y\sqrt{a^2-y^2} + a^2\arcsin\frac{y}{a}\right)$$

erfolgen. Man erhält

$$c_{A_{RM}} = \frac{4\alpha}{F}\left[R\left(S-\frac{R^2}{S}\right) + \frac{1}{2}\left(S+\frac{R^2}{S}\right)^2\arcsin\frac{2R}{\left(S+\frac{R^2}{S}\right)} - \pi R^2\right] \quad . \qquad (11.16)$$

Bei der Ermittlung des Auftriebsanteils des *Flügels* sind die Oberflächenelemente dx dy senkrecht zur Auftriebsrichtung. Wiederum sind die Potentiale an Ober- und Unterseite betragsmäßig gleich und das Vorzeichen ist entgegengesetzt, so daß der doppelte Wert der einen Seite den Gesamtbeiwert ergibt. Man erhält mit $s(x_1)=s(x_{VK})=y$ und $s(x_2)=s(x_{HK})=S$ (maximale Halbspannweite):

$$c_{A_{FL}} = \frac{8}{V_\infty F}\int_R^S\int_{x_1}^{x_2}\phi_x\,dx\,dy$$

$$= \frac{8\alpha}{F}\int_R^S\left[\left(S+\frac{R^2}{S}\right)^2 - \left(y+\frac{R^2}{y}\right)^2\right]^{\frac{1}{2}} dy \quad .$$

Die Lösung des Integrals ist etwas umständlich. Mit der Abkürzung $C=(S+R^2/S)$ und der Substitution $z=y^2$, $dz=2y\,dy$ sowie der Abkürzung $\zeta=-z^2+(C^2-2R^2)z-R^4$ erhält man

$$\int_R^S\left[C^2-\left(y+\frac{R^2}{y}\right)^2\right]^{\frac{1}{2}} dy = \int_{R^2}^{S^2}\frac{1}{2z}\left[C^2z-(z+R^2)^2\right]^{\frac{1}{2}} dz = \frac{1}{2}\int_{R^2}^{S^2}\frac{\sqrt{\zeta}}{z}dz \quad .$$

Hierzu gilt (Bronstein [4], Integrale Nr. 260, 241 und 258):

$$\int\frac{\sqrt{\zeta}}{z}dz = \sqrt{\zeta} + \frac{C^2-2R^2}{2}\int\frac{dz}{\sqrt{\zeta}} - R^4\int\frac{dz}{z\sqrt{\zeta}} \quad .$$

$$\int\frac{dz}{\sqrt{\zeta}} = -\arcsin\frac{-2z+C^2-2R^2}{C\sqrt{C^2-4R^2}}$$

$$\int \frac{dz}{z\sqrt{\zeta}} = \frac{1}{R^2} \arcsin \frac{(C^2 - 2R^2)z - 2R^4}{zC\sqrt{C^2 - 4R^2}} \quad .$$

Damit erhält man nach Einsetzen der Grenzen

$$c_{A_{FL}} = \frac{4\alpha}{F}\left\{ -R\left(S - \frac{R^2}{S}\right) + \frac{1}{2}\left(S^2 + \frac{R^4}{S^2}\right)\left[\arcsin \frac{S - \frac{R^2}{S}}{S + \frac{R^2}{S}} - \arcsin(-1)\right]\right.$$

$$\left. + R^2\left[\arcsin \frac{S - \frac{R^2}{S}}{S + \frac{R^2}{S}} - \arcsin 1\right]\right\}$$

$$c_{A_{FL}} = \frac{4\alpha}{F}\left\{ -R\left(S - \frac{R^2}{S}\right) + \left[\frac{1}{2}\left(S^2 + \frac{R^4}{S^2}\right) + R^2\right]\arcsin \frac{S - \frac{R^2}{S}}{S + \frac{R^2}{S}}\right.$$

$$\left. + \left[\frac{1}{2}\left(S^2 + \frac{R^4}{S^2}\right) - R^2\right]\frac{\pi}{2}\right\} \quad . \tag{11.17}$$

Führt man die relative Rumpfausdehnung $\eta = R/S$ ein und die Flügelstreckung $\Lambda = 4S^2/F$ und berücksichtigt man folgende Beziehungen für die Arcusfunktionen

$$\arcsin \frac{2\eta}{1+\eta^2} = 2 \arctan \eta$$

und

$$\frac{1}{2}\arcsin \frac{1-\eta^2}{1+\eta^2} = \frac{\pi}{4} - \frac{1}{2}\arccos \frac{1-\eta^2}{1+\eta^2} = \frac{\pi}{4} - \arctan \eta \quad ,$$

so erhält man schließlich für die einzelnen Auftriebsanteile

$$c_{A_{RS}} = \frac{\pi}{2}\eta^2 \Lambda \alpha \tag{11.18}$$

$$c_{A_{RM}} = \left[\eta(1-\eta^2) + (1+\eta^2)^2 \arctan \eta - \pi\eta^2\right]\Lambda \alpha \tag{11.19}$$

$$c_{A_{FL}} = \left[-\eta(1-\eta^2) - (1+\eta^2)^2 \arctan \eta + \frac{\pi}{2}(1+\eta^4)\right]\Lambda \alpha \quad . \tag{11.20}$$

Den Auftrieb des *freifahrenden Flügels* erhält man mit $\eta=0$ zu $c_{A_{FF}}=(\pi/2)\Lambda\alpha$. Wir hatten dieses Ergebnis schon im vorangegangenen Abschnitt als Gleichung (11.10) kennengelernt. Bezieht man sich auf diesen Wert, so ergeben sich die Auftriebsanteile für

Rumpfspitze $$\frac{c_{A_{RS}}}{c_{A_{FF}}} = \eta^2$$

Flügel + Rumpf ohne Rumpfspitze $$\frac{c_{A_{FL+RM}}}{c_{A_{FF}}} = (1+\eta^2)^2$$

Flügel + Rumpf + Rumpfspitze $$\frac{c_{A_{FL+RM+RS}}}{c_{A_{FF}}} = 1 - \eta^2 + \eta^4 \quad .$$

Dieses Ergebnis ist im Bild 11.8 grafisch dargestellt.

11.3 Widerstand von schlanken Körpern

Wir hatten uns bei dieser "Einführung in die Gasdynamik" darauf beschränkt, reibungsfreie Strömungsvorgänge zu behandeln. Der Widerstand von Flugzeugen und Flugkörpern ist im Unterschall in erster Linie durch Reibungseffekte bestimmt. Daneben gibt es die durch den Auftrieb bedingten Widerstandsanteile. Bei Überschallströmungen gibt es zusätzlich den Wellenwiderstand, der nicht mit Reibungseffekten im Zusammenhang steht, sondern auf die Verdrängungswirkung eines Körpers in einer Überschallströmung zurückzuführen ist. Der Wellenwiderstand hat einen erheblichen Anteil am Gesamtwiderstand eines Flugzeuges (Bild 11.9). Er kann mittels der "Theorie schlanker Körper" berechnet werden.

Beispiel: Im Bild 11.10 sind die typischen Druckverteilungen eines Profils in einer Unterschall- und einer Überschallströmung miteinander verglichen. Beide Druckverteilungen verursachen einen Widerstand auch bei Nullauftrieb.

Während sich in einer Unterschallströmung die Drücke auf dem vorderen und hinteren Teil des Profils jedoch weitgehend aufheben – bei reibungsfreier Strömung sogar gänzlich –, tritt bei Überschallgeschwindigkeit schon in reibungsfreier Strömung ein

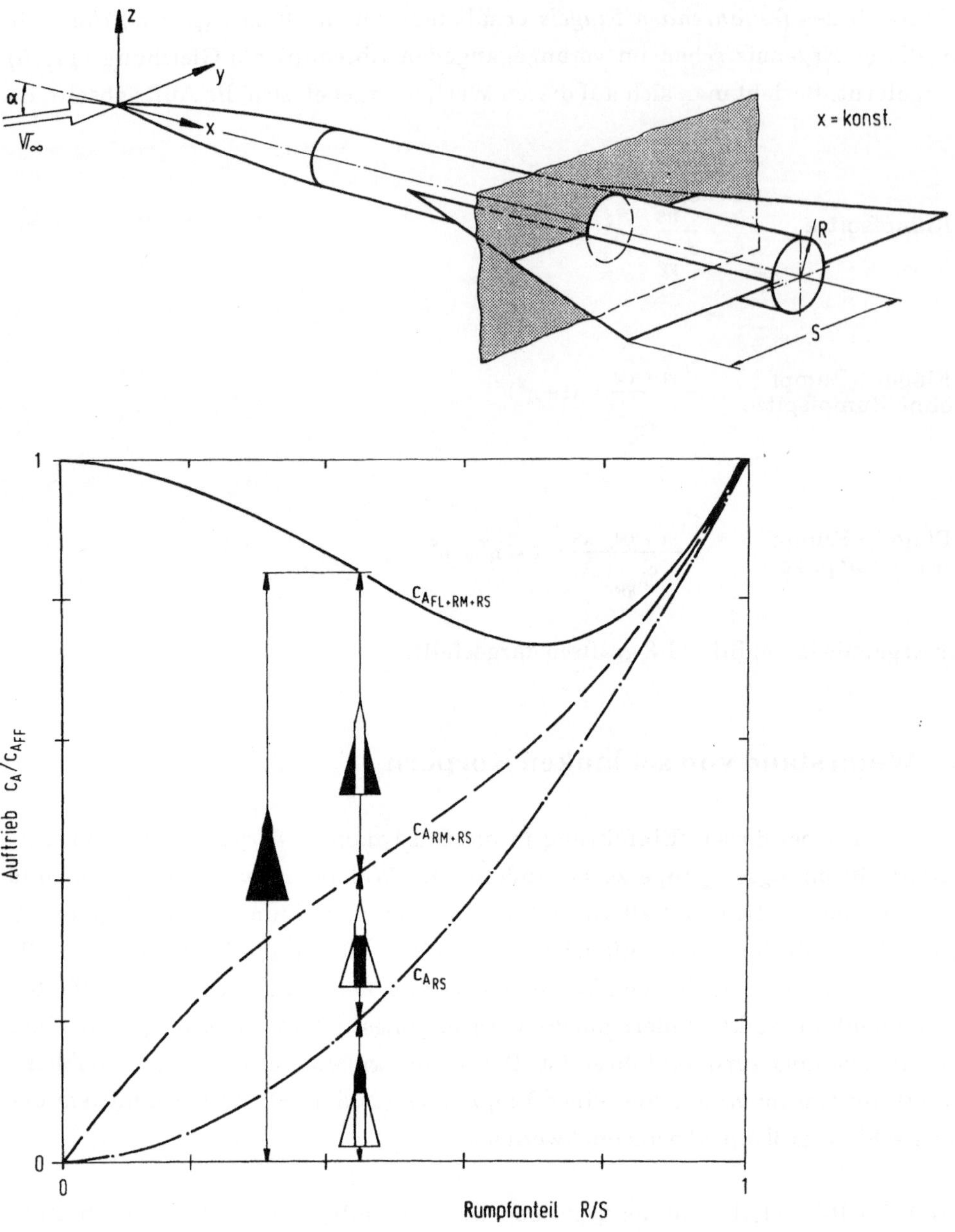

Bild 11.8. Auftriebsanteile einer Flügel–Rumpf–Verbindung

Widerstand auf. Dieser wird vom Überdruck auf dem vorderen Teil und dem Unterdruck auf dem hinteren Teil des Profils hervorgerufen. Wegen der damit verbundenen vom Körper ausgehenden und mit ihm wandernden Kompressions– und Expansionswellen wird dieser zusätzliche Widerstand als Wellenwiderstand bezeichnet (in Analo–

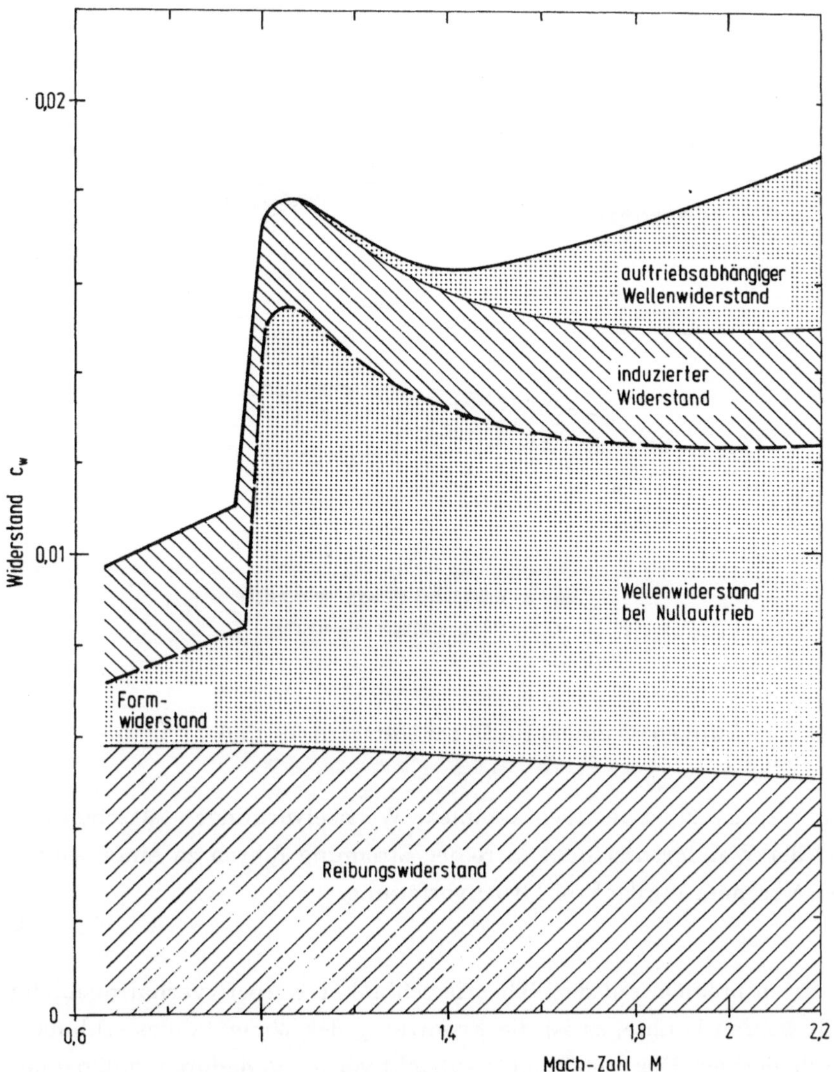

Bild 11.9. Widerstandsanteile der Concorde

gie zum Wellensystem eines fahrenden Schiffes, wobei die aufzubringende Vortriebsleistung zum größten Teil auf die Erzeugung und Mitnahme des Wellensystems entfällt).

Eine andere physikalische Erklärung für die Existenz des Wellenwiderstandes besteht darin, daß für die Erzeugung der vom umströmten Körper ausgehenden Stoßwellen – ähnlich wie beim Schiff – laufend Energie benötigt wird, was sich in einem Entropieanstieg und damit Gesamtdruckverlust bemerkbar macht.

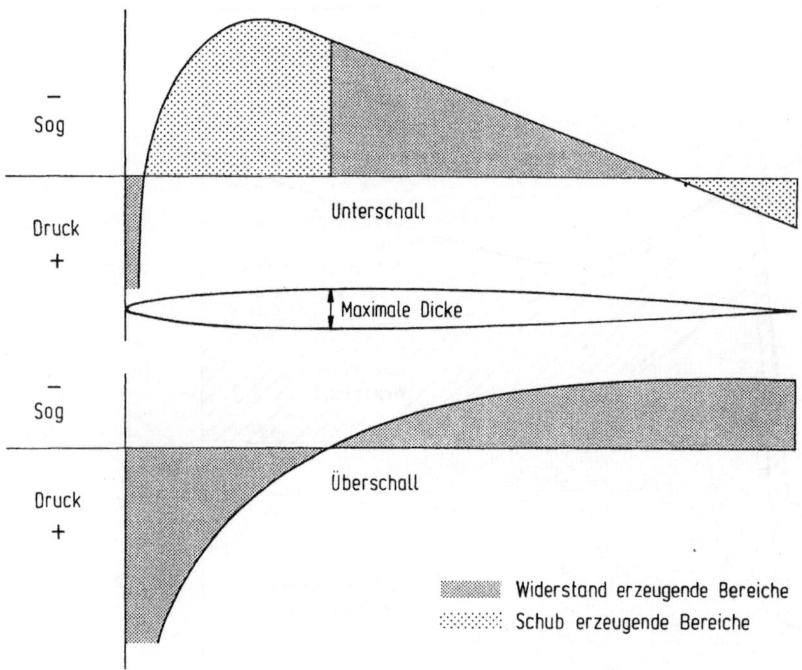

Bild 11.10. Druckverteilungen an einem Profil bei Unterschall– und Überschallumströmung

Sowohl der Gesamtdruckverlust als auch komplexe Wechselwirkungen zwischen den Druckwellen und der Wandgrenzschicht in realer Strömung führen zu einer widerstandserhöhenden Veränderung der Profildruckverteilung.

□

Während das Auftriebsproblem mit der "Theorie schlanker Körper" verhältnismäßig einfach behandelt werden konnte, so ist die Ermittlung des Widerstandes schlanker Körper weitaus schwieriger. Die Problematik entsteht vor allem dadurch, daß bei der Ermittlung des Widerstandes die Funktion g(x) der allgemeinen Lösung (11.4) Berücksichtigung finden muß.

Die Bestimmung der Funktion g(x) ist mit erheblichen Schwierigkeiten verbunden. Zunächst muß festgestellt werden, daß diese Funktion nicht über die Grundgleichung der SBT (11.3) ermittelt werden kann. Man ist gezwungen, wenigstens zeitweise zu der vollständigen dreidimensionalen Differentialgleichung (11.1) zurückzukehren. Damit wird auch die Mach–Zahl–Abhängigkeit wieder eingeführt, und für Unterschall und Überschall gibt es unterschiedliche Lösungswege.

Während für Unterschall eine Lösung von (11.1) über eine Fourier–Transformation erreicht werden kann, benutzt man bei Überschall eine Laplace–Transformation. Der mathematische Aufwand ist in beiden Fällen enorm. Wir werden uns daher hier darauf beschränken, nur das Ergebnis der Berechnung des Widerstandes von nicht angestellten Körpern bei Überschall–Anströmung zu diskutieren. Einzelheiten der Berechnung lassen sich bei M.C. Adams und W.R. Sears [6] nachlesen.

Der Widerstand eines nicht angestellten, schlanken, aber endlich dicken Körpers hängt in erster Linie von der axialen Verteilung seiner Querschnittsflächen S(x) ab. In den Widerstandsbeiwert gehen ferner die Mach–Zahl ein über $m=\sqrt{M_\infty^2-1}$ und eine Bezugsfläche F (im allgemeinen die Flügelfläche). Das Ergebnis für den Wellenwiderstand eines Körpers der Länge 1 lautet

$$c_W=\frac{1}{2\pi F}\left\{-\int_0^1\int_0^1 S''(x)\,S''(x')\ln|x-x'|\,dx\,dx'\right.$$

$$\left.+\,S'(1)\int_0^1 S''(x')\ln|1-x'|\,dx'-\frac{1}{2}\Big[S'(1)\Big]^2\ln\frac{m}{2}\right\}\quad. \tag{11.21}$$

Eine Mach–Zahl–Abhängigkeit ist nur im letzten Glied vorhanden. Die letzten beiden Terme entfallen, wenn der Körper spitz oder zylindrisch ausläuft. Ist also $S'(1)=0$, so ist der Wellenwiderstand allein durch folgenden Ausdruck bestimmt:

$$c_W=\frac{1}{2\pi F}\left\{-\int_0^1\int_0^1 S''(x)\,S''(x')\ln|x-x'|\,dx\,dx'\right\}\quad.$$

Die Auswertung des Integrals wird durch eine logarithmische Singularität erschwert. Von N.A. Routledge et al. [7] ist ein Verfahren angegeben worden, mit dem das Integral auch dann ausgewertet werden kann, wenn die Flächenverteilung S(x) numerisch definiert ist.

Ist S'(x) eine stetige Funktion für $0\leqq x\leqq 1$, und ist $S'(0)=S'(1)=0$, so kann eine Transformation vorgenommen werden mit $x=(1-\cos\theta)/2$, wobei $0\leqq\theta\leqq\pi$ und S'(x) als konvergierende Fourier–Sinus–Reihe dargestellt wird:

$$S'(x)=\sum_{n=1}^{\infty} a_n \sin n\theta\quad. \tag{11.22}$$

Die Koeffizienten dieser Reihe werden gebildet mit der Differenz zwischen Anfangs- und Endquerschnittsfläche des Körpers S(1)–S(0), dem Volumen des Körpers $\int_0^1 S\,dx$ und den Momenten des Volumens $\int_0^1 x^{n-2} S\,dx$. Man erhält:

$$a_1 = \frac{16}{\pi}\left\{\frac{1}{4}\left[S(1) - S(0)\right]\right\} \tag{11.23a}$$

$$a_2 = \frac{16}{\pi}\left\{-\frac{1}{2}\left[S(1) - S(0)\right] + \int_0^1 S\,dx\right\} \tag{11.23b}$$

$$a_3 = \frac{16}{\pi}\left\{\frac{3}{4}\left[S(1) - S(0)\right] + 4\int_0^1 S\,dx - 8\int_0^1 Sx\,dx\right\} \tag{11.23c}$$

$$a_4 = \frac{16}{\pi}\left\{-\left[S(1) - S(0)\right] + 10\int_0^1 S\,dx - 48\int_0^1 Sx\,dx + 48\int_0^1 Sx^2\,dx\right\} \quad . \tag{11.23d}$$

Es kann gezeigt werden, daß das Integral durch

$$I = \frac{\pi^2}{2}\sum_{n=1}^{\infty} n\,a_n^2$$

gegeben ist. Damit erhält man für den Wellenwiderstand von Körpern mit $S'(0)=0 =S'(1)$

$$c_W = \frac{\pi}{4F}\sum_{n=1}^{\infty} n\,a_n^2 \quad . \tag{11.24}$$

Beispiel: Der Wellenwiderstand eines Rotationsparaboloids läßt sich mit den oben angegebenen Formeln leicht berechnen. Die Kontur ist gegeben durch

$$r(x) = 2\frac{d}{l}(x - x^2) \qquad 0 \le x \le 1 \quad .$$

Damit ergibt sich die Querschnitts–Flächenverteilung zu

$$S(x) = \pi r^2 = 4\pi\left(\frac{d}{l}\right)^2\left[x^2 - 2x^3 + x^4\right] \quad .$$

Zunächst erhält man

$$S(0) = S(1) = 0 \quad .$$

Die ersten vier Koeffizienten ergeben sich zu

$$a_1 = 0$$

$$a_2 = \frac{32}{15}\left(\frac{d}{l}\right)^2$$

$$a_3 = 0$$

$$a_4 = -\frac{64}{105}\left(\frac{d}{l}\right)^2 \quad .$$

Damit errechnet man schließlich den Widerstandsbeiwert über

$$c_W = \frac{\pi}{4F}\sum_{n=1}^{4} n\, a_n^2 \qquad \text{mit} \quad F = \pi r^2 = \frac{\pi}{4}\left(\frac{d}{l}\right)^2$$

$$c_W = 10{,}59\left(\frac{d}{l}\right)^2 \quad .$$

Für d/l = 0,10 erhält man also beispielsweise einen Wellenwiderstand von

$$c_W = 0{,}1059 \quad .$$

□

12 Ähnlichkeitsregeln

12.1 Allgemeine Bemerkungen

Bei der Lösung der linearisierten Störpotentialgleichung haben wir feststellen können, daß geometrisch ähnliche Körper auch ähnliche Strömungszustände ergeben. Beispielsweise hatten wir ein Parabelzweieck mit der Kontur $h(x) = 2\tau(x - x^2)$ betrachtet. Generell ergibt sich die Druckverteilung für alle geometrisch ähnlichen Konturen unterschiedlicher relativer Dicke $\tau = d/l$ in der Form $c_p\,\beta/\tau = -(4/\pi)\,[2 + (2x-1)\,\ln|(1-x)/x|]$.

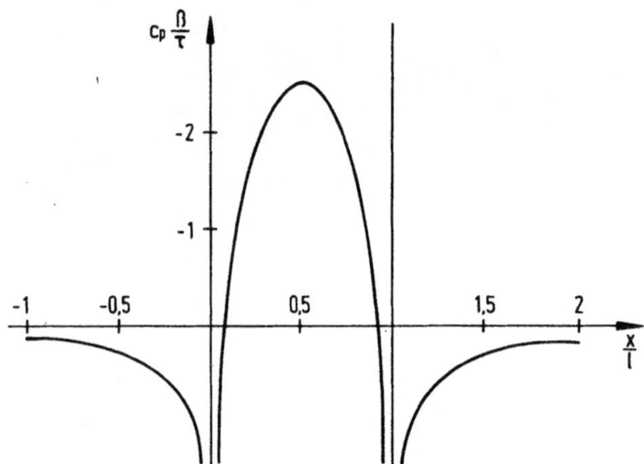

Bild 12.1. Generalisierte Druckverteilung für Parabelzweiecke

Für die Familie der Parabelzweiecke beliebiger Dicke τ läßt sich also die c_p-Verteilung mit einer einzigen Kurve für alle Mach-Zahlen M_∞ darstellen, wenn die Variablen (β und τ) entsprechend gruppiert sind. In dieser Darstellung ist bereits eine Ähnlichkeitsregel enthalten. Eine Dimensionsanalyse hätte hier zunächst nur ergeben, daß

$$c_p = f\left(\frac{x}{l}, \beta, \tau\right)$$

ist, d.h. bei der Dimensionsanalyse werden nur die beteiligten dimensionslosen Parameter aufgelistet. Die Ähnlichkeitsanalyse geht dann sehr viel weiter, indem untersucht wird, wie die Variablen gruppiert werden müssen, um die Zahl der unabhängigen Variablen zu reduzieren. So erhält man

$$c_p \frac{\beta}{\tau} = f\left(\frac{x}{l}\right) .$$

Damit könnten beispielsweise experimentelle Ergebnisse für die Umströmung aller Parabelzweiecke mit unterschiedlicher Dicke bei verschiedener Unterschall-Mach-Zahl M_∞ zusammenfassend dargestellt und miteinander verglichen werden.

Andererseits könnte man nun, wenn das Ergebnis der Ähnlichkeitsanalyse vorliegt, von der experimentell ermittelten Geschwindigkeitsverteilung bei einer Mach-Zahl und einem Dickenverhältnis auf die Geschwindigkeitsverteilung bei jeder anderen Mach-Zahl und jedem anderen Dickenverhältnis schließen, und zwar ohne dazu die Bewegungsgleichung zu lösen. Dies macht die Ähnlichkeitsanalyse vor allem in solchen Fällen bedeutungsvoll, in denen Lösungen der Bewegungsgleichung nur schwer zu erreichen sind; das ist vor allem im Transsonik.

Bei dem angeführten Beispiel haben wir die Lösung der Bewegungsgleichung über die linearisierte Störpotentialgleichung benutzt, um daraus eine Ähnlichkeitsregel anzugeben. Unser Ziel ist aber, Ähnlichkeitsregeln anzugeben, ohne daß die Lösung der Bewegungsgleichung bereits vorliegt. Wir gehen dabei von der allgemein gültigen Differentialgleichung und den zugehörigen Randbedingungen aus, woraus sich dann auch allgemein gültige Ähnlichkeitsregeln ableiten.

12.2 Zweidimensionale linearisierte Strömung im Unter- und Überschall, Prandtl-Glauert- und Göthert-Regel

Wir betrachten zwei Strömungsfelder, gekennzeichnet durch die Störpotentiale ϕ_1 und ϕ_2 sowie die Koordinaten x,y und ξ, η. Im ersten Fall werden alle erforderlichen Größen, wie Mach-Zahl, Dickenverhältnis und Druckbeiwert mit dem Index 1 versehen, im zweiten Fall wird der Index 2 verwendet.

Die Differentialgleichungen lauten

$$\frac{\partial^2 \phi_1}{\partial x^2} + \frac{1}{1 - M_1^2} \frac{\partial^2 \phi_1}{\partial y^2} = 0 \tag{12.1a}$$

$$\frac{\partial^2\phi_2}{\partial\xi^2} + \frac{1}{1-M_2^2}\frac{\partial^2\phi_2}{\partial\eta^2} = 0 \quad . \tag{12.1b}$$

Die Kontur der umströmten Körper sei gegeben durch

$$\frac{y_K}{l} = \tau_1 f\left(\frac{x}{l}\right) \tag{12.2a}$$

$$\frac{\eta_K}{l} = \tau_2 f\left(\frac{\xi}{l}\right) \quad . \tag{12.2b}$$

Die Randbedingung auf der Körperoberfläche ist

$$\left.\frac{\partial\phi_1}{\partial y}\right|_{y=0} = U_1\frac{dy_K}{dx} = U_1\tau_1 f'\left(\frac{x}{l}\right) \tag{12.3a}$$

$$\left.\frac{\partial\phi_2}{\partial\eta}\right|_{\eta=0} = U_2\frac{d\eta_K}{d\xi} = U_2\tau_2 f'\left(\frac{\xi}{l}\right) \quad . \tag{12.3b}$$

Zunächst wollen wir uns dahingehend einigen, daß wir die Strömungsfelder von in der Form verwandten Strömungskörpern miteinander vergleichen wollen. Sie mögen zwar unterschiedliche Dicke besitzen, aber ihre Formen sollen einander ähnlich sein. Das bedeutet, die Formfunktion ist gleich:

$$f\left(\frac{x}{l}\right) = f\left(\frac{\xi}{l}\right) \quad .$$

Nehmen wir nun an, daß die Stromlinien ähnlich sind, so müssen die Koordinaten in irgendeiner Form voneinander abhängig sein, die eine muß aus der entsprechenden anderen durch affine Verzerrung hervorgehen, und ein Gleiches muß für die Potentialfunktion gelten. Wir machen den Ansatz, daß eine einfache lineare Transformation das eine System in das andere überführt:

$$\frac{\phi_1}{U_1} = A\frac{\phi_2}{U_2} \qquad \rightarrow \qquad \phi_1 = A\frac{U_1}{U_2}\phi_2$$

$$x = B\,\xi$$

$$y = C\,\eta \quad .$$

Die Gleichheit der Formfunktion erfordert $B=1$, während die Differentialgleichungen für ϕ_1 und ϕ_2 dann gleich werden, wenn $C=\sqrt{(1-M_2^{\,2})/(1-M_1^{\,2})}$.

Somit gilt

$$x = \xi$$
$$y = \left[\frac{1 - M_2^2}{1 - M_1^2}\right]^{\frac{1}{2}} \eta \quad . \tag{12.4}$$

Was den Faktor A anbetrifft, so läßt sich jeder beliebige Wert dafür einsetzen, ohne daß die Ähnlichkeiten beeinträchtigt werden, da dies ja praktisch nur eine Multiplikation der Potentialgleichung mit einem Faktor bedeutet. Wir wollen die Wahl dieses Faktors daher zunächst noch offenlassen. Im folgenden sollen erst einmal die Auswirkungen von (12.4) untersucht werden. Für die Randbedingung der ersten Strömung gilt

$$\frac{\partial \Phi_1}{\partial y}\bigg|_{y=0} = A\frac{U_1}{U_2}\left(\frac{\partial \Phi_2}{\partial \eta}\right)_{\eta=0}\frac{d\eta}{dy} = A\frac{U_1}{U_2}\left[\frac{1 - M_1^2}{1 - M_2^2}\right]^{\frac{1}{2}}\left(\frac{\partial \Phi_2}{\partial \eta}\right)_{\eta=0} = U_1\tau_1 f'\left(\frac{x}{l}\right) \quad ,$$

während die der zweiten Strömung lautet:

$$\frac{\partial \Phi_2}{\partial \eta}\bigg|_{\eta=0} = U_2\tau_2 f'\left(\frac{\xi}{l}\right) \quad .$$

Damit erhält man folgende Ähnlichkeitsregel:

$$A\left[\frac{1 - M_1^2}{1 - M_2^2}\right]^{\frac{1}{2}} \tau_2 = \tau_1 \quad .$$

Ferner gilt für den Druckbeiwert des ersten Strömungsfeldes

$$c_{p_1} = -\frac{2}{U_1}\left(\frac{\partial \Phi_1}{\partial x}\right)_{y=0} = -\frac{2}{\cancel{U_1}}A\frac{\cancel{U_1}}{U_2}\left(\frac{\partial \Phi_2}{\partial \xi}\right)_{\eta=0}$$

und im zweiten Fall

$$c_{p_2} = -\frac{2}{U_2}\left(\frac{\partial \Phi_2}{\partial \xi}\right)_{\eta=0} \quad .$$

Damit erhält man folgende weitere Regel:

$$c_{p_1} = A\, c_{p_2}$$

neben

$$\tau_1 = A \left[\frac{1-M_1^2}{1-M_2^2} \right]^{\frac{1}{2}} \tau_2$$

$$x = \xi \tag{12.5}$$

$$y = \left[\frac{1-M_2^2}{1-M_1^2} \right]^{\frac{1}{2}} \eta \; .$$

Häufig werden diese Regeln benutzt, um eine kompressible Strömung mit $M_\infty \Rightarrow M_1$ einer entsprechenden inkompressiblen Strömung (mit $M_2 = 0$) zuzuordnen. Dann lauten die Beziehungen:

$$c_p = A\, c_{p_{ik}}$$

$$\tau = A \sqrt{1-M_\infty^2}\, \tau_{ik} \tag{12.6}$$

$$x = x_{ik}$$

$$y = \frac{y_{ik}}{\sqrt{1-M_\infty^2}} \; .$$

Nun können einige Annahmen für den Faktor A getroffen werden:

(1) $A = 1$

Die Druckverteilung um affine Profile bleibt invariant, sofern das Dickenverhältnis so geändert wird, daß $\tau/\sqrt{1-M^2} =$ konst. ist.

(2) $A = \dfrac{1}{\sqrt{1-M_\infty^2}}$ bzw. $A = \left[\dfrac{1-M_2^2}{1-M_1^2} \right]^{\frac{1}{2}}$

Auf diese Weise kann ein und dasselbe Profil ($\tau_1 = \tau_2$) bei verschiedenen Mach-Zahlen betrachtet werden. Der kompressible Druckbeiwert ist gegenüber dem inkompressiblen um den Faktor $1/\sqrt{1-M_\infty^2}$ verschieden und reduzierte Druckbeiwerte der Form $\sqrt{1-M^2}\, c_p$ bleiben unverändert.

(3) $A = \frac{\tau_1}{\tau_{ik}}$ bzw. $A = \frac{\tau_1}{\tau_2}$

Betrachtet man bei gleichbleibender Mach-Zahl ($M_\infty = 0$ bzw. $M_1 = M_2$) affine Profile unterschiedlicher Dicke τ, so ist der Druckbeiwert proportional dem Dickenverhältnis. Die Vergleichsdruckwerte $c_{p_{ik}}$ bzw. c_{p_2} werden dabei für die relative Dicke $\tau_{ik} = 1$ bzw. $\tau_2 = 1$ bestimmt.

(4) $A = \frac{1}{1 - M_\infty^2}$ bzw. $A = \frac{1 - M_2^2}{1 - M_1^2}$

Der Druckbeiwert wächst mit der Mach-Zahl entsprechend $1/(1-M_\infty^2)$ bzw. $(1-M_2^2)/(1-M_1^2)$, wenn das Dickenverhältnis um den Faktor $1/\sqrt{1-M_\infty^2}$ bzw. $\sqrt{(1-M_2^2)/(1-M_1^2)}$ ansteigt. (Die gleiche Aussage erhält man für rotationssymmetrische Strömungen!).

Die ersten drei Aussagen werden als *Prandtl–Glauert–Regeln* bezeichnet, die vierte als *Göthert–Regel.*

Alle Regeln sind sowohl für Unterschall– als auch für Überschall–Strömungen verwendbar, da die Transformation mit

$$\left[\frac{1 - M_2^2}{1 - M_1^2}\right]^{\frac{1}{2}} = \left[\frac{M_2^2 - 1}{M_1^2 - 1}\right]^{\frac{1}{2}}$$

die gleiche ist.

Um dies deutlich zu machen, wäre es angebracht, in allen Fällen Betragszeichen für die Ausdrücke $1-M^2$ zu verwenden. Jedoch darf man nur eine Überschallströmung mit einer Überschallströmung vergleichen (bzw. eine Unterschallströmung mit einer Unterschallströmung).

Es muß an dieser Stelle noch einmal darauf hingewiesen werden, daß der Ausgangspunkt unserer Betrachtungen die linearisierte Störpotentialgleichung war und sowohl die Prandtl–Glauert–Regel als auch die Göthert–Regel dementsprechende Näherungen darstellen. Darüber hinaus ist übrigens festzustellen, daß die Göthert–Regel eine bessere Übereinstimmung mit Versuchsergebnissen aufweist.

12.3 Zweidimensionale transsonische Strömung von Kármán's Regel

Bei transsonischen Strömungen ($M \approx 1$) sind anstelle der Gleichungen (12.1) folgende Ausgangsgleichungen zu benutzen (siehe Kapitel 9, Gleichung (9.8)):

$$(1-M_1^2)\phi_{1_{xx}} + \phi_{1_{yy}} = M_1^2(\gamma_1+1)\frac{\phi_{1_x}}{U_1}\phi_{1_{xx}} \tag{12.7}$$

$$(1-M_2^2)\phi_{2_{\xi\xi}} + \phi_{2_{\eta\eta}} = M_2^2(\gamma_2+1)\frac{\phi_{2_\xi}}{U_2}\phi_{2_{\xi\xi}} \quad . \tag{12.8}$$

Die Gleichungen (12.2) und (12.3) gelten weiterhin. Wir versuchen es mit der gleichen linearen Transformation und setzen

$$\frac{\phi_1}{U_1} = A\frac{\phi_2}{U_2} \qquad \rightarrow \qquad \phi_2 = \frac{1}{A}\frac{U_2}{U_1}\phi_1$$

$$x = \xi$$

$$y = \left[\frac{1-M_2^2}{1-M_1^2}\right]^{\frac{1}{2}}\eta \quad .$$

Damit wird die zweite Störpotentialgleichung (12.8) zu

$$\frac{1}{A}\frac{U_2}{U_1}\left[(1-M_2^2)\phi_{1_{xx}} + \left(\frac{1-M_2^2}{1-M_1^2}\right)\phi_{1_{yy}}\right] = \left[M_2^2(\gamma_2+1)\frac{1}{A}\frac{\phi_{1_x}}{U_1}\phi_{1_{xx}}\right]\frac{1}{A}\frac{U_2}{U_1} \quad ,$$

also

$$(1-M_1^2)\phi_{1_{xx}} + \phi_{1_{yy}} = M_2^2\frac{1-M_1^2}{1-M_2^2}(\gamma_2+1)\frac{1}{A}\frac{\phi_{1_x}}{U_1}\phi_{1_{xx}} \quad .$$

Dies ist nur dann identisch mit der ersten Störpotentialgleichung (12.7), wenn

$$\frac{(\gamma_1+1)M_1^2}{1-M_1^2}A = \frac{(\gamma_2+1)M_2^2}{1-M_2^2} \quad , \tag{12.9}$$

d.h. nur, wenn diese Bedingung eingehalten wird, erfüllt ϕ_1 die gleiche Potentialgleichung wie ϕ_2.

Damit ist der Faktor A bei transsonischen Strömungen bereits festgelegt (im Gegensatz zur Unterschall- und Überschallströmung, wo wir diesen Faktor frei wählen konnten!):

$$A = \frac{\gamma_2+1}{\gamma_1+1}\,\frac{M_2^2}{M_1^2}\,\frac{1-M_1^2}{1-M_2^2} \quad . \tag{12.10}$$

Damit wird aus (12.5)

$$\tau_1 = \frac{\gamma_2+1}{\gamma_1+1}\left(\frac{1-M_1^2}{1-M_2^2}\right)^{\frac{3}{2}}\frac{M_2^2}{M_1^2}\,\tau_2$$

$$c_{p_1} = \frac{\gamma_2+1}{\gamma_1+1}\,\frac{M_2^2}{M_1^2}\,\frac{1-M_1^2}{1-M_2^2}\,c_{p_2} \quad .$$

Das bedeutet, es wird mit

$$\frac{(\gamma+1)M^2}{(1-M^2)^{3/2}}\,\tau = \text{konst.} \tag{12.11}$$

auch

$$\frac{(\gamma+1)M^2}{1-M^2}\,c_p = \text{konst.} \tag{12.12}$$

oder umgekehrt, es ändert sich

$$\frac{(\gamma+1)M^2}{1-M^2}\,c_p = f\left(\frac{(\gamma+1)M^2}{(1-M^2)^{3/2}}\,\tau\right) \quad . \tag{12.13}$$

Dies ist *von Kármán's* transsonische Ähnlichkeitsregel. Die Regel ist auch im Unterschall und Überschall gültig: die Prandtl-Glauert-Regel und die Göthert-Regel sind darin als Spezialfälle enthalten.

13 Transsonische Strömungen

Bei transsonischen Geschwindigkeiten zeigen sich häufig Verdichtungsstöße – zumeist etwas stromab von der dicksten Stelle eines Flugkörpers (Bild 13.1).

Bild 13.1. Lightning-Kampfflugzeug bei transsonischer Geschwindigkeit, fotografiert von C.P. Cook

Solche Verdichtungsstöße ergeben sich in gleicher Weise bei Profilumströmungen (Bild 13.2).

Beispiel: Unter günstigen Bedingungen sind Verdichtungsstöße durch Helligkeitsunterschiede infolge Lichtbrechung bei Dichteänderung auch mit dem bloßen Auge erkennbar. Beispielsweise läßt sich manchmal bei einem Blick aus dem Fenster entlang der Tragfläche eines Strahl-Verkehrsflugzeuges das Hin- und Hertanzen des Stoßes auf dem Flügel beobachten, sofern die Sonne direkt darüber steht.

□

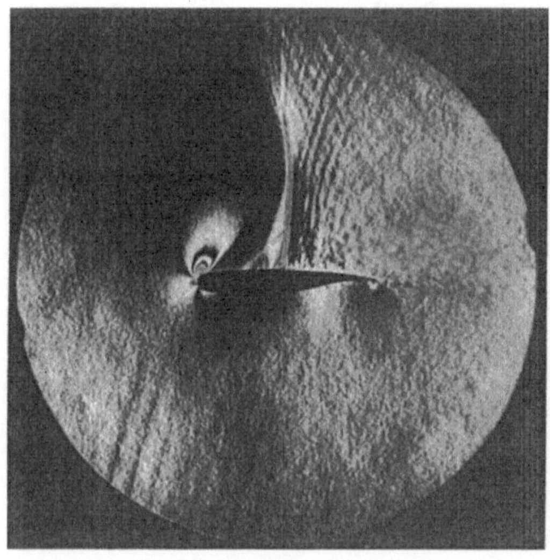

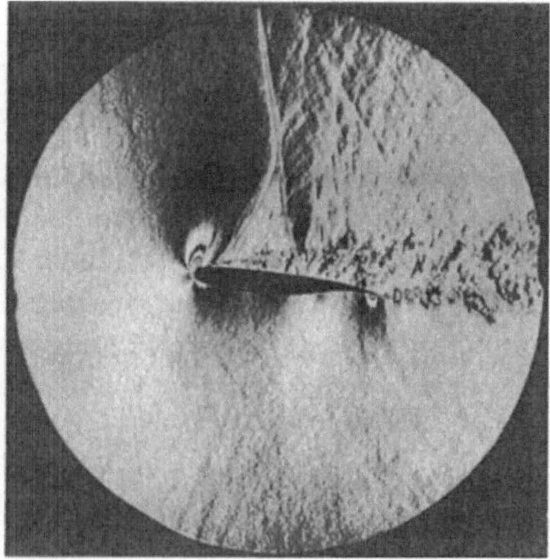

Bild 13.2. Differentialinterferometeraufnahmen der Strömung um ein superkritisches Profil bei konstanter Mach-Zahl $M_\infty = 0{,}70$ und verschiedenen Anstellwinkeln nach Th. Franke, Aerodynamisches Institut der RWTH Aachen

Besonderes Merkmal der Strömung ist, daß die Stöße räumlich begrenzt sind. Da zudem die Anström-Mach-Zahl kleiner als 1 ist, Stöße aber nur im Zusammenhang mit einer Überschallströmung vorkommen, ist hier offenkundig eine Überschallzone in ein Unterschall-Strömungsfeld eingebettet. Ein weiteres Merkmal der Strömung ist, daß die Stöße unmittelbar an der Körperoberfläche am stärksten erscheinen. Sie rufen dort möglicherweise eine Ablösung der Grenzschicht hervor, zumindest aber eine starke Aufdickung, was sich in einem aufgedickten Nachlauf zeigt.

Es muß erwartet werden, daß solche Strömungen aufgrund der Stoß-Grenzschicht-Wechselwirkung nur unzureichend mit den Mitteln einer reibungsfreien Gasdynamik beschrieben werden können. Zudem muß besonders dem lokalen Wechsel zwischen Überschall- und Unterschallströmung Rechnung getragen werden, was eine nichtlineare Behandlung der Strömung verlangt.

Im folgenden soll etwas mehr im Detail auf die verschiedenen Strömungsphänomene im Transsonik eingegangen werden, um die Basis für die theoretische Behandlung solcher Strömungen aufzubereiten.

13.1 Profilströmungen im hohen Unterschall

Um Strömungsphänomene im Transsonik zu studieren, bieten sich sowohl konventionelle, als auch transsonische Profile an. Als Beispiel für ein konventionelles Profil wurde bereits an anderer Stelle das NACA 0012-Profil vorgestellt. Es ist ungewölbt, ergibt also einen Auftriebsbeiwert von $c_a = 0$ bei Nullanstellung ($\alpha = 0$), und hat eine relative maximale Dicke von 12% in 30% Profiltiefe. Beispiel für ein transsonisches Profil ist das CAST 7-Profil (ursprünglich DO A2). Es ist besonders dafür ausgelegt, bei relativ hohen Mach-Zahlen und Auftriebsbeiwerten nur verhältnismäßig schwache Stöße hervorzurufen. Beide Profile sind in Bild 13.3 verglichen.

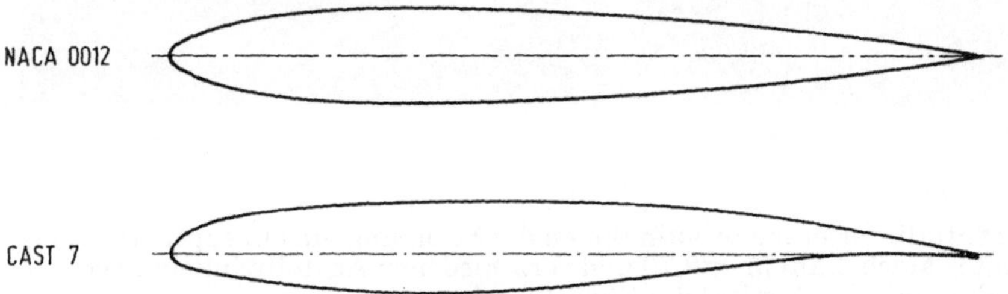

Bild 13.3. Beispiele für ein konventionelles und ein superkritisches (transsonisches) Profil

Um bei dieser Gelegenheit gleich mit den Eigenschaften moderner transsonischer Profile bekannt zu werden, wird hier das CAST 7-Profil weiter verfolgt. Es ist für eine Anström-Mach-Zahl $M_\infty = 0{,}76$ bei $c_a = 0{,}573$ ausgelegt. Das Dicken-Maximum von 11,8% liegt bei 34% Profiltiefe. Die Hinterkante ist stumpf mit $\delta_{HK}/l = 0{,}5\%$.

Im Vergleich zu den Polaren, die man bei niedrigeren Anström-Mach-Zahlen erhält, ist der Auftriebs-Anstieg c_a' groß, der Maximalauftriebsbeiwert $c_{a_{max}}$ niedrig, der ohne Ablösung nutzbare Anstellwinkel-Bereich klein und der Widerstands-Anstieg schon vor Erreichen des Maximal-Auftriebs sehr ausgeprägt (Bild 13.4).

Die Entwicklung der aerodynamischen Beiwerte mit zunehmender Anström-Mach-Zahl ist in Bild 13.5 dargestellt. Folgende Merkmale sind festzustellen:

- Im kompressiblen Unterschall nimmt der Auftriebsbeiwert etwa entsprechend dem Prandtl-Glauert-Faktor zu: $c_a = c_{a_{ik}}/\sqrt{1-M_\infty^2}$.

- Gleichzeitig wächst der Widerstand geringfügig ("creep" ist nicht unbedingt typisch, bei anderen Profilen bleibt er weitgehend konstant!).

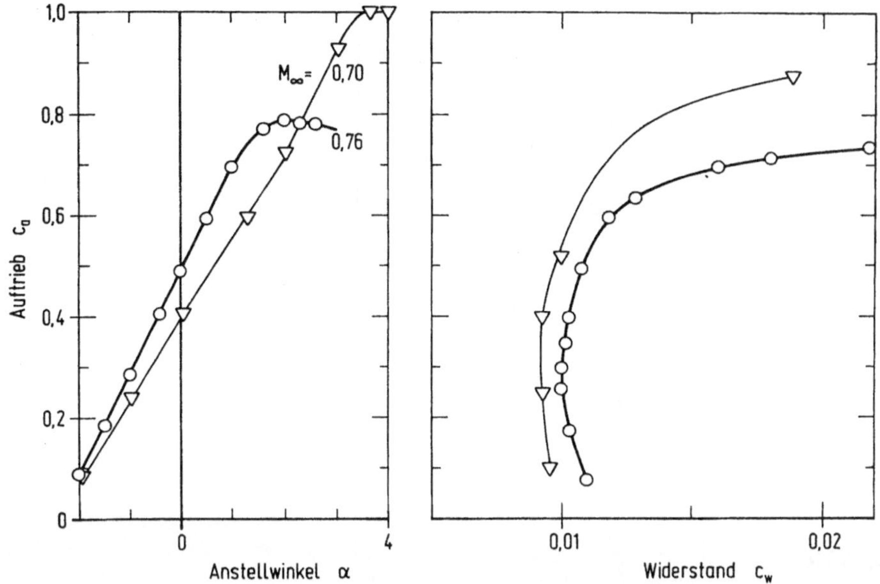

Bild 13.4. Polaren des CAST 7–Profils

- Dementsprechend bleibt die Aerodynamische Güte A/W nahezu unverändert (bei anderen Profilen nimmt sie entsprechend zu!).

- Mit dem transsonischen Widerstandsanstieg erfolgt eine drastische Reduktion der Aerodynamischen Güte.

- Der transsonische Auftriebsabfall erfolgt bei geringfügig höheren Mach–Zahlen als der Widerstands–Anstieg.

Drei Mach–Zahlwerte werden zur Kennzeichnung der Strömungsverhältnisse benutzt: *Kritische* Mach–Zahl, *Drag Divergence*–Mach–Zahl und *Lift Divergence*–Mach–Zahl.

M_{krit}: Die kritische Mach–Zahl ist diejenige Anström–Mach–Zahl, bei der am umströmten Körper erstmals örtlich M = 1 erreicht wird (siehe Kapitel 3). Es wird lokal die Schallgeschwindigkeit gerade erreicht, aber nicht überschritten. Erst für Anström–Mach–Zahlen $M_\infty > M_{krit}$ kann man von transsonischen Strömungen sprechen.

M_{DD}: Bei der "Drag Divergence–Mach–Zahl" ist bereits ein merklicher Widerstandsanstieg erfolgt. Als Kriterium gilt $dc_w / dM_\infty = 0{,}1$ oder $\Delta c_w = 0{,}002$ über dem

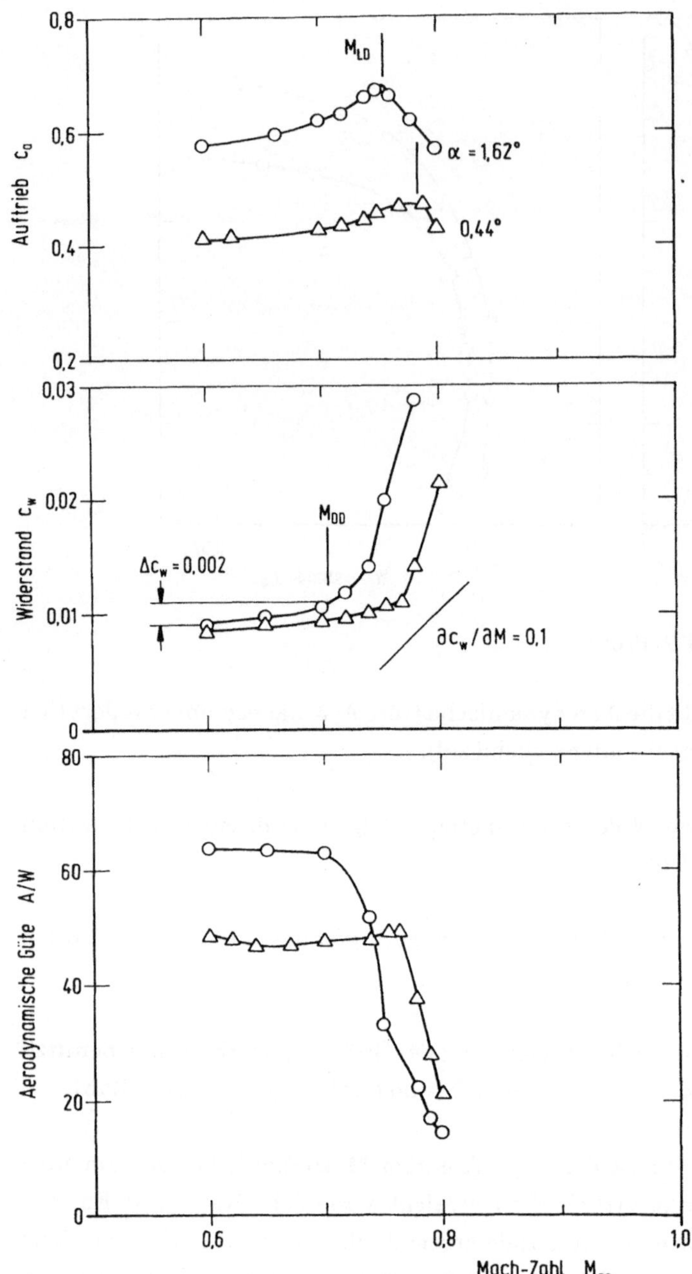

Bild 13.5. Aerodynamische Beiwerte des CAST 7–Profils

c_W–Wert bei $M_\infty = 0{,}6$. In der Strömung sind stärkere Stöße und möglicherweise Ablösungen vorhanden.

M_{LD}: Die "Lift Divergence-Mach-Zahl" wird bestimmt über $dc_a/dM_\infty = 0$ (oder auch schon bei $\partial^2 c_a/\partial M^2_\infty = 0$) der Kurve $c_a = f(M_\infty)$. Hier ist durch Ablösungen die Zir–

kulation um das Profil beeinträchtigt. Alternative Kriterien orientieren sich am Hinterkantendruck des Profils $c_{p_{HK}} \leq 0{,}05$ oder $\partial c_{p_{HK}} / \partial M_\infty = -1{,}0$ (härteste Forderung). Eine weitere Möglichkeit bietet die Darstellung $c_a = f(\alpha)$ im Hochanstellwinkel-Bereich mit $\Delta c_a = 0{,}1$ ab dem nichtlinearen Verlauf.

Die Ursachen für den Widerstandsanstieg und den Auftriebszusammenbruch können mit Hilfe von Schlierenbildern, Druckverteilungsmessungen und Ölfilmbildern analysiert werden. Im Bild 13.6 ist die Druckverteilung für die Oberseite des CAST 7-Profils gezeigt. Dabei wurde der gemessene statische Druck auf den Ruhedruck der Anströmung bezogen.

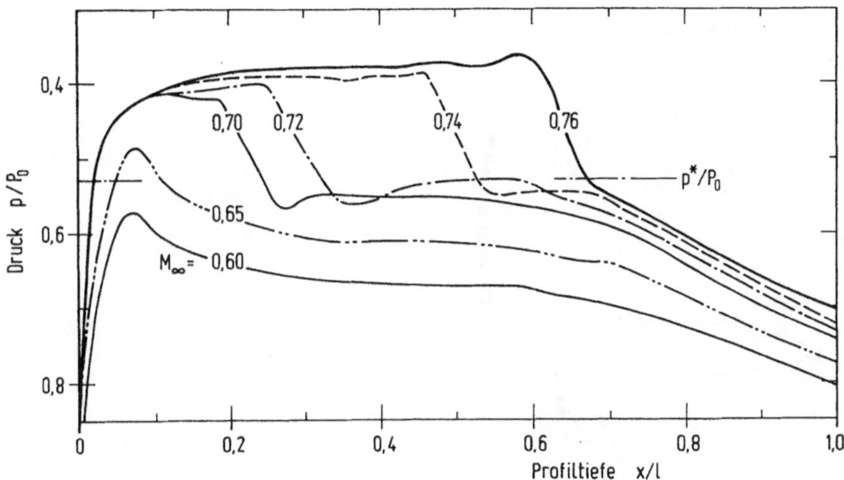

Bild 13.6. Profil-Druckverteilung CAST 7, $Re = 6 \cdot 10^6$, $\alpha = 1{,}62°$

Mit dem kritischen Druckverhältnis $p^*/P_0 = 0{,}528$ (entsprechend $M = 1$) wird erkennbar, daß die kritische Mach-Zahl etwa bei $M_{krit} = 0{,}63$ liegt. Bei höheren Anström-Mach-Zahlen treten Drucksprünge auf, die Verdichtungsstößen zuzuordnen sind. Vor dem Stoß werden Druckverhältnisse von $p_{lokal}/P_0 = 0{,}36$ bis 0,39 erreicht, was örtlichen Mach-Zahlen von $M_{lokal} = 1{,}24$ bis 1,30 entspricht. Nach dem vorhergegangenen kann somit festgestellt werden, daß diese relativ hohen lokalen Mach-Zahlen zwar einen beachtlichen Widerstandsanstieg zur Folge haben, jedoch noch nicht zu einem vollständigen Zusammenbruch des Auftriebs führen.

Aus Schlierenaufnahmen erhält man etwa folgendes Bild:

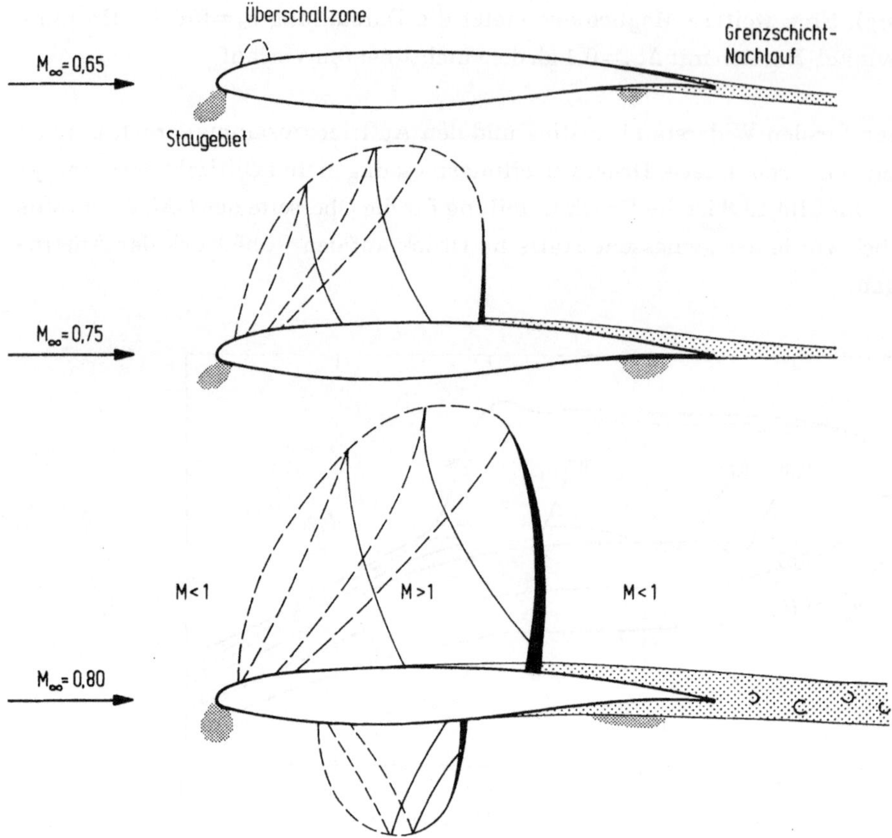

Bild 13.7. Skizzen von Schlierenbildern einer Profilströmung bei verschiedenen Mach–Zahlen

Bei niedrigen Mach–Zahlen zeigt sich ein Staugebiet an der Profilnase, nachfolgend eine Expansion, an der Oberseite mit einer kleinen Überschallzone. Der Nachlauf ist schmal. Mit wachsender Anström–Mach–Zahl wird die Überschallzone größer, der Stoß stärker und verursacht schließlich eine ausgeprägte Ablösung.

Die Ursache für eine Ablösung der Profilströmung kann sowohl der durch den Verdichtungsstoß hervorgerufene starke (positive) Druckgradient sein, als auch ein durch die Profilkontur und durch die Anstellung des Profils verursachter Druckgradient. Die Ablösung kann dabei örtlich begrenzt sein. Erst wenn sie sich über die Hinterkante erstreckt, bricht der Auftrieb am Profil zusammen. Eine über die Hinterkante reichende Ablösung kann sich auf unterschiedliche Weise entwickeln:

- Stoßinduzierte Ablöseblase, die sich zur Hinterkante hin ausbreitet.

- Neben der stoßinduzierten Ablöseblase entsteht eine davon separate Hinterkanten–Ablösung, die eine dehnt sich stromab, die andere stromauf aus, bis beide vereint werden.

Mit Bild 13.8 ist skizziert, wie die Entwicklung der Ablösung verlaufen könnte.

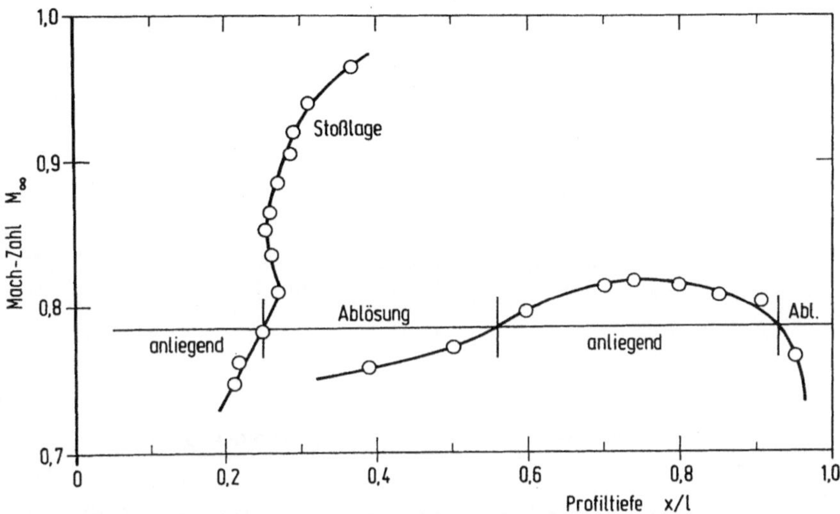

Bild 13.8. Entwicklung von Stoßlage, stoßinduzierter und Hinterkanten–Ablösung mit wachsender Anström–Mach–Zahl

Die Bestimmung des Ablösepunktes erfolgt mittels einer Auftragung des Wertes $\bar{c}_p = c_p\sqrt{1-M_\infty^2}$ über M_∞ (bzw. c_p über α) für jede einzelne Druckbohrung des Bereiches, in dem Ablösung auftreten könnte. Die Divergenz der Druckkurve gibt dann die Ablösung an. Ein Beispiel für die Entwicklung bei wachsender Mach–Zahl an den Bohrungen $x/l = 0{,}7$ und $x/l = 1.0$ ist in Bild 13.9 gegeben.

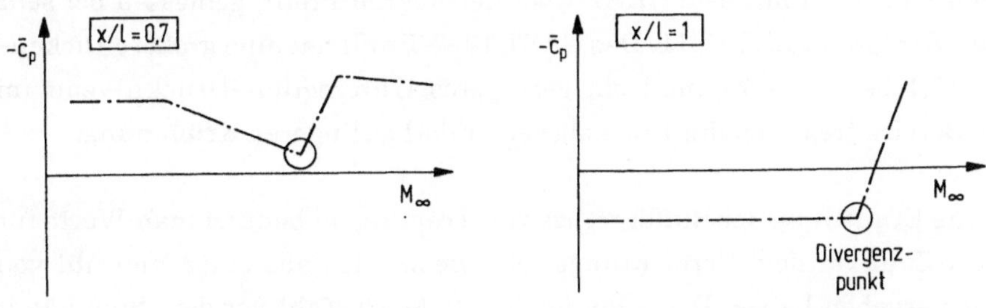

Bild 13.9. Änderung des lokalen Druckes am Profil mit der Mach–Zahl

In x/l = 0,7 ergibt sich zunächst ein Druckanstieg infolge der Annäherung des Stoßes. Der Divergenzpunkt legt die Mach–Zahl fest, bei der die Ablöseblase den betroffenen Punkt, also x/l = 0,7, erreicht hat. Die Position x/l = 1 bedeutet Hinterkante. Der Divergenzpunkt legt den Beginn der Hinterkanten–Ablösung fest (Bild 13.10).

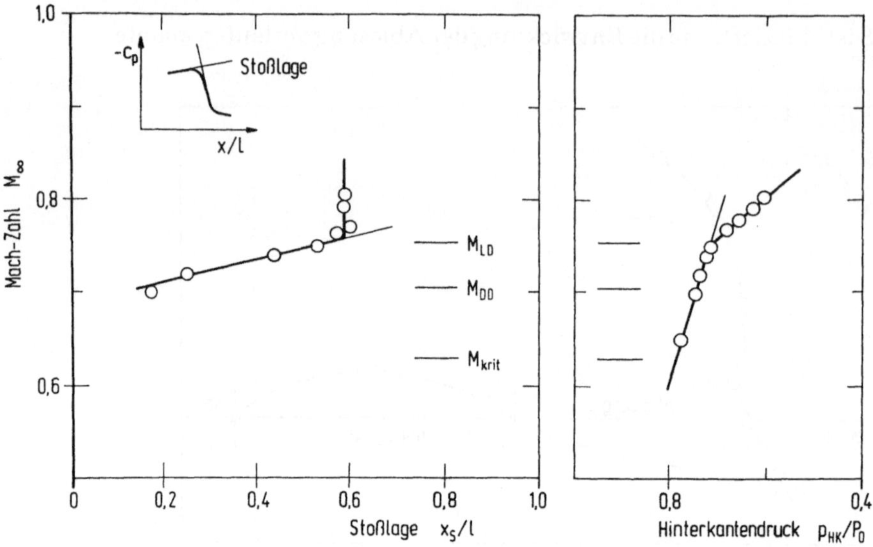

Bild 13.10. Änderung von Stoßlage und Hinterkantendruck mit der Mach–Zahl, CAST 7, Re = $6 \cdot 10^6$, $\alpha = 1{,}62°$

Stoßlage und Hinterkantendruck sind experimentell leicht zu ermitteln. Eine Analyse der Entwicklung dieser Werte mit steigender Mach–Zahl erlaubt eine zuverlässige Bestimmung der Lift Divergence–Mach–Zahl. Die damit verbundene Strömungsablösung, die sich über die Hinterkante erstreckt, begrenzt den praktisch nutzbaren Geschwindigkeitsbereich für Verkehrsflugzeuge: Die Ablösungen sind im allgemeinen stark instationär. Sie führen zu einem Schütteln am Flugzeug (buffeting).

Die Einsatzgrenzen für ein mit dem CAST 7 vergleichbaren Profil, gemessen bei sehr hoher Reynolds–Zahl, zeigt Bild 13.11. Das CAST 10–2–Profil hat eine größere Dickenrücklage (d/l = 12,1 bei x/l = 45%) und ein geringeres Unterseiten–Druckniveau im Hinterkanten–Bereich (rear–loading) als Folge einer dort geringeren Krümmung.

Für eine einfache Ermittlung der Buffetgrenze von Tragflügeln benutzt man Werte für die lokale Mach–Zahl vor dem Verdichtungsstoß, wie sie sich aus einer Vielzahl von Profilmessungen ergeben haben. Die zulässige lokale Mach–Zahl vor dem Stoß hängt ab von der Lage des Stoßes auf dem Profil. Je weiter stromab der Stoß liegt, desto

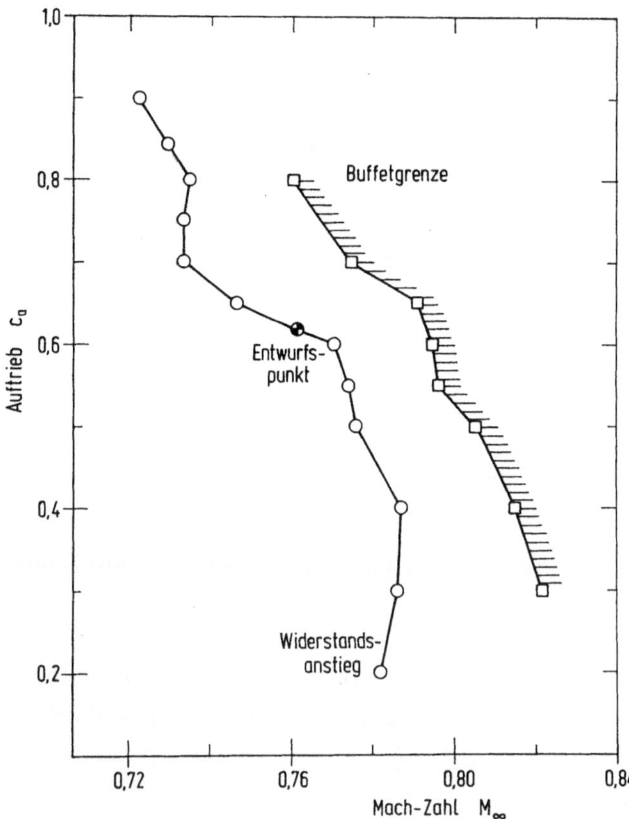

Bild 13.11. Widerstandsanstieg und Buffetgrenze für das Profil CAST 10–2 (DoA2) bei $Re = 30 \cdot 10^6$ nach Stanewsky, Dissertation TU Berlin 1981

geringer ist die Chance für die Grenzschicht, sich bis zur Hinterkante von der Wirkung des Stoßes zu erholen. Die in Bild 13.12 gezeigten Meßwerte wurden bei McDonnell Douglas zusammengetragen [8]. Die Meßwerte gelten für verhältnismäßig hohe Reynolds-Zahlen.

Im Vergleich zu konventionellen Profilen haben transsonische bzw. superkritische Profile Widerstandsanstieg und Buffetgrenze bei höheren Anström-Mach-Zahlen bzw. Auftriebsbeiwerten. Dies wird erreicht durch eine gezielte Gestaltung der Überschallzone. Eine möglichst ausgedehnte Überschallzone an der Profiloberseite mit niedrigem Druck ist wünschenswert, weil damit hoher Auftrieb und durch Nasensog auch niedriger Widerstand erreicht wird. Dabei muß allerding die Stoßstärke klein gehalten werden, um Ablösungen zu vermeiden.

Ursprünglich waren Überschallzonen als unakzeptabel angesehen worden. In den 50er Jahren gab es die Transsonische Kontroverse [9]. Hintergrund bildete dabei die Tatsache, daß

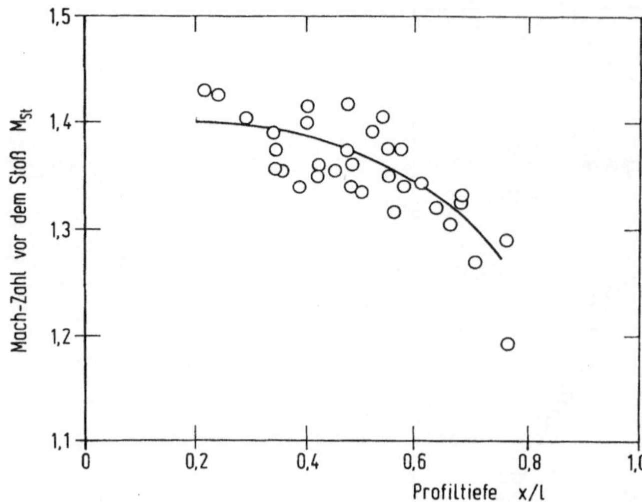

Bild 13.12. Stoß–Mach–Zahlen von Profilströmungen bei Buffet–onset

- experimentell nur transsonische Strömungen mit Stoß bekannt waren, sofern $M_{lokal} > 1{,}1$ und

- theoretisch gefundene stoßfreie Lösungen sich als instabil erwiesen (instabil bei beliebig kleinen Konturabweichungen oder bei instationären, stromauflaufenden Wellen).

Der Gegenbeweis wurde erbracht von H.H. Pearcey [10] und von G.Y. Nieuwland, B.M. Spee [11].

Die heuristischen Ansätze von Pearcey vermitteln ein vertieftes Verständnis der Physik transsonischer Strömungen. Sie werden im folgenden kurz dargestellt.

Dazu eine Detail–Betrachtung der Überschallzone am Profil (Bild 13.13):

Die Überschallzone wird durch eine Sonic–Linie (Schall–Linie mit $M=1$ und $p=p^*$ $=$konst.) begrenzt. Expansionswellen, die im Nasenbereich des Profils ihren Ursrpung haben, treffen auf die Sonic–Linie, entlang der die Randbedingung "konstanter Druck" gilt. Zur Erfüllung der Randbedingung entsteht eine Kompressionswelle, die zur Profiloberfläche läuft und dort für eine Druckerhöhung und Mach–Zahl–Absenkung sorgt. Auf diese Weise wird einer weiteren Beschleunigung der Strömung, wie sie sonst durch die Profilkrümmung erzeugt werden würde, entgegengewirkt. Somit läßt sich die Mach–Zahl vor dem Stoß auch bei ausgeprägter Überschallzone in akzeptablen Grenzen halten.

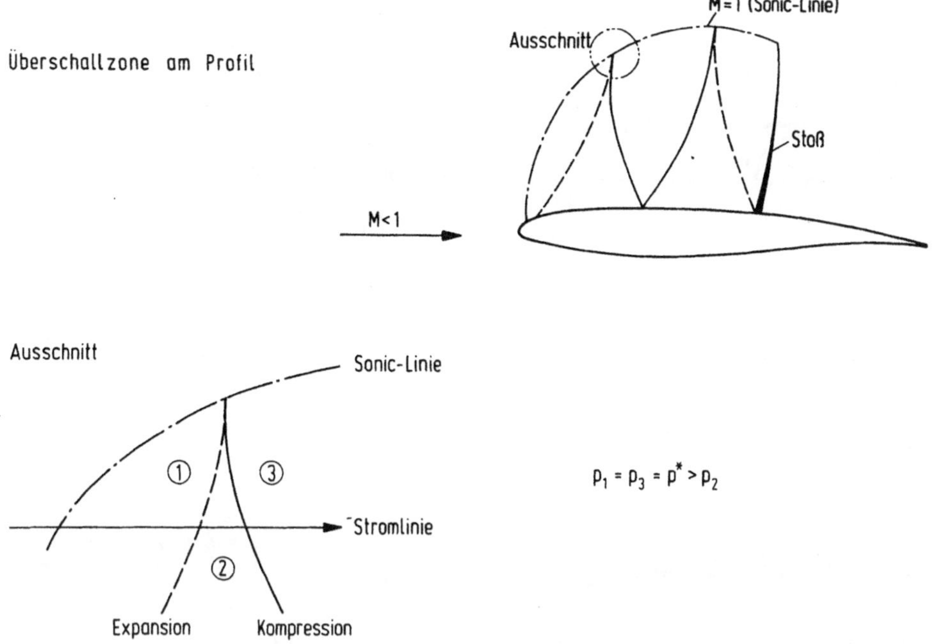

Bild 13.13. Überschallzone am Profil

Kompressions– und Expansionswellen sind "Charakteristische Linien" in einer Überschallströmung. Für solche Charakteristiken gilt:

rechtslaufende Charakteristik $\theta + v^* = \text{konst.}$
linkslaufende Charakteristik $\theta - v^* = \text{konst.}$.

(Bezeichnung bei Blick in Strömungsrichtung). Die Summe bzw. Differenz vom Strömungsrichtungswinkel θ und dem Prandtl–Meyer–Winkel ist also jeweils konstant (siehe auch Kapitel 8).

Mit diesen Gleichungen läßt sich feststellen, wie sich entlang einer Welle die Strömungsrichtung in Relation zur lokalen Mach–Zahl ändert. (Man kann davon ausgehen, daß sich die Mach–Zahl mit Entfernung von der Profiloberfläche hin zur Sonic–Linie stetig verringert). Ferner lassen sich "verwandte Punkte" identifizieren (Bild 13.14).

Mit Hilfe der "verwandten Punkte" wurden von Pearcey die ersten superkritischen Profile entwickelt. Sie wurden als "Peaky–Profile" bezeichnet, da sie sich durch eine scharfe Expansionsspitze im Nasenbereich auszeichneten. Dieser Expansionsfächer sollte – an der Sonic–Linie als Kompression "reflektiert" – eine starke Reduktion der

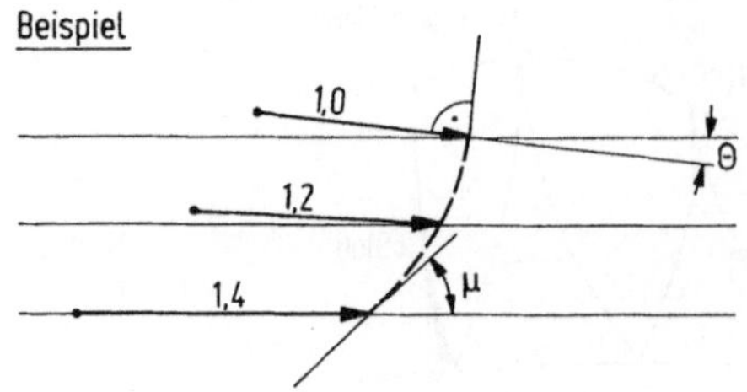

M	μ	ν*	θ
1,0	45°	9,0°	0°
1,2	56°	3,5°	-5,5°
1,4	90°	0°	-9°

$\theta - \nu^* = \text{konst} = -9°$

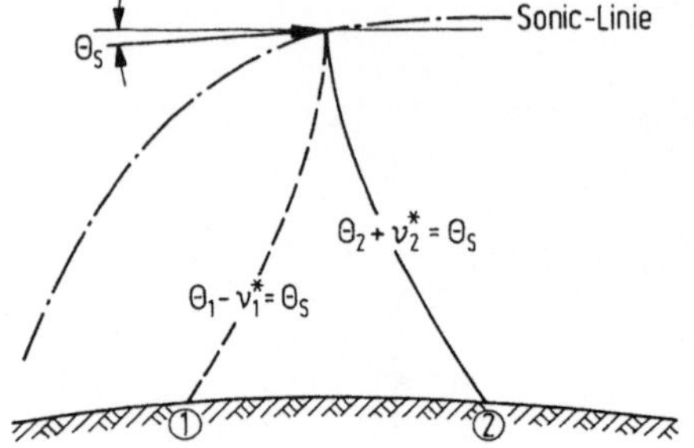

① und ② sind "verwandte Punkte"!

Bild 13.14. Eigenschaften von Charakteristiken im Überschallfeld

Mach–Zahl vor dem Stoß bewirken. Auf diese Weise entstanden im Nasenbereich Mach–Zahlen von M = 1,6, während sie vor dem Stoß wieder auf M = 1,2 herabgesetzt waren. Die kräftige Sogspitze ("peak") im Nasenbereich trug zu einer Verringerung des Widerstandes bei (Nasensog).

Charakteristisch ist der steile Anstieg von θ (Konturneigung) gefolgt von einem relativ plötzlichen Übergang in einen flacheren Verlauf. Divergenz der Kurvenpaare $\theta \pm \nu^*$ deutet auf Expansion, Konvergenz auf Kompression (Bild 13.15).

Die Peaky–Profile erwiesen sich als verhältnismäßig empfindlich im "off–design". Heute werden bei Profil–Entwürfen weitaus weniger ausgeprägte Sogspitzen vorgesehen.

13.2 Flügelströmungen im hohen Unterschall

Tragflügel für den Flug im hohen Unterschall (und im Überschall) sind im allgemeinen gepfeilt. Die Wirkung der Flügelpfeilung kann mit dem "unendlichen" gescherten Flügel (infinite sheared wing) studiert werden. Den gescherten Flügel erhält man, indem jeder Schnitt eines ungepfeilten Profils stromab verschoben wird (stromauf für negative

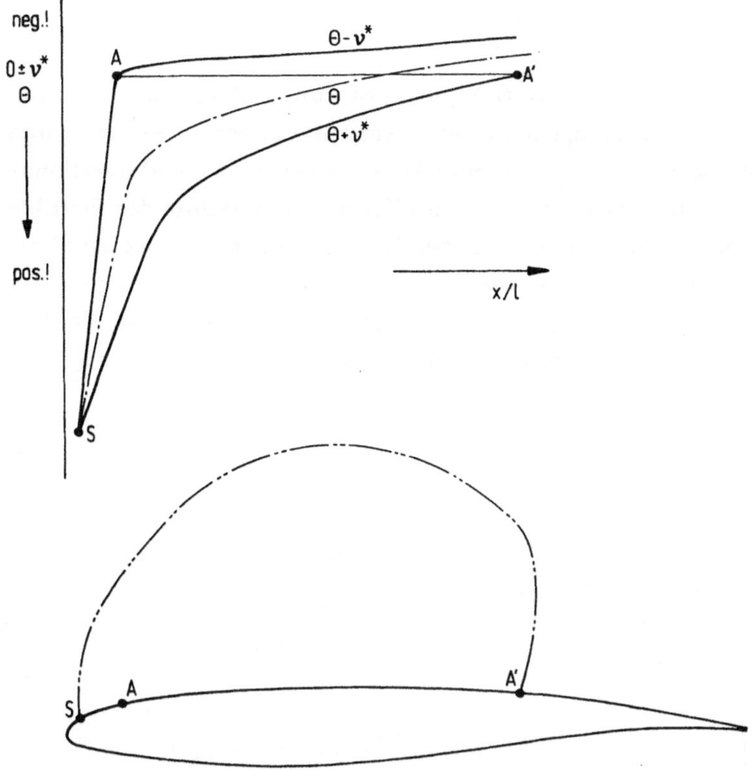

Bild 13.15. Profil mit verwandten Punkten und zugehörigen $\theta \pm v^*$–und θ–Kurven

Pfeilung). Die Form des Profilschnittes und seine spannweitige Position bleibt dabei unverändert (Bild 13.16).

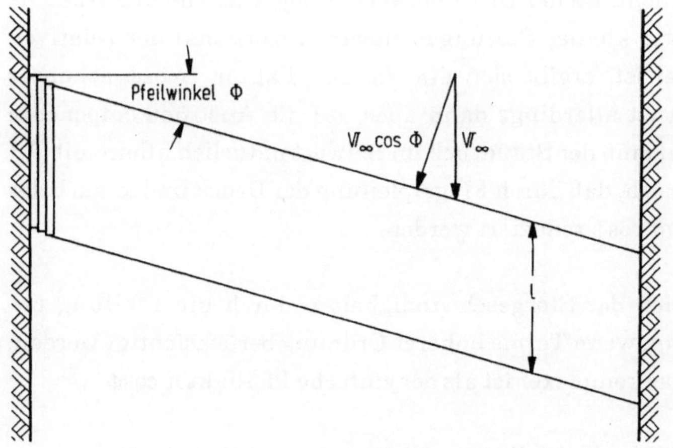

Bild 13.16. Der gescherte Flügel

Durch die Pfeilung werden drei verschiedene physikalische Effekte erreicht [12]:

(1) Vorausgesetzt die Strömung ist reibungsfrei und die Störungen durch das Profil sind klein, so wird nur die Strömungskomponente senkrecht zur Vorderkante gestört und zwar diese in gleicher Weise wie die Komponenten U und V bei einer zweidimensionalen Profilströmung. Die Strömungskomponente parallel zur Vorderkante des Pfeilflügels bleibt ungestört. Damit ergibt sich dort, wo bei der 2D–Profilströmung eine Staulinie ist, beim Pfeilflügel eine Strömung mit $V_\infty \sin\phi$. Die Überlagerung von ungestörter Strömungskomponente $V_\infty \sin\phi$ und den gestörten Komponenten senkrecht zur Vorderkante ergibt über dem Flügel einen gekrümmten Stromlinienverlauf:

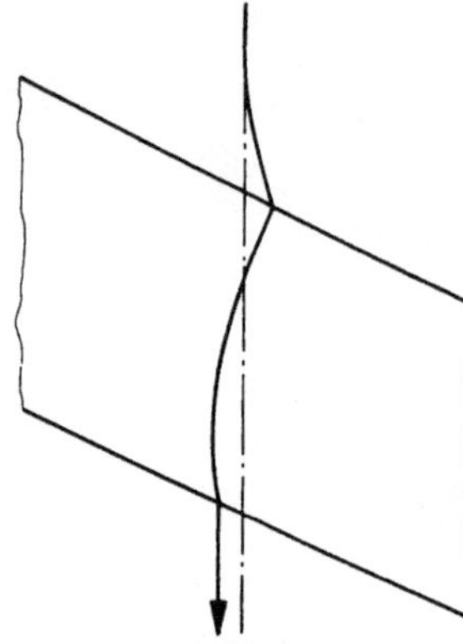

Bild 13.17. Stromlinienverlauf über dem Pfeilflügel

Die Druckverteilung läßt sich dann mit der Theorie kleiner Störungen ermitteln, indem man die Anström–Komponente $V_\infty \cos\phi$ zugrundelegt und den Schnitt senkrecht zur Vorderkante betrachtet. Für diesen Schnitt ist der Anstellwinkel und die relative Dicke um den Faktor $1/\cos\phi$ erhöht. Da der Druckbeiwert infolge Dicken– und Anstellwinkeleffekt gemäß der Theorie kleiner Störungen linear proportional der relativen Dicke bzw. dem Anstellwinkel ist, ergibt sich ein um den Faktor $1/\cos\phi$ erhöhter Druckbeiwert. Dieser Beiwert ist allerdings dann auch auf die Anströmkomponente $V_\infty \cos\phi$ bezogen. Für den Flügel muß der Staudruck im Beiwert natürlich allein mit V_∞^2 gebildet werden. Damit ergibt sich, daß durch Flügelpfeilung der Druck und so auch der Auftriebsbeiwert um den Faktor $\cos\phi$ reduziert werden.

Die charakteristische Reduktion der Störgeschwindigkeiten durch die Pfeilung errechnet sich übrigens auch dann, wenn Terme höherer Ordnung berücksichtigt werden, obwohl das Ergebnis dann etwas komplexer ist als der einfache Pfeilfaktor $\cos\phi$.

(2) Der zweite physikalische Effekt der Pfeilung ergibt sich hinsichtlich des Kompres–

sibilitätsfaktors. Bekanntermaßen läßt sich der Kompressibilitätseinfluß über die Prandtl–Glauert–Regel darstellen. Die Übertragung auf den gepfeilten Flügel ergibt einen Faktor mit $1/\sqrt{1-M_\infty^2 \cos^2\phi}$, d.h. Störgeschwindigkeiten und Druckbeiwerte steigen mit wachsendem Pfeilwinkel weniger stark an durch den Kompressibilitätseinfluß als beim ungepfeilten Flügel.

(3) Der dritte Effekt betrifft das Eintreten des kritischen Strömungsfalles (erstes Erreichen lokaler Schallgeschwindigkeit). Es kann festgestellt werden, daß kritische Strömungsbedingungen erst entstehen, wenn die Strömungskomponente senkrecht zur Pfeilungsrichtung Schallgeschwindigkeit erreicht. Der kritische Druckbeiwert errechnet sich zu

$$c_p^* = \frac{2}{\gamma M_\infty^2}\left[\left(\frac{2}{\gamma+1}\right)^{\frac{\gamma}{\gamma-1}}\left(1+\frac{\gamma-1}{2}M_\infty^2\cos^2\phi\right)^{\frac{\gamma}{\gamma-1}}-1\right] .$$

In Bild 13.18 sind die drei Effekte am Beispiel eines einfachen Flügels mit bikonvexem Profil gezeigt:

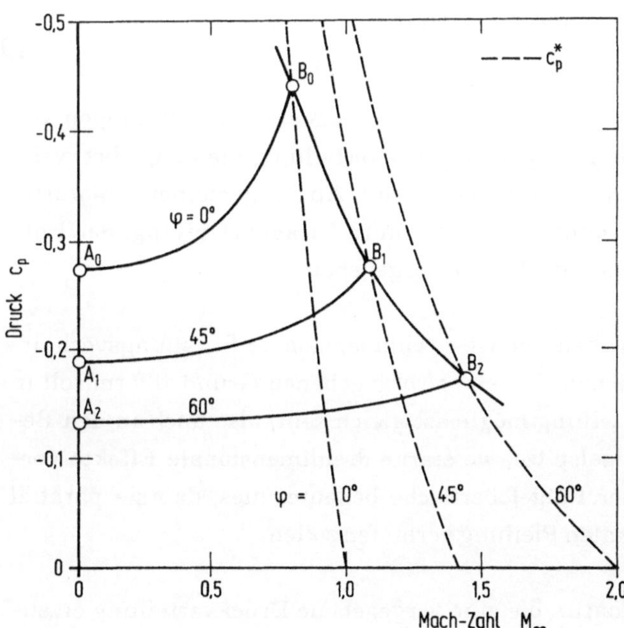

Bild 13.18. Änderungen des Druckbeiwertes für einen unendlichen gepfeilten Flügel, bikonvexes Profil $d/l = 0{,}1$, $\alpha = 0°$

Bei der Übertragung eines 2D–Profiles auf einen gepfeilten 3D–Flügel kann folgendermaßen vorgegangen werden [13]:

$$M_{\infty\,3D} = M_{\infty\,2D}/\cos\phi$$

$$(d/l)_{3D} = (d/l)_{2D}\cos^2\phi_{50}/\cos\phi_{lokal} \quad .$$

Hierin wird durch das Verhältnis $\cos\phi_{50}/\cos\phi_{lokal}$ die Zuspitzung berücksichtigt.

Beispiel: CAST 7-Profil $M_{\infty\,2D}=0{,}76$ $(d/l)_{2D}=12\%$
Flügel $\phi_{50}=28°$ $M_{\infty\,3D}=0{,}86$ $(d/l)_{3D}=10{,}6\%$

Ist die Dicke des Profils vorgegeben, so läßt sich die zugehörige Entwurfs-Mach-Zahl über den transsonischen Ähnlichkeitsparameter $k=(1-M_\infty^2)/M(d/l)^{2/3}=$ konst. bestimmen.

□

Beispiel: CAST 7-Flügelprofilierung mit 12% statt 10,6% $\Rightarrow (d/l)_{2D}=13.6\%$.

$$\frac{1-0{,}76^2}{0{,}76\cdot 0{,}12^{2/3}} = \frac{1-0{,}76^2}{M_{2D}\ 0{,}136^{2/3}}$$

Daraus folgt: $M_{2D}=0{,}735$ und $M_{3D}=0{,}832$.

□

Am Ausgangspunkt eines Flügelentwurfs stehen im allgemeinen Vorstellungen von einem Profiltyp bzw. von einer entsprechenden Druckverteilung, die möglichst weitgehend über den gesamten Flügel realisiert werden soll. Aus allgemeinen Entwurfsüberlegungen werden der Flügelgrundriß, die ungefähre Dickenverteilung, der Entwurfs-Auftriebsbeiwert und die Reise-Mach-Zahl vorgegeben.

Das Ziel ist dann, möglichst weitgehend quasi-zweidimensionale Strömungsverhältnisse am gesamten Flügel zu erreichen. Bei einer vorgegebenen Grundrißform soll in allen Querschnitten die Druckverteilung möglichst gleich sein, also auch in den Bereichen von Flügelwurzel und Flügelspitze, wo starke dreidimensionale Effekte vorherrschen. Für die Isobaren an der Flügeloberfläche bedeutet dies, daß sie parallel zueinander und in Richtung der lokalen Pfeilung verlaufen sollen.

Beispiel: Die Berechnung einer Kontur, die eine vorgegebene Druckverteilung erzeugen soll, wird als "Design-Aufgabe" bezeichnet und erfordert eine inverse Lösung der strömungsmechanischen Gleichungen. Dagegen steht die "Analysis-Aufgabe", was die einfachere direkte Lösung verlangt, um die Berechnung einer Druckverteilung für eine vorgegebene Kontur auszuführen (Nachrechenaufgabe).

Rechenverfahren dieser Art stehen heute zur Verfügung auf der Basis der transsonischen Theorie kleiner Störungen (Transonic Small Pertubation - TSP) und der vollständigen Potentialgleichung. (Full Potential Equation - FPE). Über die Möglichkeiten und Grenzen dieser Rechenverfahren aus gegenwärtiger Sicht sind umfangreiche Ausführungen in [14] gemacht. Darin werden unter anderem von P.A. Henne et al.. Erfahrungen mit den verhältnismäßig weit verbreiteten direkten Lösungsverfahren der FPE für 2D- (Bauer, Garabedian, Korn PGM-H) und 3D-Strömungen (Jameson-Flo 22) mitgeteilt, sowie Erfahrungen mit inversen FPE-Verfahren von Tranen (2D) und Henne (3D) (Alle Lösungen "non-conservative"!).

Es kann festgestellt werden, daß recht gute Ergebnisse erreicht wurden für den Entwurf und die Nachrechnung von Flügel-Konfigurationen im Reiseflug-Bereich, einschließlich der Bestimmung der Drag Divergence-Mach-Zahl und von Reynolds-Zahl-Effekten. Erheblich verbesserungsbedürftig sind die Berechnungsmöglichkeiten für das Widerstandsniveau, den Maximalauftrieb und die Buffetgrenze.

In Bild 13.19 ist ein Rechenergebnis mit Meßwerten aus dem Windkanal verglichen [15]. Es zeigt einerseits eine befriedigende Übereinstimmung zwischen Rechnung und Messung. Zum anderen ist erkennbar, daß das Entwurfsziel, in allen Querschnitten die Profildruckverteilung zu realisieren, weitgehend erreicht worden ist.

□

Hinsichtlich der Interferenzwirkung der einzelnen Komponenten einer Flugzeugkonfiguration bei transsonischer Strömung kann hier folgende Feststellung gemacht werden: Stöße und Expansionsfächer in einer Überschallströmung stehen in Zusammenhang mit einer Zunahme bzw. Abnahme des Verdrängungsquerschnitts des umströmten Körpers. Bei schallnaher Strömung verlaufen Stöße und Expansionen nahezu senkrecht zur Strömung. So können sie sich gegenseitig beeinflussen oder gar auslöschen. Schlußfolgerung: Durch gleichförmige axiale Querschnittsflächenverteilung müßten sich Verdichtungsstöße reduzieren lassen. Mittel hierzu sind: Triebwerksanordnung, Vorziehen der Flügelvorderkante im Flügel-Wurzel-Bereich, ferner Rumpfaufdickung bzw. Rumpfeinschnürung (Bild 13.20).

Die Gestaltungsrichtlinien für eine Minimierung des transsonischen Widerstandsanstieges sind in der *Transsonik-Flächenregel* angegeben:

Transsonik-Flächenregel: "Die Änderung des Widerstandes von Flugkörpern bei Nullauftrieb ist bei transsonischen Geschwindigkeiten im wesentlichen abhängig von der axialen Verteilung der Querschnittsflächen des Körpers" [16] (Bild 13.21).

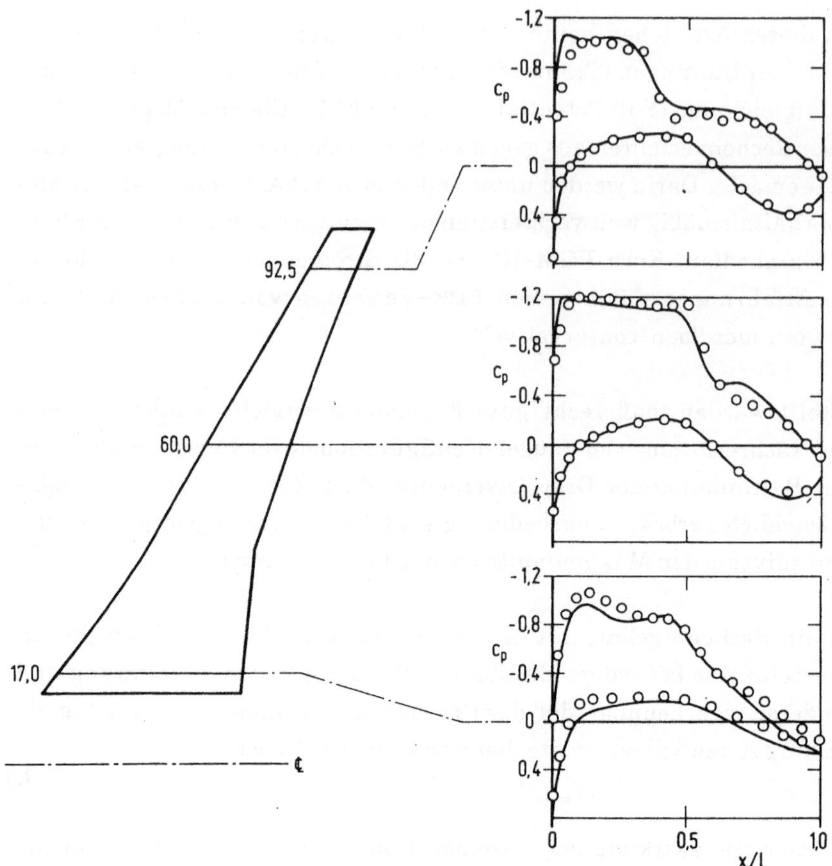

Bild 13.19. Vergleich gerechneter und gemessener Druckverteilungen für einen transsonischen Flügelentwurf (P.H. Henne et al.)

Im Bild 13.22 ist die prinzipielle Wirkungsweise der Flächenregel skizziert. Die durch die Rumpfeinschnürung (Wespentaille) erzeugten Expansions– und Kompressionswellen löschen die durch den Flügel verursachten weitgehend aus.

13.3 Windkanaltechnik im Transsonik

Bei transsonischen Geschwindigkeiten treten im Windkanal zwei besondere Probleme auf: Blockieren der Strömung ("sonic blockage") und Wandinterferenzen infolge "reflektierter" Wellen.

Die Schall–Blockierung ist darauf zurückzuführen, daß bei Schallgeschwindigkeit der Massenstrom pro Querschnittsflächeneinheit maximal ist. In Windkanal–Meßstrecken

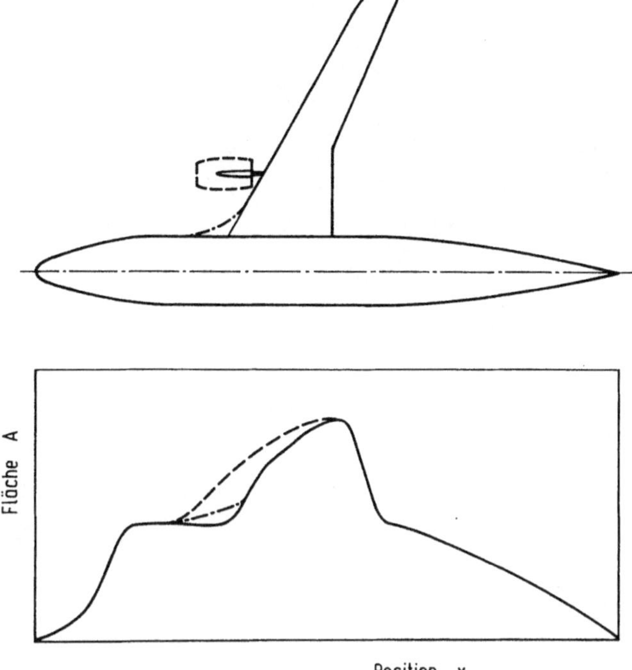

Bild 13.20. Gestaltung einer Flugzeug-Konfiguration mit möglichst gleichförmiger axialer Querschnittsflächen-Verteilung

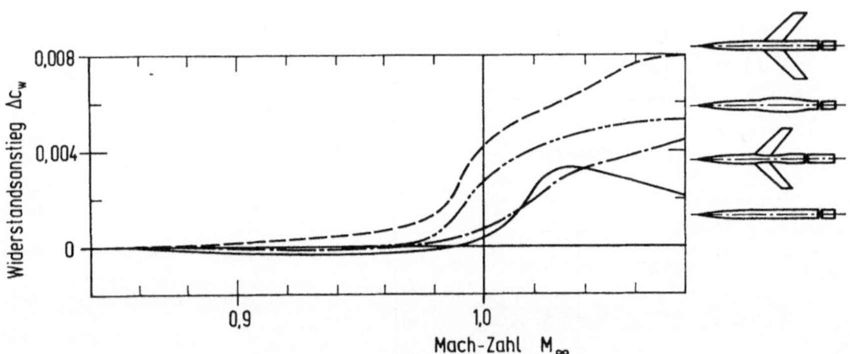

Bild 13.21. Transsonischer Widerstandsanstieg $\Delta c_W = c_W \text{-} c_{W_{M\infty=0,84}}$ nach Whitcomb [17]

mit festen Wänden wird durch das Modell die für die Strömung freie Querschnittsfläche reduziert. Der maximale Modell–Querschnitt A_{M_0} bestimmt die minimale Querschnittsfläche, die für die Strömung verfügbar ist. Wenn in dieser minimalen Querschnittsfläche Schallgeschwindigkeit erreicht ist, läßt sich der Massenstrom durch die Meßstrecke nicht weiter steigern. Die Strömung ist blockiert, und die Strömungs-Mach–Zahl ist über den Massenerhaltungssatz festgelegt, wobei das Verstopfungsver-

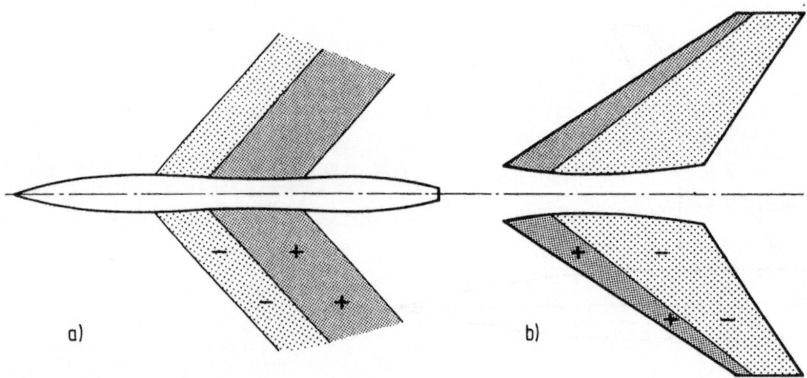

Bild 13.22. Wirkungsweise der Flächenregel, Expansionen und Kompressionen durch a) Rumpfeinschnürung b) Flügel allein

hältnis des Modells A_{Mo}/A_1 ausschlaggebend ist (A_1 ist der Meßstreckenquerschnitt) (Bild 13.23).

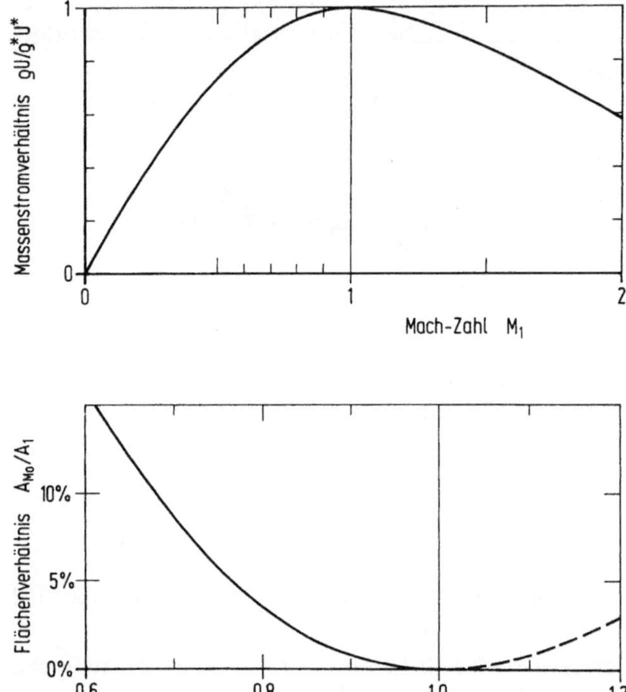

Bild 13.23. Bedingungen für Schall–Blockierung

Wandinterferenzen infolge "reflektierter" Wellen stehen in Verbindung mit dem Auftreten von Kopfwellen (bow shocks) bei Überschall–Anströmung des Modells. Die Si–

tuation ist in Bild 13.24 dargestellt.

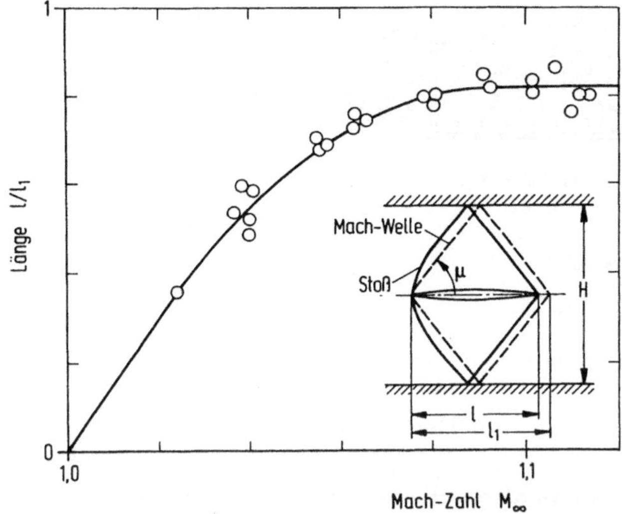

Bild 13.24. Maximale Modelltiefe zur Vermeidung von Überschall-Wand-interferenzen nach B.H. Goethert [18]

Über die Stoßwelle am Kopfe des Modells wird die Strömung zur Wand hingelenkt. Da eine feste ebene Meßstreckenwand aber eine wandparallele Strömungsrichtung verlangt, muß ein zweiter Stoß entstehen, über den die Strömung parallel zur Wand ausgerichtet wird. Dieser Stoß sieht wie eine Reflektion des ersten aus. Er existiert nur, weil die Windkanalwand für die Strömung eine Randbedingung setzt (siehe auch Kapitel 5). In unbegrenzter Strömung existiert der zweite Stoß nicht.

Wenn der zweite Stoß das Modell erreicht, verändert er dort die Strömungsverhältnisse und beeinträchtigt erheblich die Modellmeßwerte. Das Problem entsteht vornehmlich bei niedrigen Überschall-Mach-Zahlen. Mit wachsender Mach-Zahl wird der Stoßwinkel kleiner, und der "reflektierte" Stoß trifft weiter stromab vom Modell auf.

Die Schall-Blockierung von Windkanal-Meßstrecken kann durch die Verwendung teilweise durchlässiger Windkanal-Wände vermieden werden. Gleichzeitig werden damit auch die Wandinterferenzen gemindert.

Als ventilierte Wände kommen perforierte oder geschlitzte Wände in Betracht. Perforierte Wände haben senkrechte oder schräge Löcher (Bild 13.25).

Das Öffnungsverhältnis – offene/geschlossene Wand – liegt etwa bei 6%. Das optimale Öffnungsverhältnis hängt von der Mach-Zahl und der speziellen Strömungssituation ab und natürlich vom jeweiligen Wandtyp.

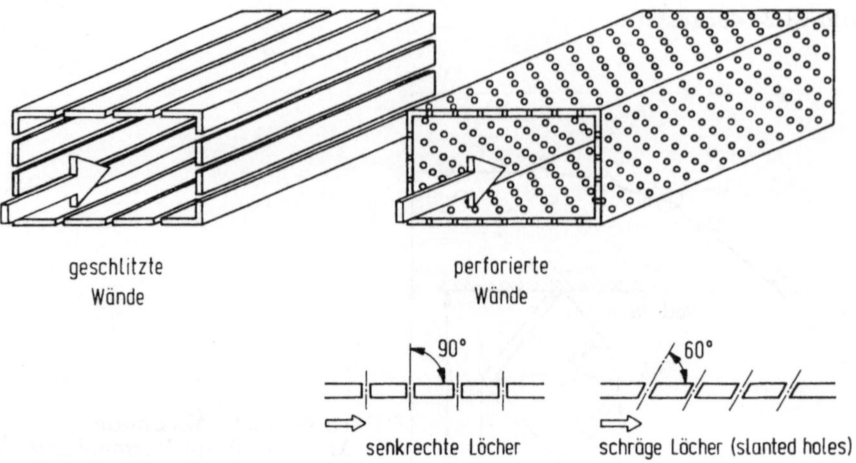

Bild 13.25. Skizzen von geschlitzter und perforierter Meßstrecke

Interferenzfreie Strömungsverhältnisse werden nur erreicht, wenn sichergestellt wird, daß die Strömung auch im wandnahen Bereich so verlaufen kann wie bei einer seitlich unbegrenzten Strömung. Für die wandnahen Stromlinien müssen die gleiche Druckverteilung und Stromlinienkrümmung möglich sein. Diese Bedingung muß durch eine geeignete Wandkonfiguration im Unterschall wie im Überschall erfüllt werden.

Das Problem ist jedoch, daß die Erfordernisse im Unterschall und im Überschall fundamental verschieden sind. So scheint es ausgeschlossen, eine optimale Wandkonfiguration mit minimalen Wandinterferenzen für beide Geschwindigkeitsbereiche zu erhalten. Die Randbedingungen im Unterschall werden am besten durch geschlitzte Wände erfüllt, die im Überschall durch perforierte Wände. Die Situation kann mit Bild 13.26 erläutert werden.

Das Bild zeigt die Beziehung zwischen lokalem Druckbeiwert und örtlicher Strömungsrichtung – gemessen und berechnet – entlang einer Kontrollfläche in einigem Abstand vom umströmten Modell. Die Kontrollfläche ist repräsentativ für die Meßstreckenwand.

Die herzförmigen Kurven sind typisch für Unterschall–Strömungen. In Uhrzeiger–Richtung präsentieren sie die Entwicklung einer Stromlinie. Beginnend mit $c_p = 0$ und $\theta = 0°$ ist die Strömung zunächst verzögert und weg vom Modell gerichtet, d.h. raus aus der Meßstrecke, wenn eine ventilierte Wand vorliegt. Die Verzögerung der Strömung steht im Zusammmenhang mit dem Aufstau an der Modell–Nase. Wenn dann die Strömung wieder beschleunigt wird, ist sie zunächst noch immer raus aus der Meßstrecke

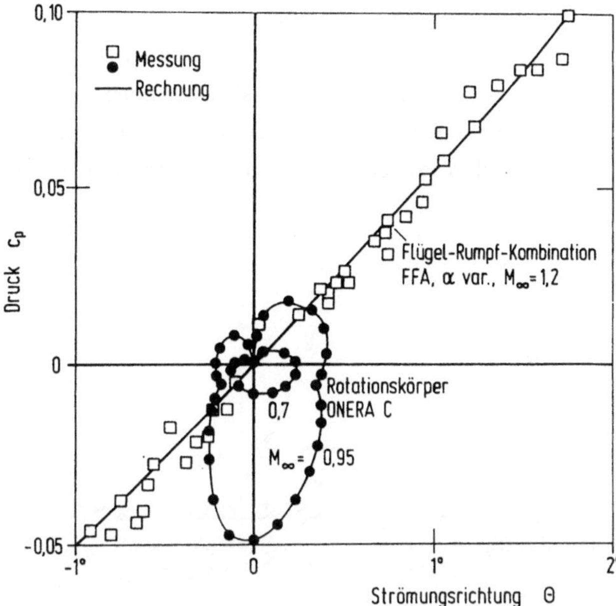

Bild 13.26. Beziehung zwischen Druck und Strömungsrichtung bei Unterschall- und Überschallströmung

gerichtet, selbst wenn der Druck schon seinen Minimalwert erreicht hat. Dem folgt ein stetiger Druckanstieg, verbunden mit einem Reinströmen. Es ist offenkundig, daß derartige Randbedingungen nicht durch eine poröse oder perforierte Wand erfüllt werden können, für die eine Durchströmung stets proportional der Druckdifferenz zwischen Meßstreckenströmung und der sie umgebenden Plenum-Kammer sein wird. Dagegen kann die Bedingung durch geschlitzte Wände recht gut erfüllt werden, bei denen eine nichtlineare $c_p - \theta$ -Relation durch die Wirkung von Zentrifugalkräften mit der Schlitzströmung erreicht wird [18].

Bei Überschallströmungen dagegen ist die Relation weitgehend linear. Die Verhältnisse lassen sich recht gut über die Wellengleichung darstellen:

$$\Delta\theta = \frac{\sqrt{M^2-1}}{M^2}\,\frac{M_\infty^2}{2+\gamma M_\infty^2 c_p}\,\Delta c_p \;,$$

wobei die lokale Mach-Zahl gegeben ist durch

$$M^2 = \left[\frac{\frac{2}{\gamma-1}+M_\infty^2}{\left(1+\frac{\gamma}{2}M^2 c_p\right)^{\frac{\gamma-1}{\gamma}}}\right] - \frac{\gamma}{\gamma-1} \;.$$

Eine solche Randbedingung läßt sich verhältnismäßig gut durch perforierte Wände erfüllen. Allerdings treten mit starken Stößen auch Nichtlinearitäten auf und zudem Sekundärströmungen im Einfallsbereich von Stößen und Expansionsfächern auf die perforierte Wand. Dies beeinträchtigt die interferenzreduzierenden Eigenschaften solcher Wände. Günstigere Verhältnisse werden mit schrägen Löchern erreicht (Bild 13.27).

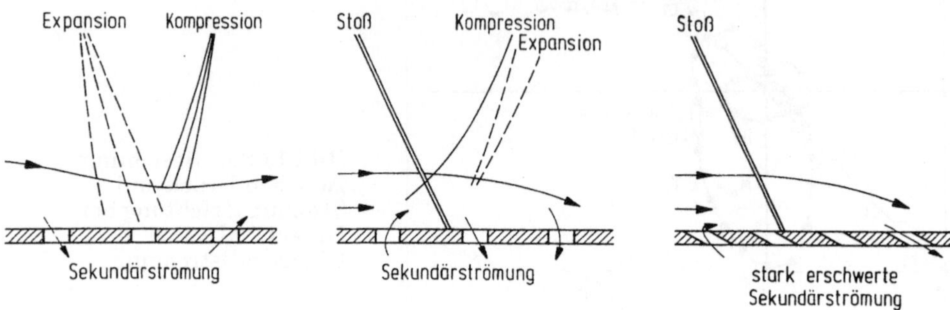

Bild 13.27. Örtliche Strömungsverhältnisse an perforierter Wand

In jedem Fall liegen sowohl bei perforierten als auch bei geschlitzten Wänden sehr komplexe Strömungsverhältnisse vor. Wandinterferenzfreie Strömungen werden sich nur in Ausnahmefällen realisieren lassen. Eine Modellierung der Wandströmungsverhältnisse mit dem Ziel einer Berechnung der Wandinterferenzen erscheint angesichts der Komplexität der Strömung aussichtslos. Reynolds–Zahl–Effekte spielen insofern eine Rolle, daß durch Änderung der Wandgrenzschicht auch die Charakteristik der Wand verändert wird. So können im Windkanal ermittelte Reynolds–Zahl–Effekte nicht unbedingt allein der Modellumströmung zugeordnet werden, sondern sind möglicherweise auch Folge veränderter Wandinterferenzen.

Weitere Probleme der ventilierten Wände sind ihr hoher Widerstand. Sie erfordern bis zu 30% der Antriebsleistung eines transsonischen Windkanals. Zudem entsteht bei ihrer Durchströmung erheblicher Lärm, der die Strömungsqualität in der Meßstrecke beeinträchtigt. Das ist vor allem problematisch, wenn Untersuchungen laminarer Strömungen beabsichtigt sind.

Als Lösung dieser Probleme bietet sich die Technik flexibler adaptiver Wände an, mit denen sich sowohl im Unterschall (siehe auch das entsprechende Beispiel in Kapitel 9) als auch im Überschall die Wandinterferenzen minimieren lassen. Die Technik adaptiver Wände ist gegenwärtig noch in der Entwicklung [19].

14 Numerische Methoden
(Beitrag von S. Rill)

14.1 Mathematisches Modell

Im Kapitel 9 wurde unter Ausnutzung der Theorie kleiner Störungen die Potentialgleichung linearisiert, um durch Superposition von bekannten Elementarlösungen komplexere Strömungsfälle zu beschreiben. Dies war allerdings nur unter Ausschluß des transsonischen Geschwindigkeitsbereiches und der Verdichtungsstöße möglich, zu deren Beschreibung nicht–lineare Differentialgleichungen herangezogen werden müssen.

Gerade bei nicht–linearen partiellen Differentialgleichungen ist das Auffinden von geschlossenen Lösungen allerdings meist nur in wenigen Spezialfällen mit einfachen Randbedingungen möglich. Daher kommen zur Berechnung des Strömungsfeldes um reale Konfigurationen wie etwa einem Tragflügel bei transsonischer Anströmung nur numerische Verfahren in Betracht.

Eine Einführung in numerische Lösungsverfahren von linearen und nicht–linearen partiellen Differentialgleichungen soll im folgenden gegeben werden.

Zunächst ist es jedoch erforderlich, ein mathematisches Modell des Strömungsfalles zu konstruieren. Im allgemeinen besteht dies aus einer oder mehreren partiellen Differentialgleichungen, hergeleitet aus den Erhaltungssätzen in differentieller Form, sowie den Anfangs– und Randwerten. Die Frage nach geeigneten Anfangs– und Randbedingungen ist eng mit dem Typ der Differentialgleichung verknüpft, daher ist an dieser Stelle eine kurze Diskussion zur Klassifikation von partiellen Differentialgleichungen angebracht.

Das Schema zur Einteilung von partiellen Differentialgleichungen basiert auf den Eigenschaften ihrer Charakteristiken. Charakteristiken stellen Linien bzw. Flächen dar, längs derer sich Informationen ausbreiten (siehe auch Kapitel 4 und 8). Falls reelle Charakteristiken vorliegen, breiten sich Störungen nur in bestimmte Richtungen aus. Man denke hierbei etwa an eine Überschallströmung, bei der sich Störungen nur stromab bemerkbar machen können. Die Kenntnis dieser Tatsache ist maßgebend bei der Auswahl von numerischen Verfahren, denn bereits aus physikalischen Überlegungen ist klar, daß die Richtung der Informationsausbreitung im numerischen Verfahren beibehalten werden muß.

Wir werden in dieser Einführung nur die zweidimensionalen Störpotentialgleichungen (9.8) und (9.9) zur Strömungssimulation heranziehen. Sie sind quasi-lineare, partielle Differentialgleichungen zweiter Ordnung der Form

$$p\,\Psi_{xx} + q\,\Psi_{xy} + r\,\Psi_{yy} = s \quad , \qquad (14.1)$$

wobei p, q, r und s Funktionen von x, y, Ψ, Ψ_x, Ψ_y sein können.

Die zugehörigen Steigungen der Charakteristiken sind gegeben durch

$$\left(\frac{dy}{dx}\right)_{1,2} = \frac{q \pm \sqrt{q^2 - 4pr}}{2p} \quad . \qquad (14.2)$$

Ist der Radikant in (14.2) positiv, existieren zwei reelle Charakteristiken und (14.1) ist *hyperbolisch*. Falls $q^2-4pr=0$, liegt nur eine Charakteristik vor und (14.1) ist *parabolisch*. Im Fall $q^2-4pr<0$ existiert keine reelle Charakteristik und Gleichung (14.1) ist *elliptisch*.

Die lokalen Charakteristiken einer hyperbolischen Gleichung zweiter Ordnung mit den unabhängigen Variablen x und τ sind im Bild 14.1 dargestellt. Die Lösung im Punkt P wird nur durch Informationen aus dem Abhängigkeitsgebiet bestimmt, während sich Störungen im Punkt P ausschließlich auf das Einflußgebiet auswirken.

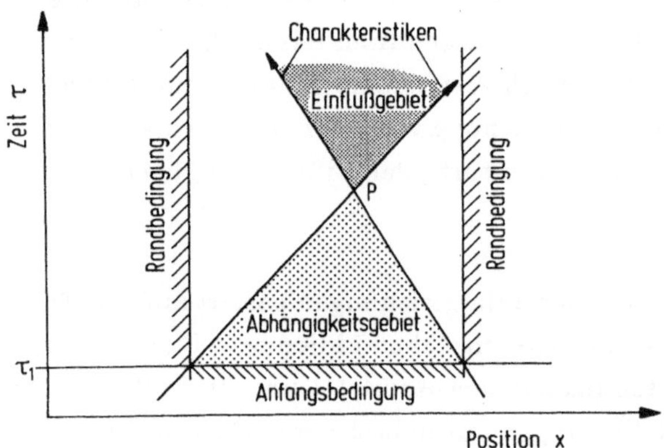

Bild 14.1. Charakteristiken mit Abhängigkeits- und Einflußgebiet

Bei parabolischen Differentialgleichungen kommen die beiden Familien von Charakteristiken im Bild als Parallelen zur x–Achse zur Deckung, was bedeutet, daß die Lösung im Punkt P von allen früheren Störungen abhängt. Die Gebiete sind also bei hyperbolischen und parabolischen Problemen in einer Koordinatenrichtung offen. Zur vollständigen Formulierung des mathematischen Modells sind daher bei parabolischen und hyperbolischen Differentialgleichungen zweiter Ordnung zwei Anfangsbedingungen, z.B. $\Psi(x,\tau=0)$ und $\partial\Psi/\partial\tau\,(x,\tau=0)$, sowie jeweils eine Bedingung am linken und rechten Rand erforderlich. Man spricht hier von einem *Anfangs/Randwertproblem.*

Im Fall elliptischer Differentialgleichungen ist das Gebiet geschlossen, die Lösung im Punkt P wird von jedem anderen Punkt beeinflußt. Es ist notwendig, die Funktion oder deren Normalableitung auf dem gesamten Rand des Definitionsbereiches festzulegen. Man bezeichnet dies daher als ein *Randwertproblem.*

Nachdem geeignete Anfangs– und Randwerte bestimmt sind und damit das mathematische Modell vollständig ist, geht es nun darum, dieses mit Hilfe eines numerischen Verfahrens zu lösen.

14.2 Approximation durch finite Differenzen

In diesem Absatz sollen zunächst die theoretischen Grundlagen der Diskretisierung einer Differentialgleichung bereitgestellt und anhand der einfachen hyperbolischen Konvektionsgleichung

$$\frac{\partial \Psi}{\partial \tau} + c\frac{\partial \Psi}{\partial x} = 0 \qquad (14.3)$$

erläutert werden. Sie beschreibt den konvektiven Transport der Größe Ψ mit der Geschwindigkeit c.

Die Grundlage der Approximation durch finite Differenzen besteht darin, das mathematische Modell nur an diskreten Punkten eines Rechengitters zu lösen, allerdings unter der Voraussetzung, daß die diskrete Lösung gegen die kontinuierliche konvergiert, falls die Dichte der Gitterpunkte erhöht wird. Zu diesem Zweck wird das Lösungsgebiet mit einem Rechengitter überzogen und die Differentialquotienten durch Differenzenquotienten approximiert.

Ein einfaches kartesisches und äquidistantes Rechengitter ist im Bild 14.2 gezeigt.

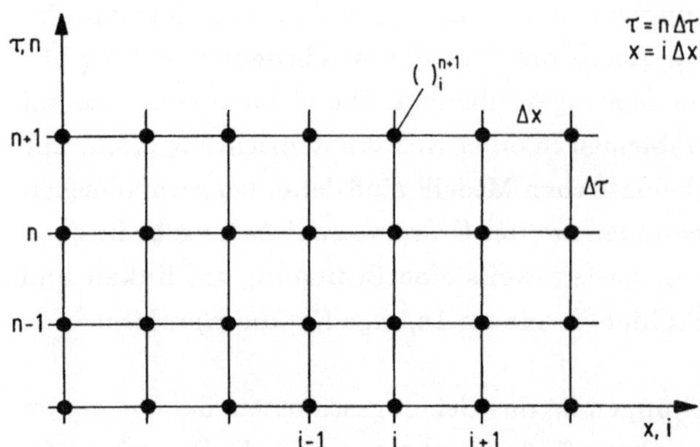

Bild 14.2. Äquidistantes, kartesisches Rechengitter

Unter Verwendung der im Bild gewählten Notation können wir jetzt die partiellen Ableitungen durch verschiedene finite Differenzen ersetzen:

$$\left(\frac{\partial \Psi}{\partial x}\right)_i \approx \frac{\Psi_{i+1} - \Psi_{i-1}}{2\Delta x} =: \delta_x \Psi_i \qquad \text{zentraler Differenzenquotient} \qquad (14.4)$$

$$\left(\frac{\partial \Psi}{\partial x}\right)_i \approx \frac{\Psi_{i+1} - \Psi_i}{\Delta x} =: \delta_x^- \Psi_i \qquad \text{vorderer Differenzenquotient} \qquad (14.5)$$

$$\left(\frac{\partial \Psi}{\partial x}\right)_i \approx \frac{\Psi_i - \Psi_{i-1}}{\Delta x} =: \delta_x^+ \Psi_i \qquad \text{hinterer Differenzenquotient} \qquad (14.6)$$

$$\left(\frac{\partial \Psi}{\partial \tau}\right)_i^n \approx \frac{\Psi_i^{n+1} - \Psi_i^n}{\Delta \tau} =: \delta_\tau \Psi_i^n \qquad \text{Zeitableitung} \qquad (14.7)$$

Eine Fehlerabschätzung dieser Näherung gewinnt man durch eine Taylor–Reihenentwicklung der Funktion Ψ an dem Gitterpunkt i:

$$\Psi_{i+1} = \Psi_i + \Delta x \left(\frac{\partial \Psi}{\partial x}\right)_i + \frac{\Delta x^2}{2!}\left(\frac{\partial^2 \Psi}{\partial x^2}\right)_i + \frac{\Delta x^3}{3!}\left(\frac{\partial^3 \Psi}{\partial x^3}\right)_i + \ldots$$

$$\Psi_i = \Psi_i$$

$$\Psi_{i-1} = \Psi_i - \Delta x \left(\frac{\partial \Psi}{\partial x}\right)_i + \frac{\Delta x^2}{2!}\left(\frac{\partial^2 \Psi}{\partial x^2}\right)_i - \frac{\Delta x^3}{3!}\left(\frac{\partial^3 \Psi}{\partial x^3}\right)_i + \ldots .$$

Nach Substitution dieser Reihenentwicklung folgt für den zentralen Differenzenquotienten

$$\frac{\Psi_{i+1} - \Psi_{i-1}}{2\Delta x} = \left(\frac{\partial \Psi}{\partial x}\right)_i + \frac{\Delta x^2}{3!}\left(\frac{\partial^3 \Psi}{\partial x^3}\right)_i + \ldots = \left(\frac{\partial \Psi}{\partial x}\right)_i + O(\Delta x^2) \quad , \qquad (14.8)$$

d.h. die Approximation stimmt mit der exakten Ableitung bis auf einen Diskretisierungsfehler der Größenordnung $O(\Delta x^2)$ überein und wird daher als Methode zweiter Ordnung bezeichnet. Führt man die gleiche Betrachtung mit dem vorderen und hinteren Differenzenquotienten durch, so folgt, daß diese nur erster Ordnung genau sind.

Mit Hilfe der vorderen und hinteren Differenzenquotienten lassen sich ferner folgende Näherungen für die zweite Ableitung herleiten:

$$\frac{\Psi_{i+1} - 2\Psi_i + \Psi_{i-1}}{\Delta x^2} = \left(\frac{\partial^2 \Psi}{\partial x^2}\right)_i + \frac{2\Delta x^2}{4!}\left(\frac{\partial^4 \Psi}{\partial x^4}\right)_i + \ldots = \left(\frac{\partial^2 \Psi}{\partial x^2}\right)_i + O(\Delta x^2) =: \delta_{xx}\Psi_i \tag{14.9}$$

$$\frac{\Psi_i - 2\Psi_{i-1} + \Psi_{i-2}}{\Delta x^2} = \left(\frac{\partial^2 \Psi}{\partial x^2}\right)_i - \Delta x\left(\frac{\partial^3 \Psi}{\partial x^3}\right)_i + \ldots = \left(\frac{\partial^2 \Psi}{\partial x^2}\right)_i + O(\Delta x) =: \delta^+_{xx}\Psi_i \; . \tag{14.10}$$

Ersetzen wir nun die Differentialquotienten durch Differenzenquotienten, so erhalten wir eine partielle Differenzengleichung, die mit der ursprünglichen Differentialgleichung bis auf einen Diskretisierungsfehler übereinstimmt. Für die Modellgleichung (14.3) ergibt sich nach Substitution von (14.4) und (14.7) folgende Differenzengleichung:

$$\frac{\Psi_i^{n+1} - \Psi_i^n}{\Delta\tau} + c\,\frac{\Psi_{i+1}^n - \Psi_{i-1}^n}{2\Delta x} = 0 \; . \tag{14.11}$$

Eine Taylor-Reihenentwicklung zur Bestimmung des Diskretisierungsfehlers in (14.11) liefert folgende modifizierte Gleichung:

$$\frac{\Psi_i^{n+1} - \Psi_i^n}{\Delta\tau} + c\,\frac{\Psi_{i+1}^n - \Psi_{i-1}^n}{2\Delta x} = \underbrace{\frac{\partial\Psi}{\partial\tau} + c\,\frac{\partial\Psi}{\partial x}}_{\text{Differentialgleichung}} + \underbrace{\frac{\Delta\tau}{2!}\frac{\partial^2\Psi}{\partial\tau^2} + c\,\frac{\Delta x^2}{3!}\frac{\partial^3\Psi}{\partial x^3} + \ldots}_{\text{Diskretisierungsfehler}} = 0$$

Die fundamentale Voraussetzung für die bereits erwähnte *Konvergenz* der diskreten zur exakten Lösung bei einer Verfeinerung des Rechengitters, ist die Bedingung der *Konsistenz* und der *Stabilität* des numerischen Verfahrens.

Die Differenzengleichung und die Differentialgleichung werden als miteinander *konsistent* bezeichnet, falls der Diskretisierungsfehler verschwindet, wenn Δx, Δy, $\Delta\tau$ gegen null gehen, d.h. das Rechengitter verfeinert wird. In unserem Beispiel ist dies offensichtlich der Fall.

Die Forderung nach Stabilität besagt, daß die Lösung nicht über alle Schranken wachsen darf. Die Theorie zur Analyse der numerischen Stabilität ist bis jetzt vornehmlich für lineare Differenzengleichungen entwickelt, daher werden nicht-lineare Differentialgleichungen für den Nachweis auf Stabilität zunächst linearisiert. Besonders einfach wird der analytische Nachweis auf Stabilität für den Spezialfall der linearen Differentialgleichung mit periodischen Randbedingungen. Diese Methode der Stabilitätsanalyse ist als "von Neumann'sches" Stabilitätskriterium bekannt und soll nun erläutert werden.

14.3 Das von Neumann'sche Stabilitätskriterium

Die Lösung der Differenzengleichung $\Psi^n{}_i$ kann aufgrund der vorausgesetzten Periodizität durch eine Fourierreihe beschrieben werden:

$$\Psi_i^n = \sum_j C_j^n e^{I k_j x_i} \qquad , I := \sqrt{-1} \ . \tag{14.12}$$

Infolge der Linearität sind die einzelnen Komponenten der Reihe unabhängig voneinander, so daß es ausreicht, eine beliebige Komponente j zu untersuchen:

$$\Psi_i^n = C^n e^{I k x_i} \ . \tag{14.13}$$

Dieser Ansatz wird in die Differenzengleichung eingesetzt und das Verhältnis der Amplituden C^{n+1} und C^n, welches als Vergrößerungsfaktor V bezeichnet wird, gebildet:

$$V := \frac{C^{n+1}}{C^n} \ .$$

Der Betrag von V ist ein Indiz dafür, ob die Amplitude der Fourierkomponente wächst oder nicht. Das Verfahren ist numerisch *stabil*, falls gilt:

$$|V| < 1 \ .$$

Diese Methode soll wiederum mit Hilfe der Modell-Differentialgleichung erläutert werden. Nach Substitution der Fourierentwicklung in die Differenzengleichung (14.11) und Umordnung erhält man

$$C^{n+1} e^{I k i \Delta x} = C^n e^{I k i \Delta x} - c \frac{\Delta\tau}{2\Delta x}\left(C^n e^{I k (i+1)\Delta x} - C^n e^{I k (i-1)\Delta x}\right) \ .$$

Hierbei wurde die Position x_i durch $i\Delta x$ ersetzt. Der gemeinsame Faktor $e^{I k i \Delta x}$ kann gekürzt werden, so daß für den Vergrößerungsfaktor folgt:

$$V = \frac{C^{n+1}}{C^n} = 1 - \frac{c\Delta\tau}{2\Delta x}\left(e^{+I k \Delta x} - e^{-I k \Delta x}\right) \tag{14.14}$$

$$= 1 - I\frac{c\Delta\tau}{\Delta x}\sin(k\Delta x) \quad .$$

Eine Auswertung von $|V| < 1$ für beliebige Wellenzahlen k zeigt, daß für kein Verhältnis von $c\Delta\tau/\Delta x$ numerische Stabilität erreicht werden kann. Der Ausdruck $c\Delta\tau/\Delta x$ wird nach Courant, Friedrichs und Lewy als CFL–Zahl bezeichnet.

Es ist interessant, diese Tatsache noch etwas weiter zu beleuchten. Die Modell–Differentialgleichung besitzt, wie im Bild 14.3 skizziert, nur eine reelle Charakteristik $d\tau/dx = 1/c$.

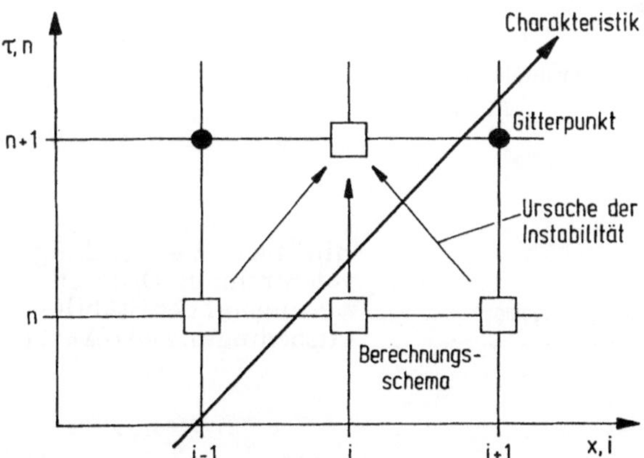

Bild 14.3. Instabilität durch Informationsfluß gegen die charakteristische Richtung

In der Differenzengleichung (14.11) wird $\Psi^{n+1}{}_i$ aus den Funktionswerten $\Psi^n{}_{i-1}$, $\Psi^n{}_i$ und $\Psi^n{}_{i+1}$ ermittelt. Dieses Berechnungsschema ist im Bild 14.3 durch die leeren Quadrate symbolisiert. Es wird deutlich, daß es im numerischen Verfahren zu einem Informationsfluß entgegengesetzt zur charakteristischen Richtung kommt. Dies ist die Ursache für die numerische Instabilität. Betrachtet man das Bild 14.3, so ist es naheliegend, die Diskretisierung in x–Richtung so zu wählen, daß die Richtung der Charakteristik berücksichtigt wird, also nur $\Psi^n{}_{i-1}$ und $\Psi^n{}_i$ zur Berechnung von $\Psi^{n+1}{}_i$ herangezogen werden. Diese "Stromauf–Diskretisierung" wird durch Substitution des hinteren Differenzenquotienten (14.6) für die partielle Ableitung in x–Richtung erreicht. Die zugehörige Differenzengleichung lautet nun

$$\frac{\Psi_i^{n+1} - \Psi_i^n}{\Delta\tau} + c\,\frac{\Psi_i^n - \Psi_{i-1}^n}{\Delta x} = 0 \ . \tag{14.15}$$

Das von Neumann'sche Stabilitätskriterium, angewandt auf die obige Gleichung, liefert folgenden Ausdruck:

$$|V| \equiv \left|\frac{C^{n+1}}{C^n}\right| = \left|1 - \frac{c\Delta\tau}{\Delta x}\left(1 - e^{-I k \Delta x}\right)\right| < 1 \ , \tag{14.16}$$

der für CFL<1 erfüllt ist. Es ist daher erforderlich, die Wahl von $\Delta\tau$ und Δx so zu treffen, daß $c\Delta\tau < \Delta x$ gilt. Eine geometrische Interpretation dieses Zusammenhangs ist im Bild 14.4 dargestellt.

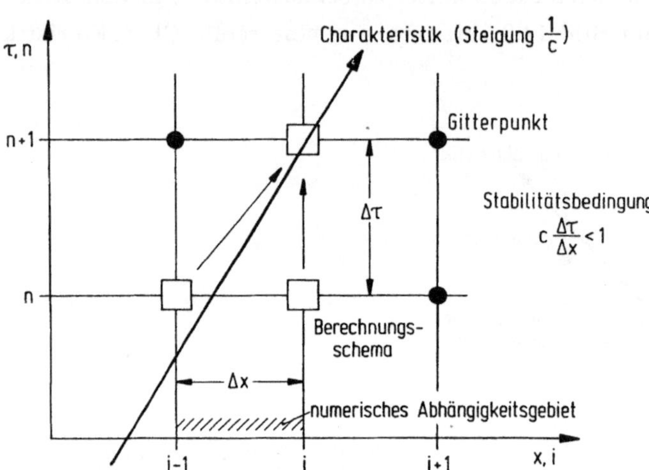

Bild 14.4. Verwendung von Stromauf–Differenzierung mit der Stabilitätsbedingung $c\Delta\tau/\Delta x < 1$

Die Einschränkung der CFL–Zahl besagt, daß das numerische Abhängigkeitsgebiet Δx das physikalische Abhängigkeitsgebiet, in diesem Fall die Charakteristik, beinhalten muß. Dies ist eine notwendige Voraussetzung für die Stabilität aller numerischen Verfahren zur Lösung von parabolischen und hyperbolischen Differentialgleichungen.

Das zuletzt beschriebene Verfahren mit Stromauf–Differenzierung erfüllt also bei geeigneter Wahl von $\Delta\tau$ und Δx die beiden Bedingungen der Stabilität und Konsistenz und konvergiert daher bei Verfeinerung des Gitters in Richtung der exakten, kontinuierlichen Lösung.

Eine weitere Interpretation der Stromauf–Differenzierung wird durch die Einführung des Begriffes der "künstlichen" oder auch "numerischen Viskosität" ermöglicht. Eine

Taylor–Reihenentwicklung der Differenzengleichung (14.15) liefert folgende modifizierte Differentialgleichung:

$$\frac{\partial \Psi}{\partial \tau} + c\frac{\partial \Psi}{\partial x} = -\frac{\Delta\tau}{2!}\frac{\partial^2\Psi}{\partial \tau^2} + c\frac{\Delta x}{2!}\frac{\partial^2\Psi}{\partial x^2} - c\frac{\Delta x^2}{3!}\frac{\partial^3\Psi}{\partial x^3} + c\frac{\Delta x^3}{4!}\frac{\partial^4\Psi}{\partial x^4} - \ldots \quad .$$

Der positive 2. Term der rechten Seite, welche ausschließlich aus Diskretisierungsfehlern resultiert, beschreibt die Dissipation der Größe Ψ. Diese, in der Ausgangsgleichung nicht vorhandene, künstliche Viskosität wirkt dämpfend auf Störungen der Lösung Ψ und damit stabilisierend auf das Verfahren im Sinne der von Neumann 'schen Stabilitätsanalyse. Bei Verwendung einer Stromab–Differenzierung, also

$$\frac{\partial \Psi}{\partial x} = \frac{\Psi_{i+1} - \Psi_i}{\Delta x}$$

in der Modell–Differentialgleichung, entsteht auf der rechten Seite der modifizierten Gleichung ein negativer Dissipationsterm, was physikalisch unsinnig ist und auf das numerische Verfahren destabilisierend wirkt.

Diese Überlegungen führen zu dem Ansatz, das Stabilitätsproblem der Modell–Gleichung durch die explizite Addition von künstlicher Viskosität in die Ausgangsgleichung zu lösen:

$$\frac{\partial \Psi}{\partial \tau} + c\frac{\partial \Psi}{\partial x} = \mu\frac{\partial^2\Psi}{\partial x^2} \tag{14.17}$$

Die Diskretisierung von Gleichung (14.17) mit zentralen Differenzenquotienten liefert

$$\frac{\Psi_i^{n+1} - \Psi_i^n}{\Delta\tau} + c\,\frac{\Psi_{i+1}^n - \Psi_{i-1}^n}{2\Delta x} = \mu\frac{\Psi_{i+1}^n - 2\Psi_i^n + \Psi_{i-1}^n}{\Delta x^2} \quad . \tag{14.18}$$

Entwickeln wir nun diese Differenzengleichung erneut in eine Taylor–Reihe, so folgt

$$\frac{\partial \Psi}{\partial \tau} + c\frac{\partial \Psi}{\partial x} = -\frac{\Delta\tau}{2!}\frac{\partial^2\Psi}{\partial \tau^2} - c\frac{\Delta x^2}{3!}\frac{\partial^3\Psi}{\partial x^3} + \mu\left(\frac{\partial^2\Psi}{\partial x^2} + \frac{2\Delta x^2}{4!}\frac{\partial^4\Psi}{\partial x^4}\right) + \ldots \quad .$$

Der Faktor μ bestimmt das Maß der künstlichen Viskosität und kann vom Benutzer frei gewählt werden. Insbesondere führt die Wahl von

$$\mu = \frac{\Delta x\ c}{2}$$

auf die gleiche modifizierte Differentialgleichung wie bei der Stromauf-Differenzierung und zeigt damit, daß dieses Konzept ein Spezialfall der Verwendung von künstlicher Viskosität ist und zwischen beiden Methoden keine grundlegenden Unterschiede bestehen.

Nachdem soweit die elementaren Grundlagen der numerischen Lösung von Differentialgleichungen bereitgestellt wurden, sollen jetzt Verfahren zur Lösung der bereits erwähnten Störpotentialgleichungen präsentiert werden.

14.4 Numerische Verfahren zur Lösung der Laplace-Gleichung

In diesem Absatz werden die gerade eingeführten Konzepte auf die Laplace-Gleichung (9.9) angewendet:

$$\frac{\partial^2\phi}{\partial x^2} + \frac{\partial^2\phi}{\partial y^2} = 0 \quad . \tag{14.19}$$

Als Beispiel soll die Umströmung eines symmetrischen Flügelprofils im inkompressiblen Unterschall dienen. Gemäß der Bestimmungsgleichung der Charakteristiken (14.2) ist die Laplace-Gleichung elliptisch. Es ist also zur Vervollständigung des mathematischen Modells notwendig, das Potential ϕ oder dessen Normalableitung $\partial\phi/\partial n$ auf dem Rand des Definitionsbereiches vorzuschreiben.

Die Randwerte, im Bild 14.5 festgehalten, werden dadurch bestimmt, daß in sehr großer Entfernung vom Profil wieder ungestörte Strömung vorliegt und die Strömung wegen der Undurchlässigkeit der Profiloberfläche tangential zu dieser verlaufen muß. Ferner kann die Symmetrie des Problems dazu genutzt werden, nur die obere Hälfte des Strömungsfeldes zu berechnen.

Da bereits bei der Herleitung der Störpotentialgleichung die Gültigkeit der Theorie kleiner Störungen vorausgesetzt wurde, kann vereinfachend die kinematische Strömungsbedingung auf der Profilsehne befriedigt werden. Das Potential der ungestörten Anströmung ϕ_∞ ist null, während die kinematische Strömungsbedingung direkt aus Gleichung (9.22) folgt.

Nachdem das mathematische Modell vervollständigt wurde, geht es nun darum, das Strömungsfeld zu diskretisieren und ein geeignetes numerisches Verfahren zu wählen. Bild 14.6 zeigt ein kartesisches Rechengitter, bei dem die Gitterpunkte in der Nähe der

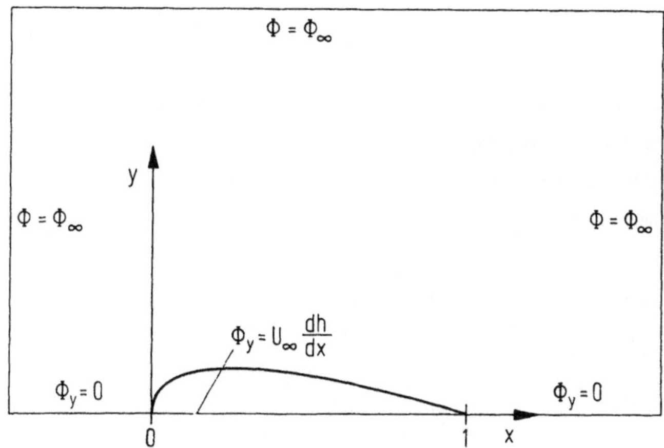

Bild 14.5. Randwerte zur Profilumströmung

Profilsehne konzentriert sind, um so im Bereich starker lokaler Änderungen eine gute Auflösung zu erhalten. Die Profilsehne befindet sich zwischen den ersten beiden Gitterpunkten in y–Richtung.

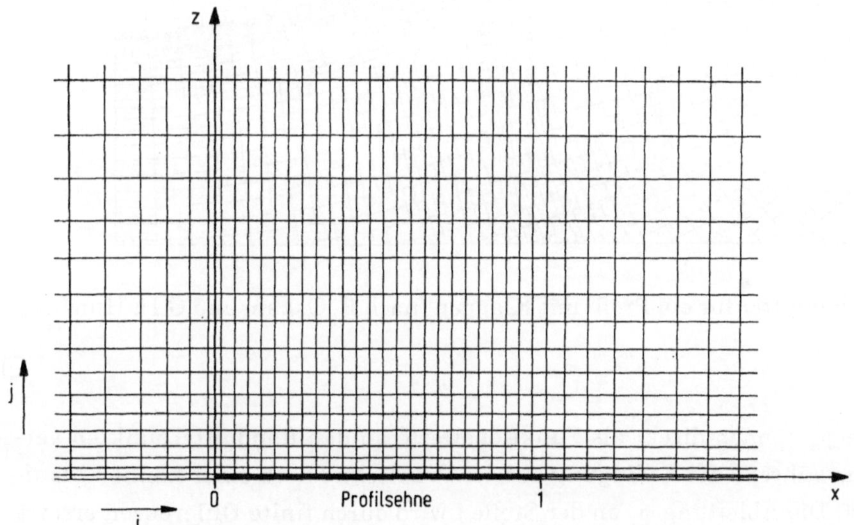

Bild 14.6. Rechengitter zur Profilumströmung (Theorie kleiner Störungen)

Beispiel: Bei der Berechnung des Strömungsfeldes um geometrisch komplexe Konfigurationen kann die Anordnung des Rechengitters einen erheblichen Einfluß auf das Ergebnis haben. Für eine genaue Rechnung ist neben der guten Anpassung des Gitters an die vorhandene Geometrie eine feine Diskretisierung des Strömungsfeldes (mit 10^6 und mehr Gitterpunkten) erforderlich. Solche Rechengitter werden jedoch nicht ma–

nuell erstellt, sondern von numerischen Verfahren generiert. In Bild 14.7 ist ein Beispiel für eine zweidimensionale Gitterstruktur gezeigt. Die Gitterpunkte innerhalb des Strömungsfeldes werden durch Interpolation der Rand–Gitterpunkte erzeugt. In den Gebieten, wo eine besonders hohe Auflösung benötigt wird, werden sie automatisch verdichtet. An den Nahtstellen der verschiedenen Gebiete sind Stetigkeitsbedingungen an die Gitterpunkte, die Maschenweite und die Orientierung der Gitterlinien gestellt.

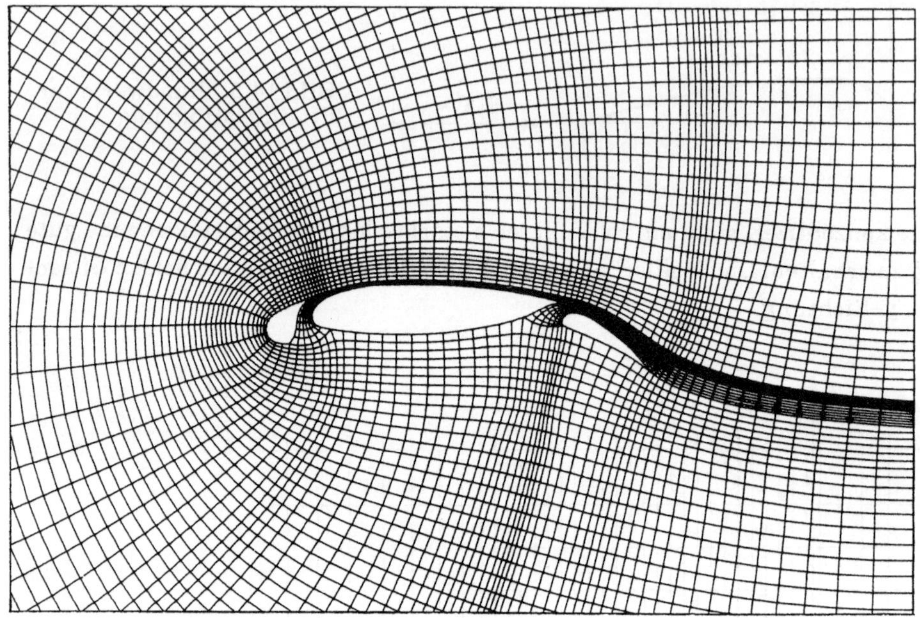

Bild 14.7. Rechengitter für ein Profil mit Klappen (nach B. Oskam und G.H. Huizing, NLR)

□

Die Randwerte ϕ_∞ können direkt als Funktionswerte an den Randgitterpunkten verwendet werden, während die Bedingung auf der Profilsehne noch einer kleinen Manipulation bedarf. Die Ableitung ϕ_y an der Stelle i wird durch finite Differenzen ersetzt, wobei darauf zu achten ist, daß das Rechengitter nun nicht mehr äquidistant ist:

$$(\phi_y)_i = \frac{\phi_{i,2} - \phi_{i,1}}{y_2 - y_1} = \begin{cases} 0 & , \text{für } x < 0 \text{ oder } x > 1 \\ \left(U_\infty \dfrac{\partial h}{\partial x} \right)_i & , \text{für } 0 \le x \le 1 \end{cases} \quad .$$

Löst man diese Beziehung nach dem Randwert $\phi_{i,1}$ auf, so folgt als Randbedingung auf der Symmetrieachse:

$$\Phi_{i,1} = \Phi_{i,2} \qquad , \text{ für } x<0 \text{ oder } x>1$$

$$\Phi_{i,1} = \Phi_{i,2} - \left(U_\infty \frac{\partial h}{\partial x}\right)_i (y_2 - y_1) \qquad , \text{ für } 0 \le x \le 1 \quad . \tag{14.20}$$

Da keine reellen Charakteristiken und damit keine bevorzugten Informationsrichtungen vorliegen, können die zweiten partiellen Ableitungen in der Laplace–Gleichung durch zentrale Differenzenquotienten angenähert werden, so daß folgende konsistente Differenzengleichung entsteht:

$$\left(\frac{\Phi_{i+1,j} - \Phi_{i,j}}{x_{i+1} - x_i} - \frac{\Phi_{i,j} - \Phi_{i-1,j}}{x_i - x_{i-1}}\right)\frac{2}{x_{i+1} - x_{i-1}}$$

$$+\left(\frac{\Phi_{i,j+1} - \Phi_{i,j}}{y_{j+1} - y_j} - \frac{\Phi_{i,j} - \Phi_{i,j-1}}{y_j - y_{j-1}}\right)\frac{2}{y_{j+1} - y_{j-1}} = 0 \quad . \tag{14.21}$$

Diese Differenzengleichung ist nun für jeden inneren Punkt (i, j) zu lösen. Fügen wir noch die Beziehungen für die Randwerte (14.20) hinzu, so entsteht ein lineares Gleichungssystem für $\Phi_{i,j}$.

Die Lösung $\Phi_{i,j}$ kann trotz der Doppelindizierung als Vektor $\vec{\Phi}$ aufgefaßt werden:

$$\vec{\Phi} = \left(\Phi_{2,1}, \Phi_{3,1}, \dots, \Phi_{i_{max}-1,1}, \Phi_{2,2}, \dots, \Phi_{i_{max}-1,2}, \dots\dots, \Phi_{i_{max}-1,j_{max}-1}\right)^T$$

und das lineare Gleichungssystem lautet in Matrixform

$$A\vec{\Phi} = \vec{b} \quad , \tag{14.22}$$

wobei die Randwerte im Vektor $\vec{b}$ zusammengefaßt sind. Für die Koeffizientenmatrix A folgt damit

$$A = \begin{bmatrix} E_{i,1} & & & & & & \\ & \bar{A}_{i,2} & & & & & \\ & & \bar{A}_{i,3} & & & & \\ & & & \cdot & & & \\ & & & & \bar{A}_{i,j_{max}-3} & & \\ & & & & & \bar{A}_{i,j_{max}-2} & \\ & & & & & & E_{i,j_{max}-1} \end{bmatrix}$$

$$E_{i,1} = \underbrace{\begin{bmatrix} 1 & 0 \ldots\ldots 0 & -1 & & \\ & 1 & & -1 & \\ & & \ddots & & \ddots \\ & & & 1 & & -1 \\ & & & & 1 & 0 \ldots\ldots 0 & -1 \end{bmatrix}}_{} \quad (i_{max}-2) \text{ Zeilen}$$

(Über den Nullen: $(i_{max}-3)$ Spalten)

$$\overline{A}_{i,j} = \begin{bmatrix} e & 0 \ldots\ldots 0 & 0 & -b & a & 0 \ldots\ldots 0 & d & & \\ & e & & c & -b & a & & d & \\ & & \ddots & & \ddots & \ddots & \ddots & & \ddots \\ & & & e & 0 \ldots\ldots 0 & c & -b & 0 & 0 \ldots\ldots 0 & d \end{bmatrix} \quad (i_{max}-2) \text{ Zeilen}$$

(Über den Nullen jeweils: $(i_{max}-4)$ Spalten, $(i_{max}-4)$ Spalten)

$$E_{i,j_{max}-1} = \begin{bmatrix} e & 0 \ldots\ldots 0 & 0 & -b & a & \\ & e & & c & -b & a \\ & & \ddots & & \ddots & \ddots & \ddots \\ & & & \ddots & & \ddots & \ddots & a \\ & & & & e & 0 \ldots\ldots 0 & c & -b \end{bmatrix} \quad (i_{max}-2) \text{ Zeilen}$$

(Über den Nullen: $(i_{max}-4)$ Spalten)

$$a = \frac{2}{(x_{i+1}-x_{i-1})(x_{i+1}-x_i)} \quad , \quad c = \frac{2}{(x_{i+1}-x_{i-1})(x_i-x_{i-1})}$$

$$d = \frac{2}{(y_{j+1}-y_{j-1})(y_{j+1}-y_j)} \quad , \quad e = \frac{2}{(y_{j+1}-y_{j-1})(y_j-y_{j-1})}$$

$$b = \left[\frac{2}{(x_{i+1}-x_{i-1})}\left(\frac{1}{(x_{i+1}-x_i)} + \frac{1}{(x_i-x_{i-1})} \right) + \frac{2}{(y_{j+1}-y_{j-1})}\left(\frac{1}{(y_{j+1}-y_j)} + \frac{1}{(y_j-y_{j-1})} \right) \right] \; .$$

Die Elemente der Blockmatrizen E und $\overline{A}$ vereinfachen sich drastisch für den Spezialfall eines äquidistanten Rechengitters mit $\Delta x = \Delta y$ zu

$$a = c = d = e = 1 \quad , \quad b = 4 \; .$$

Um das Gleichungssystem zu vervollständigen, sei hier noch der Vektor der Randbedingung $\vec{b}$ angegeben:

$$-\vec{b} = \begin{bmatrix} \vec{RB}_{j=1} \\ \vec{R}_{j=2} \\ \cdot \\ \vec{R}_{j=j_{max}-2} \\ \vec{RB}_{j=j_{max}-1} \end{bmatrix} \quad ; \quad \vec{RB}_{j=1} = \begin{bmatrix} U_\infty(y_2 - y_1)\left(\frac{\partial h}{\partial x}\right)_{i=2} \\ \cdot \\ \cdot \\ \cdot \\ \cdot \\ U_\infty(y_2 - y_1)\left(\frac{\partial h}{\partial x}\right)_{i=i_{max}-1} \end{bmatrix}$$

$$\vec{R}_j = \begin{bmatrix} c\,\Phi_{1,j} \\ 0 \\ \cdot \\ 0 \\ a\,\Phi_{i_{max},j} \end{bmatrix} \quad ; \quad \vec{RB}_{j=j_{max}-1} = \begin{bmatrix} \left(c\,\Phi_{1,j_{max}-1} + d\,\Phi_{2,j_{max}}\right) \\ d\,\Phi_{3,j_{max}} \\ \cdot \\ d\,\Phi_{i_{max}-2,j_{max}} \\ \left(d\,\Phi_{i_{max}-1,j_{max}} + a\,\Phi_{i_{max},j_{max}-1}\right) \end{bmatrix} .$$

Ein Stabilitätsproblem im Sinne der oben gegebenen Definition existiert bei diesem Verfahren nicht, da keine reellen Charakteristiken vorliegen und somit auch das Problem der bevorzugten Informationsrichtung nicht auftritt.

Die Anzahl der Elemente der Koeffizientenmatrix A ist jedoch $(j_{max}-1)^2(i_{max}-2)^2$, welche also bereits für kleine i_{max} und j_{max} sehr hoch ist. Die direkte Lösung des Gleichungssystems (14.22) wird zudem, besonders bei feiner Diskretisierung, durch den großen Abstand der von null verschiedenen Diagonalen voneinander erschwert.

Eine Alternative zur direkten Lösung besteht in einer iterativen Vorgehensweise. Eine der einfachsten Versionen der iterativen Lösungsverfahren ist als "Jacobi-Methode" bekannt. Hierbei wird die Koeffizientenmatrix A in eine Diagonalmatrix D, bestehend aus den Elementen der Hauptdiagonalen von A, und die verbleibende Matrix B zerlegt:

$$A = D + B \quad .$$

Damit wird das Gleichungssystem (14.22) in folgende, iterative Form gebracht:

$$D\,\vec{\Phi}^{n+1} = -B\,\vec{\Phi}^{n} + \vec{b} \quad ,$$

wobei $\vec{\Phi}^{n+1}$ den Lösungsvektor zum Zeitpunkt der (n+1)-ten Iteration bezeichnet. Es ist offensichtlich, daß die konvergierte Lösung $\vec{\Phi}^{n+1} = \vec{\Phi}^{n}$ die Ausgangsgleichung (14.22) erfüllt. Die letzte Gleichung kann nun, wegen der leichten Invertierbarkeit der Diagonalmatrix D, sehr einfach nach $\vec{\phi}^{n+1}$ aufgelöst werden:

$$\vec{\phi}^{n+1} = -D^{-1} B \vec{\phi}^{n} + D^{-1} \vec{b} \quad . \tag{14.23}$$

Schreibt man diese Gleichung für einen inneren Punkt (i, j), also ohne Einfluß der Randwerte, in Komponentenform

$$\phi_{i,j}^{n+1} = \frac{\left(a\,\phi_{i+1,j}^{n} + c\,\phi_{i-1,j}^{n} + d\,\phi_{i,j+1}^{n} + e\,\phi_{i,j-1}^{n}\right)}{b} \quad , \tag{14.24}$$

so erhält man das interessante Ergebnis, daß $\phi^{n+1}{}_{i,j}$ durch Mittelwertbildung der alten Werte der nächstgelegenen Nachbarpunkte berechnet wird.

Um den Diskretisierungsfehler dieser Differenzengleichung zu bestimmen, entwickeln wir die Lösung in eine Taylor-Reihe um den Punkt $\phi^{n}{}_{i,j}$ und substituieren diese in Gleichung (14.24). Im Spezialfall des äquidistanten Gitters mit $\Delta x = \Delta y$ folgt daraus

$$\Delta\tau \left(\frac{\partial \phi}{\partial \tau}\right)_{i,j} = \frac{1}{4}\left(\Delta x^2 \frac{\partial^2 \phi}{\partial x^2} + \Delta y^2 \frac{\partial^2 \phi}{\partial y^2}\right)_{i,j} + O(\Delta\tau^2, \Delta x^4, \Delta y^4) \quad .$$

Im Vergleich zur ursprünglichen Laplace-Gleichung wird deutlich, daß die Einführung des iterativen Lösungsverfahrens einen instationären Term hervorruft. Das iterative Verfahren entspricht daher der Lösung der instationären *parabolischen* Diffusionsgleichung, deren stationäre Lösung die gegebenen Randbedingungen erfüllt und damit Lösung der Laplace-Gleichung ist. Es ist folglich im Gegensatz zur direkten Methode erforderlich, das Verfahren auf Stabilität zu untersuchen.

Dazu setzen wir eine beliebige Komponente der zweidimensionalen Fourierreihe für $\phi^{n}{}_{i,j}$

$$\phi_{i,j}^{n} = C^{n} e^{I k_1 x_i} e^{I k_2 y_j}$$

in die Differenzengleichung (14.24) bei äquidistantem Gitter ein. Für das Stabilitätskriterium folgt

$$V = \left|\frac{C^{n+1}}{C^{n}}\right| = \left| 1 + \frac{1}{2}\left(\cos(k_1 \Delta x) - 1\right) + \frac{1}{2}\left(\cos(k_2 \Delta x) - 1\right)\right| < 1 \quad ,$$

welches für jede Kombination von $k_1 \Delta x$ und $k_2 \Delta y$ erfüllt ist.

Es steht also mit der Jacobi–Iteration eine einfache Methode zur Verfügung, das lineare Gleichungssystem (14.22) zu lösen und so das vorgegebene Strömungsfeld zu berechnen. Leider ist die Konvergenzgeschwindigkeit dieses Verfahrens sehr gering und der Rechenaufwand ebenso hoch wie bei der direkten Methode.

Es liegt daher nahe, nach einer besseren iterativen Methode zu suchen. Der entscheidende Nachteil der Jacobi–Iteration liegt darin begründet, daß zur Berechnung des nächsten Iterationsschrittes ausschließlich "alte" Werte $\phi^n_{i,j}$ verwendet werden. Da die "neuen" Funktionswerte im allgemeinen bessere Lösungen darstellen, ist zu erwarten, daß die Konvergenz durch die Verwendung von mehr "neuen Resultaten" ϕ^{n+1} beschleunigt wird.

Dies kann durch geschickte Rechenorganisiation zunächst sogar ohne Erhöhung des Rechenaufwandes pro Iterationsschritt erreicht werden, indem die bereits berechneten neuen Funktionswerte anstelle der alten verwendet werden. Die Komponentenform dieses "Gauß–Seidel–Verfahrens" lautet

$$\phi^{n+1}_{i,j} = \frac{\left(a\,\phi^n_{i+1,j} + c\,\phi^{n+1}_{i-1,j} + d\,\phi^n_{i,j+1} + e\,\phi^{n+1}_{i,j-1}\right)}{b} \quad . \tag{14.25}$$

Hierbei erfolgt die Berechnung entlang einer Koordinatenlinie $j=$konst. bei steigendem i und wird dann entlang der nächsten Linie $j=$konst. fortgesetzt. Es zeigt sich, daß die Konvergenzgeschwindigkeit durch diesen Trick um den Faktor zwei erhöht werden kann.

Den beiden bisher beschriebenen iterativen Verfahren zur Lösung eines linearen Gleichungssystems ist gemeinsam, daß der nächste Iterationschritt explizit, also ohne Lösung eines linearen Gleichungssystem, punktweise berechnet wird. Eine zusätzliche Beschleunigung der Konvergenz kann dadurch erreicht werden, auf diese Explizität zu verzichten und einen weiteren neuen Funktionswert zu verwenden.

Dieses Verfahren wird als "Gauß–Seidel–Linien–Methode" bezeichnet, da in einem Schritt die Lösung entlang einer ganzen Koordinatenlinie berechnet wird. Es soll im folgenden zur Lösung des oben gestellten Strömungsproblems verwendet werden.

In Komponentenform folgt damit aus (14.25)

$$b\,\phi^{n+1}_{i,j} = \left(a\,\phi^n_{i+1,j} + c\,\phi^{n+1}_{i-1,j} + d\,\phi^{n+1}_{i,j+1} + e\,\phi^{n+1}_{i,j-1}\right)$$

und nach Umordnung der bekannten Größen auf die rechte Seite

$$-e\,\phi^{n+1}_{i,j-1} + b\,\phi^{n+1}_{i,j} - d\,\phi^{n+1}_{i,j+1} = \left(a\,\phi^{n}_{i+1,j} + c\phi^{n+1}_{i-1,j}\right) \quad . \tag{14.26}$$

Schreibt man diese Differenzengleichung für die Punkte entlang einer Koordinatenlinie mit konstantem i und fügt die Randbedingung (14.20) hinzu, so entsteht ein lineares Gleichungssystem mit der Lösung $\vec{\phi}^{n+1}{}_j$. Zur Berechnung der neuen Iteration ist also für jede x–Stützstelle ein Gleichungssystem der Art

$$G\,\vec{\phi}^{n+1}_i = \vec{f}_i$$

$$\vec{\phi}^{n+1}_i = G^{-1}\vec{f}_i \tag{14.27}$$

zu lösen, wobei die Randwerte der Linie i=konst. im Vektor $\vec{f}_i$ zusammengefaßt sind. Die Lösung des Strömungsproblems ist gefunden, falls das Konvergenzkriterium $\vec{\phi}^{n+1} \approx \vec{\phi}^{n}$ erfüllt ist.

Für die Koeffizientenmatrix und den Vektor der rechten Seite folgt

$$G = \begin{bmatrix} 1 & -1 & & & \\ -e & b & -d & & \\ & -e & b & -d & \\ & & \cdot & \cdot & \cdot \\ & & & -e & b \end{bmatrix} \quad , \quad \vec{f}_i = \begin{bmatrix} -1\,(y_2-y_1)\left(\dfrac{\partial h}{\partial x}\right)_i \\ a\,\phi^{n}_{i+1,2} + c\phi^{n+1}_{i-1,2} \\ a\,\phi^{n}_{i+1,3} + c\phi^{n+1}_{i-1,3} \\ \cdot \quad \cdot \\ a\,\phi^{n}_{i+1,j_{max}-1} + c\phi^{n+1}_{i-1,j_{max}-1} + d\,\phi^{n}_{i,j_{max}} \end{bmatrix} .$$

Dies mag zunächst recht umständlich erscheinen, ist aber sehr effizient, da die Koeffizientenmatrix G tridiagonal ist und somit zur Lösung von (14.27) sehr schnelle Algorithmen zur Verfügung stehen.

Im Bild 14.8 wird die mit Hilfe der Gauß–Seidel–Linien–Methode gewonnene Lösung der Laplace–Gleichung für die Umströmung des NACA 0012–Profils bei Nullanstellwinkel und bei einer Mach–Zahl von $M_\infty = 0{,}3$ mit experimentellen Ergebnissen verglichen. Zur Diskretisierung des Strömungsfeldes wurde ein nicht–äquidistantes Rechengitter mit 41 Stützstellen in x–Richtung und nur 12 Positionen in y–Richtung verwendet. Die Druckverteilungen stimmen trotz der groben Diskretisierung und der Vernachlässigung von Reibungseffekten im Fall der Potentiallösung sehr gut überein.

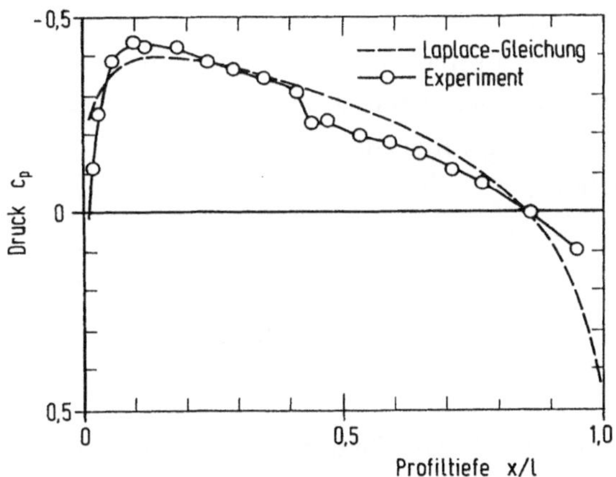

Bild 14.8. Druckverteilung des NACA 0012–Profils bei $M_\infty = 0{,}3$ und $\alpha = 0°$

Die berechnete Druckverteilung kann im Unterschall, wegen der Linearität der Laplace–Gleichung, mit Hilfe des Prandtl–Glauert–Faktors auch auf andere Mach–Zahlen umgerechnet werden. Zur Berechnung der Profilumströmung im transsonischen Geschwindigkeitsbereich ist es allerdings erforderlich, die nichtlineare transsonische Störpotentialgleichung (9.8) zu verwenden. Daher soll im folgenden Absatz eine der klassischen Methoden zur Lösung dieser Gleichung vorgestellt werden. Als Beispiel dient wiederum die Umströmung des NACA 0012–Profils bei Nullanstellwinkel, nun aber bei einer Anström–Mach–Zahl von $M_\infty = 0{,}803$.

14.5 Transsonische Störpotentialgleichung

Die transsonische Störpotentialgleichung (TSP–Gleichung) wurde im Kapitel der Theorie kleiner Störungen hergeleitet und lautet

$$\left(1 - M_\infty^2 - (\gamma+1) M_\infty^2 \phi_x\right)\phi_{xx} + \phi_{yy} = 0 \quad . \tag{14.28}$$

Die zur kompletten mathematischen Beschreibung notwendigen Randbedingungen sind die gleichen wie im vorherigen Problem (siehe Bild 14.5).

Für die Steigung der Charakteristiken folgt nach (14.2)

$$\left(\frac{dy}{dx}\right)_{1,2} = \pm\left[(-1)\left(1 - M_\infty^2 - (\gamma+1) M_\infty^2 \phi_x\right)\right]^{-\frac{1}{2}} \quad . \tag{14.29}$$

Bereits hier wird der wesentliche Unterschied zwischen der Laplace– und der TSP–Gleichung deutlich. Während die Charakteristiken im Fall der Laplace–Gleichung nur von den konstanten Koeffizienten der zweiten partiellen Ableitungen von ϕ abhängen, werden sie bei der TSP–Gleichung auch durch die Lösung ϕ bestimmt. Dies ist eine typische Eigenschaft nichtlinearer Differentialgleichungen, die zur Folge hat, daß der Typ der Gleichung von der lokalen Lösung abhängt. Aus Gleichung (14.29) ist ersichtlich, daß die TSP–Gleichung elliptisch ist, falls

$$A := \left(1 - M_\infty^2 - (\gamma+1)M_\infty^2\phi_x\right) > 0$$

und hyperbolisch, wenn $A < 0$.

Der Typ der Differentialgleichung wird also durch das Vorzeichen des Koeffizienten von ϕ_{xx} festgelegt. Die physikalische Interpretation dieses Sachverhalts besteht darin, daß in transsonischen Strömungsfeldern Über– und Unterschallgebiete existieren, die hyperbolisch bzw. elliptisch sind. Die Grenze zwischen diesen Gebieten wird durch die sonische Linie, $M = 1$ und den eventuell vorhandenen Verdichtungstoß gebildet.

Die lokalen Charakteristiken der hyperbolischen TSP–Gleichung, also im Überschallgebiet, sind in Bild 14.9 skizziert. Die Charakteristiken sind symmetrisch zur x–Achse und nicht etwa zur Strömungsrichtung. Die Einfluß– und Abhängigkeitsgebiete lassen keinen Informationsfluß stromauf zu.

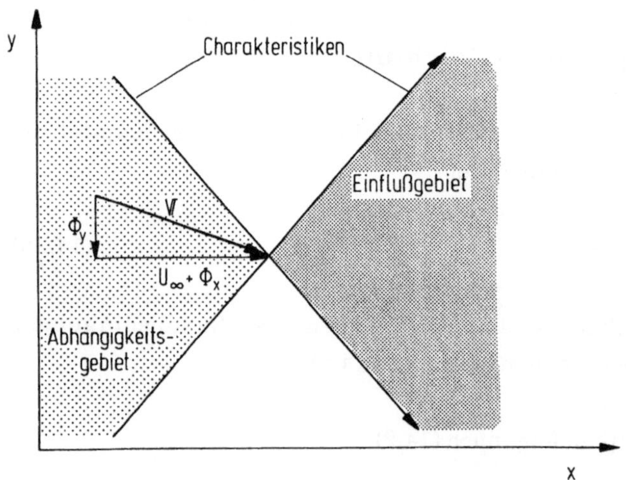

Bild 14.9. Charakteristiken der TSP–Gleichung bei Überschallströmung

Der Tatsache, daß der Typ der Differentialgleichung von der Lösung abhängt, müssen wir bei der Diskretisierung Rechnung tragen. Dazu wird der Koeffizient von ϕ_{xx} an jedem Stützpunkt (i, j) berechnet und die Diskretisierung entsprechend dem lokalen Typ der Differentialgleichung ausgewählt. Wie wir bereits bei der Modellgleichung gesehen haben, ist die Forderung, daß keine Information gegen die charakteristischen Richtungen transportiert wird, hierbei das maßgebende Kriterium.

Im Fall der hyperbolischen TSP-Gleichung ist diese Forderung gewährleistet, wenn für die x-Ableitungen ausschließlich hintere Differenzenquotienten (14.6) und (14.10) verwendet werden. Im Bereich der Unterschallströmung können, wie bei der Laplace-Gleichung, zentrale Differenzenquotienten verwendet werden. Diese Vorgehensweise wird als "typenabhängige Diskretisierung" bezeichnet und wurde zuerst erfolgreich von Murman und Cole 1971 angewandt.

Für die Differenzengleichung elliptischer Punkte (i, j) mit $A_{i,j}>0$, folgt damit

$$A_{i,j} = \frac{\phi_{i-1,j} - 2\,\phi_{i,j} + \phi_{i+1,j}}{\Delta x^2} + \frac{\phi_{i,j-1} - 2\phi_{i,j} + \phi_{i,j+1}}{\Delta y^2} = 0$$

$$A_{i,j} = 1 - M_\infty^2 - (\gamma+1)M_\infty^2\,\frac{(\phi_{i+1,j} - \phi_{i-1,j})}{2\Delta x}$$

und unter Verwendung der bei der Definition der Differenzenquotienten eingeführten Notation

$$A_{i,j}\,\delta_{xx}\phi_{i,j} + \delta_{yy}\phi_{i,j} = 0$$

$$A_{i,j} = \left(1 - M_\infty^2 - (\gamma+1)M_\infty^2\delta_x\phi_{i,j}\right) \quad . \tag{14.30}$$

Die Differenzengleichung für hyperbolische Gitterpunkte mit $A_{i,j}<0$, lautet

$$A^+_{i,j}\,\delta^+_{xx}\phi_{i,j} + \delta_{yy}\phi_{i,j} = 0$$

$$A^+_{i,j} = \left(1 - M_\infty^2 - (\gamma+1)M_\infty^2\delta^+_x\phi_{i,j}\right) \quad . \tag{14.31}$$

Mit Hilfe der Schaltfunktion $v_{i,j}$,

$$v_{i,j} = \begin{cases} 0 & \text{für } A_{i,j} > 0 \\ 1 & \text{für } A_{i,j} < 0 \end{cases}$$

können die beiden Differenzengleichungen zu einer zusammengefaßt werden:

$$A_{i,j}\,\delta_{xx}\phi_{i,j} + \delta_{yy}\phi_{i,j} - v_{i,j}\left(A_{i,j}\,\delta_{xx}\phi_{i,j} - A^+_{i,j}\,\delta^+_x\phi_{i,j}\right) = 0 \quad .$$

Berücksichtigen wir noch die Identität

$$A^{+}_{i,j}\delta^{+}_{xx}\phi_{i,j} \equiv A_{i-1,j}\delta_{xx}\phi_{i-1,j} \quad ,$$

so folgt abschließend

$$A_{i,j}\delta_{xx}\phi_{i,j} + \delta_{yy}\phi_{i,j} - v_{i,j}\left(A_{i,j}\delta_{xx}\phi_{i,j} - A_{i-1,j}\delta_{xx}\phi_{i-1,j}\right) = 0 \quad . \tag{14.32}$$

Dies ist die ursprüngliche Version des Murman und Cole–Verfahrens zur Lösung der TSP–Gleichung. Bei dieser Formulierung treten allerdings Probleme an den Übergängen zwischen elliptischen und hyperbolischen Gebieten auf, also nahe der sonischen Linie und besonders im Bereich des Verdichtungsstoßes.

Um dieses verstehen zu können ist es erforderlich, eine genauere Betrachtung von Verdichtungsstößen anzustellen. Verdichtungsstöße stellen bekanntlich Flächen oder Linien unstetiger Zustandsänderungen dar, wobei die Zustandsgrößen vor und hinter dem Stoß durch die Rankine–Hugoniot–Beziehungen (3.13) bis (3.18) verknüpft sind. Zur Berechnung der Zustandsänderung über den Verdichtungstoß mit Hilfe der TSP–Gleichung, müssen die Rankine–Hugoniot–Beziehungen zumindest im Rahmen der Genauigkeit der Theorie kleiner Störungen befriedigt werden. Diese Forderung macht es notwendig, die TSP–Gleichung in der sogenannten "konservativen" bzw. "Divergenz–Form" zu verwenden, bei der keine Variable außerhalb der Ableitungen stehen darf:

$$\left[(1-M_\infty^2)\phi_x - \frac{\gamma+1}{2}M_\infty^2\phi_x^2\right]_x + \left[\phi_y\right]_y = 0 \quad . \tag{14.33}$$

Gleichung (14.33) ist mit der nichtkonservativen Form (14.28) äquivalent, was man sofort durch Ausdifferenzieren feststellen kann.

Die aus der konservativen TSP–Gleichung resultierende Näherung der Rankine–Hugoniot–Beziehungen soll nun hergeleitet werden. Nach Einführung des Vektors

$$\vec{X} = \left[(1-M_\infty^2)\phi_x - \frac{\gamma+1}{2}M_\infty^2\phi_x^2\right]\vec{i}_x + \left[\phi_y\right]\vec{i}_y$$

kann (14.33) in Divergenz–Form geschrieben werden:

$$\nabla \circ \vec{X} = 0 \quad . \tag{14.34}$$

Integrieren wir diese Gleichung über eine infinitesimale Fläche und wenden das Divergenz–Theorem an, so erhalten wir

$$\iint \nabla \circ \vec{X}\, dF = \int \vec{X} \circ \vec{ds} = 0 \quad .$$

Wegen der Stetigkeit der Lösung vor und hinter dem Stoß (Bild 14.10) reduziert sich diese Beziehung schließlich zu

$$\vec{X}_1 \circ \vec{n}_1 ds_1 + \vec{X}_2 \circ \vec{n}_2 ds_2 = 0 \qquad \Leftrightarrow \qquad (\vec{X}_1 - \vec{X}_2) \circ \vec{n}_1 = 0 \quad . \tag{14.35}$$

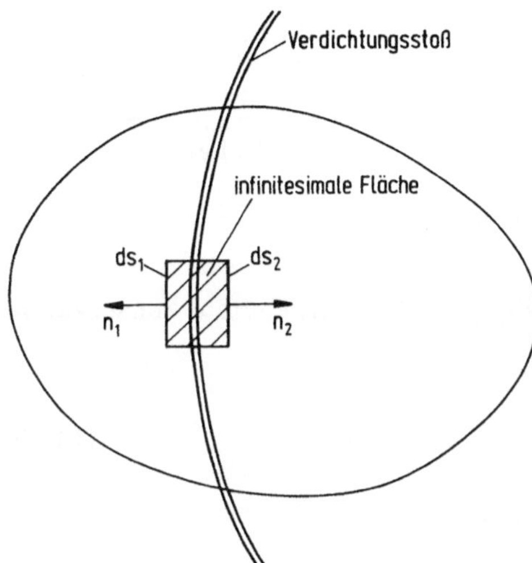

Bild 14.10. Integration über den Verdichtungsstoß

Ein Vergleich der Mach–Zahlen vor und hinter einem senkrechten Stoß, berechnet aus den Rankine–Hugoniot–Beziehungen (3.13) sowie (3.15) und den gemäß der Näherung (14.35) ermittelten Werten, ist im Bild 14.11 dargestellt. Die Übereinstimmung ist bis $M=1{,}3$ befriedigend, bei höheren Mach–Zahlen kommt es allerdings zu deutlichen Abweichungen, die auf die nicht mehr zulässige Annahme der Isentropie zurückzuführen sind und die Anwendung der TSP–Gleichungen auf Mach–Zahlen $M_\infty \approx 1$ beschränken.

Eine wichtige Voraussetzung für die exakte numerische Berechnung von Verdichtungsstößen ist also, daß die gasdynamischen Gleichungen in konservativer bzw. in Divergenz–Form verwendet werden. Dies gilt natürlich auch für die zugehörigen Differenzengleichungen.

Wenn wir nun die Differenzengleichung (14.32) unter diesem Gesichtspunkt betrachten, so fällt auf, daß diese nicht in Divergenz–Form ist, da die Funktion $v_{i,j}$ nicht in die x–Ableitung einbezogen ist.

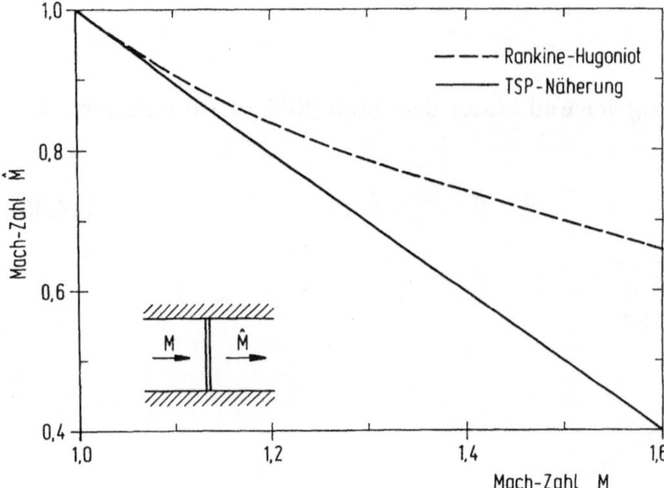

Bild 14.11. Vergleich der exakten Rankine-Hugoniot-Stoßbeziehung und der zugehörigen TSP-Näherung

Die von Murman und Cole aus der TSP-Gleichung (14.33) hergeleitete konservative Differenzengleichung lautet dagegen

$$A_{i,j}\delta_{xx}\Phi_{i,j} + \delta_{yy}\Phi_{i,j} - v_{i,j}A_{i,j}\delta_{xx}\Phi_{i,j} + v_{i-1,j}A_{i-1,j}\delta_{xx}\Phi_{i-1,j} = 0 \quad . \tag{14.36}$$

Nach Zusammenfassung der Glieder folgt schließlich

$$(1 - v_{i,j})A_{i,j}\delta_{xx}\Phi_{i,j} + v_{i-1,j}A_{i-1,j}\delta_{xx}\Phi_{i-1,j} + \delta_{yy}\Phi_{i,j} = 0 \quad . \tag{14.37}$$

Diese Differenzengleichung muß wie zuvor für jeden inneren Punkt (i, j) gelöst werden. In Verbindung mit den Randbedingungen, die direkt aus Gleichung (14.18) übernommen werden können, ergibt sich erneut ein lineares Gleichungssystem der Form

$$A\vec{\phi} = \vec{b} \quad . \tag{14.38}$$

Mit der gleichen Begründung wie im Fall der Laplace-Gleichung wird dieses System mit Hilfe der Gauß-Seidel-Linien-Methode gelöst.

Das tridiagonale Gleichungssystem, welches für jede Koordinatenlinie i = konst. zu lösen ist, lautet

$$G\vec{\phi}_i^{n+1} = \vec{f}_i \quad .$$

Die Elemente der drei Diagonalen von G sowie die des Vektors $\vec{f}_i$ können aus der Differenzengleichung (14.38) gewonnen werden. Die Lösung ϕ an den Stellen (i, j–1), (i, j) und (i, j+1), also entlang der Linie i = konst., sind die unbekannten Größen des (n+1)-ten Iterationsschrittes, $\phi^{n+1}_{i-2,j}$ und $\phi^{n+1}_{i-1,j}$ sind bereits bekannt und für $\phi_{i+1,j}$ wird der Wert der n-ten Iteration verwendet.

Ein Vergleich der Lösung der TSP-Gleichung mit Hilfe der Gauß-Seidel-Linien-Methode mit experimentellen Ergebnissen wird im Bild 14.12 anhand der Druckverteilung des NACA 0012-Profils bei Nullanstellwinkel und einer Anström-Mach-Zahl von $M_\infty = 0{,}803$ gezeigt.

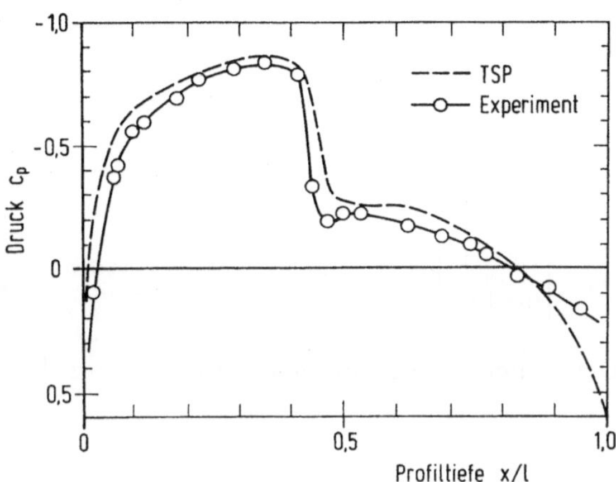

Bild 14.12. Druckverteilung des NACA 0012-Profils bei $M_\infty = 0{,}803$ und $\alpha = 0°$

Die erzielte Übereinstimmung zwischen den theoretischen und den experimentellen Werten ist überraschend gut, wenn man bedenkt, welche Voraussetzung bei der Herleitung der TSP-Gleichung gemacht wurden. Erinnern wir uns, die TSP-Gleichung ist nur gültig für isentrope Strömungen um schlanke Körper bei $M_\infty \approx 1$, d.h. Reibungseffekte und Entropieänderungen über Verdichtungsstöße werden vernachlässigt.

Komplexere Strömungsprobleme verlangen dementsprechend genauere mathematische Modelle.

An dieser Stelle soll daher abschließend ein Ausblick auf allgemeinere Gleichungen zur Strömungssimulation gegeben werden. Der Verzicht auf die Forderung nach kleinen Störungen führt zunächst auf die Potentialgleichung (7.15). Sie lautet in konservativer, zweidimensionaler Form

$$(\rho\phi_x)_x + (\rho\phi_y)_y = 0$$

$$\rho = \left[1 - \frac{\gamma-1}{\gamma+1}\left(\phi_x^2 + \phi_y^2\right)\right]^{\frac{1}{\gamma-1}} .$$

Sie ist gültig für isentrope und damit rotationsfreie Strömungen um beliebige Körper, bei denen viskose Effekte wie z.B. Strömungsablösungen nicht von Bedeutung sind. Die Potentialgleichung und die TSP–Gleichung sind trotz der Isentropiebedingung auf Strömungen mit schwachen Stößen, bei denen die Mach–Zahl normal zum Stoß kleiner als 1,3 ist, anwendbar, da der Entropiezuwachs für schwache Stöße gering ist.

Die allgemeinste Beschreibung reibungsfreier Strömungen führt auf die Eulerschen Bewegungsgleichungen (7.2), welche in konservativer Form für zweidimensionale Strömungen folgende Gestalt haben:

$$\frac{\partial \vec{U}}{\partial \tau} + \frac{\partial \vec{F}}{\partial x} + \frac{\partial \vec{G}}{\partial y} = \vec{0}$$

$$\vec{U} = \begin{bmatrix} \rho \\ \rho u \\ \rho v \\ E \end{bmatrix} \quad ; \quad \vec{F} = \begin{bmatrix} \rho u \\ \rho u^2 + p \\ \rho u v \\ (p+E)\,u \end{bmatrix} \quad ; \quad \vec{G} = \begin{bmatrix} \rho v \\ \rho v u \\ \rho v^2 + p \\ (p+E)\,v \end{bmatrix} .$$

Das Gleichungssystem wird durch die Definition der gesamten Energie E und der Idealen Gasgleichung geschlossen:

$$E = \rho \left(e + \frac{u^2 + v^2}{2} \right) \qquad p = \rho \cdot e(\gamma - 1) \quad .$$

Bei hohen Reynolds–Zahlen, die bei aerodynamischen Problemen fast immer vorliegen, und der Abwesenheit von Strömungsablösungen liefern die Eulerschen Bewegungsgleichungen hervorragende Ergebnisse.

Zur Berechnung von Strömungsfeldern, bei denen Reibungseffekte einen maßgebenden Einfluß haben, sind schließlich die Navier–Stoke'schen Gleichungen bzw. deren Derivate, wie etwa die Grenzschichtgleichungen, zur Strömungsberechnung heranzuziehen.

Der grundsätzliche Aufbau der numerischen Verfahren zur Lösung dieser zunehmend komplexeren Differentialgleichungen ist allerdings der gleiche wie bei den in dieser Einführung vorgestellten Methoden.

Ein umfassender Überblick moderner Verfahren zur Strömungssimulation wird in [20] und [21] gegeben.

15 Viskose Effekte
(Beitrag von P. Thiede)

15.1 Auswirkungen viskoser Effekte, Grenzschichtkonzept

In der Gasdynamik werden in großem Umfang Strömungsprobleme behandelt unter der Voraussetzung, daß Reibungs- bzw. viskose Effekte vernachlässigbar sind. Oft ist diese Voraussetzung auch durchaus gerechtfertigt.

Im Kapitel 13 über transsonische Strömungen wurde dagegen angedeutet, daß bei diesen Strömungen Reibungs-Effekte eine ganz wesentliche Rolle spielen. Von entscheidender Bedeutung sind die viskosen Effekte, wenn es gilt, den Widerstand eines umströmten Körpers zu ermitteln.

Bei hohen Reynolds-Zahlen besteht die Möglichkeit, die viskosen Effekte in gewissem Maße separat von der reibungsfreien Umströmung zu behandeln. Diese Vorgehensweise geht auf das Prandtl'sche Grenzschicht-Konzept zurück. Prandtl hat herausgestellt, daß die Viskosität strömender Medien (Luft, Gase, Flüssigkeiten) sich nur in unmittelbarer Nähe der Wand eines umströmten Körpers in Form von Reibungs-Effekten bemerkbar macht. So können zunächst viskose Grenzschicht und reibungsfreie Außenströmung separat berechnet werden. Die Kopplung erfolgt über eine iterative Erfassung der Wechselwirkung zwischen beiden Strömungsbereichen.

Mit der viskosen Grenzschicht werden zwei Effekte erfaßt, die wesentlich den Widerstand des umströmten Körpers bestimmen, aber auch den Auftrieb beeinflussen:

- Durch die Wandhaftung der Strömung entstehen Schubspannungen, die eine Reibungskraft an der Körperoberfläche bewirken. Hierin liegt die Ursache für den Reibungswiderstand des umströmten Körpers.

- Durch die Verdrängungswirkung der viskosen Grenzschicht entsteht effektiv eine gegenüber der Körperkontur veränderte Verdrängungskontur. Diese bewirkt in der reibungsfreien Außenströmung eine Änderung der Druckverteilung.

Die Änderung der Druckkräfte ergibt als eine Kraftkomponente den Form- oder Druckwiderstand.

In Bild 15.1 ist am Beispiel einer Profil-Umströmung skizziert, wie die effektive Verdrängungskontur durch Wandgrenzschicht und Nachlauf gebildet werden. Die Grenzschicht-Verdrängungsdicke $\delta_{1_{GS}}$ ist hierbei der maßgebende Parameter.

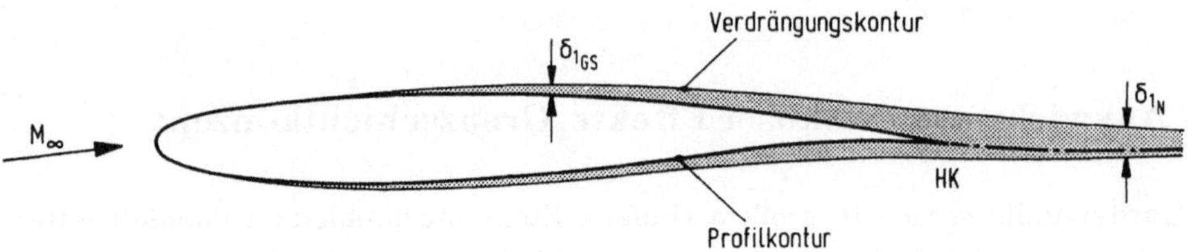

Bild 15.1. Verdrängungswirkung der Grenzschicht und des Nachlaufs

In Bild 15.2 ist ein Grenzschichtprofil dargestellt. Die Grenzschicht ist dabei durch eine Geschwindigkeitsverteilung charakterisiert, die an der Wand den Wert null hat (Wandhaftung). Der Geschwindigkeitsgradient $\partial u / \partial n$ an der Wand ist bestimmend für die Wandschubspannung τ_w und damit für den Reibungswiderstand.

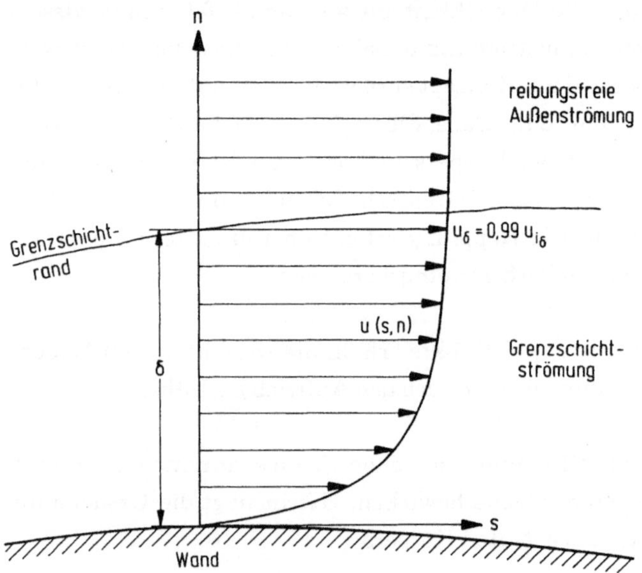

Bild 15.2. Grenzschicht-konzept

Der gesamte Widerstand eines umströmten Körpers infolge viskoser Effekte ergibt sich also als Summe von Reibungswiderstand und Druck- bzw. Formwiderstand. Üblicherweise wird der Widerstand auf den Staudruck und eine Bezugsfläche bezogen, so daß für den viskosen Widerstandsbeiwert gilt:

$$c_{w_V} = c_{w_R} + c_{w_D} \quad . \tag{15.1}$$

Die beiden Anteile bestimmen sich aus der Wandschubspannung τ_w bzw. der Wanddruckverteilung c_{p_w} (Druckbeiwert). Für einen Profilschnitt ergibt sich

$$c_{w_R} = \oint_{Profil} \frac{\tau_w}{q_\infty} \, d\frac{x}{l} \tag{15.2}$$

$$c_{w_D} = \oint_{Profil} c_{p_w} \, d\frac{z}{l} \quad . \tag{15.3}$$

Es sei an dieser Stelle noch vermerkt, daß der Widerstand infolge viskoser Effekte über den Nachlauf des umströmten Körpers ermittelt werden kann. Er ergibt sich direkt aus dem Impulsverlust im Nachlauf, was sich leicht durch Anwendung des Impulssatzes zeigen läßt. Mit der Impulsverlustdicke δ_{2_N} des Nachlaufs erhält man

$$c_{w_V} = 2 \, \frac{\delta_{2_N}}{l} \quad . \tag{15.4}$$

Der gesamte Widerstand infolge viskoser Effekte, also Reibungswiderstand plus Formwiderstand, ergeben mehr als 50 % des Gesamtwiderstandes eines modernen Verkehrsflugzeuges (Bild 15.3). Dies belegt, wie bedeutsam es ist, die Widerstandsanteile aufgrund viskoser Effekte zu erfassen. (Weitere Widerstandsanteile sind (1) der vom Auftrieb abhängige und reibungsfrei ermittelte induzierte Widerstand, (2) der Interferenzwiderstand infolge gegenseitiger Beeinflussung verschiedener Flugzeugteile, (3) der Wellenwiderstand aufgrund von Verdichtungsstößen und (4) der parasitäre Widerstand aufgrund von Oberflächenstörungen und Leckagen.)

In Bild 15.4 sind Meßergebnisse für eine Profilströmung mit reibungsfreier Rechnung verglichen. Bei reibungsfreier Berechnung erfaßt man nur den Wellenwiderstand, und der Auftriebsbeiwert wird weit über dem realen Wert berechnet, da die auftriebsmindernde Wirkung der viskosen Verdrängung (Entwölbungs–Effekt) unberücksichtigt bleibt.

Bei den Meßergebnissen ist eine Angabe über die Reynolds–Zahl Re gemacht. Dieser Ähnlichkeitsparameter gibt das Verhältnis von Trägheitskräften zu viskosen Kräften an. Die Reynolds–Zahl ist proportional der Strömungsgeschwindigkeit V und der cha–

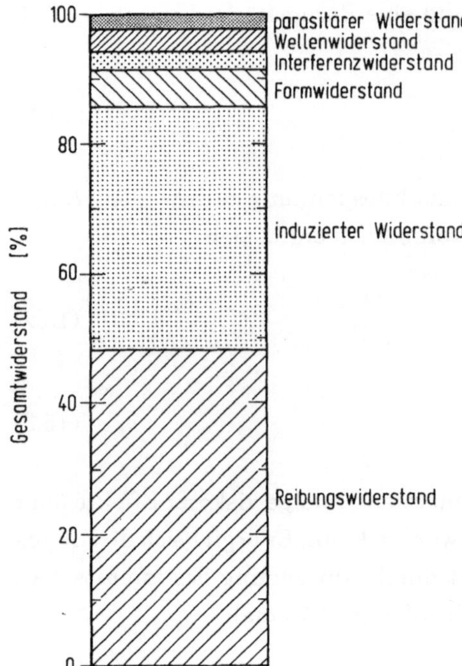

Bild 15.3. Widerstandsanteile eines Verkehrsflugzeuges (Airbus)

rakteristischen Länge l und umgekehrt proportional zur kinematischen Zähigkeit v des Mediums, also z.B. der Luft

$$Re = \frac{V_\infty \cdot l}{\nu} \quad . \tag{15.5}$$

Mit wachsender Reynolds-Zahl werden die Grenzschichten dünner und damit die viskosen Effekte geringer.

Bild 15.5 zeigt den Reynolds-Zahl-Einfluß auf die Auftriebs- und Widerstandspolaren eines transsonischen Profils aufgrund der Messungen von Stanewsky [22]. Dabei entsprechen

- $Re_\infty = 4 \cdot 10^6$ typischen Windkanalmodellen
- $Re_\infty = 30 \cdot 10^6$ der Großausführung (Flügel eines Verkehrsflugzeuges).

Zum Vergleich ist die reibungsfreie Auftriebspolare eingetragen. Man erkennt, daß sowohl die viskose Auftriebsabminderung als auch der Widerstandsbeiwert mit steigender Reynolds-Zahl abnehmen. Dieses Verhalten ist eine Folge der Verdrängungsdicken- und Wandreibungsverringerung mit der Reynolds-Zahl. Wegen der bei hohen

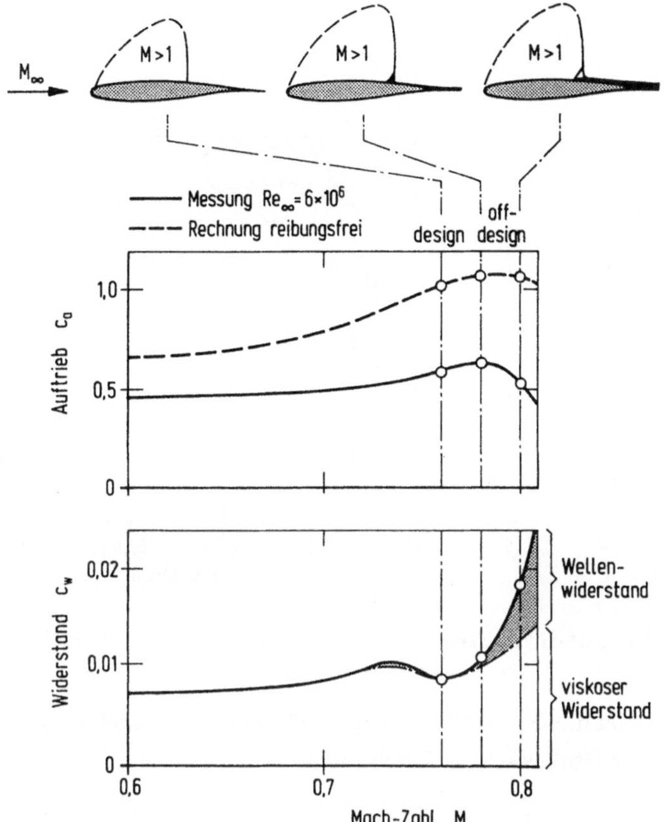

Bild 15.4. Viskose Effekte eines überkritischen Profils bei transsonischer Strömung

Anstellwinkeln einsetzenden Strömungsablösung kann ein maximaler Auftriebsbeiwert nicht überschritten werden.

15.2 Grenzschicht- und Nachlaufberechnung

Die Bewegung eines reibungsbehafteten Mediums wird bei laminarer Strömung durch die Navier–Stokes'schen Bewegungsgleichungen bzw. bei turbulenter Strömung durch die Reynold'schen Gleichungen beschrieben, siehe u.a. Schlichting [23]. Bei kompressibler Strömung sind die Geschwindigkeitsänderungen mit Temperaturänderungen verbunden, so daß die Energiegleichung mit herangezogen werden muß. Wegen des hohen Rechenaufwandes und numerischer Schwierigkeiten wird eine Lösung der vollständigen Gleichungen nur bei solchen Strömungsproblemen in Betracht gezogen, die keiner vereinfachenden Behandlung zugänglich sind.

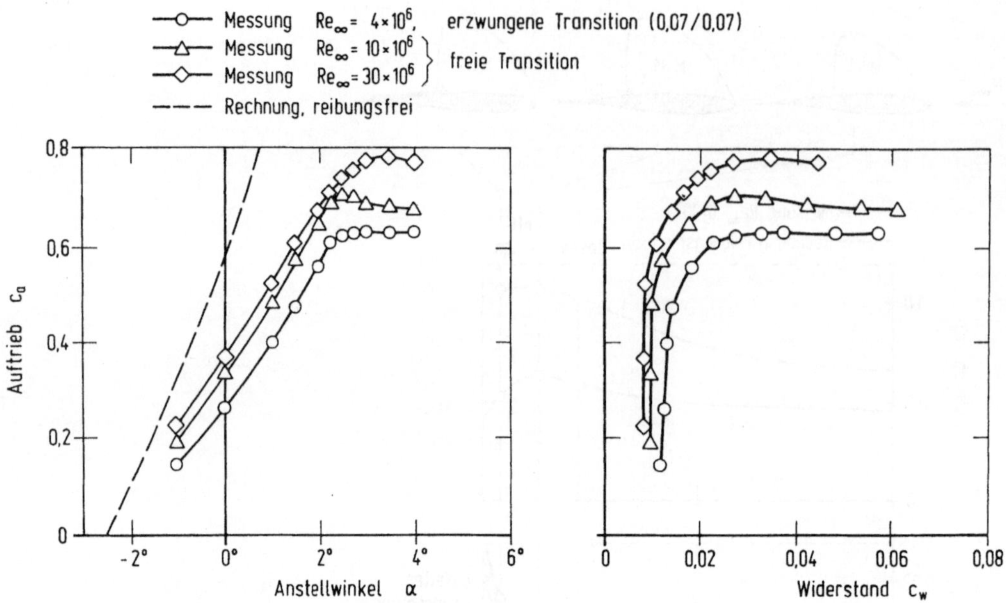

Bild 15.5. Reynolds–Zahl–Einfluß auf die Auftriebs– und Widerstandspolare, Profil CAST 10–2, $M_\infty = 0,765$

Für hohe Reynolds–Zahlen $Re \gg 1$ ist das Prandtl'sche Grenzschichtkonzept anwendbar und es vereinfachen sich die Navier–Stokes'schen Gleichungen

- im Wandbereich zu den Grenzschichtgleichungen
- und im Außenbereich zu den Eulergleichungen, (vergleiche Kapitel 14),

die beide wesentlich einfacher lösbar sind.

15.2.1 Grenzschichtgleichungen

Bei stationärer kompressibler zweidimensionaler Strömung lauten die Grenzschichtgleichungen 1. Ordnung (Vernachlässigung der Krümmungsterme) in konturorientierten Koordinaten s,n ,wie sie in Bild 15.2 gezeigt sind, folgendermaßen:

$$\frac{\partial}{\partial s}(\rho u) + \frac{\partial}{\partial n}(\rho v) = 0 \qquad \text{Kontinuität} \qquad (15.6)$$

$$\rho u \frac{\partial u}{\partial s} + \rho v \frac{\partial u}{\partial n} = -\frac{dp}{ds} + \frac{\partial \tau}{\partial n} \qquad \text{Impuls in s–Richtung} \qquad (15.7)$$

$$\tau = \mu \frac{\partial u}{\partial n} - \rho \overline{u'v'} \qquad (15.8)$$

$$\frac{\partial p}{\partial n} = 0 \qquad \text{Impuls in n–Richtung} \qquad (15.9)$$

$$\rho u \frac{\partial h}{\partial s} + \rho v \frac{\partial h}{\partial n} = \frac{\partial}{\partial n}\left(\frac{\mu}{Pr}\frac{\partial h}{\partial n} - \rho \overline{v'h'} + \mu \frac{Pr-1}{Pr} u \frac{\partial u}{\partial n} \right) . \qquad \text{Energie (Gesamtenthalpie)} \qquad (15.10)$$

Dazu gelten folgende Randbedingungen

für die Wandgrenzschicht

$$n = 0: \quad u = 0 \quad v = v_w(s)$$

$$h = h_w(s) \quad \text{bzw.} \quad \frac{\partial h}{\partial n} = \left(\frac{\partial h}{\partial n}\right)_w \qquad (15.11)$$

$$n = \delta: \quad u = u_\delta(s)$$

$$h = h_\delta(s) \qquad (15.12)$$

und für den Nachlauf

$$n = n_{u_{min}}: \quad \frac{\partial u}{\partial n} = 0 \quad \frac{\partial h}{\partial n} = 0 \qquad (15.13)$$

sowie (15.12) am oberen und unteren Nachlaufrand. Dabei sind $u_\delta(s)$ und $h_\delta(s)$ die Geschwindigkeit und die totale Enthalpie am Grenzschichtrand. Absaugen und Ausblasen an der Wand wird durch die Normalgeschwindigkeit $v_w \neq 0$ beschrieben.

Bei turbulenter Strömung sind u, v, ρ, p und h zeitlich gemittelte Größen, während u', v' und h' turbulente Schwankungsgrößen darstellen. Der Wert τ gibt die Summe aus der molekularen Schubspannung und der Reynold'schen (Schein–) Schubspannung an.

Die Erhaltungsgleichungen (15.6), (15.7) und (15.10) bilden bei konstanten Stoffwerten ein System partieller parabolischer Differentialgleichungen für die Unbekannten u, v und h. Mit einem geeigneten Schließungsansatz für die Reynold'schen Schubspannungen (15.8) kann das Gleichungssystem durch ein finites Differenzenverfahren gelöst werden, siehe z.B. Cebeci, Smith [24].

Im folgenden wird die Lösung der Erhaltungsgleichungen durch Integralgleichungen beschrieben. Eine ausführliche Darstellung hierzu findet man bei Walz [25]. Dieses Lösungsverfahren ist wegen seines geringen Rechenaufwandes und seiner numerischen Robustheit in der Aerodynamik weit verbreitet.

15.2.2 Integralgleichungen der Grenzschicht

Durch partielle Integration von $n=0$ bis δ lassen sich die Erhaltungsgleichungen (15.6) und (15.7) in ein System gewöhnlicher Differentialgleichungen – die Integralgleichungen der Grenzschicht – überführen.

Die hier beschriebene dissipative Integralmethode zur Berechnung stationärer kompressibler zweidimensionaler Grenzschichten basiert auf den Integralgleichungen für

Impuls

$$\frac{d\delta_2}{ds} + \left(2 + \frac{\delta_1}{\delta_2} - M_\delta^2\right)\frac{\delta_2}{u_\delta}\frac{du_\delta}{ds} - \frac{c_f}{2} = 0 \tag{15.14}$$

und kinetische Energie

$$\frac{d\delta_3}{ds} + \left(3 + 2\,\frac{\delta_4}{\delta_3} - M_\delta^2\right)\frac{\delta_3}{u_\delta}\frac{du_\delta}{ds} - c_D = 0 \tag{15.15}$$

mit den Grenzschichtgrößen

$$\delta_1 = \int_0^\delta \left(1 - \frac{\rho u}{\rho_\delta u_\delta}\right) dn \qquad \text{Verdrängungsdicke} \tag{15.16}$$

$$\delta_2 = \int_0^\delta \frac{\rho u}{\rho_\delta u_\delta}\left(1 - \frac{u}{u_\delta}\right) dn \qquad \text{Impulsverlustdicke} \tag{15.17}$$

$$\delta_3 = \int_0^\delta \frac{\rho u}{\rho_\delta u_\delta}\left[1 - \left(\frac{u}{u_\delta}\right)^2\right] dn \qquad \text{Energieverlustdicke} \tag{15.18}$$

$$\delta_4 = \int_0^\delta \frac{\rho u}{\rho_\delta u_\delta}\left(\frac{\rho_\delta}{\rho} - 1\right) dn \qquad \text{Dichteverlustdicke} \tag{15.19}$$

$$c_f = \frac{2\tau_w}{\rho_\delta u_\delta^2} \qquad \text{Reibungsbeiwert} \tag{15.20}$$

$$c_D = \frac{2\int_0^\delta \tau \frac{\partial u}{\partial n} dn}{\rho_\delta u_\delta^3} \qquad \text{Dissipationsbeiwert}\ . \tag{15.21}$$

Bei wärmeundurchlässiger Wand und einer Prandtlzahl $Pr \approx 1$ ist nach van Driest das Temperaturprofil direkt an das Geschwindigkeitsprofil gekoppelt

$$\frac{T}{T_\delta} = 1 + r\, m_\delta \left[1 - \left(\frac{u}{u_\delta} \right)^2 \right] \tag{15.22}$$

mit dem Mach–Zahl–Faktor

$$m_\delta = \frac{\gamma - 1}{2} M_\delta^2 \ .$$

Damit entfällt die Lösung der Energiegleichung (15.10). Mit der Zustandsgleichung für ideale Gase erhält man aus dem Temperaturprofil wegen $\partial p / \partial n = 0$ auch das Dichteprofil

$$\frac{\rho}{\rho_\delta} = \frac{T_\delta}{T} \ . \tag{15.23}$$

Mit Einführung der Formparameter

$$H^*_{21} = \frac{\delta_2}{\delta_1} \qquad H^*_{31} = \frac{\delta_3}{\delta_1} \qquad H^*_{41} = \frac{\delta_4}{\delta_1} \tag{15.24}$$

und bei Annahme isentroper Außenströmung

$$\frac{1}{u_\delta} \frac{du_\delta}{ds} = \frac{1}{1 + m_\delta} \frac{1}{M_\delta} \frac{dM_\delta}{ds} \tag{15.25}$$

lassen sich die Integralgleichungen für Impuls (15.14) und kinetische Energie (15.15) umformen zu

$$\frac{dH^*_{21}}{ds} + \frac{1 + H^*_{21}(2 - M_\delta^2)}{1 + m_\delta} \frac{1}{M_\delta} \frac{dM_\delta}{ds} + \frac{H^*_{21}}{\delta_1} \frac{d\delta_1}{ds} = \frac{c_f}{2\delta_1} \tag{15.26}$$

$$\frac{dH^*_{31}}{dH^*_{21}} \frac{dH^*_{21}}{ds} + \frac{2H^*_{41} + H^*_{31}(3 - M_\delta^2)}{1 + m_\delta} \frac{1}{M_\delta} \frac{dM_\delta}{ds} + \frac{H^*_{31}}{\delta_1} \frac{d\delta_1}{ds} = \frac{c_D}{\delta_1} \ . \tag{15.27}$$

Die Integralgleichungen (15.26) und (15.27) gelten für kompressible laminare und turbulente Wandgrenzschichten bei adiabater Wand ohne Grenzschichtbeeinflussung ($v_w = 0$). Mit $c_f = 0$ sind die Gleichungen auch für symmetrische Nachläufe (symmetrisch zur Nachlaufmittellinie) gültig.

15.2.3 Lösungsverfahren

Zur Lösung des Gleichungssystems (15.26) und (15.27) werden Kompressibilitätstransformationen und Schließungsbeziehungen für die Geschwindigkeitsprofile benötigt.

Aufgrund der Ähnlichkeit zwischen kompressiblen und inkompressiblen Geschwindigkeitsprofilen lassen sich die in den Integralgleichungen (15.26) und (15.27) auftretenden kompressiblen Grenzschichtgrößen auf die entsprechenden Größen des Geschwindigkeitsprofils u(s,n) (mit $\rho = \text{konst.}$) zurückführen.

Mit der Beziehung (15.23) für die Dichte erhält man die Transformationsfunktionen

$$F_{c_1} = \frac{\delta_1}{\delta_{1_u}} = 1 + r\,m_\delta\,H_{31}\,F_{c_3} \qquad (15.28)$$

$$F_{c_2} = \frac{\delta_2}{\delta_{2_u}} = \frac{1}{1 + r\,m_\delta\,\phi} \qquad (15.29)$$

$$F_{c_3} = \frac{\delta_3}{\delta_{3_u}} \approx F_{c_2} \qquad (15.30)$$

mit der vom Geschwindigkeitsprofil abhängigen Korrekturfunktion $\phi = f(H_{21})$. Damit lassen sich die kompressiblen Grenzschichtgrößen transformieren auf

$$H^*_{21} = \frac{F_{c_2}}{F_{c_1}} H_{21} \qquad \frac{dH^*_{31}}{dH^*_{21}} \approx \frac{dH_{31}}{dH_{21}}$$

$$H^*_{31} = \frac{F_{c_3}}{F_{c_1}} H_{31} \qquad c_f = F_{c_2}\,c_{fu} \qquad (15.31)$$

$$H^*_{41} = r\,m_\delta \frac{F_{c_3}}{F_{c_1}} H_{31} \qquad c_D \approx F_{c_2}\,c_{Du}$$

mit den Formparametern des Geschwindigkeitsprofils

$$H_{21} = \frac{\delta_{2u}}{\delta_{1u}} \qquad H_{31} = \frac{\delta_{3u}}{\delta_{1u}} \quad . \qquad (15.32)$$

Die zur Lösung der Integralgleichungen (15.26) und (15.27) benötigten Schließungsansätze

$$H_{31} = f(H_{21})$$

$$c_{f_u} = f(H_{21}, Re_{\delta_{2u}}) \qquad (15.33)$$

$$c_{D_u} = f(H_{21}, Re_{\delta_{2u}})$$

müssen aus den für anliegende und abgelöste laminare und turbulente Grenzschichten zugrundegelegten Geschwindigkeitsprofilfamilien ermittelt werden.

Bei laminarer Grenzschicht werden die ähnlichen Lösungen der Falkner–Skan–Gleichungen (für Keilströmungen des Typs $u_\delta(x) \simeq x^m$) von Hartree einschließlich der "lower–branch"–Lösungen für Rückströmprofile von Stewartson approximiert.

Für turbulente Grenzschichten gestaltet sich die Bereitstellung von Schließungsbeziehungen wesentlich schwieriger, da auf empirische Gesetzmäßigkeiten zurückgegriffen werden muß und turbulenten Geschwindigkeitsprofile eine von der Reynolds-Zahl abhängige 2–Schichten ("wall–wake")–Struktur besitzen.

In Bild 15.6 sind die Schließungsbeziehungen für laminare und turbulente Grenzschichten bei anliegender und abgelöster Strömung in der Form (15.33) dargestellt. Der Formparameterbereich für turbulente Ablösung ($c_f = 0$) ergibt sich aus der Reynolds–Zahl–Abhängigkeit des Reibungsbeiwertes. Der angegebene turbulente Dissipationsbeiwert gilt nur für Gleichgewichtsgrenzschichten (d.h. Dissipation und Turbulenzproduktion befinden sich im Gleichgewichtszustand). Für den allgemeineren Fall der Nichtgleichgewichtsgrenzschichten, bei denen die Vorgeschichte der Grenzschicht einen wesentlichen Einfluß auf die Reynold'schen Schubspannungen hat, können die Abweichungen vom Gleichgewichtszustand durch einen empirischen Dissipationsansatz oder eine weitere Differentialgleichung für die Turbulenzenergie berücksichtigt werden. Die in Bild 15.6 angegebenen Formparameterbeziehungen gelten auch für turbulente Nachläufe, wobei jedoch beim Dissipationsansatz nur der Anteil der äußeren Schicht ("wake"–Anteil) zu berücksichtigen ist.

Mit den Kompressibilitätstransformationen (15.31) und den Schließungsbeziehungen (15.33) für das Geschwindigkeitsprofil stellen die Integralgleichungen (15.26) und (15.27) ein System von zwei gewöhnlichen Differentialgleichungen mit den drei Variablen M_δ, δ_1 und H^*_{21} dar.

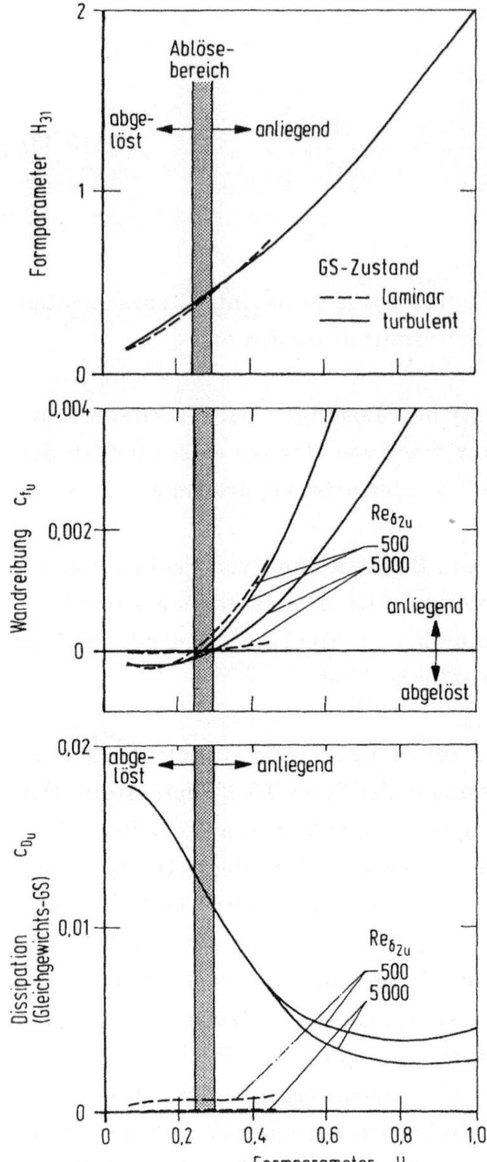

Bild 15.6. Schließungsbeziehungen für das Geschwindigkeitsprofil

Bei anliegender Grenzschicht kann das Gleichungssystem mit M_δ als Randbedingung und δ_1 und H^*_{21} als abhängigen Variablen gelöst werden (direkter Lösungsmodus):

$$\frac{dH^*_{21}}{ds} = \frac{b_1 a_{22} - b_2 a_{12}}{d_D}$$

$$\frac{1}{\delta_1}\frac{d\delta_1}{ds} = \frac{b_2 a_{11} - b_1 a_{21}}{d_D} \qquad (15.34)$$

mit den Abkürzungen

$$a_{11} = 1 \qquad a_{12} = H^*_{21} \qquad b_1 = \frac{c_f}{2\delta_1} - \frac{1 + H^*_{21}(2 - M_\delta^2)}{1 + m_\delta}\frac{1}{M_\delta}\frac{dM_\delta}{ds}$$

$$a_{21} = \frac{dH^*_{31}}{dH^*_{21}} \qquad a_{22} = H^*_{31} \qquad b_2 = \frac{c_D}{\delta_1} - \frac{2H^*_{41} + H^*_{31}(3 - M_\delta^2)}{1 + m_\delta}\frac{1}{M_\delta}\frac{dM_\delta}{ds}$$

und der Determinante

$$d_D = H^*_{21}\left(\frac{H^*_{31}}{H^*_{21}} - \frac{dH^*_{31}}{dH^*_{21}}\right) \quad . \tag{15.35}$$

Bei Annäherung an den Ablösepunkt ($c_f = 0$) versagt der direkte Lösungsmodus, da die Determinante d_D gegen null strebt (Goldstein–Singularität). Diese Singularität der Grenzschichtgleichungen läßt sich vermeiden durch einen inversen Lösungsmodus, bei dem δ_1 vorgegeben und M_δ und H^*_{21} als abhängige Variable betrachtet werden:

$$\frac{dH^*_{21}}{ds} = \frac{b_1 a_{22} - b_2 a_{12}}{d_I}$$

$$\frac{1}{M_\delta}\frac{dM_\delta}{ds} = \frac{b_2 a_{11} - b_1 a_{21}}{d_I} \tag{15.36}$$

mit den Abkürzungen

$$a_{11} = 1 \qquad a_{12} = \frac{1 + H^*_{21}(2 - M_\delta^2)}{1 + m_\delta} \qquad b_1 = \frac{c_f}{2\delta_1} - \frac{H^*_{21}}{\delta_1}\frac{d\delta_1}{ds}$$

$$a_{21} = \frac{dH^*_{31}}{dH^*_{21}} \qquad a_{22} = \frac{2H^*_{41} + H^*_{31}(3 - M_\delta^2)}{1 + m_\delta} \qquad b_2 = \frac{c_D}{\delta_1} - \frac{H^*_{31}}{\delta_1}\frac{d\delta_1}{ds}$$

und der Determinante

$$d_I = \frac{2H^*_{41} + H^*_{31}(3 - M_\delta^2)}{1 + m_\delta} - \frac{1 + H^*_{21}(2 - M_\delta^2)}{1 + m_\delta}\frac{d\,H^*_{31}}{d\,H^*_{21}} \quad . \tag{15.37}$$

Das inverse Lösungsverfahren wird zur Berechnung ablösenaher und abgelöster Grenzschichten und Nachläufe verwendet. Die Integration der gewöhnlichen Differentialgleichungssysteme (15.34) und (15.36) kann mit Hilfe eines Runge–Kutta–Verfahrens erfolgen.

15.2.4 Laminar–turbulenter Umschlag

Der natürliche Umschlag laminar–turbulent ist die Folge einer komplexen Anfachung kleiner Störungen in der Grenzschicht, siehe [23].

Bei störungsarmer Anströmung und glatter Oberfläche vollzieht sich die Transition einer zweidimensionalen laminaren Grenzschicht in den vollturbulenten Zustand in drei Phasen:

1. Primäre Instabilität der laminaren Grenzschicht.

2. Störungsanfachung der instabilen laminaren Grenzschicht:

   - Anfangsstadium: Lineare Anfachung von Tollmien–Schlichting–Wellen.
   - Endstadium: Dreidimensionale nichtlineare Anfachung, Auftreten von Instabilitäten höherer Ordnung.

3. Entstehung und Ausbreitung der Turbulenz.

Die Ermittlung der primären Instabilität der laminaren Grenzschicht ist ein Eigenwertproblem der linearisierten Stabilitätstheorie (Lösungen der Orr–Sommerfeld-Gleichung).

Bild 15.7 links zeigt das Stabilitätskriterium in der Auftragung

$$Re_{\delta_{2_1}} = f(H_{32}, M_\infty) \quad . \tag{15.38}$$

Es gilt für kompressible laminare Grenzschichten mit Druckgradient bei wärmeundurchlässiger Wand aufgrund der Stabilitätsuntersuchungen von Arnal [26] (inkompressibel) und Tetervin (Kompressibilitätseinfluß). Im Fall ohne Wärmeübertragung ist der Kompressibilitätseinfluß auf die Instabilitäts–Reynolds–Zahl gering.

Die Länge der Anfachungsstrecke (zwischen primärer Instabilität und Transitionsbeginn) läßt sich dagegen nicht theoretisch vorausbestimmen, da eine vollständige numerische Simulation der nichtlinearen Störungsanfachungen und der Instabilitäten höherer Ordnung bis zur Turbulenzentstehung bisher unmöglich ist. Lediglich die Anfachung der Tollmien–Schlichting–Wellen im Anfangsstadium des Anfachungsvorganges kann mit Hilfe der linearisierten Stabilitätstheorie zuverlässig vorausberechnet werden.

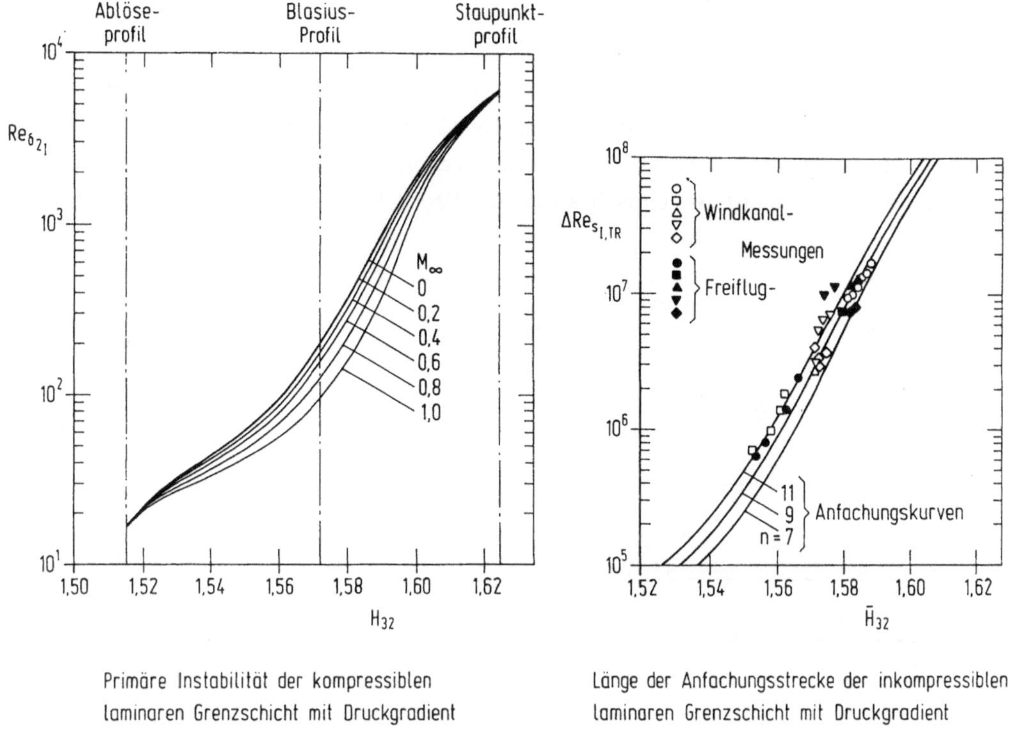

Bild 15.7. Kriterien für dem laminar–turbulenten Grenzschichtumschlag

In Bild 15.7 rechts wurden maximale Anfachungsverhältnisse $a_{max} = e^n$, denen sich die Amplituden der Tollmien–Schlichting–Wellen bis zum Transitionsbeginn scheinbar unterzogen haben, mit Transitionsmessungen in turbulenzarmen Windkanälen und im Freiflug in der Form

$$\Delta Re_{s_{I,TR}} = f(\bar{H}_{32}) \qquad \bar{H}_{32} = \frac{\int_{s_I}^{s_{TR}} H_{32}(s)\, ds}{s_{TR} - s_I} \tag{15.39}$$

korreliert. Man erkennt, daß die scheinbaren Anfachungskurven n=9 bis 11 näherungsweise als Kriterien für die Länge der Anfachungsstrecke einer inkompressiblen laminaren Grenzschicht mit Druckgradient benutzt werden können.

Im Transitionsbereich hat die Grenzschicht intermittierenden Charakter, wobei der zeitlich gemittelte Grenzschichtzustand durch einen Intermittenzfaktor beschrieben werden kann.

15.2.5 Rechenergebnisse

Bild 15.8 zeigt die Ergebnisse einer Grenzschicht- und Nachlaufberechnung an einem transsonischen Profil bei vorgegebener Druckverteilung (direkter Lösungsmodus) im Vergleich zu Meßwerten [27]. Um eindeutige Vergleichsmöglichkeiten zu erhalten, wurde der laminar-turbulente Umschlag auf der Profilober- und -unterseite fixiert.

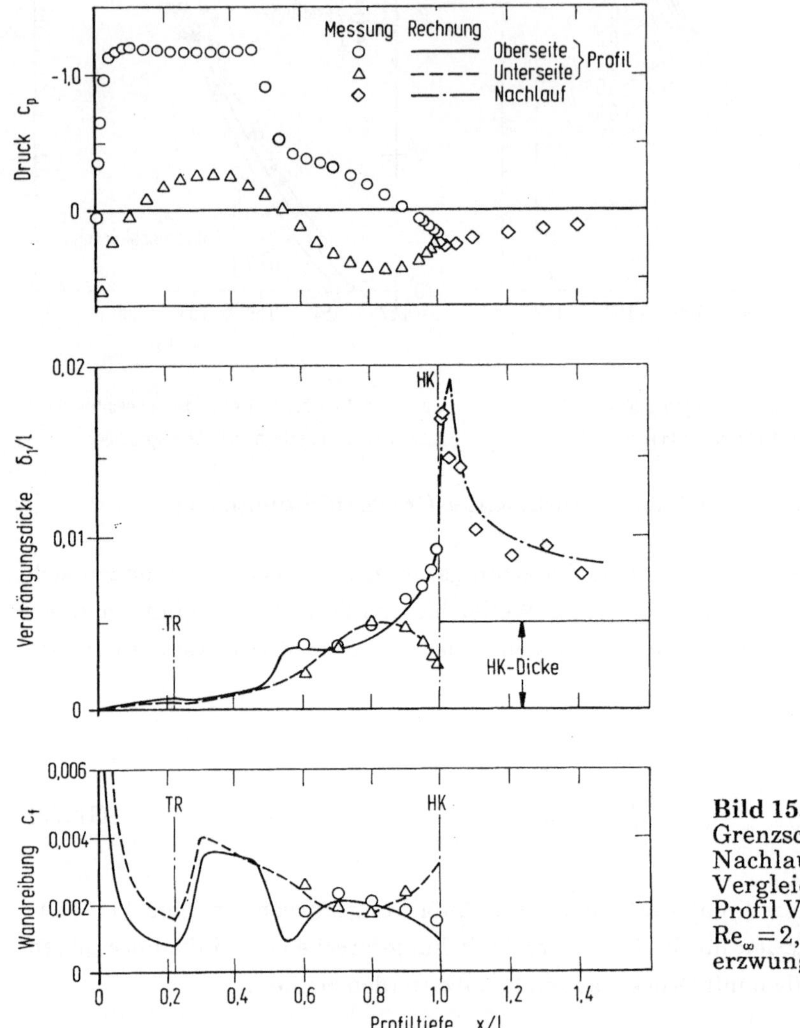

Bild 15.8. Berechnete Grenzschicht- und Nachlaufparameter im Vergleich zu Meßwerten, Profil VA-2, $M_\infty = 0{,}75$, $Re_\infty = 2{,}4 \cdot 10^6$, $\alpha = 4°$, erzwungene Transition

In der unteren Darstellung erkennt man den Anstieg des Reibungsbeiwertes c_f nach der Transition. Der Druckanstieg im Stoßbereich führt auf der Oberseite zu einer Abnahme des Reibungsbeiwertes und einem Anstieg der Verdrängungsdicke. Bei stärkeren Stößen tritt eine stoßinduzierte Ablösung auf ($c_f<0$). Der weitere Druckanstieg auf der Profiloberseite bewirkt eine erneute Verringerung des Reibungsbeiwertes (Ablösegefahr) verbunden mit einer starken Grenzschichtaufdickung im Hinterkantenbereich. Demgegenüber verursacht der Druckabfall auf der Unterseite, der eine Folge der Profilwölbung im Hinterkantenbereich ist, den umgekehrten Effekt.

Die Grenzschichtprofile an der Hinterkante, die auf der Ober- und Unterseite sehr unterschiedlich sind, fließen hinter dem Profil zusammen und bilden einen asymmetrischen Nachlauf. Die Verdrängungsdicken der Ober- und Unterseite addieren sich mit der endlichen Hinterkantendicke zum Startwert für die Nachlaufberechnung. Man erkennt, daß die Verdrängungsdicke im Nachlauf kontinuierlich abnimmt.

Die auf der Basis der Integralgleichungen (15.26) und (15.27) berechneten Grenzschicht- und Nachlaufparameter stimmen mit den Meßwerten befriedigend überein, obgleich die Grenzschichtvoraussetzung $\partial p/\partial n=0$ im Stoß- und Hinterkantenbereich verletzt wird und im Nachlauf symmetrische Schließungsbeziehungen zugrundegelegt werden.

15.3 Interferenz zwischen Grenzschicht- und Außenströmung

15.3.1 Schwache und starke Interferenz

Aufgrund der viskosen Verdrängungswirkung besteht zwischen der Grenzschicht- und Nachlaufströmung einerseits und der reibungsfreien Außenströmung andererseits eine Wechselwirkung, die das gesamte Strömungsfeld beeinflußt. Anhand der transsonischen Profilströmung (Bild 15.9) sollen diese Interferenz diskutiert sowie Lösungswege zu ihrer Erfassung aufgezeigt werden.

Grundsätzlich ist zu unterscheiden zwischen Strömungsbereichen mit

- schwacher Interferenz
- und starker Interferenz.

Schwache Interferenz liegt vor in Bereichen mit anliegender Grenzschicht- und Nachlaufströmung, wo die Auswirkungen der viskosen Verdrängung auf die reibungsfreie Außenströmung gering sind.

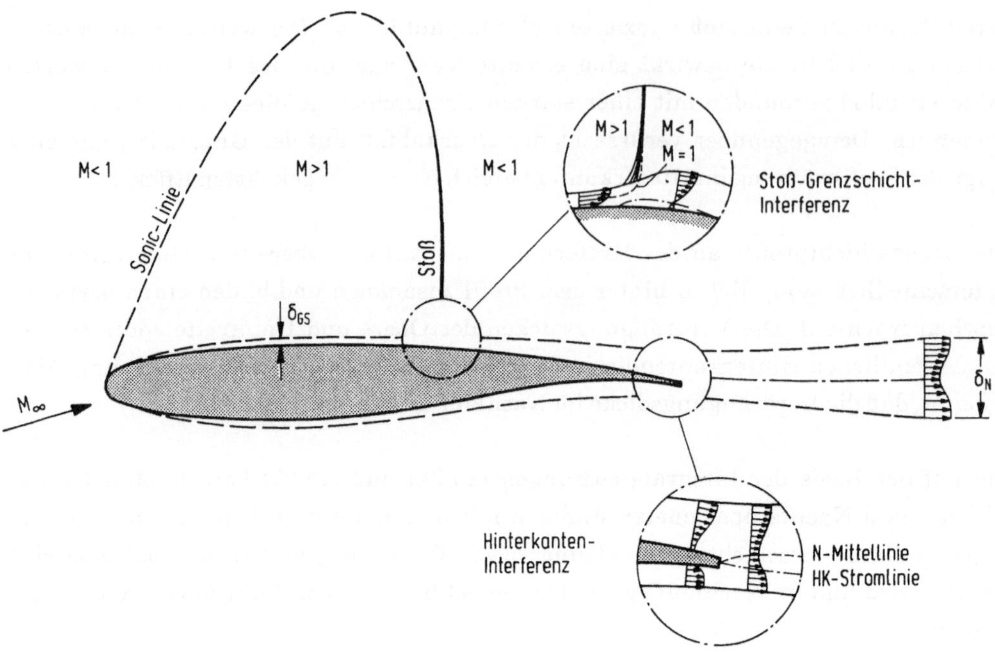

Bild 15.9. Transsonische Profilströmung

Daneben treten bei transsonischer Profilströmung Gebiete mit starker Interferenz auf, in denen die reibungsfreie Außenströmung nicht mehr dominiert, sondern durch viskose Effekte gravierend beeinflußt wird:

– Stoß–Grenzschicht–Interferenz

Infolge des steilen Druckanstiegs findet im Stoßbereich eine starke Grenzschichtaufdickung statt, durch die der Stoß in Wandnähe aufgefächert, die Stoßstärke reduziert und der Druckanstieg abgeflacht wird.

– Hinterkanteninterferenz

Infolge des Druckanstiegs im Hinterkantenbereich wird die Grenzschicht insbesondere auf der Profiloberseite stark aufgedickt, wodurch über die Kutta'sche Abflußbedingung die Zirkulation reduziert und der Druckanstieg abgeflacht wird. Die Hinterkantenströmung wird außerdem durch die Unterseitengrenzschicht- und Nachlaufentwicklung kurz vor bzw. hinter der Hinterkante beeinflußt.

– Ablösung

Beim Auftreten von stoßinduzierten oder Hinterkantenablösungen wird die Interferenz dort wegen zunehmender Verdrängungswirkung der Grenzschicht weiter verstärkt.

Da in Strömungsgebieten mit starker Interferenz die Grenzschichtvoraussetzungen

$$\left(\frac{\partial}{\partial s}\right) \ll \left(\frac{\partial}{\partial n}\right) \text{ wegen } \delta \ll 1 \; ; \quad \frac{\partial p}{\partial s} = 0$$

verletzt werden, ist zonal die Anwendbarkeit des Grenzschichtkonzeptes infrage gestellt. Eine exakte Beschreibung dieser Gebiete ist nur auf der Basis zonaler Navier-Stokes-Lösungen oder deren gezielter Vereinfachungen (z.B. "triple-deck"-Lösungen) möglich.

Um jedoch globale Effekte von Gebieten mit starker Interferenz zumindest näherungsweise auf der Basis des Grenzschichtkonzeptes erfassen zu können, wurde die Grenzschichttheorie 1. Ordnung durch Einführung der Grenzschicht-Defekt-Formulierung erweitert.

15.3.2 Stoß-Grenzschicht-Interferenz

Da die Wechselwirkung des Stoßes mit der Grenzschicht bei transsonischer Profilströmung nicht nur lokale Auswirkungen hat, sondern über die Grenzschicht hinter dem Stoß und die Kutta-Bedingung die gesamte Profilumströmung beeinflußt, soll auf ihre Struktur näher eingegangen werden.

Bild 15.10 oben zeigt das mit einem Mach-Zehnder-Interferometer an einer gekrümmten Kanalwand vermessene Strömungsfeld im Stoß-Grenzschicht-Interferenzbereich [28]. Das Überschallgebiet wird durch einen leicht gekrümmten, in Wandnähe fast senkrechten Verdichtungsstoß abgeschlossen. Den Grenzschichtbereich erkennt man an den wandparallelen Isochoren (ρ=konst.). Die Vorstoß-Mach-Zahl, die ihr Maximum $M_{\delta_s}=1{,}26$ am Grenzschichtrand erreicht, nimmt mit dem Wandabstand ab. Daraus ergibt sich gemäß der Prandtl-Beziehung (5.15) unmittelbar hinter dem Stoß eine mit dem Wandabstand zunehmende Mach-Zahl-Verteilung, die dem konvexen Strömungsfeld nicht angepaßt ist. Infolge Umkehrung tritt hinter dem Stoß am Grenzschichtrand eine Nachexpansion auf, die zum Abbau der Stoßstärke beiträgt.

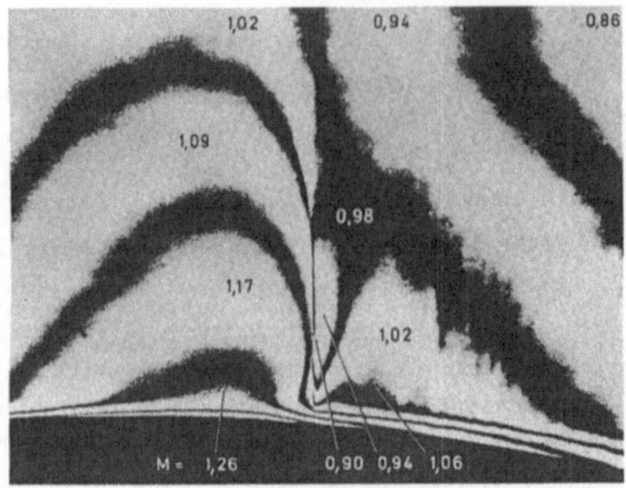

Interferogramm des Interferenzbereiches an einer gekrümmten Kanalwand
$M_{\delta_s} = 1{,}26 \quad Re_{\delta_s} = 5{,}2 \times 10^4 \quad r_w/\delta_s = 110$

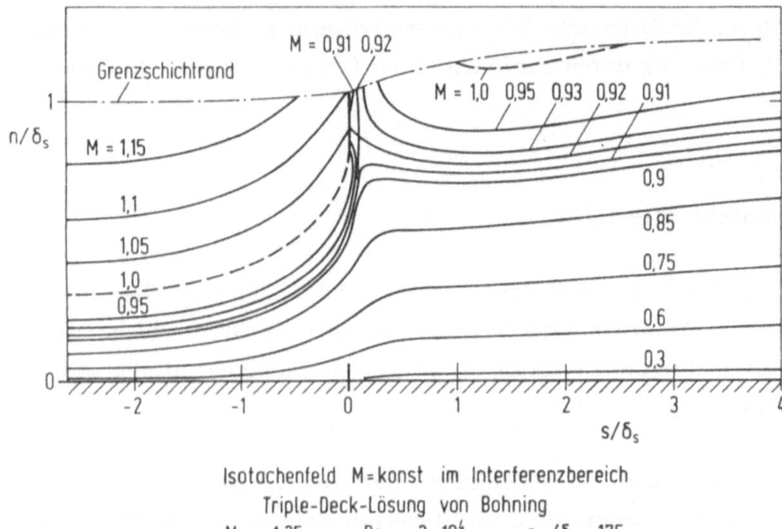

Isotachenfeld M = konst im Interferenzbereich
Triple-Deck-Lösung von Bohning
$M_{\delta_s} = 1{,}25 \quad Re_{\delta_s} = 2 \times 10^4 \quad r_w/\delta_s = 175$

Bild 15.10. Transsonische Stoß–Grenzschicht–Interferenz

Eine detaillierte Erfassung der Stoß–Grenzschicht–Interferenz ist auf der Basis einer zonalen "triple–deck"–Lösung möglich, bei der das Strömungsfeld aufgeteilt wird in

– eine reibungsfreie Außenströmung,

- eine reibungsfreie. aber wirbelbehaftete Mittelschicht (entsprechend dem Außenbereich der Grenzschicht)

- und eine dünne viskose Unterschicht (entsprechend dem Wandbereich der Grenzschicht)

Bild 15.10 unten zeigt die aufgrund der "triple–deck"–Lösung von Bohning [28] berechnete Interferenzstruktur anhand des Isotachenfeldes (M = konst.). Man erkennt das Eintauchen des Stoßes in die Grenzschicht, seine Auflösung in ihr und die Ausdehnung des Interferenzgebietes. Die Vorauswirkung des Stoßes wird durch den Anstieg der Isotachen sichtbar gemacht. Hinter dem Stoß ist die Nachexpansion deutlich zu erkennen.

In Bild 15.11 sind Ergebnisse der "triple–deck"–Lösung mit Messungen [22] an einem transsonischen Profil verglichen. Die berechnete Wanddruckverteilung im oberen Bild stimmt gut mit den Meßwerten überein. Anhand der abweichenden Druckverteilung am Grenzschichtrand werden die Normaldruckanteile im Stoßbereich sichtbar. Der zum Vergleich eingetragene Drucksprung aufgrund der Hugoniot–Beziehung (3.17)

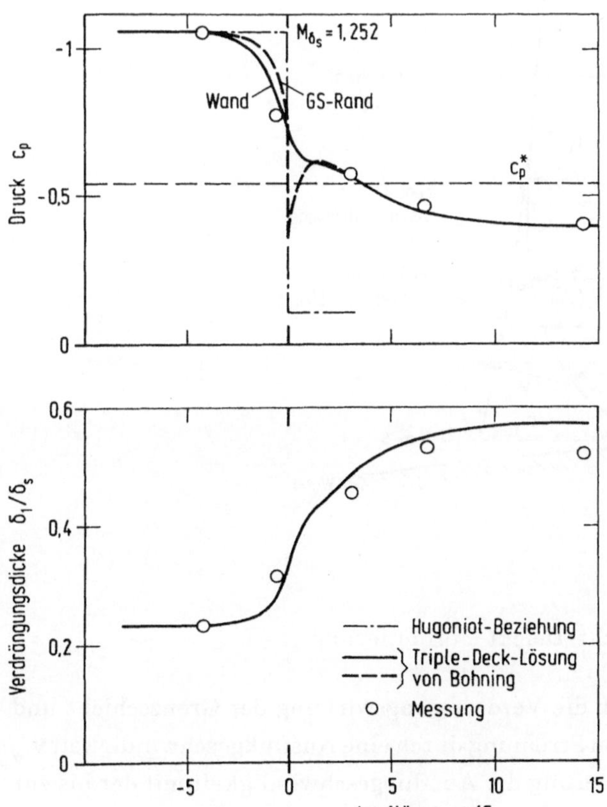

Bild 15.11. Lokale Stoß–Grenzschicht–Interferenzlösung, Profil CAST 10–2, $M_\infty = 0{,}765$, $Re_\infty = 2{,}35 \cdot 10^6$

macht die Verminderung der Stoßstärke und die Abflachung des Druckanstieges durch die Stoß–Grenzschicht–Interferenz und die Wandkrümmung deutlich.

In Bild 15.11 unten ist der Verlauf der Verdrängungsdicke im Interferenzgebiet angegeben. Der starke Anstieg der Verdrängungsdicke im Stoßbereich wird durch die "triple–deck"–Lösung gut beschrieben.

15.3.3 Grenzschicht–Defekt–Formulierung

Das Konzept der Grenzschicht–Defekt–Formulierung geht auf Le Balleur [29] und East [30] zurück. Ihm liegt die Vorstellung zugrunde, daß die reale Strömung in Wandnähe und im Nachlauf u(s,n) aufgeteilt wird in eine reibungsfreie Strömung $u_i(s,n)$, die bis zur Wand bzw. Nachlaufmittellinie fortgesetzt gedacht wird (äquivalente reibungsfreie Strömung) und eine viskose Differenzströmung $u_i(s,n) - u(s,n)$ aus äquivalenter reibungsfreier und realer Strömung (Grenzschicht–Defekt–Strömung) (Bild 15.12).

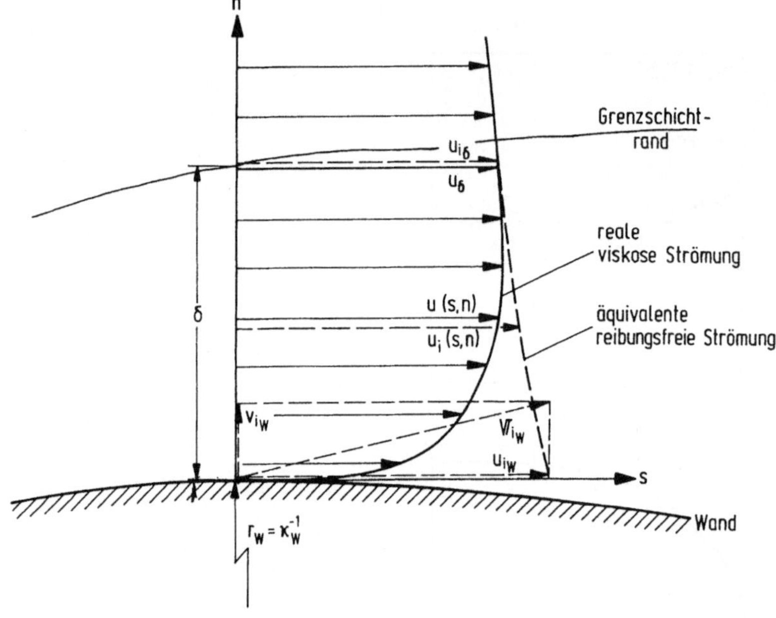

Bild 15.12. Konzept der Grenzschicht–Defekt–Formulierung

Dabei wird davon ausgegangen, daß die Verdrängungswirkung der Grenzschicht und des Nachlaufs in einer reibungsfreien Strömung durch eine Ausflußgeschwindigkeit v_{i_w} simuliert werden kann. Die Überlagerung der Ausflußgeschwindigkeit mit der bis zur

Wand fortgesetzten reibungsfreien Außenströmung ergibt dann die resultierende Geschwindigkeit $\vec{V}_{i_w}$ an der Wand, wie sie bei realer viskoser Strömung besteht.

Es sind also bei der Grenzschicht–Defekt–Strömung die Größen der Außenströmung in der Grenzschicht nicht zwangsläufig konstant; sie unterscheidet sich darin von der Grenzschichtströmung 1. Ordnung (Bild 15.2).

Die Integralgleichungen der Grenzschicht–Defekt–Strömung lassen sich in die der Grenzschichtströmung 1. Ordnung (15.14) und (15.15) überführen, wenn anstelle der Grenzschichtgrößen (15.16) bis (15.19) die Grenzschicht–Defekt–Größen eingeführt werden:

$$\delta_1 = \frac{1}{\rho_{i_w} u_{i_w}} \int_0^\delta \left(\rho_i u_i - \rho u\right) dn \tag{15.40}$$

$$\delta_2 = \frac{1}{\rho_{i_w} u_{i_w}^2} \int_0^\delta \left[\left(\rho_i u_i^2 - \rho u^2\right) - u_{i_w}\left(\rho_i u_i - \rho u\right)\right] dn \tag{15.41}$$

$$\delta_3 = \frac{1}{\rho_{i_w} u_{i_w}^3} \int_0^\delta \left[\left(\rho_i u_i^3 - \rho u^3\right) - u_{i_w}^2\left(\rho_i u_i - \rho u\right)\right] dn \tag{15.42}$$

$$\delta_4 = \frac{1}{\rho_{i_w} u_{i_w}} \int_0^\delta \left[\left(\rho_i u_i - \rho u\right) - \rho_{i_w}\left(u_i - u\right)\right] dn \tag{15.43}$$

sowie anstelle von u_δ, M_δ die reibungsfreien Wandgrößen u_{i_w}, M_{i_w}, wobei die Randbedingungen am Grenzschichtrand

$$n = \delta: \quad u, v, p, \rho = (u, v, p, \rho)_i \tag{15.44}$$

und an der Wand (15.11) gelten.

Dabei ist die Beziehung $p(s,n) = p_i(s,n)$ der Grenzschicht–Defekt–Strömung weniger einschränkend als die Voraussetzung $\partial p/\partial n = 0$ der Grenzschichttheorie 1. Ordnung. Bei der Lösung der Integralgleichungen der Defekt–Grenzschicht kann auf die in Kapitel 15.2.3 angegebenen Kompressibilitätstransformationen und Schließungsbeziehungen zurückgegriffen werden.

15.3.4 Viskose Randbedingungen

Im Rahmen der Grenzschicht–Defekt–Formulierung lassen sich die viskosen Effekte einer Profilströmung

- Grenzschicht– und Nachlaufverdrängung
- sowie Nachlaufkrümmung

numerisch durch viskose Randbedingungen der äquivalenten reibungsfreien Strömung simulieren (Bild 15.13).

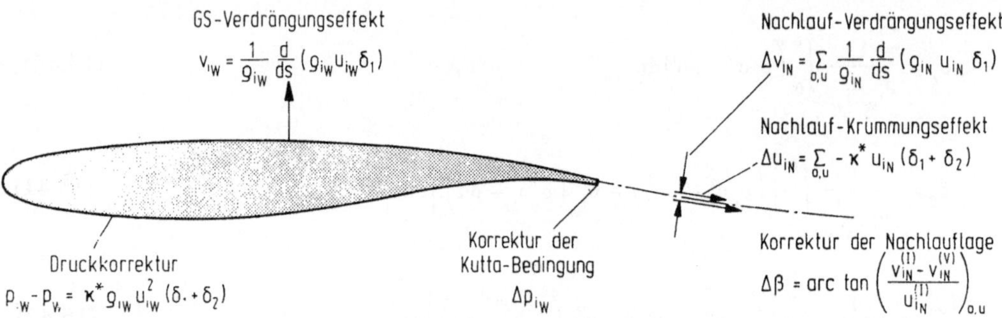

Bild 15.13. Viskose Randbedingungen/Korrekturen der äquivalenten reibungsfreien Strömung

Die Verdrängungwirkung der Grenzschicht und des Nachlaufs kann nach dem Ausströmkonzept von Lighthill repräsentiert werden durch

– eine Normalgeschwindigkeit auf der Profilkontur

$$v_{i_w} = \frac{1}{\rho_{i_w}} \frac{d}{ds} \left(\rho_{i_w} u_{i_w} \delta_1 \right) \tag{15.45}$$

– und einen Normalgeschwindigkeitssprung auf der Nachlaufmittellinie

$$\Delta v_{i_N} = v_{i_{No}} - v_{i_{Nu}} = \sum_{o,u} \frac{1}{\rho_{i_N}} \frac{d}{ds} \left(\rho_{i_N} u_{i_N} \delta_1 \right) \quad . \tag{15.46}$$

Man erhält diese Größen durch Integration der Kontinuitätsgleichung in Defekt–Formulierung ohne Zuhilfenahme von Grenzschichtvereinfachungen.

Die Grenzschicht–Defekt–Formulierung berücksichtigt außerdem Normaldruckanteile in der Grenzschicht und im Nachlauf, die nach East [30] aus der Defekt–Impulsgleichung in Normalenrichtung abgeschätzt werden können zu

$$p_{i_w} - p_w = \kappa^* \rho_{i_w} u_{i_w}^2 \left(\delta_1 + \delta_2\right) \quad . \tag{15.47}$$

Dabei ist κ^* die Krümmung der Verdrängungskontur:

$$\kappa^* = \kappa_w + \frac{d^2\delta_1}{ds^2} \quad . \tag{15.48}$$

Die Druckkorrektur (15.47) der äquivalenten reibungsfreien Strömung ist insbesondere im Hinterkantenbereich wichtig, wo neben einer starken Krümmung der Verdrängungsstromlinie auch eine dicke Reibungsschicht vorliegt.

Im Nachlauf führt die Integration der normalen Defekt–Impulsgleichung zu einem Drucksprung auf der Nachlaufmittellinie, der näherungweise durch den Tangentialgeschwindigkeitssprung

$$\Delta u_{i_N} = u_{i_{No}} - u_{i_{Nu}} = \sum_{o,u} - \kappa^* u_{i_N} \left(\delta_1 + \delta_2\right) \tag{15.49}$$

ersetzt werden kann. Diese Beziehung wird als viskose Randbedingung zur Simulation der Krümmungseffekte des Nachlaufs verwendet (Bild 15.13).

Die Druckkorrektur im Hinterkantenbereich bedingt außerdem eine Korrektur der Kutta'schen Abflußbedingung, durch die die Zirkulation um das Profil festgelegt wird. Anstelle von Druckgleichheit in realer viskoser Strömung muß in der äquivalenten reibungsfreien Strömung ein Drucksprung an der Hinterkante

$$\Delta p_{i_{HK}} = p_{i_{HKo}} - p_{i_{HKu}} \tag{15.50}$$

vorgeschrieben werden, der die Normaldruckanteile in der Reibungsschicht kompensiert.

Lage und Krümmung der Nachlaufmittellinie weichen aufgrund der viskosen Effekte im Hinterkantenbereich von der Hinterkantenstromlinie der äquivalenten reibungsfreien Strömung ab (Bild 15.9). Diese Abweichung kann iterativ ermittelt werden aus der Normalgeschwindigkeitsdifferenz zwischen der Grenzschicht–Defekt–Lösung und der äquivalenten reibungsfreien Lösung zu

$$\Delta\beta = \beta_{NM} - \beta_{HKS} = \arctan\left(\frac{v_{i_N}^{(I)} - v_{i_N}^{(v)}}{u_{i_N}^{(I)}}\right)_{o,u} \quad . \tag{15.51}$$

Der Einfluß der viskosen Randbedingungen (15.45), (15.46) und (15.49) auf die berechnete Druckverteilung eines transsonischen Profils ist in Bild 15.14 dargestellt.

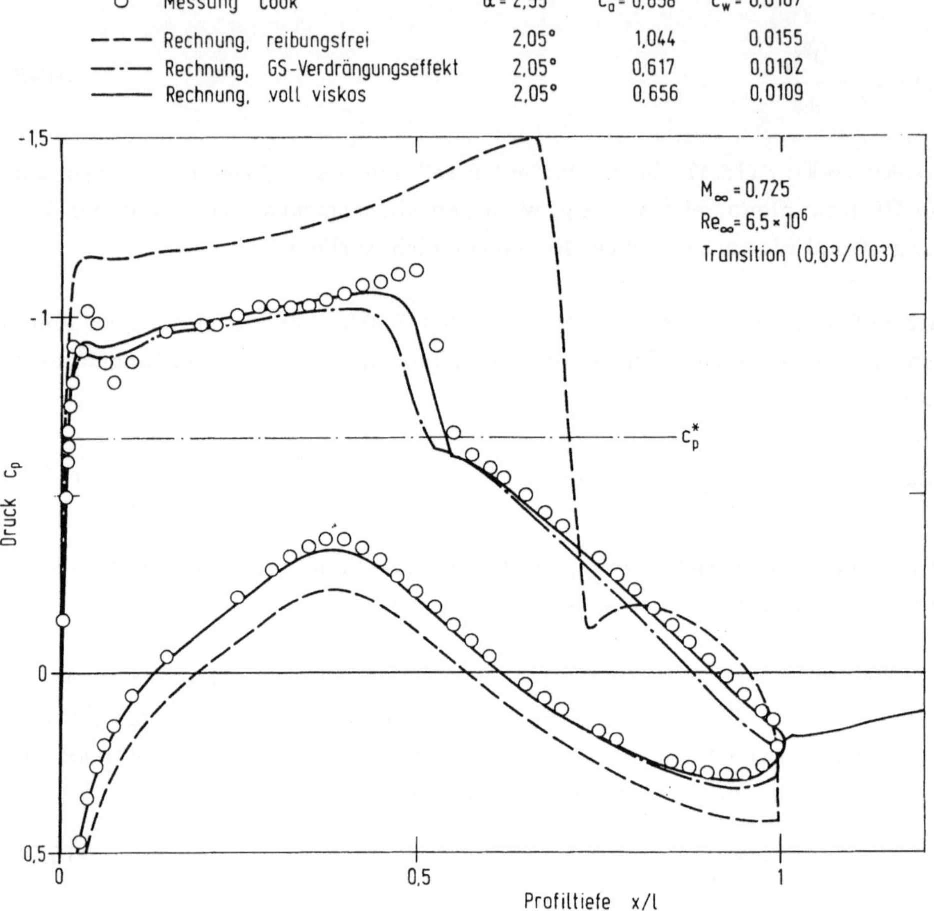

Bild 15.14. Einfluß der viskosen Randbedingungen auf die Profildruckverteilung, Profil RAE 2822

Im Vergleich zur äquivalenten reibungsfreien Lösung ohne viskose Randbedingungen, die sehr stark von der Messung [31] abweicht, wird bereits bei Simulation der Verdrängungswirkung der Grenzschicht – mit Ausnahme des Stoß- und Hinterkantenbereiches – eine recht gute Annäherung an die Meßwerte erreicht. Allerdings wird erst bei Berücksichtigung der Verdrängungs- und Krümmungseffekte des Nachlaufs die Stoßlage und der Hinterkantendruck richtig wiedergegeben. Insbesondere lassen sich bei Simulation aller viskosen Effekte mit dem verwendeten Rechenverfahren auch die Profilbeiwerte c_a und c_w zuverlässig vorausbestimmen.

15.3.5 Iterative Kopplung

Um die Wechselwirkung zwischen der Grenzschicht- und Nachlaufströmung und der reibungsfreien Außenströmung numerisch zu erfassen, müssen die Grenzschicht-Defekt-Lösung und die äquivalente reibungsfreie Lösung iterativ über ein explizites Relaxationsverfahren gekoppelt werden. Dabei hängt der verwendete Kopplungsmodus von der Intensität der Wechselwirkung ab (Bild 15.15):

- direkte Kopplung bei schwacher Interferenz
- halbinverse Kopplung bei starker Interferenz.

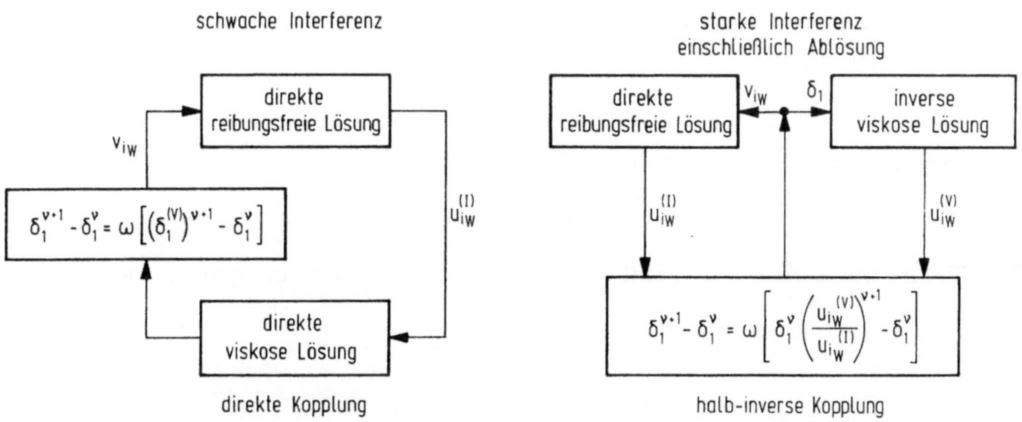

Bild 15.15. Iterative Kopplung zwischen viskoser und reibungsfreier Lösung

In Strömungsbereichen mit schwacher Interferenz (anliegende Grenzschicht/Nachlaufströmung), wo eine Dominanz der reibungsfreien Außenströmung vorliegt, muß die Hierarchie auch in der Kopplungsstruktur zum Ausdruck kommen, d.h. die viskose Lösung dient nur zur Korrektur der reibungsfreien Lösung. Dieser Hierarchie wird der direkte Kopplungsmodus gerecht (Bild 15.15 links). Dabei wird eine direkte reibungsfreie Lösung iterativ mit den viskosen Randbedingungen (15.45), (15.46) und (15.49) beaufschlagt, die aus der relaxierten Verdrängungsdicke

$$\delta_1^{\nu+1} - \delta_1^{\nu} = \omega\left[\left(\delta_1^{(V)}\right)^{\nu+1} - \delta_1^{\nu}\right] \tag{15.52}$$

der vorhergehenden viskosen Lösung bestimmt werden. Mit der Außengeschwindigkeit aus der verbesserten reibungsfreien Lösung als Randbedingung wird eine neue Grenzschicht- und Nachlaufberechnung durchgeführt, die wiederum modifizierte viskose Randbedingungen für die reibungsfreie Lösung liefert. Der direkte Iterationszyklus wird durch Unterrelaxation ($\omega<1$) stabilisiert und führt normalerweise schnell zu einer konvergenten Lösung.

In Strömungsbereichen mit starker Interferenz (Stoß-/Hinterkantenbereich mit ablösenaher/abgelöster Strömung) versagt die direkte Kopplung, weil die reibungsfreie Strömung nicht mehr dominiert und bei Ablösung eine Singularität der direkten viskosen Lösung auftritt. In diesem Fall muß eine nicht-hierarchische Kopplungsstruktur verwendet werden, bei der die reibungsfreie und viskose Lösung simultan ermittelt werden. Diese Anforderung erfüllt der von Carter [32] eingeführte halbinverse Kopplungsmodus (Bild 15.15 rechts). Dabei wird eine direkte reibungsfreie Lösung und eine inverse viskose Lösung iterativ verknüpft. Beide Lösungen werden simultan mit der Verdrängungsdicke als Randbedingung bestimmt und liefern eine reibungsfreie und eine viskose Außengeschwindigkeit, aus deren Abweichung man eine Verdrängungsdickenkorrektur erhält:

$$\delta_1^{\nu+1} - \delta_1^{\nu} = \omega \left[\delta_1^{\nu} \left(\frac{u_{i_w}^{(V)}}{u_{i_w}^{(I)}} \right)^{\nu+1} - \delta_1^{\nu} \right] . \tag{15.53}$$

Diese liefert eine verbesserte Randbedingung für die nächste reibungsfreie und viskose Lösung.

15.3.6 Rechenergebnisse

Im folgenden werden typische Ergebnisse einer numerischen Simulation der viskosen transsonischen Profilströmung auf der Basis der in Kapitel 15.3.3 beschriebenen Grenzschicht-Defekt-Formulierung diskutiert.

Für die Berechnung der äquivalenten reibungsfreien Strömung wird eine Lösung der vollständigen transsonischen Potentialgleichung in Stromlinienkoordinaten einschließlich Entropiekorrektur durch einen Stoßoperator, der die Prandtl-Beziehung (5.15) erfüllt, zugrundegelegt. Die iterative Kopplung mit der Grenzschicht-Defekt-Lösung erfolgt über viskose Randbedingungen – je nach Intensität der Interferenz (abhängig vom Formparameter H_{12}) – nach dem direkten oder halbinversen Modus.

Den Auftriebsbeiwert des Profils erhält man durch Integration der Druck- und Wandschubspannungsverteilungen. Für kleine Anstellwinkel gilt

$$c_a = -\oint_{Profil} c_{p_w} \, d\frac{x}{l} + \oint_{Profil} \frac{\tau_w}{q_\infty} \, d\frac{z}{l} \quad . \tag{15.54}$$

Der Profilwiderstandsbeiwert setzt sich zusammen aus einem viskosen und einem Wellenwiderstandsanteil

$$c_w = c_{w_v} + c_{w_w} \quad . \tag{15.55}$$

Dabei wird der viskose Widerstandsanteil (Reibungs- und Formwiderstand) aus dem Impulsverlust im Nachlauf nach (15.4) ermittelt. Der Wellenwiderstandsanteil ergibt sich aus der Entropiezunahme im Stoß $\hat{s}-s$:

$$c_{w_w} = \int_{Stoß} \frac{\left(\frac{a^*}{u_\infty}\right)^2}{\gamma(\gamma-1)} \frac{\rho}{\rho_\infty} \frac{u}{u_\infty} \frac{\hat{s}-s}{c_v} \, d\frac{n_s}{l} \quad . \tag{15.56}$$

Die Einzelheiten des Berechnungsverfahrens sind in [33] beschrieben.

In Bild 15.16 sind die Ergebnisse einer numerischen Simulation der viskosen transsonischen Profilströmung mit den Messungen von Cook u.a. [31] für 4 verschiedene Anströmbedingungen verglichen. Die Reynolds-Zahl ist in allen Fällen nahezu gleich $Re_\infty = 6 \cdot 10^6$. Der erste Testfall ist subsonisch ($M_\infty \approx 0{,}68$), die folgenden sind transsonisch ($M_\infty \approx 0{,}73$). Die Komplexität des Strömungsfeldes um das Profil nimmt von links nach rechts zu, weil mit steigender Mach-Zahl/steigendem Anstellwinkel das Überschallgebiet auf der Profiloberseite größer wird, die Stoßstärke anwächst und damit die Ablösetendenz der Grenzschicht zunimmt. Das Bild zeigt von oben nach unten für alle Testfälle die berechneten Iso-Mach-Linien, die berechnete Druckverteilung im Vergleich zu den Meßwerten sowie die berechneten und gemessenen Verdrängungs- und Impulsverlustdicken als auch die Reibungsbeiwerte auf der Profiloberseite.

Im subsonischen und in den beiden ersten transsonischen Testfällen ist die Übereinstimmung zwischen Rechnung und Messung sowohl bezüglich der Druckverteilung und der Grenzschichtparameter als auch der Profilbeiwerte sehr gut. Gewisse Streuungen der gemessenen Druckbeiwerte im Nasenbereich sind eine Folge des Transitionsstreifens. Beim letzten transsonischen Testfall, bei dem ein recht starker Stoß auftritt, sind die Abweichungen zwischen Rechnung und Messung größer. Obgleich hier die gemessenen und berechneten Grenzschichtparameter hinter dem Stoß noch keine Ab-

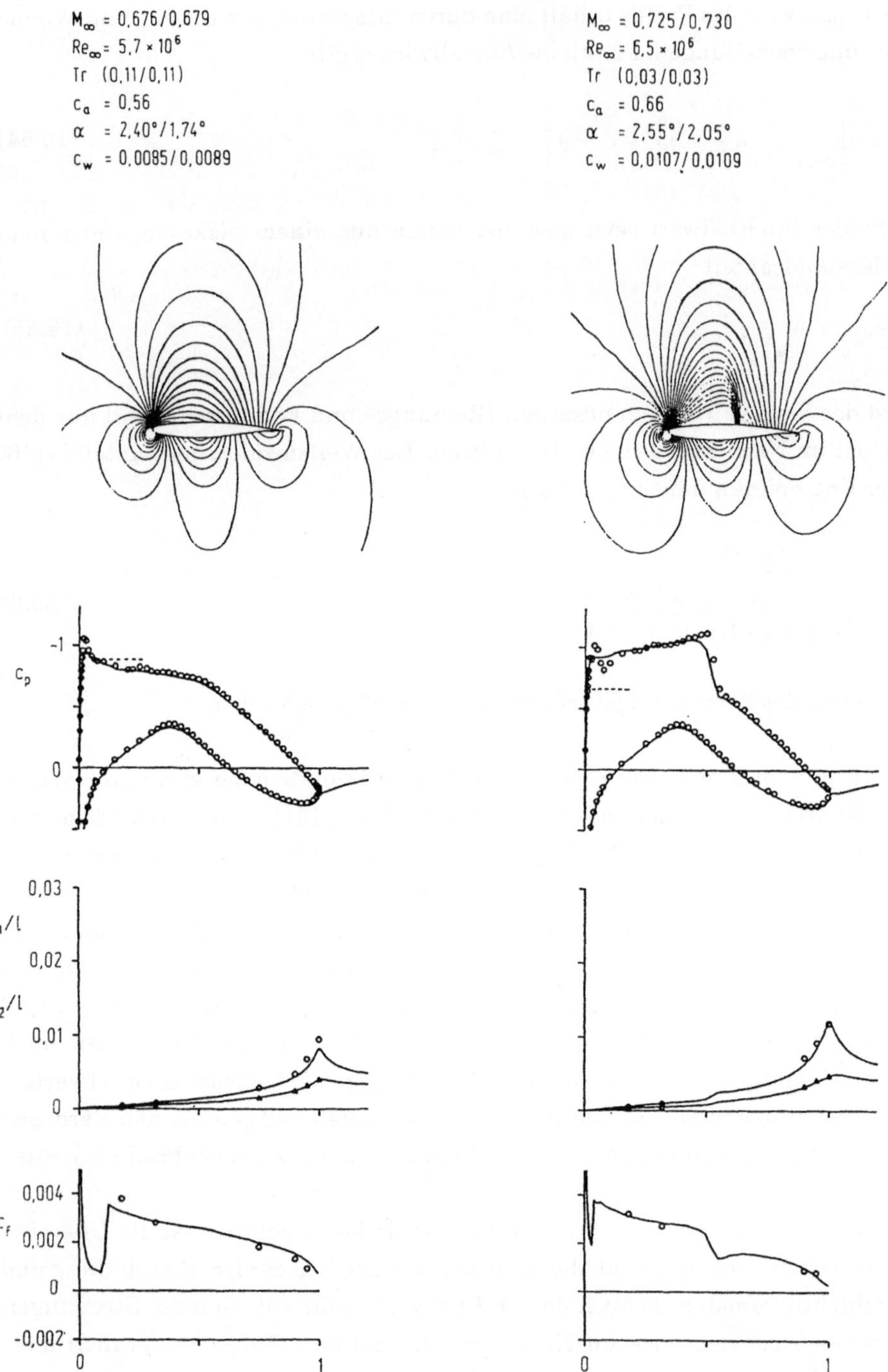

Bild 15.16. Numerische Simulation der viskosen transsonischen Profilströmung, Profil RAE 2822

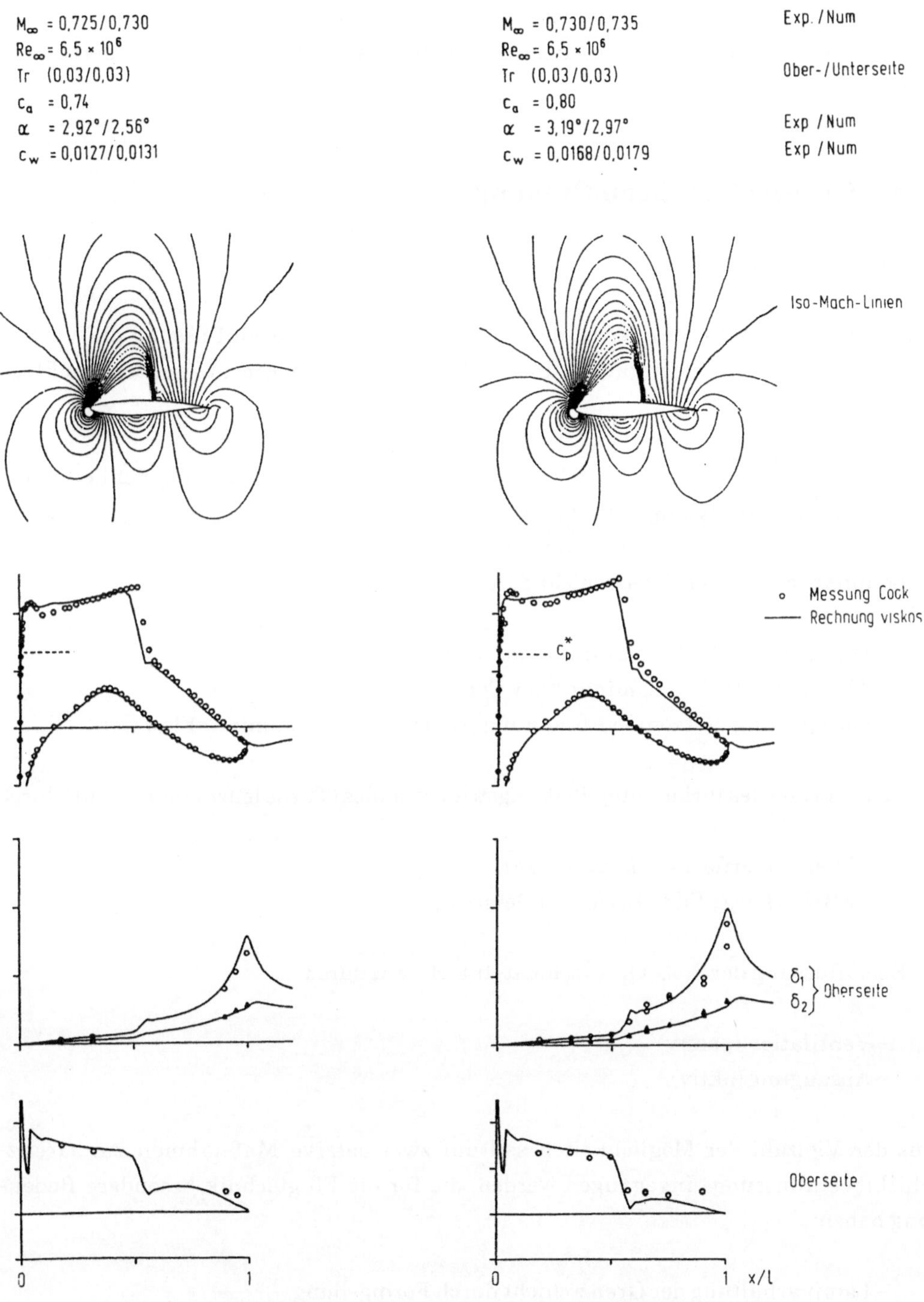

M_∞ = 0,725/0,730
Re_∞ = 6,5 × 10⁶
Tr (0,03/0,03)
c_a = 0,74
α = 2,92°/2,56°
c_w = 0,0127/0,0131
M_∞ = 0,730/0,735
Re_∞ = 6,5 × 10⁶
Tr (0,03/0,03)
c_a = 0,80
α = 3,19°/2,97°
c_w = 0,0168/0,0179
Exp./Num
Ober-/Unterseite
Exp /Num
Exp /Num
Iso-Mach-Linien
Messung Cook
Rechnung viskos
c_p^*
δ_1
δ_2
Oberseite
Oberseite
0
1
0
1 x/l

lösung signalisieren, deutet die gemessene Druckverteilung auf den Beginn einer stoßinduzierten Ablösung hin. In diesem Fall sind die Unsicherheiten bei der Widerstandsvorausberechnung größer.

15.4 Grenzschichtbeeinflussung

15.4.1 Übersicht

In der Flugzeug–Aerodynamik ist das Ziel der Grenzschichtbeeinflussung die Verringerung des viskosen Widerstandes und die Erweiterung der Einsatzgrenzen des Flugzeuges.

Im sub–/transsonischen Geschwindigkeitsbereich kommen folgende Möglichkeiten der Grenzschichtbeeinflussung in Betracht:

1. Laminarhaltung der Grenzschicht durch

   - Formgebung (NLF – Natural Laminar Flow)
   - Absaugung (LFC – Laminar Flow Control)
   - Formgebung und zonale Absaugung (HLFC – Hybrid Laminar Flow Control),

2. Reduzierung des turbulenten Reibungswiderstandes (Turbulenzmanagement) durch

   - Riblets (Oberflächen–Längsrillen)
   - LEBU's (Large Eddy Break Up Devices),

3. Beeinflussung der Stoß–Grenzschicht–Interferenz durch

   - Ventilation (passiv)
   - Absaugung (aktiv).

Aus der Vielzahl der Möglichkeiten soll auf zwei passive Maßnahmen zur Grenzschichtbeeinflussung eingegangen werden, die für die Flugtechnik besondere Bedeutung haben:

- Laminarhaltung der Grenzschicht durch Formgebung
- Stoß–Grenzschicht–Interferenzkontrolle durch Ventilation.

15.4.2 Laminarhaltung der Grenzschicht durch Formgebung

In Reynolds–Zahl–Bereich transsonischer Profile $10 \cdot 10^6 < Re_\infty < 30 \cdot 10^6$ ist die laminare Wandreibung fast eine Größenordnung geringer als die turbulente, so daß es lohnend ist, den laminar–turbulenten Umschlag so weit wie möglich stromab zu verschieben.

Die Störungsanfachung in der laminaren Grenzschicht kann durch den negativen Druckgradienten der Profilströmung gedämpft werden (Bild 15.7). Ziel eines transsonischen NLF–Profilentwurfs ist daher die Entwicklung eines geeigneten Druckverteilungstyps, der die laminare Grenzschicht in einem möglichst großen Anstellwinkelbereich stabilisiert (Laminardelle), wobei allerdings stärkere Stöße als bei einem herkömmlichen Transsonikprofil in Kauf genommen werden müssen. Dabei wird die Auslegung des Vorderkantenbereiches maßgeblich von der Flügelpfeilung beeinflußt.

Bild 15.17 zeigt die Auslege–Druckverteilung und das Widerstandspotential eines für $\phi = 20°$, $M_\infty = 0{,}75$ und $Re_\infty = 25 \cdot 10^6$ entworfenen transsonischen NLF–Profils im Vergleich zu einem konventionellen transsonischen Profil gleicher Dicke.

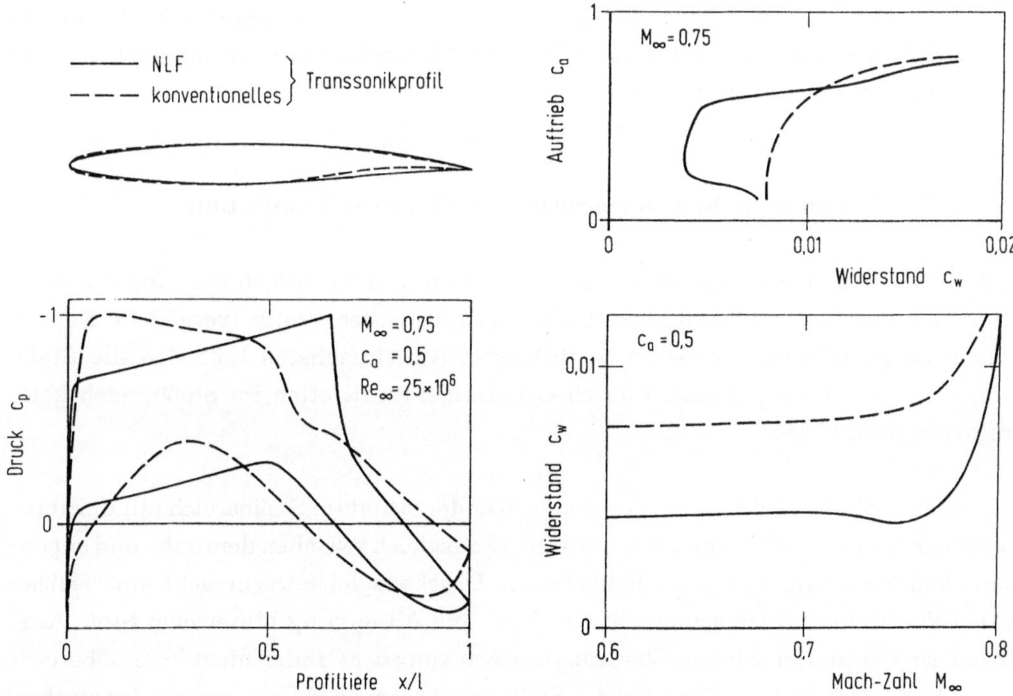

Bild 15.17. Vergleich: NLF/konventionelles Transsonikprofil

Die Auslege–Druckverteilung des NLF–Profils zeichnet sich im Vergleich zu der des konventionellen Profils aus durch

- einen aufgrund eines kleineren Nasenradius steileren Druckgradienten im Vorderkantenbereich zur Vermeidung einer Staulinieninstabilität und zur Eingrenzung der Querströmungsanfachung,

- einen gleichmäßigen schwachen Druckabfall auf der Profilober- und -unterseite zur Dämpfung der Tollmien–Schlichting–Anfachung,

- einen schwachen Verdichtungsstoß auf der Profiloberseite

- und einen steileren Druckanstieg im Hinterkantenbereich auf der Profilober- und -unterseite wegen der dünneren Grenzschicht.

Wie Bild 15.17 zeigt, wird der Widerstand eines transsonischen Profils durch Laminarisierung – trotz des höheren Wellenwiderstandes – nahezu halbiert. Aus der Breite der Laminardelle des NLF–Profils ist erkennbar, daß der stabilisierende Druckgradient in einem hinreichend großen Anstellwinkelbereich (off–design) erhalten bleibt. Außerdem ist ersichtlich, daß der Widerstandsanstieg des NFL–Profils später erfolgt als bei einem turbulenten transsonischen Profil.

15.4.3 Stoß–Grenzschicht–Interferenzkontrolle durch Ventilation

Aufgrund der globalen Bedeutung der Stoß–Grenzschicht–Interferenz für die Umströmung und die Leistungsfähigkeit eines transsonischen Profils (vergleiche Kapitel 15.3.2) ist es naheliegend, sie zu beeinflussen. Am einfachsten läßt sich die Stoß–Grenzschicht–Interferenz passiv durch Grenzschichtventilation im Stoßbereich kontrollieren (Bild 15.18).

Der passive Effekt wird erreicht durch eine Wandporösität im Stoßbereich mit darunter liegender Kammer, die einen teilweisen Druckausgleich zwischen dem sub- und supersonischen Strömungsfeld ermöglicht. Dieser Druckausgleich verursacht eine selbsttätige Ventilation: Ausblasung vor dem Stoß und Absaugung hinter dem Stoß. Aufgrund der Ventilation wird die Verdrängungswirkung der Grenzschicht im Stoßbereich derart beeinflußt, daß die Struktur des Stoßes verändert wird und anstelle des starken senkrechten Stoßes in Wandnähe ein schwacher Stoß mit weitgehend isentroper Rekompression tritt. Als Folge der Stoßabschwächung werden der Wellen- und der

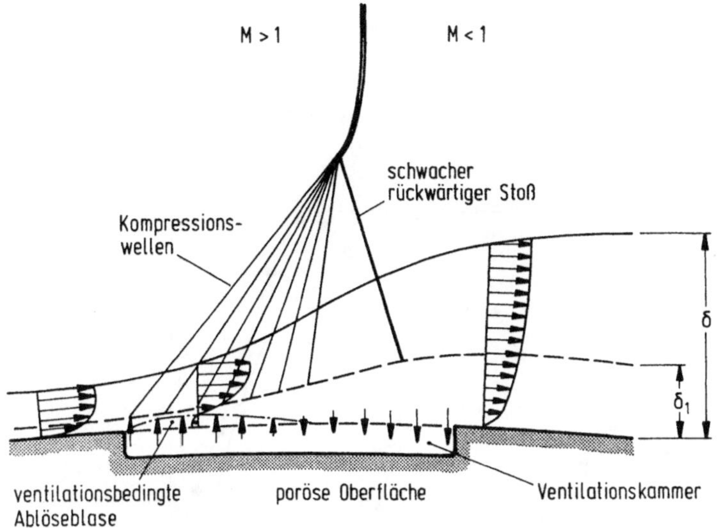

Bild 15.18. Mechanismus der passiven Stoß–Grenzschicht–Interferenzkontrolle

viskose Widerstand im "off–design" drastisch reduziert sowie der Beginn der stoß–induzierten Ablösung verzögert.

Als Ergebnis aus [34] zeigt Bild 15.19 die bei verschiedenen Anström–Mach–Zahlen gemessenen Verbesserungen der Gleitzahl $\varepsilon = c_a / c_w$ eines transsonischen Profils durch passive Stoß–Grenzschicht–Interferenzkontrolle. Es ist bemerkenswert, daß nicht nur die "off–design"–Gleitzahlen mit starken Stößen, sondern auch die Gleitzahloptima durch Ventilation im Stoßbereich verbessert werden.

Wegen der Verzögerung der stoßinduzierten Ablösung werden außerdem die Einsatzgrenzen ("buffet onset", "drag rise") des transsonischen Profils durch passive Kontrolle erweitert, wie anhand der in Bild 15.19 eingetragenen "buffet–onset"–Grenzen ersichtlich ist.

Schließlich kann aufgrund der Behinderung des engen Zusammenwirkens von Stoß–Grenzschicht– und Hinterkanteninterferenz durch Ventilation im Stoßbereich das schwere Flügelschütteln ("heavy buffet") jenseits der "buffet–onset"–Grenze abgeschwächt bzw. in einigen Fällen weitgehend unterdrückt werden, wie in [34] gezeigt ist.

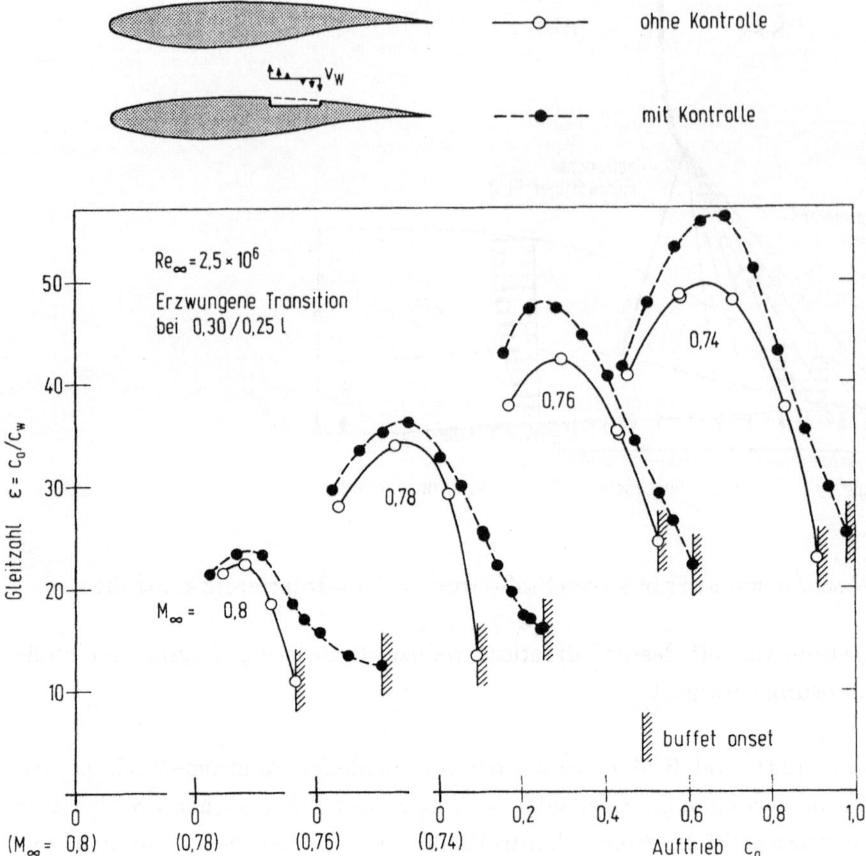

Bild 15.19. Gleitzahlverbesserung durch passive Stoß–Grenzschicht–Interferenzkontrolle, Profil VA–2

Literatur

1 Oswatitsch, K.: Grundflagen der Gasdynamik. New York, Wien: Springer 1976, S. 65

2 Truckenbrodt, E.: Strömungsmechanik. Berlin, Heidelberg, New York: Springer 1968, S. 141 u. 196

3 Lagally: Vorlesungen über Vektorrechnung. Leipzig: Akadem. Verlags–Gesellschaft 1956, S. 63

4 Bronstein, I.N.; Semendjajew, K.A.: Taschenbuch der Mathematik, 17. Aufl. Frankfurt/Main, Thun, Zürich: Harri Deutsch 1977

5 Gröbner, W.; Hofreiter, N.: Integraltafel: Springer 1949

6 Adams, M.C.; Sears, W.R.: Slender body theory - Review and extension. Journ. Aeron. Sci. (Febr. 1953)

7 Routledge, N.A.; Lord, W.T.; Eminton, E.: Note on the evaluation of the integral $J=-\int_0^1 \int_0^1 S''(x)S''(x')\ln|x-x'|\,dx'dx$ for $S'(0)=0=S'(1)$. J. Roy. Aero. Soc., (1954)

8 Lynch, F.T.: Transonic aerodynamics publ. by D. Nixon. Progress in Astronautics and Aeronautics. AIAA Publication 81 (1982)

9 Morawetz, C.S.: On the non–existance of continuous transonic flow past profils II. Com. Pure Appl. Math. 10 (1957) pp107–131

10 Pearcey, H.H.: The aerodynamic design of section shapes for swept wings. Advances in Aeronautical Sciences 3 (1962)

11 Nieuwland, G.Y.; Spee, B.M.: Transonic shockfree flow, fact or fiction? AGARD CP 35 (1968)

12 Küchemann, D.: The aerodynamic design of aircraft. Oxford: Pergamon Press 1978

13 Gustafson, A.; Vanino, R.: Flügel–Rumpf–Kombination mit überkritischem Profil. ZFW 23 Heft 7/8 (1975)

14 Nixon, D.: Transonic aerodynamics. Progress in Astronautics and Aeronautics. AIAA Publication 81 (1982)

15 Henne, P.A. et al.: Transonic aerodynamics publ. by D. Nixon. Progress in Astronautics and Aeronautics. AIAA Publication 81 (1982)

16 Hertel, H.; Frenzel, O.; Hempel, W.: Widerstandsarme Gestaltung von Hochgeschwindigkeitsflugzeugen, auch von solchen mit außerhalb des Flugzeugumris

risses liegenden Verdrängungskörpern. Deutsches Patentamt, Nr. 932410 März 1944 (Sept. 1955)

7 Whitcomb, R.T.: A study of zero–lift drag–rise characteristics of wing–body combinations near the speed of sound. NACA Report 1273 (1956)

18 Goethert, B.H.: Transonic wind tunnel testing. Oxford: Pergamon Press 1961

19 Ganzer, U.: A review of adaptive wall wind tunnels. Prog. Aerospace Sci. 22 (1985) 81–111

20 Habashi, W.G.: Advances in computational transonics: Pineridge Press 1985

21 Application of computational fluid dynamics in aeronautics. AGARD CP 412 (1986)

22 Stanewsky, E.: Wechelwirkung zwischen der reibungsfreien Außenströmung und der Grenzschicht an transsonischen Profilen. Dissertation Technische Universität Berlin (1981)

23 Schlichting, H.: Grenzschicht–Theorie, 8. Aufl. Karlsruhe: G. Braun 1982

24 Cebeci, T.; Smith, A.M.O.: Analysis of turbulent boundary layers. New York: Academic Press 1974

25 Walz, A.: Strömungs– und Temperaturgrenzschichten. Karlsruhe: G. Braun 1966

26 Arnal, D.: Description and prediction of transition in two–dimensional incompressible flow. AGARD–R–709 (1984)

27 Stanewsky, E.; Thiede, P.: Boundary layer and wake measurements in the trailing edge region of a rear–loaded transonic airfoil. Forschungsbericht aus der Wehrtechnik BMVg–RBWT 79–31 (1979)

28 Bohning, R.: Die Wechselwirkung eines senkrechten Verdichtungsstoßes mit einer turbulenten Grenzschicht an einer gekrümmten Wand. Habilitation Universität Karlsruhe (1982)

29 Le Balleur, J.C.: Strong matching method for computing transonic viscous flows including wakes and separations. Lifting airfoils. La Recherche Aerospatiale (1981) pp21–45

30 East, L.F.: A representation of second–order boundary layer effects in the momentum integral equation and in viscous–inviscid interactions. RAE Tech. Rep. 81002 (1981)

31 Cook, P.H.; McDonald, M.A.; Firmin, M.C.P.: Aerofoil RAE 2822 – pressure distributions, and boundary layer and wake measurements. AGARDAR–138 (1979)

32 Carter, J.E.: A new boundary–layer inviscid iteration technique for separated flow. AIAA79–1450 (1979)

33 Dargel, G.; Thiede, P.: Viscous transonic airfoil flow simulation by an efficient viscous–inviscid interaction method. AIAA 87 0412 (1987)

34 Thiede, P.; Krogmann, P.: Improvement of transonic airfoil performance through passive shock/boundary layer interaction control. Proc. of IUTAM– Symposium, Palaiseau, France. Berlin: Springer 1985

Sachregister